CORPORATE SUSTAINABILITY

Kompass für die Nachhaltigkeitsberichterstattung

herausgegeben von

Jens Freiberg
Andrea Bruckner

Haufe Group
Freiburg · München · Stuttgart

Bibliografische Information der Deutschen Bibliothek
Die Deutsche Bibliothek verzeichnet diese Publikation in der Deutschen Nationalbibliografie; detaillierte bibliografische Daten sind im Internet über http://dnb.dnb.de abrufbar.

Herausgeber: Dr. Jens Freiberg/Andrea Bruckner
Corporate Sustainability – Kompass für die Nachhaltigkeitsberichterstattung

Print: ISBN 978-3-648-15969-9 Bestell-Nr. 11122-0001
ePDF: ISBN 978-3-648-16641-3 Bestell-Nr. 11122-0150

1. Auflage, April 2022, © Haufe-Lexware GmbH & Co. KG

Haufe-Lexware GmbH & Co. KG | Munzinger Straße 9 | 79111 Freiburg
Telefon: 0761 898-0

Kommanditgesellschaft, Sitz und Registergericht Freiburg, HRA 4408
Komplementäre: Haufe-Lexware Verwaltungs GmbH, Sitz Freiburg, Registergericht Freiburg, HRB 5557; Martin Laqua

Geschäftsführung: Isabel Blank, Iris Bode, Jörg Frey, Matthias Schätzle, Christian Steiger, Dr. Carsten Thies, Björn Waide
Beiratsvorsitzende: Andrea Haufe

USt-IdNr.: DE 812398835, St.-Nr. 06392/11008

Redaktion: Dr. Ulrike Hoffmann-Dürr (V. i. S. d. P.), Dunja Beck, Sinja Guth
Produktmanagement: Michael Bernhard; Herstellung: Karin Zelenka
E-Mail: finance-office@haufe.de; Internet: www.haufe.de/finance

Bildnachweis (Cover): Vertigo3d

Druckvorstufe: Reemers Publishing Services GmbH, Krefeld
Druck: CPI books GmbH, Leck

Aus Gründen der besseren Lesbarkeit verwenden wir bei Personenbezeichnungen und personen-bezogenen Hauptwörtern die männliche Form. Entsprechende Begriffe gelten i. S. d. Gleichbehandlung grundsätzlich für alle Geschlechter. Die verkürzte Sprachform hat nur redaktionelle Gründe und beinhaltet keine Wertung.

Zur Herstellung der Bücher wird nur alterungsbeständiges Papier verwendet.

Mit diesem Buch halten Sie ein echtes Stück Nachhaltigkeit in den Händen.

Denn wir achten darauf, unsere Bücher nachhaltig zu produzieren, Ressourcen zu schonen und damit einen aktiven Beitrag für den Umweltschutz zu leisten:

- 100 % Recyclingpapier, zertifiziert mit FSC, ISO 14001, ISO 9001 und dem Blauen Engel
- Mineralölfreie Druckfarben
- Lösungsmittelfreie Klebstoffe
- OPP Eco Star kompostierbare Kaschierfolie
- Kompensation aller CO_2-Emissionen
- 100 % Öko-Strom bei Druck und Bindung
- Kurze Transportwege – hergestellt in Deutschland

FSC www.fsc.org
MIX
Papier | Fördert gute Waldnutzung
FSC® C083411

2022 Klimaneutraler Druck firstclimate

SCAN ME

Geleitwort

Die Berichterstattung zu Nachhaltigkeitsaspekten hat in den vergangenen Jahren einen enormen Bedeutungszuwachs erhalten. Zunehmend spürbare Klimaveränderungen und auch die Covid-19-Pandemie haben zu einem gesellschaftlichen Umdenken geführt. Internationale Investoren und Regulatoren verlangen von Unternehmen eine Umstellung ihrer Geschäftsmodelle, um u.a. die gebotenen hohen Klimaziele und eine resiliente Wirtschaft zu erreichen. Dies umfasst die Geschäftsstrategie der Unternehmen sowie die Einbettung von Nachhaltigkeitsaspekten in die Corporate Governance, in das Risikomanagement und letztlich auch die Unternehmensberichterstattung.

Ein wesentlicher Treiber hierbei ist die EU-Regulierungsagenda zur nachhaltigen Finanzierung. Finanzmarktteilnehmer sind angehalten, Kapitalströme in nachhaltige Investments umzuleiten. Milliardenschwere Investitionen sind notwendig, um Schlüsselbereiche wie Energieversorgung, Mobilität und die Immobilienwirtschaft auf eine nachhaltige Wirtschaftsweise umzustellen. Hierfür werden belastbare Nachhaltigkeitsdaten der Unternehmen benötigt. Erste Berichtserfahrungen wurden mit der Umsetzung der EU-Richtlinie zur CSR-Berichterstattung aus dem Jahr 2014 gesammelt. Hinzu treten nunmehr die neuen Berichtspflichten aus der EU Taxonomie-Verordnung. Eine Schlüsselfunktion kommt dem Kommissionsvorschlag für die Corporate Sustainability Reporting Directive zu, der im April 2021 veröffentlicht wurde und bereits im Sommer 2022 verabschiedet werden soll. Der Vorschlag sieht u.a. eine Ausweitung des Anwendungsbereichs vor. Damit wären in Deutschland statt bisher ca. 550 zukünftig ca. 15.000 Unternehmen von den Berichtspflichten zur Nachhaltigkeitsberichterstattung betroffen.

Ein deutlicher Trend zur vereinheitlichten Berichterstattung zu Nachhaltigkeitsaspekten ist auch auf internationaler Ebene zu vernehmen. Nach anfänglichem Zögern hat die IFRS Foundation anlässlich der internationalen UN-Klimakonferenz COP26 im November 2021 verkündet, neben dem für Finanzberichterstattung zuständigen International Accounting Standards Board (IASB) ein International Sustainability Standards Board (ISSB) für die Nachhaltigkeitsberichterstattung einzurichten. Zweck des ISSB ist es, ein weltweites Mindestmaß der Nachhaltigkeitsberichterstattung („Global Baseline") mithilfe von international anerkannten Berichtsstandards zu bestimmen. Getragen wird dies durch eine starke politische Unterstützung, u.a. durch die G20-Staaten, die Vereinigung der internationalen Börsenaufsichten und andere gewichtige internationale Organisationen. Bisher freiwillige Initiativen, wie die Value

Reporting Foundation und das Climate Disclosure Standards Board, bringen ihre Aktivitäten in das neu gebildete ISSB ein. Diese Neuausrichtung trifft auch den Nerv der deutschen Wirtschaft, die auf eine globale Vereinheitlichung der Berichterstattungsanforderungen drängt. Eine deutsche öffentlich-private Allianz hat erreicht, dass die IFRS Foundation Frankfurt am Main als Hauptsitz für das ISSB und dessen Vorsitzenden, Emmanuel Faber, bestimmt hat.

Diese Entwicklung spiegelt sich zugleich im Bereich der Corporate Governance wider, wodurch das Thema Nachhaltigkeit weiter in die Kernbereiche der Unternehmenstätigkeit getragen wird. Die Regierungskommission Deutscher Corporate Governance Kodex hat jüngst entsprechende Änderungen des Kodex für deutsche Unternehmen vorgeschlagen. Zudem hat die Europäische Kommission im März 2022 einen EU-Gesetzesvorschlag zu Sustainable Corporate Governance unterbreitet. Dieser nimmt u.a. die Lieferkettenthematik auf, die im deutschen Umfeld durch das Lieferkettensorgfaltspflichtengesetz aus dem Jahr 2021 für deutsche Unternehmen bereits für Geschäftsjahre, die im Jahr 2023 beginnen, zu Berichtspflichten führt.

In dieser Hinsicht nimmt die vorliegende Publikation für bereits heute und insbes. auch zukünftig berichtspflichtige Unternehmen alle diese wichtigen Punkte auf und bietet eine hervorragende Möglichkeit, sich auf diese neue Berichterstattungswelt vorzubereiten.

WP/StB Georg Lanfermann
Präsident des Deutschen Rechnungslegungs Standards Committee e.V. (DRSC e.V.)

Vorwort zur 1. Auflage

Die Unternehmenspublizität steht an einem Scheideweg. Neben den bestehenden Pflichten zum Führen der Bücher nach handelsrechtlichen Grundsätzen, die auch maßgeblich für die steuerliche Gewinnermittlung sind, und die Information des Kapitalmarkts über Vorgaben der internationalen Rechnungslegung treten mindestens gleichberechtigt – wenn nicht höherwertig – zunehmend nichtfinanzielle Aspekte in den Fokus der Berichterstattung. Es gibt aktuell diverse (Gesetzgebungs-)Projekte, deren Umsetzung allesamt zu einer signifikanten Ausweitung der Publizitätspflichten führen werden. Zahlreiche Institutionen und Organisationen arbeiten aktiv daran, einen Anforderungskatalog für mehr Transparenz in Bezug auf das unternehmerische Wirken auf und unter Einfluss von Environment, Social and Governance (ESG) zu schaffen.

Fest steht: Die ethische, soziale und ökologische Verantwortung von Unternehmen wird immer größer und komplexer. Immer mehr Ebenen des wirtschaftlichen Handelns rücken in den Fokus, um nachhaltigen Standards zu entsprechen. Und spätestens, wenn die von der Europäischen Kommission verabschiedete Corporate Sustainability Reporting Directive (CSRD) in Kraft tritt, werden neben den großen Unternehmen von öffentlichem Interesse und börsennotierten Unternehmen in der EU auch große Unternehmen ohne Kapitalmarktorientierung (ab 2023) sowie kleinere und mittlere börsennotierte Unternehmen (ab 2026) verpflichtet, nichtfinanzielle Informationen offenzulegen.

Aber wie und wo den Anfang machen? Welche Regularien gelten für wen? Wie können Berichtspflichtige eine gesetzeskonforme und gleichsam effiziente Nachhaltigkeitsberichterstattung umsetzen? Dieses Werk dient als richtungsweisender Kompass, der die weitere Entwicklung eines Referenzrahmens für die Nachhaltigkeitsberichterstattung begleitet und transparent darlegt. In unserem Kompass bündeln wir ein breites Spektrum aus Lehre, Anwendung, Beratung sowie Konzeption und Prüfung. Unser Ziel ist es, zu einem (Aus-)Weg aus dem Labyrinth der Vorgaben und Anforderungen beizutragen.

Die Erläuterungen in unserem Kompass eignen sich gleichermaßen für den Ersteller, den (Abschluss-)Prüfer, aber auch den Adressaten von Nachhaltigkeitsberichten. Konkret richtet er sich an

- Neueinsteiger in die noch nicht abschließend abgegrenzte Welt der Nachhaltigkeitsberichterstattung. Dafür werden u. a. aus der Sicht von derzeitigen Anwendern die bereits bestehenden Anforderungen vorgestellt;

- angehende oder zur Veröffentlichung von Nachhaltigkeitsinformationen verpflichtete Experten. Diese finden ausführliche Kommentare zu den aktuell bestehenden Fragestellungen.

Mit unserem Kompass geben wir Ihnen nicht nur eine Hilfestellung, wir verpflichten uns auch, durch fortlaufende Neuausrichtung zu einer Weiterentwicklung des Werkes und damit zur Begleitung und Förderung einer konsistenten Nachhaltigkeitsberichterstattung beizutragen. Unser Kompass ist auf den Rechtsstand zum 31.12.2021 ausgerichtet. Als Folge der dynamischen Entwicklung haben wir allerdings vereinzelt bereits bekannte Entwicklungen berücksichtigt.

Solingen und München,
März 2022

Dr. Jens Freiberg und
Andrea Bruckner

Herausgeber

Dr. Jens Freiberg

Wirtschaftsprüfer und Head of Capital Markets der BDO AG Wirtschaftsprüfungsgesellschaft in Düsseldorf und Frankfurt am Main, Mitglied des Fachausschusses Unternehmensberichterstattung (FAB) des IDW sowie seit März 2020 auch Mitglied des IFRS Interpretations Committee (IFRS IC)

Andrea Bruckner

Wirtschaftsprüferin, Steuerberaterin, Leitung Grundsatzabteilung/vorgelagerte Qualitätssicherung der BDO AG Wirtschaftsprüfungsgesellschaft, Mitglied im Hauptfachausschuss des IDW und im IDW Arbeitskreis Prüfungsqualität

Autorenverzeichnis

Carmen **Auer**, Partnerin Sustainability Services, BDO AG Wirtschaftsprüfungsgesellschaft, München

Nils **Borcherding**, Wirtschaftsprüfer/Steuerberater, Partner Sustainability Services, BDO AG Wirtschaftsprüfungsgesellschaft, Hamburg

Prof. Dr. Marcus **Brandenburg**, Professor am Fachbereich Wirtschaft, Innovative Hochschule Flensburg

Miles **Brix**, Innovative Hochschule Flensburg

Dr. Heiko **Büsing**, LL.M. (UGA), Rechtsanwalt, BDO Legal Rechtsanwaltsgesellschaft mbH, Hamburg

Tanja **Castor**, Senior Expert – Sustainability Strategy, BASF SE, Ludwigshafen am Rhein

Prof. Dr. Matthias **Freise**, Professor für Supply Chain Management & Buying, Hochschule Reutlingen

Lara **Kasnitz**, Group Manager CSR, Gerresheimer AG, Düsseldorf

Viola **Möller**, Partnerin Sustainability Services, BDO AG Wirtschaftsprüfungsgesellschaft, Köln

Karsten **Paape**, Wirtschaftsprüfer, Certified Valuation Analyst (EACVA), BDO AG Wirtschaftsprüfungsgesellschaft, Frankfurt am Main

Alexander **Rasch**, Sustainable Finance Advisory, Landesbank Hessen-Thüringen, Frankfurt am Main

Britta **Sadoun**, Senior Sustainability Manager, Wintershall Dea AG, Kassel

Stefan **Schnell**, Senior Vice President, Group Reporting & Performance Management, BASF SE, Ludwigshafen am Rhein

Prof. Dr. Stefan **Seuring**, Professor für Supply Chain Management, Universität Kassel

Daniel **Troost**, Steuerberater, BDO AG Wirtschaftsprüfungsgesellschaft, Köln

Prof. Dr. Patrick **Velte**, Professor für Accounting, Auditing & Corporate Governance, Leuphana Universität Lüneburg

Ronakeh **Warasthe**, Innovative Hochschule Flensburg

Dr. Gebhard **Zemke**, Wirtschaftsprüfer/Steuerberater, Head of Banking & Financial Services, BDO AG Wirtschaftsprüfungsgesellschaft, Hamburg

Inhaltsübersicht

A Einführung

§ 1 Entwicklung der Nachhaltigkeitsberichterstattung

Überblick

Die gesellschaftliche Entwicklung hat in den vergangenen Jahren zu einer wachsenden Sensibilisierung der Öffentlichkeit für die unternehmerische Verantwortung geführt. Unternehmen haben zudem im Zuge von vergangenen Finanz- und Wirtschaftskrisen an gesellschaftlichem Vertrauen eingebüßt. Zunehmend wurden und werden daher höhere Anforderungen an die Rechenschaftslegung von Unternehmen gestellt, die über eine reine Berichterstattung der ökonomischen Leistung hinausgehen. Diese herausfordernde Entwicklung wird von vielen Unternehmen aber auch als Chance angesehen, ihr nachhaltiges Engagement i. S. e. externen Positionierung darzustellen und dieses Engagement letztlich selbst sogar zu monetarisieren (§ 8 Rz 226).

Bereits in den 1970er-Jahren führte ein zunehmendes Interesse der Öffent- 1
lichkeit für unternehmerische Verantwortung dazu, dass Unternehmen neben der Rechenschaftslegung zu ökonomischen Aspekten anhand von Jahres- und Konzernabschlüssen auch eine Berichterstattung über soziale Aspekte in Form von freiwillig erstellten **Personal- oder Sozialberichten** zur Verfügung stellten. In der Folge wurden verstärkt gesellschaftliche und unternehmerische Themenstellungen der Ökologie durch Umweltberichte oder alle 3 Themenkomplexe in kombinierter Form veröffentlicht.

Unter Bezug auf die BRUNDTLAND-Definition der 1980er-Jahre hinsicht- 2
lich eines neueren, umfassenden Nachhaltigkeitsverständnisses kann ein nachhaltig geführtes und agierendes Unternehmen als ein „Unternehmen, das die Bedürfnisse seiner Anspruchsgruppen erfüllt, ohne zu riskieren, dass das Unternehmen die Bedürfnisse zukünftiger Interessengruppen nicht erfüllen kann", angesehen werden.[1]

Als Folge dieses neueren holistischen Verständnisses von Nachhaltigkeit 3
veröffentlichten Unternehmen in den vergangenen Jahren zum Erhalt und zur Steigerung der gesellschaftlichen Akzeptanz und Reputation immer mehr auf freiwilliger Basis aufgestellte Nachhaltigkeitsberichte. Diese beinhalten u. a. entscheidungsrelevante Informationen über ökonomische, aber auch ökologische und soziale Aspekte der Unternehmenstätigkeit

1 In Anlehnung an Hockerts, Sustainability Innovations, 2003, S. 19: „A sustainable firm meets the needs of its stakeholders without compromising the firms ability to meet the needs of future stakeholders as well."

und damit über die vergangenen und künftigen Auswirkungen der betrieblichen Tätigkeit auf die Ziele einer gesamtgesellschaftlichen nachhaltigen Entwicklung.

4 Zu den **Adressaten** der Rechenschaftslegung über Aspekte der Nachhaltigkeit zählen interne und externe Stakeholdergruppen, wie Anteilseigner, Kunden, Lieferanten, Mitarbeiter, Regierungs- und Nichtregierungsorganisationen, die interessierte Öffentlichkeit sowie weitere Menschen und Organisationen, die von der Geschäftstätigkeit des Unternehmens beeinflusst werden.

5 Diverse Organisationen haben in den letzten beiden Dekaden sowohl auf nationaler als auch auf internationaler Ebene sog. Rahmenwerke oder Empfehlungen für die Aufstellung von Nachhaltigkeitsberichten erarbeitet und publiziert, die den Unternehmen häufig als Leitplanken der Berichterstattung dienen (§ 8).

6 Herkömmliche Finanzberichterstattungen i.S.v. Jahres- und Konzernabschlüssen können als überwiegend vergangenheitsorientierte Berichterstattungen angesehen werden. Damit werden z.B. Investoren Informationen über tendenziell kurzfristige Anlagehorizonte bereitgestellt. Darüber hinaus werden von dieser Art der Berichterstattungen nicht alle wesentlichen Werttreiber der Unternehmen erfasst. Nichtfinanzielle Sachverhalte, die ebenfalls unmittelbar oder mittelbar den Unternehmenserfolg beeinflussen, werden hier kaum berücksichtigt, wodurch diese Form der Unternehmenspublizität den heutigen holistischen Anforderungen allein kaum mehr entsprechen kann.

7 Diese Tatsache sah auch der Gesetzgeber als kritisch an, so dass nichtfinanzielle Informationen in den letzten Jahren auch Eingang in die gesetzlich verpflichtende Berichterstattung (innerhalb von Lageberichten) gefunden haben. So wurde der Rechtsrahmen der Finanzberichterstattung z.B. bereits mit dem BilReG[2] sukzessive weiterentwickelt. Mit dem BilReG wurden große Kapitalgesellschaften und Konzerne verpflichtet, in ihre Lageberichterstattung zur Analyse des Geschäftsverlaufs und der Lage der Gesellschaft auch die bedeutsamsten nichtfinanziellen Leistungsindikatoren mit einzubeziehen, sofern diese für das Verständnis des Geschäftsverlaufs oder der Lage von Bedeutung sind. Sollten sich Aspekte der Nachhaltigkeit wesentlich auf die künftige Entwicklung des Unternehmens oder Konzerns auswirken, sind zudem in der Lageberichterstattung Angaben über die künftige Entwicklung zu tätigen.

---

2 Vgl. Gesetz zur Einführung internationaler Rechnungslegungsstandards und zur Sicherung der Qualität der Abschlussprüfung (Bilanzrechtsreformgesetz) v. 4.12.2004, BGBl. I 2004, S. 3166ff.

In der Folge wurden durch das Gesetz zur Stärkung der nichtfinanziellen Berichterstattung der Unternehmen in ihren Lageberichten (CSR-Richtlinie-Umsetzungsgesetz) für nach dem 31.12.2016 beginnende Geschäftsjahre bestimmte große Unternehmen von öffentlichem Interesse verpflichtet, ihren Lagebericht durch eine sog. nichtfinanzielle Erklärung zu erweitern (§ 9 Rz 1 ff.).[3] 8

Weitergehende Entwicklungen zeichnen sich bereits durch den am 21.4.2021 durch die Europäische Kommission vorgestellten Richtlinienentwurf zur Nachhaltigkeitsberichterstattung **(CSRD)** ab (§ 9 Rz 55 ff.),[4] der die bisherigen Regelungen zur nichtfinanziellen Erklärung für Geschäftsjahre ab dem 1.1.2023 größtenteils verdrängen soll. 9

Ausgehend von dem im März 2018 durch die Europäische Kommission veröffentlichten „Aktionsplan: Finanzierung nachhaltigen Wachstums" wurde mit der Verordnung (EU) 2020/852 (Taxonomie-Verordnung)[5] außerdem ein **Klassifikationssystem** für ökologisch nachhaltige Wirtschaftstätigkeiten mit weiteren legislativen Berichtsanforderungen für die Unternehmen bereits ab dem Jahr 2022 geschaffen (§ 12). Die unmittelbar mit der beabsichtigten Transformation der Wirtschaft verbundene Umlenkung der Kapitalströme bietet Unternehmen aber nicht nur Herausforderungen, sondern auch Chancen mittels neuartiger Finanzierungen. 10

Der zunehmenden Globalisierung und den damit verbundenen Herausforderungen wurde weiterhin mit dem Lieferkettensorgfaltspflichtengesetz **(LkSG)**[6] begegnet, welches – ungeachtet der Rechtsform – für inländische Unternehmen mit mehr als 3.000 Mitarbeitern ab dem 1.1.2023, für inländische Unternehmen mit mehr als 1.000 Mitarbeitern ab dem 1.1.2024 Anwendung findet und weitere Berichtsanforderungen beinhaltet. 11

---

3 Vgl. Gesetz zur Stärkung der nichtfinanziellen Berichterstattung der Unternehmen in ihren Lage- und Konzernlageberichten (CSR-Richtlinie-Umsetzungsgesetz) v. 11.4.2017, BGBl. I 2017, S. 802 ff.

4 Vgl. Vorschlag für eine Richtlinie des Europäischen Parlaments und des Rates zur Änderung der Richtlinien 2013/34/EU, 2004/109/EG und 2006/43/EG und der Verordnung (EU) Nr. 537/2014 hinsichtlich der Nachhaltigkeitsberichterstattung von Unternehmen.

5 Vgl. Verordnung (EU) 2020/852 des Europäischen Parlaments und des Rates v. 18.6.2020, ABl. EU v. 22.6.2020, L 198/13 ff.

6 Vgl. Gesetz über die unternehmerischen Sorgfaltspflichten zur Vermeidung von Menschenrechtsverletzungen in Lieferketten (Lieferkettensorgfaltspflichtengesetz – LkSG) vom 16.7.2021, BGBl. I 2021, S. 2959 ff.

12 Insofern kann die Entwicklung der Berichterstattung über die nichtfinanzielle Unternehmensleistung in 2 große Phasen unterteilt werden:

- freiwillige Nachhaltigkeitsberichterstattung,
- gesetzliche Nachhaltigkeitsberichterstattung.

13 Die freiwillige Nachhaltigkeitsberichterstattung kann dabei als Ursprung der zunehmend gesetzlich verpflichtenden Nachhaltigkeitsberichterstattung angesehen werden. Obwohl beide Strömungen derzeit Weiterentwicklungen unterliegen, die insbes. das Verständnis der Wesentlichkeit betreffen, lässt sich auch eine künftige Tendenz des Zusammenwachsens von freiwilliger und gesetzlicher Nachhaltigkeitsberichterstattung erkennen (s. Abb. 1).

Die Welt der Nachhaltigkeitsberichterstattung befindet sich im Wandel. Die folgenden Kapitel sollen daher einen Überblick über die gängigen Standards und legislativen Anforderungen zur Nachhaltigkeitsberichterstattung verschaffen und auf dem Weg zu einer zukunftsorientierten Berichterstattung Begleitung bieten.

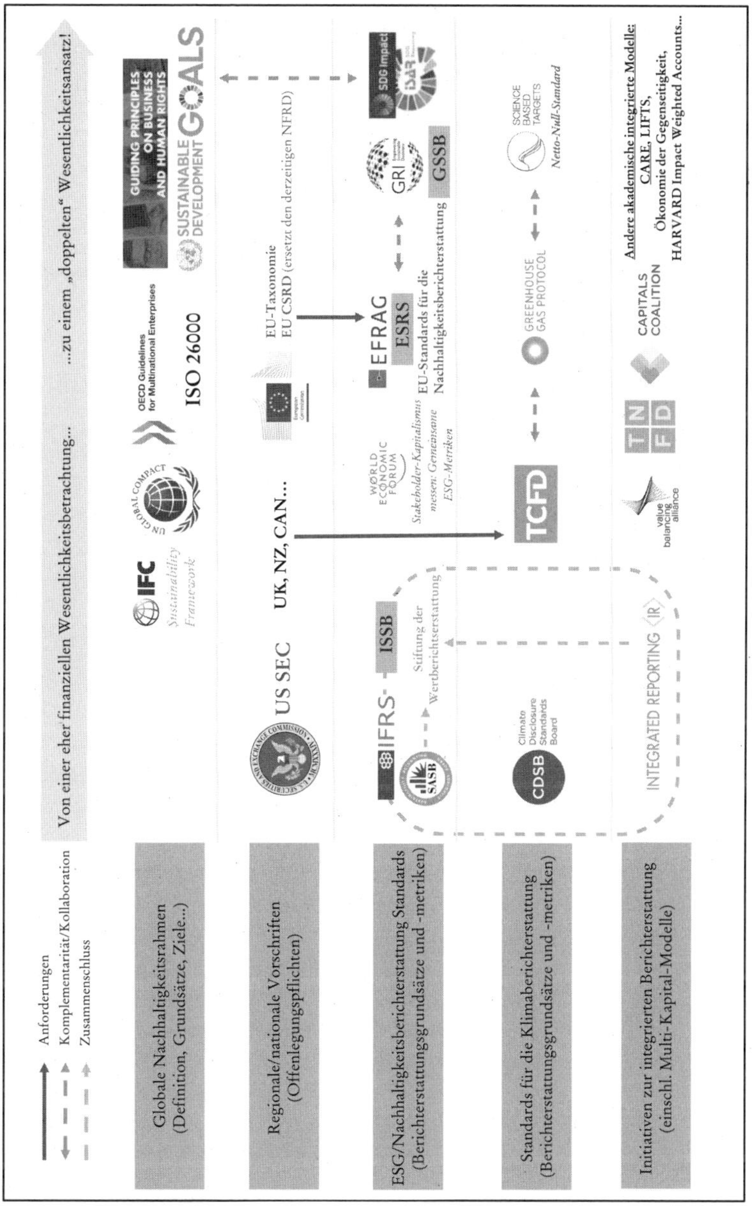

Abb. 1: Mapping der wichtigsten Standards zur Nachhaltigkeitsberichterstattung und -offenlegung von Unternehmen

§ 2 Zum Hintergrund des Nachhaltigkeitsmanagements

Überblick

Nachhaltigkeitsmanagement kann als notwendiger Prozess zur Erreichung der Triple-Bottom-Line-Ziele von Unternehmen angesehen werden. Es bildet damit die Grundlage auf dem Weg hin zu einem Triple-Bottom-Win und ist zugleich Voraussetzung für eine umfassende und aussagekräftige Nachhaltigkeitsberichterstattung von Unternehmen.

1 Begriff Nachhaltigkeit

Der Begriff **Nachhaltigkeit** ist heutzutage in aller Munde, nicht zuletzt 1
durch seine große Präsenz in den Medien, Unternehmenswerbungen und politischen Debatten. Trotzdem herrscht vielfach Begriffsverwirrung über dessen konkrete Definition. Denn Nachhaltigkeit deckt verschiedenste Bereiche ab, wobei gerade unternehmerisches nachhaltiges Handeln im Fokus der Zivilgesellschaft und anderer Akteure steht.[1]

Nachhaltigkeit ist keinesfalls eine neue Thematik, die erst mit dem fort- 2
schreitenden Klimawandel an Bedeutung gewonnen hat. Bereits im 18. Jahrhundert wurde der Begriff, ursprünglich aus der Forstwirtschaft heraus, von Hans Carl von Carlowitz aufgegriffen. Er beschrieb Nachhaltigkeit in dem Sinne, dass stets nur so viel Holz geschlagen werden solle, wie durch planmäßige Aufforstung wieder nachwachsen könne. Dieses Konzept kann als Grundstein für den nachhaltigen Umgang mit Ressourcen angesehen werden.[2]

Bis in die heutige Zeit prägt zudem die Definition der Brundtland 3
Kommission aus dem Jahr 1987 den Nachhaltigkeitsdiskurs. Sie formulierte erstmals das Konzept der Nachhaltigkeit als eine Entwicklung, „die den Bedürfnissen der heutigen Generation entspricht, ohne die Möglichkeiten künftiger Generationen zu gefährden, ihre eigenen Bedürfnisse zu befriedigen und ihren Lebensstil zu wählen“[3]. Einer intra- und intergenerationellen Gerechtigkeit, der Gerechtigkeit also zwischen den heute lebenden Generationen sowie zwischen der heute und der zukünftig lebenden Gesellschaft, wird damit eine zentrale Bedeutung beigemessen.

1 Vgl. Abschlussbericht Brundtland Commission, Our Common Future, 1987.

2 Vgl. www.nachhaltigkeit.info/artikel/hans_carl_von_carlowitz_1713_1393.htm, abgerufen am 3.1.2022.

3 Abschlussbericht Brundtland Commission, Our Common Future, 1987.

In diesem Zusammenhang müssen insbes. die vorhandenen Ressourcen gerecht zwischen den Generationen aufgeteilt werden und sollten auch für zukünftige Generationen ausreichend vorhanden sein, so dass diese dieselbe Bedürfnisbefriedigung genießen können wie die heute lebende Gesellschaft.

4 Aufgrund der sich verändernden verfügbaren natürlichen Ressourcen, des fortschreitenden Klimawandels und damit verbundenen ökologischen und sozialen Auswirkungen sowie eines wachsenden Drucks breiter gesellschaftlicher Schichten, nachhaltig zu handeln, sind auch Unternehmen gezwungen, langfristig umzudenken (s. zu den Chancen Rz 8). Sie können nur dann glaubhaft ihr nachhaltiges Handeln vermitteln, wenn sie auch intern einen Beitrag leisten, z. B. durch die Implementierung von Nachhaltigkeitsaspekten und entsprechenden Strukturen im Geschäftsmodell und in der Steuerung.

5 I. R. d. Auseinandersetzung mit dem Begriff der Nachhaltigkeit begegnet man häufig dem Ansatz der **Triple Bottom Line**, welche eine Balance zwischen der ökonomischen, ökologischen und sozialen Unternehmensleistung impliziert. Als Weiterentwicklung des Triple-Bottom-Line-Ansatzes kann in der Schnittmenge der 3 Bereiche ein großes Potenzial für Unternehmen gesehen werden:

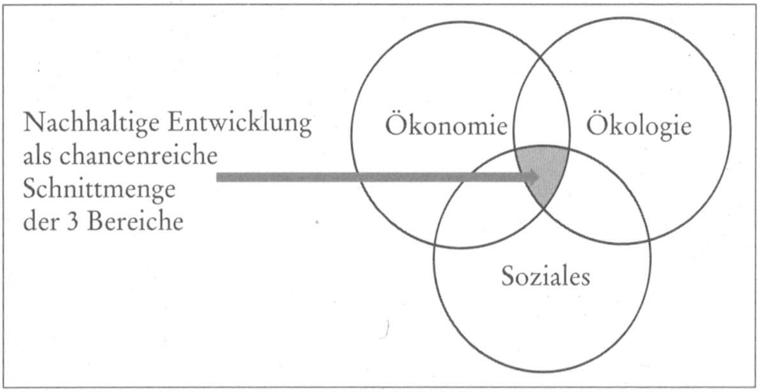

Abb. 1: Nachhaltige Entwicklung als chancenreiche Schnittmenge

2 Schnittmenge der Triple Bottom Line

Unternehmen stehen in permanenten Wechselwirkungen mit ihrem Umfeld. Ökologische, ökonomische und soziale Aspekte haben unmittelbaren Einfluss auf finanzielle Größen wie Umsatz und Gewinn. Nur ein **holistischer Ansatz der Unternehmensführung** kann die „License to operate", die akzeptierte Daseinsberechtigung eines Unternehmens am Markt, sicherstellen. Die damit verbundenen Anforderungen für Unternehmen lassen sich in die 4 nachfolgenden Bereiche unterteilen: 6

- **Ökologische Nachhaltigkeit**: Ein Unternehmen muss die Umweltbelastung so gering wie möglich halten und einen ressourcenschonenden Umgang für den Unternehmenszweck aufweisen.
- **Soziale Nachhaltigkeit**: Das Unternehmen muss i.S.d. Gemeinwohls handeln und auf Arbeitnehmerinteressen eingehen, um das Humankapital zu fördern.
- **Ökonomische Nachhaltigkeit**: Trotz Achtung der verschiedenen Nachhaltigkeitsstrategien gilt es, langfristige Profitabilität zu garantieren.
- **Integrationsherausforderung**: Schließlich stellt sich die Frage, wie alle Herausforderungen bewältigt werden können, ohne dass große wirtschaftliche Verluste in Kauf genommen werden müssen.[4]

Das Nachhaltigkeitsmanagement kann als Prozess zur Erreichung unternehmerischer Nachhaltigkeitsziele angesehen werden, der alle Bereiche integriert, vernetzt und die unternehmerische Performance funktions- und geschäftsbereichsübergreifend verbessert. Es gilt, ökologische und soziale Kriterien in bestehende ökonomische Prozesse und Entscheidungsfindungen zu integrieren und als festen Bestandteil in den Zielsetzungen, der Maßnahmenplanung und Umsetzung sowie Steuerung und Kontrolle zu etablieren. Grundvoraussetzung ist die Bestimmung wesentlicher Handlungsfelder (Rz 15), entsprechende Funktionen im Unternehmen zu schaffen und einem Ressort der Unternehmensführung zuzuordnen. Dies kann durch die Einführung eines abteilungsübergreifenden Gremiums oder einer Stabseinheit erfolgen, einschl. der Verankerung in den Unternehmensbereichen und auf operativer Ebene (s. zur Entwicklung des Nachhaltigkeitsmanagements in Unternehmen § 3). 7

Die vorstehenden Anforderungen sind aber auch mit einer **Chance** der Realisierung direkter Vorteile für das Unternehmen verbunden. Die Möglichkeit zu einer kurzfristigen Steigerung von Gewinnen durch Kosteneinsparungen sowie Effizienzverbesserungen auf der Grundlage von 8

---

4 Vgl. BMU et al. (Hrsg.), Nachhaltigkeitsmanagement in Unternehmen, 2007.

z. B. verringerten Energieverbräuchen oder Rohstoffeinsätzen wird dabei schnell erkennbar. Die Chance auf wesentliche Wettbewerbsvorteile, wie bspw.

- Reputationsgewinn für Unternehmen und angeschlossene Marke(n),
- Optimierung der Marktkapitalisierung,
- Positionierung als attraktiver Arbeitgeber,
- Erhalt oder Gewinnung von Kundenbeziehungen,
- Vermeidung von Benachteiligungen bei Ausschreibungen von öffentlichen Auftraggebern,

hat mittel- und langfristige Wirkung auf den Unternehmenserfolg. Dieser ist daran geknüpft, dass das Unternehmen offen ist, sein Geschäftsmodell zu verändern, neue Dienstleistungen, Produkte und Märkte anzugehen und auf eine sich verändernde Welt strategisch zu reagieren. Die unternehmensinterne Investition in Nachhaltigkeitsstrukturen einschl. der Implementierung eines Nachhaltigkeitsmanagements kann v.a. auch dazu dienen, die Unternehmensresilienz gegenüber Veränderungen zu stärken.[5]

I. R. d. Implementierung eines wirksamen Nachhaltigkeitsmanagements können Unternehmen zur Unterstützung auf zahlreiche Systeme zur Umsetzung zurückgreifen, die im Folgenden beispielhaft genannt sind:

Ökologie	• ISO 14001 (Umweltmanagementsysteme) • ISO 50001 (Energiemanagementsysteme) • EMAS-Verordnung (Eco-Management and Audit Scheme)
Soziales	• ISO 45001 (Managementsysteme für Sicherheit und Gesundheit bei der Arbeit) (Nachfolgenorm der OHSAS 18001 – Occupational Health- and Safety Assessment Series) • SA 8000 (Social Accountability International)

3 Nachhaltigkeitsberichterstattung

9 Die **Nachhaltigkeitsberichterstattung** kann als Ergebnis eines umfassenden und sich regelmäßig wiederholenden Prozesses angesehen werden, der den Unternehmen die Möglichkeit bietet, Themen darzulegen, die

[5] Vgl. www.csr-in-deutschland.de/DE/Unternehmen/Tipps-fuer-Einsteiger/tipps-fuer-einsteiger.html, abgerufen am 3.1.2022.

über die Finanzberichterstattung hinausgehen, aber eng mit der Entwicklung des Unternehmens und seiner Zukunftsfähigkeit verbunden sind. Grundvoraussetzung bildet das Nachhaltigkeitsmanagement, welches die erforderlichen qualitativen und quantitativen Informationen verfügbar und überprüfbar macht (§ 4).

Wie jede Form der Kommunikation sollte auch eine Nachhaltigkeits- 10
berichterstattung adressatenorientiert und möglichst als Dialog ausgestaltet werden (§ 3 Rz 4). Die Berichterstattung kann freiwillig oder aufgrund gesetzlicher Bestimmung erfolgen (§ 9).

Das Prinzip der **Wesentlichkeit** ist in der Nachhaltigkeitsberichterstat- 11
tung von zentraler Bedeutung. Es dient als Entscheidungsgrundlage dafür, welche Themen sowohl für das Unternehmen als auch sein Umfeld so relevant sind, dass sie gesteuert werden und darüber berichtet wird. Je nach Rahmenwerk oder auch gesetzlichen Vorgaben sind die Kriterien zur Bestimmung der wesentlichen Berichtsinhalte unterschiedlich. Nicht alle wesentlichen Themen sind von gleicher Bedeutung, und die Schwerpunkte innerhalb eines Berichts sollten ihre relative Priorität widerspiegeln. Ein weiterer wichtiger Grundsatz bei der Berichterstattung ist die Vollständigkeit, wonach bspw. sämtliche wesentliche Informationen im Nachhaltigkeitsbericht enthalten und die Informationen in Bezug auf den relevanten Zeitraum vollständig sein müssen.[6]

Das Prinzip der Wesentlichkeit kann als fundamentaler Grundsatz in der 12
Finanzberichterstattung angesehen werden. Der Grundsatz besagt, dass alle entscheidungserheblichen Sachverhalte berücksichtigt werden müssen. Als entscheidungserheblich kann alles angesehen werden, was den Adressaten der Informationen in seiner Entscheidungsfindung beeinflussen kann. Nach dem Prinzip der Wesentlichkeit hat eine Konzentration auf **bedeutsame und relevante Informationen** zu erfolgen. Im Umkehrschluss sind unbedeutende Informationen nicht zu berücksichtigen.[7]

Analog zur Finanzberichterstattung gilt das Prinzip der Wesentlichkeit 13
auch für das Nachhaltigkeitsmanagement sowie für die Nachhaltigkeitsberichterstattung. Unternehmen müssen ein Verständnis über ihre Auswirkungen auf die und aus den Geschäftsaktivitäten in möglichst messbaren Größen (z.B. Höhe des Energieverbrauchs) entwickeln, um eine fundierte Priorisierung vornehmen zu können. Sofern eine quantitative Bewertung nicht möglich ist, hat eine Priorisierung anhand qualitativer Merkmale zu erfolgen.

6 Vgl. Global Reporting Initiative, GRI 1: Foundation 2021, S. 10ff.
7 Vgl. IDW, WPH Edition, Assurance, 2. Aufl., 2021, Kap. D, Tz. 66ff.

14 I. R. d. Wesentlichkeitsprinzips sind insofern 2 Perspektiven zu betrachten: Auf der einen Seite beschreibt die **Inside-out-Perspektive**, wie sich die Unternehmenstätigkeiten auf verschiedene Nachhaltigkeitsthemen auswirken. Auf der anderen Seite besteht mit der **Outside-in-Perspektive** eine Sichtweise, welche den Einfluss von Nachhaltigkeitsthemen auf die Unternehmenstätigkeiten selbst beschreibt (§ 9 Rz 72).[8]

15 Unternehmen sollen letztlich dort agieren, wo ihre Einflussnahme am größten ist. Zur Ermittlung der Wesentlichkeit wird häufig eine sog. **Wesentlichkeitsanalyse** durchgeführt. Dabei handelt es sich um ein strategisches Instrument, um Nachhaltigkeitsthemen, die sowohl für das Unternehmen als auch für seine Stakeholder erheblich und relevant sind, zu identifizieren und zu priorisieren. Das Ergebnis definiert den **Handlungsrahmen** für das Nachhaltigkeitsmanagement (§ 3 Rz 17 ff.).

---

8 Vgl. Deutscher Nachhaltigkeitskodex – DNK-Kriterien, www.deutscher-nachhaltigkeitskodex.de/de-DE/Home/DNK/Criteria/Wesentlichkeit, abgerufen am 3.1.2022.

B Nachhaltigkeit im Unternehmen und in der Unternehmensführung

§ 3 Entwicklung des Nachhaltigkeitsmanagements in Unternehmen

Überblick

Nachhaltigkeitsmanagement ist eine strategische Aufgabe, die in einem dichten Netzwerk intern agiert und Perspektiven von außen ins Unternehmen trägt. Die Umsetzung der Aufgabe geht immer mit Veränderungen einher, sei es in Prozessen, Produkten und Dienstleistungen oder gar im Geschäftsmodell.

1 Einleitung

Es ist wichtig, als Unternehmensleitung zu definieren, welchen Nutzen ein Nachhaltigkeitsmanagement für das Unternehmen und sein Umfeld hat. Entsprechend sind Ressourcen für die Umsetzung bereitzustellen und Nachhaltigkeit als integrativer Teil der Unternehmensführung zu verstehen (**Governance**). 1

Nachhaltigkeitsmanagement ist eine strategische Aufgabe, die in einem dichten Netzwerk intern agiert und Perspektiven von außen ins Unternehmen trägt. Die Umsetzung der Aufgabe geht immer mit Veränderungen einher, sei es in Prozessen, Produkten und Dienstleistungen oder gar im Geschäftsmodell. Die Vielfalt an Themen, die Internationalität derselben, die Normierung und gleichzeitige Zersplitterung in detaillierte Teilaspekte können irritierend wirken und weniger relevant für das Geschäft erscheinen. Doch mittels Experten, die es verstehen, den Überblick zu bewahren, die richtigen Spezialisten zu mobilisieren, sie zu verbinden und zu bitten, Themen anzuschieben und zu lenken, um gemeinsam einen passenden Weg für das Unternehmen und seine Stakeholder zu definieren, wird **Mehrwert für Unternehmen und Gesellschaft** geschaffen. 2

Es ist nicht möglich, Nachhaltigkeitsmanagement in Teilzeit nebenbei zu erledigen. Die **Profile** von Nachhaltigkeitsmanagern sind vielfältig – so vielfältig wie ihre Einsatzgebiete, aber es sind professionelle und mit der Zeit auch erfahrene Experten. Sie kennen sich aus mit der „Alphabet-Soup" (§ 8 und § 1, Abb. 1 in Rz 13) und sie lassen sich davon nicht schrecken, sondern inspirieren. Gefragt ist zudem eine **Kombination aus strategischem Denken und operativem Umsetzen**. Nachhaltigkeitsmanagement ist nicht eine Unterdisziplin der Umweltbeauftragten. Vielmehr arbeiten die beiden Disziplinen in ständigem Austausch miteinander; darüber hinaus sollte das 3

Nachhaltigkeitsmanagement auch mit der Steuerabteilung im ständigen Austausch stehen. Nachhaltigkeitsmanagement ist keine Spielart des fokussiert operativen Geschäfts, sondern hilft, das Geschäft mittel- und langfristig zu fördern und durch sich immer ändernde Gewässer zu manövrieren.

4 In der **Berichterstattung** über die Nachhaltigkeit eines Unternehmens sollen sich dann internes Tun, Wirkungen, Erreichtes, aber auch Widerstände und Programme widerspiegeln. Dabei ist die Berichterstattung nicht einfach ein Kommunikationsinstrument unter vielen, sondern hat eine wichtige **strategische Komponente**. Der Bericht ist nicht das Ziel, es ist ein jährlich wiederkehrendes Produkt, das seine Wichtigkeit dadurch erlangt, dass es sich an externe Stakeholder richtet und die Chance für einen Dialog eröffnet. Die Berichterstellung ist ein Projekt mit einem definierten Veröffentlichungstermin und dem Projektziel, einen vollständigen, korrekten, geprüften und inhaltlich sinnvollen Bericht vorzulegen.

5 Die regulatorischen Vorgaben gebieten eine **Professionalisierung des Nachhaltigkeitsmanagements**. I.R.d. für das Unternehmen passenden Ambitionen ist es sicherlich nicht „bald vorbei“ oder gar „abgeschlossen“: Nachhaltigkeitsmanagement kann per Definition nicht beendet werden, sondern ist in kontinuierlicher Entwicklung. Nachhaltigkeit im Unternehmen beschreibt das kontinuierliche Streiten und Streben nach der Vereinbarkeit von unterschiedlichen Zielen, der Bewahrung der globalen Grenzen, Gerechtigkeitsfragen und schließlich auch der Abgrenzung als verantwortlich wirtschaftendes Unternehmen. Im Gegensatz zur (mind.) jährlichen Nachhaltigkeitsberichterstattung ist das Nachhaltigkeitsmanagement deshalb auch kein Projekt, sondern eine dauerhafte Begleitung und hilfreiche Disziplin, die durch den Austausch mit vielen unterschiedlichen Stakeholdern lebt, gemeinsam Mehrwert erzielt und dabei auf die Unterstützung „von oben“ angewiesen ist und gelebt werden will.

2 Start: Ambition und Motivation

6 Nachhaltigkeitsmanagement muss gewollt werden. Und es ist wichtig, dass es als wichtig verstanden wird. Ohne den sog. „tone-from-the-top“, d. h. das klare **Bekenntnis der Unternehmensleitung zu Nachhaltigkeit**, wird es nicht gelingen, ein umfassendes Nachhaltigkeitsmanagement aufzubauen, das selbst ein Vehikel für ein nachhaltiges Wirtschaften ist. Denn Nachhaltigkeitsmanagement braucht Ausdauer, Robustheit, Visionskraft, Standhaftigkeit – auch Streitbarkeit – und einen langen Atem. In einem Geflecht der unterschiedlichen Interessen und Ziele sind Resilienz, Überzeugungskraft und Mut weitere wichtige Elemente, um – gemeinsam mit anderen – Unternehmen von innen zu bewegen, weil das Wissen über das

Außen eingebracht wird. Dabei braucht das Nachhaltigkeitsmanagement die grundlegende Unterstützung der Führungsebene(n), um wichtige Schritte nach vorne gehen zu können.

Die Reflexion und schließlich die Haltung zur Nachhaltigkeit sind fundamentaler Ausgangspunkt. Wenn nur gemacht wird, weil man das so macht oder weil es so erwartet wird, wenn die Nachhaltigkeit des eigenen Geschäfts nicht gesehen, nicht bewertet oder gar fälschlicherweise unterstellt wird, dann kann kein sinnvolles, produktives Nachhaltigkeitsmanagement entstehen. Notwendig ist die Positionierung des Unternehmens, der Produkte, ggf. der Produktbereiche als auch der eigenen Person hinsichtlich „der Nachhaltigkeit" zu definieren. Damit wird klar, was die relevanten Treiber für das Nachhaltigkeitsmanagement sind. Sollen ausschl. gesetzliche Anforderungen erfüllt werden, oder geht es darum, an ausgewählten relevanten (im Nachhaltigkeitsjargon: materiellen) Themen (§ 2 Rz 11ff.) Akzente zu setzen, als Vorreiter, Innovator, Erneuerer? 7

Es gilt festzulegen, wie Nachhaltigkeit sich zur Unternehmensstrategie verhält: Treiben Nachhaltigkeitsaspekte die Unternehmensstrategie? Oder wird an Nachhaltigkeit erst bei der Kommunikation im Anschluss an den Strategieprozess oder zu besonderen Anlässen gedacht? Daraus leitet sich auch ab, ob in das Nachhaltigkeitsmanagement und die dazugehörigen Programme investiert wird oder ob diese als Kosten verbucht werden. 8

Praxis-Hinweis

Was ist Ihre Ambition?

- Compliance ist das Maß: Wir halten alle Gesetze ein und erfüllen die regulatorischen Anforderungen.
- Erkennen Sie den strategischen Mehrwert der Nachhaltigkeit für Ihr Unternehmen?
- Wollen Sie sich mit Ihrem Unternehmen/Ihren Produkten/Ihrer Persönlichkeit als Vorreiter für Nachhaltigkeit etablieren, da sie nachhaltige Wirkung i.S.v. Nutzen für das Unternehmen und die Gesellschaft erreichen wollen?

3 Verortung: Darstellung des Geschäftsmodells in Bezug auf Nachhaltigkeitsaspekte

Die Branche sowie das Geschäftsmodell eines Unternehmens haben einen wichtigen Einfluss auf die Ausgestaltung des Nachhaltigkeitsmanagements und die Nachhaltigkeitsperformance. In den **Materialitätsana-** 9

lysen (§ 2 Rz 11ff.) wird ausführlich analysiert, welche Auswirkung das Geschäft auf Nachhaltigkeitsbereiche hat und wie i.R.d. doppelten Wesentlichkeit Nachhaltigkeitsthemen ihrerseits das Geschäft beeinflussen (können).

10 In der Praxis wird nicht immer berücksichtigt, dass nicht alle relevanten Stakeholder über das Geschäftsmodell des jeweiligen Unternehmens so gut informiert sind wie die langjährigen Experten und Manager intern. Zwar gibt es bislang keine klare, eindeutige juristische oder akademische Definition eines Geschäftsmodells, aber das „Geschäftsmodell wird zunehmend zur Beschreibung der Schlüsselaspekte der Wertschöpfung verwendet, die die Funktionsweise eines Unternehmens und seine Auswirkungen, Abhängigkeiten (z.B. Ressourcen und Beziehungen) und Schwachstellen umfassen“[1]. Die Darstellung der Wertschöpfungskette, von der die Lieferkette (§ 15) ein wichtiger Bestandteil ist, ist Voraussetzung dafür, begleitet durch die Nachhaltigkeitsmanager, um das sog. **Verankern von Nachhaltigkeit in das Kerngeschäft** zu beginnen oder voranzubringen. Das ist entscheidend, um intern Verbündete zu identifizieren und sie für die Mitarbeit an Nachhaltigkeitsthemen zu gewinnen sowie externe Interessierte und Kritiker solide abzuholen.

11 Die Darstellung des Geschäftsmodells eines Unternehmens zu Berichtszwecken ist eine anspruchsvolle Anforderung. Analysen der bisherigen Berichterstattung verdeutlichen, dass trotz erheblicher Fortschritte auch Vorreiter-Unternehmen noch Nachholbedarf haben. Neueinsteiger können sich von Best-practice-Beispielen inspirieren lassen und haben die Möglichkeit, den Anschluss zu finden.[2]

12 In der Nachhaltigkeitsberichterstattung ist es notwendig, die Verortung des Unternehmens in einer größeren Wertschöpfungskette und das Geschäftsmodell präzise und vollständig zu beschreiben, idealerweise auch grafisch darzustellen. So können z.B. Verknüpfungen zu weiteren Nachhaltigkeits-Rahmenwerken wie den SDGs (§ 8 Rz 163ff.) hergestellt werden.

---

1 PTF-RNFRO, Towards Sustainable Businesses: Good Practices in Business Model, Risks and Opportunities Reporting in the EU, Main Report, S. 33.

2 PTF-RNFRO, Towards Sustainable Businesses: Good Practices in Business Model, Risks and Opportunities Reporting in the EU, Summary, 2021, S. 3 bzw. S. 34 im Main Report.

Tipps zur Darstellung des Geschäftsmodells

- Klare und umfassende Beschreibung (textlich und grafisch);
- prägnante Beschreibung
  - der Inputs (Ressourcen und Beziehungen),
  - der Geschäftsaktivitäten und Auswirkungen des Geschäftsmodells auf die Stakeholder,
  - des Outputs (Ergebnisse) und
  - der Auswirkungen des Geschäftsmodells;
- Unterscheidung zwischen direkten und indirekten, vor- und nachgelagerten Inputs und Outputs;
- Darstellung verbundener Geschäftsrisiken und -chancen;
- Verknüpfung mit anderen Berichtsinhalten z.B. durch eine Tabelle mit Verweisen oder zusätzliche kontextualisierende Informationen;
- grafische Aufbereitung durch visuelle Darstellung des Geschäftsmodells z.B. in Form eines Diagramms, einer Grafik, einer Tabelle, Nutzung von Technologien (z.B. interaktive Funktionen auf der Website).

4 Zusammenspiel: Stakeholder-Dialog

Unternehmen stehen als Akteure in der Gesellschaft unter kontinuierlicher Beobachtung mit steigenden Anforderungen an die Berichterstattung. I.R.d. Nachhaltigkeitsmanagements spielt der Dialog mit Stakeholdern eine wesentliche Rolle. Die Berichterstattung ist zugleich Quelle von Aktionen als auch Objekt der Begutachtung und Kritik. Die Interaktion mit Stakeholdern (§ 7 Rz 11, 30ff.) gestaltet sich vielfältig, sowohl was die Stakeholder selbst angeht als auch die große Vielfalt an Aktionen, Taktiken und, damit eng verzahnt, Zielen und Interessen betreffend. Zudem ist zu unterscheiden zwischen eher kooperativer Interaktion oder aber betont kritischer bis ablehnender Aktion. 13

Stakeholder sind zusätzlich untereinander selbst höchst unterschiedlich und divers, sowohl auf Gruppenebene also auch individuell. Es können daraus Dynamiken entstehen zwischen einzelnen Akteuren, die sich entweder für eine Sache verbünden oder aber kontroverse Positionen einnehmen. Der Dialog mit Stakeholdern steht im Wechselspiel zur Gesetzgebung, denn teilweise regelt die Gesetzgebung den Stakeholder-Dialog, teilweise geht er der Regulierung voraus, findet begleitend statt oder fordert eine spezifische Regulierung ein. 14

Unternehmens-Stakeholder	**Staatliche Akteure**	**Zivilgesellschaftliche Akteure**
Mitarbeiter	Regierungen (lokal, Staaten, internationale Organisationen)	Lokale Gemeinschaften
Kunden, Kosumenten	Public Private Partnerships	Nicht-Regierungsorganisationen (NGOs)
Banken und Versicherer	Multi-Stakeholder-Dialoge	Forschungseinrichtungen
Aktionäre, Investoren, Analysten		Gewerkschaften
Lieferanten		Vulnerable Gruppen
Industrie- und Handelsverbände		Medien
Wettbewerber		
Charakteristika der Stakeholder-Dialoge unterscheiden sich z. B. in den gewählten Methoden und der Häufigkeit des Austauschs sowie den Themen und den Ergebnissen.[3]		

Tab. 1: Stakeholder-Gruppen

5 Vom Sinn und Nutzen: Business Care

15 Die Entwicklung eines passgenauen Nachhaltigkeitsmanagements und der entsprechenden Berichterstattung dazu kann aus verschiedenen Gründen erfolgen – und zielt auf unterschiedliche Effekte ab. Folgende Ziele bei der Umsetzung von Maßnahmen zur Nachhaltigkeit mittelständischer und börsennotierter Unternehmen werden häufig genannt:[4]

- langfristige Unternehmenssicherung,
- bessere Erfüllung von Kundenwünschen,
- Mitarbeitermotivation,

---

[3] Eigene Darstellung, inspiriert von AA1000 AccountAbility Stakeholder Engagement Standard, 2015; World Economic Forum, Prepared in collaboration with Deloitte, EY, KPMG and PwC, Measuring Stakeholder Capitalism: Towards Common Metrics and Consistent Reporting of Sustainable Value Creation, 2020; Global Reporting Initiative, GRI 1: Foundation 2021, S. 10, Abschn. 2.4.

[4] Vgl. forsa, ESG-Herausforderungen für Großunternehmen in Deutschland, 2021, S. 12; Telefoninterviews/Onlineinterviews mit n = Großunternehmen ab 250 Mitarbeitern in Deutschland: 104 mittelständische Unternehmen, 32 börsennotierte Unternehmen.

- Imagepflege und Verbesserung der Reputation,
- intrinsische Motivation,[5]
- Einsparung von Kosten,[6]
- Erschließung neuer Geschäftsfelder,
- Erfüllung von Anforderungen bzw. Erwartungen von Investoren,[7]
- Erfüllung von Anforderungen bzw. Erwartungen von Banken.

Die Erfüllung von Stakeholder-Erwartungen (Kundenwünsche, Mitarbeiteranreize) ist primäre Motivation, wobei börsennotierte Unternehmen sich insbes. an Investoren-Anforderungen orientieren. Die Berichterstattung dient der Bewertung des Unternehmens durch Investoren, und die öffentlich verfügbare Information fließt in die ESG-Ratings und ESG-Rankings, Benchmarks sowie spezifische Modelle ein. Bei der Relevanz der intrinsischen Motivation sowie der Abschätzung von Kosten unterscheiden sich die befragten Unternehmen nach ihrer Organisationsform. 16

6 Nachhaltigkeitsberichterstattung als Spiegel des Nachhaltigkeitsmanagements: Dokumentierte Verantwortung

Die Nachhaltigkeitsberichterstattung ist ein Teilprojekt des Nachhaltigkeitsmanagements und Bestandteil des Stakeholder-Engagements. 17

> „The challenge for companies in preparing corporate reports is to advance a model for transparency, which is focussed, clear and flexible enough to incorporate the unique value creation of an enterprise, while at the same time providing consistency and reliability to allow users to compare, benchmark and rate performance against sustainability criteria."[8]

Sie kann auch als eine Einladung zum Dialog verstanden werden. In der Berichterstattung werden die Themen, Fortschritte, Ziele und Daten, Risiken und Chancen für eine interessierte Öffentlichkeit zusammengestellt. Das erlaubt sowohl Repräsentation als auch Accountability, also Rechenschaftspflicht, und erhöht somit die Verbindlichkeit der Aussagen

5 Abweichend von börsennotierten Unternehmen nur zu 48 % im Vergleich zu 76 % der mittelständischen Unternehmen genannt.

6 Abweichend von börsennotierten Unternehmen als am wenigsten wichtiges Ziel mit 38 % der Nennungen genannt.

7 Abweichend von börsennotierten Unternehmen als zweitwichtigstes Ziel mit 90 % der Nennungen benannt.

8 PTF-RNFRO, Towards Sustainable Businesses: Good Practices in Business Model, Risks and Opportunities Reporting in the EU, Main Report, S. 18.

(s. zur Notwendigkeit von Nachhaltigkeit in der Corporate Governance § 7). Intern sowie extern gibt die Berichterstattung Auskunft über die Zwischenziele der **Nachhaltigkeits-Roadmap**, die den Weg vorgibt und den Handlungsrahmen absteckt.

18 Ein enges Zusammenspiel zwischen dem strategischen Nachhaltigkeitsprogramm, also den Aktivitäten und Projekten zu wesentlichen Themen, und der Berichterstattung[9] ist notwendig, denn ohne Programm keine Berichterstattung. Je systematischer die Zusammenführung unterschiedlicher Disziplinen und Programme kontinuierlich erfolgt, idealerweise über Ziele und deren zur Messung des Fortschritts erhobenen KPIs, umso logischer und konsistenter lässt sich darüber berichten. Angesichts der erhöhten Berichtsanforderungen ist eine solide Berichterstattung ohne unterlegte Programme nur schwer vorstellbar. Allerdings unterliegt das Nachhaltigkeitsmanagement einem ständigen Wandel und der Weiterentwicklung. Deshalb ist es wichtig, verstärkt an den materiellen Themen zu arbeiten und über diese zu berichten, ohne dass vorausgesetzt werden kann, dass alle Themen gleich fortgeschritten sind oder die Nachhaltigkeitsleistungen überall perfekt sein müssen. Von besonderer Bedeutung ist es, z.B. in Form von Roadmaps und Zielen sowie Meilensteinen den Weg aufzuzeigen und anhand belegbarer Zahlen zu dokumentieren (§ 10 Rz 5ff.).

19 In der Entwicklung und Umsetzung der Programme ist es ratsam, Stakeholder in angemessener Weise einzubeziehen. Nur so ist die Orientierung an deren Erwartungen möglich und können gesellschaftliche Dynamiken frühzeitig erkannt und bewertet werden.

20 Für die Berichterstattung ist – insbes. für Erstberichter und angesichts der neuen, wachsenden Herausforderungen – von einem Zeitraum von **6 Monaten Projektphase plus Vorbereitung** auszugehen; **3 Monate** sollten als **Hoch-Phase** eingeplant werden, in der es darum geht, Zahlen zu plausibilisieren, Gremien fristgerecht einzubinden, Texte final abzustimmen und die Prüfung mit den externen Auditoren zu koordinieren, begleiten, moderieren und zum Erfolg zu führen. Nachhaltigkeitsmanager übernehmen dabei häufig die multiplen Rollen der Koordinatoren, Fachexperten, Projektmanager, Lektoren, Prüfer, Grafiker oder gar Übersetzer. Vieles ist möglich, manches erscheint nicht sinnvoll. Hier ist auf eine **Arbeitsteilung** zu achten, die klare Zuständigkeiten, Verantwortungen, Berichtswege sowie Eskalationen definiert.

---

[9] Für die Ausarbeitungselemente der Berichtsteile und die wesentlichen Dinge, die es dabei zu beachten gilt, sei insbes. verwiesen auf das Kapitel Roadmap (§ 10) sowie die verschiedenen Rahmenwerke (§ 8).

Im Projekt „Nachhaltigkeitsberichterstattung“ ist die Koordination vieler unterschiedlicher Interessen und interner sowie externer Stakeholder, z. B. aus Agenturen, Übersetzungsbüros, Wirtschaftsprüfern, notwendig, was kaum ohne Reibungspunkte gelingen kann, im Idealfall aber produktiv läuft. Eine **strikte Zeitplanung** mit Rechnung ab Veröffentlichungsdatum ist dringend geboten – und wird Zulieferer von Zahlen und Textpassagen sowie Rückmeldungen zum Text sicherlich auch an Grenzen bringen. Gemeinsam geht es hier darum, die Herausforderungen anzunehmen und durch die Unternehmensleitung bestmöglich zu unterstützen. 21

Zusammengefasst geht es also darum, im Zusammenspiel von Unternehmen und Stakeholdern ein für das jeweilige Unternehmen **angemessenes Nachhaltigkeitsprogramm** zu entwickeln und umzusetzen. Dem Dialog mit unterschiedlichen Stakeholder-Gruppen in unterschiedlichen Formaten und Frequenzen kommt eine besondere Bedeutung zu und spielt sowohl bei der strategischen Ausrichtung als auch der praktischen Implementierung eine wichtige Rolle. Die Inhalte und Nachhaltigkeitsleistungen wiederum sind die Voraussetzung für eine solide Nachhaltigkeitsberichterstattung. 22

Dabei kommt es darauf an, dass Unternehmen überhaupt berichten und diese Informationen einfach zugänglich sind. Für die **Inhaltsaufbereitung** gilt, über wesentliche Themen (§ 8 Rz 72 ff.) aktuelle Auskunft zu geben, sorgfältig und genau vorzugehen, ausgewogen zu berichten, auch Schwierigkeiten idealerweise mit Lösungswegen aufzuzeigen, auf Kohärenz und Anschlussfähigkeit z. B. in Bezug auf vorangegangene Berichtsjahre, aber auch Branchenspezifika und Umweltbedingungen zu achten und schließlich die Überprüfbarkeit der Informationen sowie die Zuverlässigkeit, z. B. durch ein externes Audit, abzusichern. 23

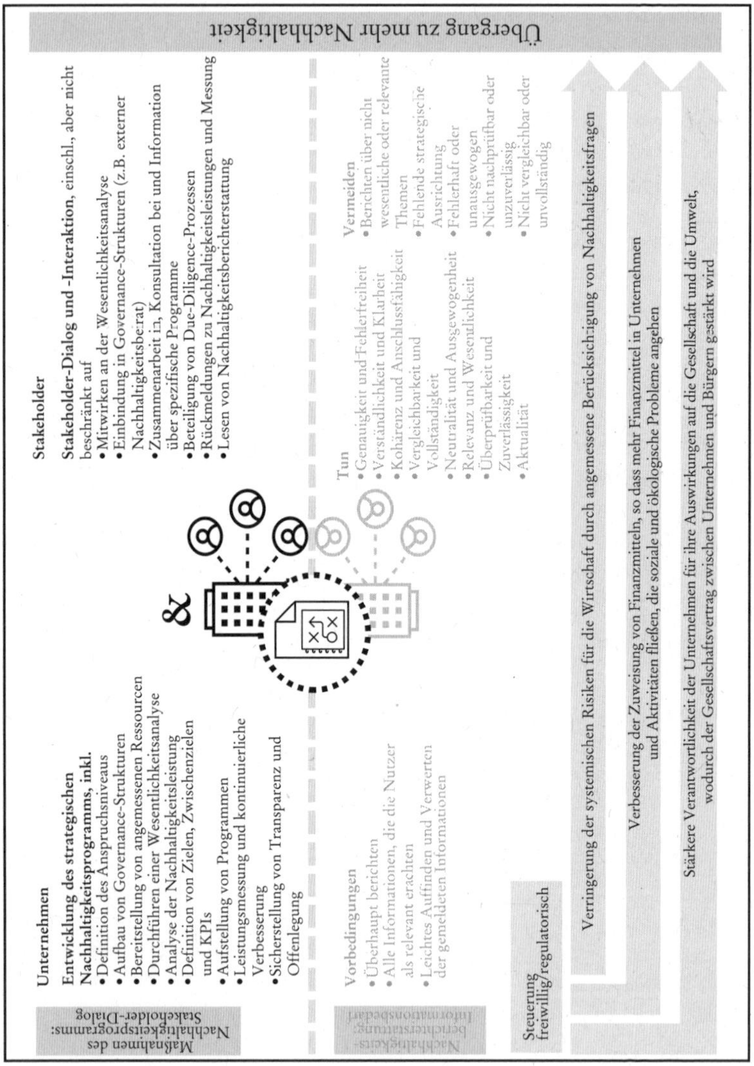

Abb. 1: Nachhaltigkeitsberichterstattung als Spiegel des Nachhaltigkeitsmanagements[10]

---

10 Eigene Darstellung und Bearbeitung, für den Teil „Informationsbedarf" inspiriert von PTF-RNFRO, Towards Sustainable Businesses: Good Practices in Business Model, Risks and Opportunities Reporting in the EU, Main Report, S. 49–51 und 83f.

Unter den Voraussetzungen dieses **kontinuierlichen Zusammenwirkens** des Unternehmens mit seinen Stakeholdern und der transparenten Darstellung dessen, so die Annahme, ist es möglich, systemische Risiken für die Wirtschaft durch die angemessene Berücksichtigung von Nachhaltigkeitsfragen, z.B. Klimarisiken, verantwortliches Wirtschaften mit Blick auf Arbeitsbedingungen, auch in der Lieferkette etc. zu verringern bzw. zu mitigieren. I.R.d. EU Green Deal und Sustainable Finance wird die „Neuausrichtung der Kapitalflüsse hin zu einer nachhaltigeren Wirtschaft“[11] angestrebt und mit zahlreichen Maßnahmen unterlegt (§ 11). Schließlich führen die stärkere Verantwortlichkeit von Unternehmen und die Berichterstattung darüber zu einer Stärkung des Gesellschaftsvertrags zwischen Unternehmen und Bürgern und Stakeholdern. Im Zusammenspiel kann so der Übergang zu mehr Nachhaltigkeit, i.S.v. Ausgewogenheit zwischen ökonomischen, ökologischen und gesellschaftlichen Themen i.R.d. planetaren Grenzen, vorangetrieben werden. 24

Damit das Modell i.S.e. echten Nachhaltigkeitswirkung funktionieren kann, sind allerdings einige Grundbedingungen zu berücksichtigen. Das **Berichten über Nachhaltigkeitsmanagement ist nicht das Nachhaltigkeitsmanagement selbst** und noch weniger die Nachhaltigkeitsleistung. Aufgrund der Ressourcenintensität und der Anzahl der Berichtsstandards und Regulierungen (§ 8) kann der Eindruck entstehen, hierauf den Fokus zu legen. In der Praxis ist aber ein ausgewogenes Verständnis vom Zusammenspiel entscheidend, gepaart mit dem Zusammenspiel interner und externer Stakeholder. 25

In der Betrachtung einiger Nachhaltigkeitsparameter, z.B. der Sustainable Development Goals (Ziele für nachhaltige Entwicklung; § 8 Rz 163ff.) wird deutlich, dass der Fortschritt im besten Fall fragmentiert, in einigen Fällen gar rückläufig ist.[12] Dementsprechend wird kritisch diskutiert, ob die rechtlich verbindliche Anforderung zur Berichterstattung am Beispiel der Richtlinie über die Angabe nichtfinanzieller Informationen (NFRD, Non-Financial Reporting Directive; § 9) eine Wirkung auf die berichtspflichtigen Unternehmen entwickelt hat. Es ist schwierig zu unterscheiden, inwieweit die Veränderungen auf die Berichterstattung zurückzuführen sind oder als Reaktion insbes. auf Forderungen von Geschäftspartnern oder auf veränderte gesellschaftliche Präferenzen und 26

[11] Europäische Kommission, Aktionsplan: Finanzierung nachhaltigen Wachstums, 8.3.2018, COM(2018) 97 final.

[12] Vgl. u.a. United Nations, The Sustainable Development Goals Report 2021; Sustainable Development Solutions Network/Bertelsmann Stiftung, Sustainable Development Report 2021.

Erwartungen der Interessengruppen erfolgen. Die Auswertung der EU[13] kommt zum Ergebnis, dass bei 2/3 der befragten Unternehmen, insbes. bei neuen Berichterstattern, die Berichterstattung auch Änderungen in internen Prozessen und Praktiken bewirkt habe, also zu Änderungen der internen Praktiken und Verfahren beigetragen hat. Solche Änderungen führten zu einer stärkeren Integration nichtfinanzieller Risiken, zu einer besseren Koordination und Kooperation zwischen Abteilungen und zur Steigerung des Bekanntheitsgrads der nichtfinanziellen Erklärung.

27 Mit dem Widerspruch, dass die Anzahl an Nachhaltigkeitsberichterstattungen in den letzten Jahren erheblich zugenommen hat (§ 1), die Nachhaltigkeitsleistung aber oft nicht besser, teilweise sogar offenkundig schlechter geworden ist, beschäftigt sich auch PUCKER 2021 kritisch. Er spricht sich für eine Kombination aus besseren Messtechniken und Berichten aus, gepaart mit Regulierungen, Investitionsanreizen und letztlich den zugrunde liegenden Einstellungen. „It turns out that reporting is not a proxy for progress. [...] Worse yet, the focus on reporting may actually be an obstacle to progress – consuming bandwidth, exaggerating gains, and distracting from the very real need for changes in mindsets, regulation, and corporate behavior.“[14]

7 Ausblick

28 Die Etablierung des Nachhaltigkeitsmanagements und der dazugehörigen Nachhaltigkeitsberichterstattung ist eine herausfordernde Aufgabe, in deren Umsetzung Unternehmen auf einen reichen Fundus an internem Wissen zurückgreifen aus ganz verschiedenen Abteilungen, z.B. Personalabteilung, Steuern, Compliance, Rechtsabteilung, technischen und Finanz-Bereichen, Umwelt- und Arbeitssicherheit, Kommunikation und Investor Relations. Zugleich ist das Nachhaltigkeitsmanagement aber eben nicht nur die Zusammenfassung von bereits erarbeitetem Wissen, Instrumenten oder Verfahren in einem Bericht. Es geht um die strategische Neuausrichtung und Ergänzung des Unternehmens. Das erfordert Mut zur Umsetzung und Weitsicht, orientiert am Ambitionsniveau und in Abstimmung mit dem Geschäftsmodell.

---

13 Vgl. Europäische Kommission, Study on the Non-Financial Reporting Directive, 2020; in der Studie wurden auf der Basis eines Fragebogens mit mehr als 200 Antworten (9 % Antwortrate) und Interviews mit über 60 Stakeholdern zahlreiche Aspekte zum Monitoring der Implementierung der NFRD beleuchtet.

14 Pucker, Harvard Business Review 2021, https://hbr.org/2021/05/overselling-sustainability-reporting, abgerufen am 3.1.2022.

Noch zu wenig beachtet, bewegen sich Unternehmen in einem Netzwerk von Stakeholdern, die an Transparenz über Nachhaltigkeitsthemen interessiert sind und das Unternehmen darin unterstützen können, Programme und Projekte zu bestimmten Zielen zu entwickeln, umzusetzen und zum Ziel zu führen. Eine profunde Auseinandersetzung mit kritischen Stakeholdern ist eine wichtige Quelle, Erwartungen und Forderungen, die an das Unternehmen herangetragen werden, zu erkennen, zu bewerten und sich dazu zu positionieren. Denn zur verantwortungsvollen Unternehmensführung gehört die Auseinandersetzung mit gesellschaftlichen Fragestellungen, die Beachtung der Ressourcenfragen und die Bereitschaft, in den Dialog zu treten. Dabei gilt es, die feine Linie zwischen zu wenig und zu viel der Informationen und Aussagen zu treffen. 29

Es ist kontraproduktiv, zu wenig zu sagen – und hier ist nicht gemeint, tue Gutes und rede darüber, was eine Zeit lang dafür herhalten musste, dass eigentlich alle Unternehmen schon sehr gut aufgestellt seien in Sachen Nachhaltigkeitsmanagement, nur zu bescheiden, dies auch auszusprechen. Es ist ebenso kontraproduktiv, um nicht zu sagen irreführend, zu viel zu versprechen. Was noch nicht etabliert ist im Unternehmen, kann nicht als etabliert beschrieben werden, was im Entstehen ist, sollte als solches dargestellt werden. In einer **fairen Spiegelung des Nachhaltigkeitsmanagements in der Berichterstattung** kann somit eine Dynamik entstehen, die schließlich zu einer nachhaltigeren Wirtschaftsweise führen sollte. Das Zusammenspiel freiwilliger und regulatorischer Steuerung bietet dabei den Rahmen, den es unternehmensindividuell auszufüllen gilt. 30

Literaturtipps

- Europäische Kommission, Study on the Non-Financial Reporting Directive. Final report, 2020, www.ceps.eu/wp-content/uploads/2021/04/EV0220277ENN.en_.pdf, abgerufen am 3.1.2022
- forsa, ESG-Herausforderungen für Großunternehmen in Deutschland, 2021 www.drsc.de/app/uploads/2021/06/40337_f21.0175_text.pdf, abgerufen am 3.1.2022
- PTF-RNFRO (European Lab PTF on Reporting of non-financial risks and opportunities and linkage to the business model), Towards Sustainable Business: Good Practices in Business Model, Risks and Opportunities Reporting in the EU and supplement Supplementary Document: Good reporting practices, www.efrag.org/Assets/Download?assetUrl=/sites/webpublishing/SiteAssets/EFRAG%20PTF-RNFRO%20-%20Main%20Report.pdf, abgerufen am 3.1.2022

- PTF-RNFRO (European Lab PTF on Reporting of non-financial risks and opportunities and linkage to the business model), Towards Sustainable Businesses: Good Practices in Business Model, Risks and Opportunities Reporting in the EU, Summary, 2021, www.efrag.org/Assets/Download?assetUrl=/sites/webpublishing/SiteAssets/EFRAG%20PTF-RNFRO%20-%20Report%20Summary.pdf, abgerufen am 3.1.2022
- Pucker, Overselling Sustainability Reporting. We're confusing output with impact, Harvard Business Review May–June 2021, https://hbr.org/2021/05/overselling-sustainability-reporting, abgerufen am 3.1.2022
- Sustainable Development Solutions Network/Bertelsmann Stiftung, Sustainable Development Report 2021. The Decade of Action for the Sustainable Development Goals, www.sdgindex.org/reports/sustainable-development-report-2021/, abgerufen am 3.1.2022
- United Nations, The Sustainable Development Goals Report 2021, https://unstats.un.org/sdgs/report/2021/, abgerufen am 3.1.2022
- World Economic Forum, Prepared in collaboration with Deloitte, EY, KPMG and PwC, Measuring Stakeholder Capitalism: Towards Common Metrics and Consistent Reporting of Sustainable Value Creation, 2020, www.weforum.org/reports/measuring-stakeholder-capitalism-towards-common-metrics-and-consistent-reporting-of-sustainable-value-creation, abgerufen am 3.1.2022

§ 4 Quantitative und qualitative nichtfinanzielle Leistungsinformationen

Überblick

Nachhaltigkeitsmanagement ist komplex, zugleich sehr allgemein oder spezifisch und im ständigen Wandel begriffen. Daneben gilt es, regionale, nationale und globale Rahmenwerke zu kennen, zu bewerten, für das Unternehmen nutzbar zu machen und einzuhalten (§ 8). Bis heute ist nicht einheitlich geregelt, wie die Leistung des Nachhaltigkeitsmanagements und dazu die Nachhaltigkeitsleistung einer Organisation gemessen werden können. Dennoch gilt es sicherzustellen, dass sich die Themen in die richtige, weil nachhaltigere, Richtung bewegen.

1 Einführung

Um Nachhaltigkeitsleistung sichtbar und wirksam zu machen, braucht es 1
qualitative und quantitative Informationen. Im Nachhaltigkeitsmanagement müssen verlässliche Zahlen erhoben, interpretiert und anschließend zur Steuerung genutzt werden.

Indikatoren fassen Zahlen zusammen und sind die Voraussetzung dafür, dass Fortschritte überprüft, Politiken etabliert und systematisch Rechenschaft abgegeben werden können. Auf dieser Grundlage können Themen gesteuert werden. Die Nachhaltigkeitsberichterstattung als Teil des Nachhaltigkeitsmanagements berichtet darüber nach außen, während intern der Unternehmensleitung in definierten regelmäßigen Abständen der Entwicklungsstand berichtet wird. Dies ist ein wichtiger Baustein, damit das Nachhaltigkeitsmanagement die Wirkung von Programmen sichtbar machen und das Unternehmen seinen Zielansprüchen sowie den Stakeholdern gegenüber gerecht werden kann.

Abb. 1: Strategisches Nachhaltigkeitsmanagement

2 Orientierung bieten: Nachhaltigkeitsziele setzen

2 Erst **Ziele** machen das Nachhaltigkeitsmanagement verbindlich. Die Unternehmensleitung zeigt damit die strategische Ausrichtung und Messbarkeit spezifischer wesentlicher Themen (§ 2 Rz 11ff.). Damit ergeben sich Chancen, nämlich eine Fokussierung auf bestimmte Themen, einfacher den eigenen Beitrag erklären zu können und sich von anderen Unternehmen abzusetzen. Falls Ziele nicht erreicht werden (können) oder sehr frühzeitig übererfüllt werden, sollten Organisationen dazu stehen, es begründen und Wege aufzeigen, wie zukünftig gegengesteuert wird oder anspruchsvollere Ziele gesetzt werden.

3 Um die 70 % der mittelständischen und börsennotierten Unternehmen mit einer „Nachhaltigkeitsstrategie" haben messbare Ziele bzw. Indikatoren formuliert, z.B. zu CO_2-Reduktion und -Neutralität bzw. Klimaneutralität oder der Reduktion des Energieverbrauchs, des Abfalls und zu Mitarbeitermaßnahmen.[1] Aber noch selten erfolgt die Festlegung der Ziele anhand wissenschaftlicher Kriterien z.B. i.R.v. planetaren Grenzen.

4 Eine angemessene Zielformulierung verspricht nicht zu viel, aber auch nicht zu wenig. Um nicht unrealistisches Versprechen, sondern erreichbares Ziel zu sein, ist es wichtig, die Aussagen präzise zu formulieren und realistisch einzugrenzen. Ein genaueres, wenn auch kleineres Ziel erhöht erheblich die Glaubwürdigkeit und kann eine handlungsleitende Wirkung entfalten. Außerdem sollten die **Ziele** so präzise wie möglich und gut verständlich formuliert sein (**smart**: spezifisch, messbar, erreichbar, realistisch und zeitgebunden). Zu vermeiden sind Auslagerungen aus dem

1 forsa, ESG-Herausforderungen für Großunternehmen in Deutschland, 2021, S. 13f.

Haupttext des Ziels (etwa in Fußnoten), da sie im weiteren Verlauf der Anwendung der Ziele verloren gehen können, nicht mitgelesen werden und sich auch nicht für eine computergestützte Auswertung eignen. Ein Kompromiss kann sein, eine etwas detailliertere und damit längere Zielformulierung zu finden, die möglicherweise mit 1 bis 2 Worten abgekürzt werden kann.

3 Ziele durch KPIs operationalisieren

Die Operationalisierung von strategisch wichtigen Themen erfolgt im Idealfall durch **Zwischenziele** und die **Definition von Leistungskennzahlen**, also Key Performance Indicators (KPIs). KPIs sind notwendig, um eine einheitliche Sichtweise auf den Zielerreichungsstand zu gewähren und Aktivitäten und Aufmerksamkeit zu kanalisieren. Das Runterbrechen der Ziele auf unterschiedliche Teilbereiche des Unternehmens ist häufig relevant, da nicht jeder Teilbereich den gleichen Beitrag leisten kann und muss, aber alle Beiträge den Zielwert ergeben müssen (kohärente Zielarchitektur). Kennzahlen bieten einen Überblick über den Entwicklungsstand in verschiedenen Nachhaltigkeitsbereichen. KPIs geben Auskunft über den Stand der Erreichung strategischer Ziele. Dementsprechend sind nicht alle (Finanz-)Informationen KPIs. KPIs können Leistungen oder Prozesse erfassen, sich also auf Input, Output, Outcome oder Impact, den Prozess oder den Kontext beziehen. Sie können absolute Werte abbilden oder Bezugswerte. 5

Für die Nachhaltigkeitsbereiche Ökonomie, Ökologie und Soziales werden Kennzahlen oder Leistungsinformationen in unterschiedlicher Weise diskutiert. Während im Umweltbereich die Meinung überwiegt, hier sei es recht einfach bzw. mit technischer Hilfe gut möglich, quantifizierte Kennzahlen zu ermitteln, so erscheinen soziale/gesellschaftliche Fragestellungen am schwierigsten zu erfassen. Immer ist auf einen logischen Zusammenhang zwischen Ziel und Kennzahlen bzw. Indikatoren zu achten. Ein gewisser Realismus ist angebracht, da nicht alles, was idealerweise messbar wäre, mit angemessenem Aufwand auch tatsächlich messbar ist. Anderes sollte nun messbar gemacht werden, um die Ziele erreichbar zu machen. Eine ehrliche Darstellung i.S.d. Anwendungsbereiche sowohl der Zieldefinition als auch des Berichtsrahmens ist geboten. 6

KPIs im Nachhaltigkeitsbereich gibt es viele: Bisher wurden **mehr als 5.000 KPIs oder Datenpunkte nichtfinanzieller Art** inventarisiert und das European Reporting Lab@EFRAG zählt nahezu 100 Initiativen zur 7

Standardisierung für Nachhaltigkeitsinformationen.[2] Seit einiger Zeit ist eine Konsolidierung zahlreicher Initiativen zu beobachten (§ 8). Im konkreten Unternehmensfall erscheint es **sinnvoll, sich aus den umfangreichen Katalogen von KPIs zu bedienen**. Das erhöht ggf. die Qualität, da die Kennzahlen in den Standards zumeist in intensiven globalen Stakeholder-Aushandlungen formuliert worden sind und i.d.R. seit Jahren von zahlreichen Unternehmen angewendet werden. Hilfreich ist auch die bereits vorhandene Definitionsarbeit, die zum Arbeiten mit Zielen und KPIs unerlässlich ist. Wenn im zu erwartenden EU Sustainability Reporting Standard die zu berichtenden Kennzahlen festgelegt werden, ist es empfehlenswert, anhand der ohnehin zu berichtenden Kennzahlen KPIs orientiert an den strategischen Nachhaltigkeitszielen auszuwählen. Das mindert den zusätzlichen Aufwand und erhöht die Anschlussfähigkeit der Informationen.

8 In der Praxis wird die Nachhaltigkeitsmanagerin oder der Nachhaltigkeitsmanager die Koordination der Abstimmungen zu den Zielen und KPIs übernehmen und die Formulierung und Entwicklung derselben voranbringen, intensiv begleiten und auch herausfordern. Zur Zielsetzung und Festlegung der KPIs selbst ist es unerlässlich, dass die Themenverantwortlichen aus den Fachabteilungen Input liefern. Sie sind die Experten für das Thema, sie wissen, was realistisch ist, auch was gewünscht ist, und erleben durch die Zielsetzungen und KPIs auch eine Aufwertung der Themen. Schließlich ist die Rolle der Unternehmensleitung entscheidend: die Ziele sollten in die Unternehmensstrategie eingebettet werden, haben Potenzial zu bedeutsamsten nichtfinanziellen Leistungsindikatoren (§ 9, Abb. 1 in Rz 22) und z.B. in das Vergütungssystem aufgenommen zu werden.

4 Ermittlung von Metriken: Daten erheben

9 Der Prozess der Zielfestlegung und der Definition von KPIs stützt sich auf vorhandene Zahlen im Unternehmen, um das Basisjahr für die Ziele festlegen zu können, die angestrebte Zielgröße zu definieren und zu erproben, in welcher Qualität und mit welchem Aufwand die Kennzahlen erhoben werden können. Nicht nur wenige definierte KPIs müssen auditierbar erfasst werden, sondern viele weitere Kennzahlen, die durch freiwillige Standards wie GRI, SASB (etc.; § 8) notwendig und mit dem erwarteten EU Sustainability Reporting Standard verbindlich vorgegeben werden. Mit Blick auf die Qualitätssicherung der Daten sowie zur Auditierbarkeit der Angaben ist von Anfang an mitzudenken, wie Belege für

2 Vgl. auch EFRAG, Proposals for a relevant and dynamic EU Sustainability Reporting Standardsetting, Final Report, 2021, Appendix 3.28.

eingegebene Daten – auf kleinstmöglicher Ebene – dokumentiert werden können. Für die tatsächliche Erhebung ist es ratsam, **technische Unterstützung**, die über Excel-Listen hinausgeht, einzuführen.

Der Markt für die Erfassung von Nachhaltigkeitsdaten in Unternehmen umfasst langjährig etablierte Anbieter, Start-ups, die Künstliche Intelligenz (KI) nutzen, sowie sich ständig weiterentwickelnde Systeme. Zwar kann der Aufwand durch technische Unterstützung reduziert werden, dennoch gilt zumeist, dass Kennzahlen eingegeben werden müssen (nur die wenigsten Größen sind technisch automatisiert). Immer wird die Schulung von Dateneingebern und Datennutzern eine Rolle für die **Datenqualität** spielen. 10

Eine gute Governance klärt die unterschiedlichen Rollen bei der Dateneingabe und die Verantwortlichkeiten für Ergebnisse und Gegenmaßnahmen, wenn nötig. Am Ort des Geschehens wird der korrekte Wert der Kennzahl festgestellt und erhoben. Teilweise erfolgt eine Aggregation der Einzeldaten auf lokaler Ebene, bevor ein weiterer Plausibilitätscheck in den zentralen Fachabteilungen erfolgt. Unstimmigkeiten müssen im Austausch mit den Kollegen in den Regionen oder vor Ort geklärt werden. Die Fachabteilung leitet dann plausibilisierte Zahlen und Belege in aggregierter Form an die Nachhaltigkeitsabteilung, die diese Daten mit auf Unternehmensebene aggregierten Daten plausibilisiert. Die Daten unterliegen häufig, zukünftig immer, der externen Prüfung (§ 9 Rz 38ff.). Die Unternehmensleitung steht in der Verantwortung für die korrekte Datenerhebung und anschließende externe Darstellung (§ 9 Rz 38, 40, 78). 11

Während im Controlling eine regelmäßige Datenerhebung und Datenauswertung selbstverständlich sind, gibt es im Nachhaltigkeitsmanagement noch Aufholbedarf. Das gilt sowohl für die Systeme und Regularien selbst als auch für den Erhebungszeitraum. Häufig ist die externe Nachhaltigkeitsberichterstattung der Grund für die Erhebung von Daten. Allerdings ist ein einmal im Jahr gemessener Wert eines KPI wenig aussagekräftig und kann nur schwerlich zur Steuerung verwendet werden. Obwohl Aufwand in der Datengenerierung entsteht, ist es ratsam, eine häufigere (interne) Berichtsfrequenz einzuführen, beginnend mit einer halbjährlichen, quartalsweise bis hin zu einer monatlichen Erhebung, wo sinnvoll. 12

Exkurs SDGs

„The 17 Sustainable Development Goals and 169 targets which we are announcing today demonstrate the scale and ambition of this new universal Agenda."[3] Auch privatwirtschaftliche Aktivitäten, Investitionen und Innovation werden in der Agenda 2030 explizit aufgefordert, zum Erreichen der SDGs beizutragen.[4]

Die SDGs sind das Beispiel für den Versuch, im globalen Maßstab Nachhaltigkeit zielgerichtet voranzubringen. Globale Ziele, in Kurz- sowie Langform ausformuliert, mit ansprechenden und relativ selbsterklärenden Logos versehen, bringen die Kernaussagen auf den Punkt, werden durch Unterziele präzisiert und mit Indikatoren operationalisiert. Der globale Indikatorrahmen umfasst 231 einzelne Indikatoren.[5]

Für Wirtschaftsakteure stellt sich die Frage nach sinnvollem Engagement: Welche Beiträge in Beziehung zum Kerngeschäft sind im jeweiligen Länderkontext sinnvoll? Unternehmen können Prioritäten bestimmen, wenn sie sich strategisch mit den Zielen, Zielvorgaben und Indikatoren entlang ihrer Wertschöpfungskette auseinandersetzen. Daraus können Handlungen abgeleitet werden, die den Zielen angemessen Rechnung tragen, ohne in simplifizierende Muster zu verfallen. Dazu sollten Unternehmen die **Unterziele und Indikatoren der SDGs kennen**. Wenn Maßnahmen auf höherer Aggregationsebene, z.B. den 17 Zielen oder deren Kurzform oder gar Symbol, benannt werden, sollte darauf hingewiesen werden, dass der unternehmensspezifische Beitrag unternehmens- oder sektorspezifischen Indikatoren folgt und nicht i.e.S. angerechnet werden kann.

5 Interpretation: Zahlen zum Sprechen bringen

13 Mit der Dateneingabe ist es nicht getan: Der Wert der erhobenen Zahlen liegt in deren Interpretation. Erstaunlicherweise ist im Nachhaltigkeitsbereich die **Interpretationsbedürftigkeit** von Zahlen noch nicht immer selbstverständlich. Warum es zu einer positiven oder negativen Abweichung kommt, muss mind. kurz erläutert werden. Wenn die Kennzahlen

3 United Nations, Transforming our world: the 2030 Agenda for Sustainable Development, https://sdgs.un.org/2030agenda, abgerufen am 3.1.2022.

4 2030 Agenda for Sustainable Development, Tz. 67.

5 Der globale Indikatorrahmen wurde 2017 von der UN-Generalversammlung angenommen. Er wird in definierten Zeitabständen überprüft, kontinuierlich verfeinert und durch Indikatoren auf regionaler und nationaler Ebene ergänzt.

einen negativen Trend aufweisen, sollte das formuliert und erklärt werden. Das bedeutet auch, dass nach den Ursachen gesucht werden muss. Hier zahlt sich eine gute Dokumentation aus, um nicht z.B. im Fall einer Prüfung Kollegen in anderen Zeitzonen oder sogar während nationaler Feiertage kontaktieren zu müssen – und nicht zu können.

Bei der Interpretation der KPIs ist der **Kontext** äußerst relevant. Absolute Zahlen für sich haben wenig Aussagekraft. Die Werte der KPIs werden, i.d.R. mit Vorjahresangaben, idealerweise mit Mehrjahresvergleichen, in die Veröffentlichung übernommen. Neben Zeitreihen sind Branchen-Benchmarks oder der Best-in-Class-Ansatz hilfreich, um die Ergebnisse in Relation setzen zu können. In Ergänzung zu rückblickenden Informationen werden Kennzahlen zukunftsorientiert verwendet, z.B. in Prognoseberichten. Hier sind eine solide Ausgangsbasis nötig, die Anwendung von Planungen und darauf basierend die Hochrechnung der zukünftigen Werte. 14

6 Steuerung: KPIs nutzen, um Ziele zu erreichen und darüber zu berichten

Wenn die Ist-Werte von KPIs vom Soll abweichen, muss analysiert werden, woran es liegt, und Maßnahmen zur Gegensteuerung erdacht und umgesetzt werden. Verantwortung anhand der Governance-Strukturen auf allen Ebenen sowie die Unternehmenskultur, die einen produktiven Umgang erlaubt und einfordert, sind notwendig. Die Fehlersuche ist wichtig, um die Stellhebel zu identifizieren für Verbesserungen, nicht um Schuldige zu suchen. Die erhobenen Daten in Form von verdichtenden KPIs dienen so der Ausarbeitung von Aktivitäten, um die strategischen Nachhaltigkeitsziele zu erreichen und dies auch transparent nach außen zu kommunizieren. 15

Die Unternehmensleitung sollte klare, inspirierende Ziele für die Nachhaltigkeitsleistung des Unternehmens verabschieden, sich regelmäßig mit den KPIs auseinandersetzen, Gegensteuerungsmaßnahmen einfordern und begleiten und klar kommunizieren, wie das Erreichen der KPIs dem gesamten Unternehmen zugutekommt. So erhöhen Nachhaltigkeitsziele und KPIs zu deren Operationalisierung und Steuerung die Glaubwürdigkeit des Nachhaltigkeitsmanagements. Sie belegen die Leistungen in der Nachhaltigkeitsperformance des Unternehmens, das sich so dem Wettbewerb mit anderen stellt und mit Stakeholdern in den Dialog tritt. 16

Literaturtipps

- EFRAG, European Lab Project Task Force, Proposals for a relevant and dynamic EU Sustainability Reporting Standardsetting, Final Report, 2021, https://ec.europa.eu/info/sites/default/files/business_economy_euro/banking_and_finance/documents/210308-report-efrag-sustainability-reporting-standard-setting_en.pdf, abgerufen am 3.1.2022
- forsa, ESG-Herausforderungen für Großunternehmen in Deutschland, 2021, www.drsc.de/app/uploads/2021/06/40337_f21.0175_text.pdf, abgerufen am 3.1.2022
- PTF-RNFRO (European Lab PTF on Reporting of non-financial risks and opportunities and linkage to the business model), Towards Sustainable Businesses: Good Practices in Business Model, Risks and Opportunities Reporting in the EU, Summary, 2021, www.efrag.org/Assets/Download?assetUrl=/sites/webpublishing/SiteAssets/EFRAG%20PTF-RNFRO%20-%20Report%20Summary.pdf, abgerufen am 3.1.2022
- United Nations, General Assembly, Work of the Statistical Commission pertaining to the 2030 Agenda for Sustainable Development, incl. Global indicator framework for the Sustainable Development Goals and targets of the 2030 Agenda for Sustainable Development, 2017, A/RES/71/313, https://undocs.org/A/RES/71/313, abgerufen am 3.1.2022
- World Business Council for Sustainable Development (WBCSD), Reporting matters, Time for a shared vision, 2021, www.wbcsd.org/contentwbc/download/13155/193072/1, abgerufen am 3.1.2022

§ 5 Praktische Herausforderungen bei der Bereitstellung von nichtfinanziellen Leistungsinformationen

Überblick

Leistungsinformationen sind in allen Unternehmensbereichen wesentliche Grundlage von Entscheidungsprozessen; sie schaffen Transparenz – nicht nur für interne, sondern insbes. für externe Stakeholder des Unternehmens. Im Kontext Nachhaltigkeit und den zugrunde liegenden Berichterstattungsanforderungen spielen diese Leistungsinformationen eine zunehmend wichtigere Rolle.

1 Relevanz der Fragestellung

Leistungsinformationen unterstützen das Ziel, Nachhaltigkeitsleistungen zu ökologischen, sozialen und ökonomischen Aspekten **transparent** und idealerweise zwischen Unternehmen einer Branche **vergleichbar** zu machen. Im Gegensatz zur traditionellen Finanzberichterstattung existiert in der Nachhaltigkeitsberichterstattung eine Vielzahl relevanter Teilaspekte, zu denen ein Unternehmen berichten kann. Gleichzeitig bestehen weiterhin eine unzureichende Einheitlichkeit der Definitionen, eine immense Vielzahl möglicher „Nachhaltigkeitsziele" und damit einhergehend verschiedene Fragestellungen rund um Datenerhebung, Rahmenwerke, anzusprechende Adressatengruppen oder technische Hilfsmittel. Die Ermittlung der zugehörigen Daten für jeden Nachhaltigkeitsaspekt, den ein Unternehmen adressieren möchte, geht mit zusätzlichem personellen sowie finanziellen Ressourcenbedarf für deren Definition, Ermittlung, Steuerung und (interne/externe) Kommunikation einher. 1

Die geeignete Priorisierung der Leistungsinformationen sowie robuste Verankerung in der Organisation in Form von Verantwortlichkeiten, Prozessen und Kontrollen sind unabdingbar, um ein klares Bild zur Nachhaltigkeitsleistung eines Unternehmens zu vermitteln sowie zur Schaffung der richtigen Steuerungsgrundlage. 2

Praxis-Beispiel
Die Gerresheimer AG

Die Gerresheimer AG ist ein Hersteller medizinischer Verpackungs- und Verabreichungssysteme aus Glas und Kunststoff. Die Gerresheimer AG ist seit 2007 börsennotiert und beschäftigt weltweit mehr als 10.000 Mitarbeiter.

Für das Thema Nachhaltigkeit gibt es eine Gruppenfunktion mit Berichtslinie zum Vorstand. Der **Sustainability Council**, der sich aus dem Finanzvorstand, Vertretern der Geschäftsbereiche, dem Leiter Kommunikation, Marketing sowie Vertretern aus der Gruppenfunktion Nachhaltigkeit zusammensetzt, trifft sich in regelmäßigen Abständen zur Diskussion strategischer Entscheidungen. Themenbezogene Arbeitsgruppen treiben die Umsetzung der Nachhaltigkeitsagenda in einzelnen Bereichen voran.

Die Datenerhebung erfolgt an den Standorten dezentral, die Eingabe über eine zentrale Software durch die Standortcontroller, die Validierung und Aufbereitung für Rankings, Ratings, die verpflichtende nichtfinanzielle Berichterstattung (inkl. EU Sustainable Finance Taxonomie Berichterstattung), Kundenanfragen sowie interne Entscheidungsprozesse erfolgen durch die zentrale Gruppenfunktion.

2 Priorisierung, Definition und Erhebung relevanter Leistungsinformationen

2.1 Priorisierung der Leistungsinformationen

3 Es stellt sich die Frage nach der „richtigen“ Auswahl qualitativer sowie quantitativer Leistungsinformationen. Bei der Auswahl der Zielsetzungen und Prioritäten hilft die Durchführung einer sog. Materialitäts- oder **Wesentlichkeitsanalyse.**[1] Es ist ratsam, die Identifikation geeigneter Leistungsinformationen, (Kennzahlen-)Definitionen und die daran anschließende Datenerhebung entlang der wesentlichsten Themen zu priorisieren.

4 Leistungsinformationen treffen Aussagen zur positiven/negativen Nachhaltigkeitsleistung eines Unternehmens. Sie sind in Form von **quantitativen** Zielen und Messgrößen, aber auch in **qualitativer Form** sinnvoll. Nicht für jeden Teilaspekt der Nachhaltigkeit lassen sich Leistungsinformationen durchweg in quantitativer Form darstellen. Dies ist auch nicht sinnvoll. Insbes. der strategische Rahmen, der Kontext für die quantitativen Angaben (Definitionen, Methodik, Annahmen und Grenzen der Angaben, Interpretationen von Zahlen etc.), die Schritte zur organisa-

1 Vgl. Europäische Kommission, Mitteilung der Kommission, Leitlinien für die Berichterstattung über nichtfinanzielle Informationen (Methode zur Berichterstattung über nichtfinanzielle Informationen), ABl. EU v. 5.7.2017, C 215/5ff.

tionalen Verankerung von Nachhaltigkeit im Unternehmen sind wichtige qualitative Leistungsinformationen. Im Allgemeinen gilt:

Quantitative und qualitative Leistungsinformationen ...		
... können sich ergänzen:	... hierarchisch auftreten:	... zeitlich nacheinander geschaltet sein:
a) „wir haben Nachhaltigkeitsaspekte in unsere Kernprozesse integriert" / „wir haben unsere bestehenden Leuchtmittel durch LED ersetzt" und b) „wir haben eine Reduktion unserer Emissionen um X% erreicht"; oder a) „Reduktion der Unfallhäufigkeit um X%", und b) „damit liegen wir deutlich über unserem Zielpfad"	a) „unser übergeordnetes Ziel/Leitprinzip ist es, Abfall zu vermeiden" und b) „wir verringern unser Abfallaufkommen um X%"	a) im Jahr X „wir wollen bis Jahr Y ein Klimaziel verabschiedet haben" und b) im Jahr Y „wir haben uns nun das Ziel gesetzt, unsere Emissionen um X bis Jahr Z zu reduzieren"

Welche Kombination aus quantitativen und qualitativen Leistungsinformationen sinnvoll ist, hängt stark vom Reifegrad und der Branche des Unternehmens sowie der strategischen Ausrichtung und Tiefe der Wertschöpfungskette ab.

Überdies bestehen individuelle Gründe, wie die Anforderungen spezifischer Rankings und Ratings bzw. etwaige Kundenanforderungen, gesonderte Leistungsinformationen auch für geringer priorisierte Themen zu ermitteln. Dies sollte von Unternehmen i.R.d. Definition relevanter Leistungsinformationen berücksichtigt werden. Auch eine Abwägung zwischen zusätzlichem Erkenntnisgewinn und Aufwand der Ermittlung der Information hilft bei der Entscheidungsfindung. 5

Neben der Wesentlichkeitsbewertung ist eine Definition des Kommunikationskreises notwendig, also u.a. die Beantwortung der Frage, wer über welche Aspekte der Nachhaltigkeitsleistungen des Unternehmens in Kenntnis gesetzt werden soll. Hierfür hilft ein **Stakeholder-Mapping** der internen und externen Stakeholder, die ein begründetes Informationsbedürfnis haben. So kann später inhaltlich bewertet werden, ob die Leistungsinformationen, die das Unternehmen definiert, ihren Zweck erfüllen. 6

7 Die so erfolgte Priorisierung hilft, begrenzte Ressourcen effektiv und effizient einzusetzen und zunächst an den signifikantesten negativen Auswirkungen anzusetzen bzw. positive Wirkungen gezielt zu verstärken.

Praxis-Beispiel (Fortsetzung zu Rz 2)

Auch für Gerresheimer dient die Wesentlichkeitsanalyse der Priorisierung der Fokusthemen, für welche jährlich qualitative und quantitative Leistungsinformationen (Ziele, Maßnahmen, Ergebnisse) veröffentlicht werden.

Von den 16 identifizierten Themen sind auf Basis der Wesentlichkeitsmatrix 9 Themen als strategische Handlungsfelder priorisiert worden, für die jeweils 1–2 Ziele sowie Kennzahlen definiert wurden. Besonders der Prozess des Benchmarkings mit Peers und Kunden war in diesem Kontext relevant für die Definition geeigneter Ziele und Ambitionsniveaus, v.a. aufgrund der Stellung der Gerresheimer in der Wertschöpfungskette.

Wasser wurde als strategisches Handlungsfeld insbes. aufgrund von Kundenrelevanz aufgenommen, **Gemeinwesen** durch die Bedeutung für unsere Standorte in ihren lokalen Gemeinschaften.

Bei den Zielsetzungen selbst handelt es sich teils um Prozessziele, teils um tatsächliche Performance-Ziele, je nachdem, was aus Perspektive des Reifegrads unserer Managementkonzepte für deren Weiterentwicklung sinnig erschien. Auch das Zieljahr variiert, so dass bei einigen Themen schon bald Folgeziele zu definieren sind.

Für das Thema **Klima** wurde aufgrund der hohen Relevanz für Gerresheimer und durch die definierten Zieljahre des Pariser Klimaabkommens sowie die erarbeiteten wissenschaftsbasierten Dekarbonisierungsziele zur Erreichung des 1,5°C Ziels die Zielsetzung entsprechend gewählt.

Im Bereich **Arbeitssicherheit** wurde sowohl ein Ziel für die ISO-Zertifizierung nach 45001 aufgestellt, um den Rahmen für das zweite Ziel, d. h. die signifikante Reduktion der Unfallhäufigkeit zu geben.

Im Bereich der **Produktnachhaltigkeit** hingegen wurde vorerst ein reines Prozessziel gesetzt, wonach die systematische Anwendung von zu entwickelnden Nachhaltigkeitskriterien im Produktentwicklungsprozess die Hauptzielsetzung ist. Da Gerresheimer als Zulieferer der Pharma- und Kosmetikbranche sehr stark von Kundenanforderungen sowie den strikten regulatorischen Anforderungen im Pharmabereich abhängig ist und Produkte zugleich nicht selbst in den Verkehr bringt, ist ein Impact-bezogenes Ziel (Anteil Recyclingmaterial, Wiederverwendbarkeit, Recyclingfähigkeit u. Ä.) hier zum Stand der Publikation noch nicht gesetzt worden.

Für alle Themen innerhalb der strategischen Handlungsfelder ist es Ziel, dass sie in allen Unternehmensprozessen, wo Entscheidungen mit Einfluss auf diese getroffen werden, integriert werden, so z.B. bei Investitionsanträgen, Budgetplanungen, Risikomanagement und Standortplanungen.

Zu den weniger wesentlichen Themen, die jedoch für ausgewählte Adressatengruppen relevant sind, berichtet die Gerresheimer AG in primär qualitativer Form und verfolgt für diese kein langfristig-strategisches Ziel. Eine zentrale Steuerung erfolgt ebenfalls nicht.

2.2 Definition und Erhebung der Leistungsinformationen

Sobald die Themen priorisiert wurden, ist zu bestimmen, welche Leis- 8
tungsinformationen die sinnvollsten Aussagen über die Art und Weise sowie die Effektivität des Managements des betreffenden Themas treffen.[2] Idealerweise sollte eine Deckungsgleichheit zwischen dem, was innerhalb eines Themenfelds durch definierte Leistungsindikatoren gemessen wird, und den daraus abgeleiteten Handlungen des Unternehmens, die einen Beitrag zu selbigen leisten, bestehen. Eine gute Kennzahl zieht Maßnahmen nach sich. Wird bspw. eine Kennzahl Personalfluktuation berichtet und zeigt diese den Wert 5 % an, dann lautet die Frage: „Welche Maßnahme soll diese Zahl nun auslösen?" Lautet die Antwort, dass diese Zahl nur berichtet wird, weil man sie eben hat, ist das nicht ausreichend. Eine gute Kennzahl warnt, sie veranlasst, etwas zu verstärken, zu unterlassen oder zu korrigieren, d.h., sie liefert einen Steuerungsimpuls.[3] Gute Kennzahlen sind möglichst nahe am operativen Geschäft anzusetzen und den Entscheidern ist mit möglichst geringem Verzug über Effektivität, Effizienz und Zielkonformität Rückmeldung zu geben.

---

2 Die Leistungsinformationen sollten Aufschluss über das Geschäftsmodell eines Unternehmens, seine Strategie und deren Umsetzung geben. Bei der Identifikation geeigneter Leistungsinformationen helfen bestehende Rahmenwerke (etwa GRI, DNK, SASB oder auch die Leitlinien für die Berichterstattung über nichtfinanzielle Informationen (Methode zur Berichterstattung über nichtfinanzielle Informationen)), wie sie in § 8 vorgestellt werden.

3 Vgl. Zweck und Ziel von Kennzahlen im Controlling, www.haufe.de/controlling/controllerpraxis/unternehmenssteuerung-mit-kennzahlen/zweck-und-ziel-von-kennzahlen-und-kpis_112_295274.html, abgerufen am 3.1.2022.

9 Unternehmen, die mit der strategischen Betrachtung des Themas Nachhaltigkeit und/oder der Berichterstattung beginnen, müssen häufig zunächst mit qualitativen Zielen und zugehörigen Leistungsinformationen beginnen – bspw. wenn es anfänglich um die Schaffung notwendiger interner Voraussetzungen für ein konkret messbares Ziel geht. Dies hängt wiederum vom Reifegrad und dem Branchenfokus der Organisation sowie den vorhandenen organisationalen, personellen und technischen Rahmenbedingungen ab, d. h., was realistisch machbar ist.

10 Auch wenn die Situation jedes Unternehmens individuell ist, so haben verschiedene Standards (GRI, CSR-RUG) grundlegende Prinzipien definiert, die bei der Konzeption geeigneter Leistungsinformationen, insbes. Leistungsindikatoren/-kennzahlen Hilfestellung geben. Die Anwendung hilft, ausgewählte Leistungsinformationen auf Eignung und Qualität zu überprüfen.

Vollständigkeit	**Genauigkeit**	**Ausgewogenheit/ Neutralität**	**Verständlichkeit/ Klarheit**	**Vergleichbarkeit**	**Aktualität**	**Zuverlässigkeit/ den tatsächlichen Verhältnissen der Organisation entsprechend**
Wesentliche Themen und Indikatoren sowie die Berichtsgrenzen sollten hinreichend abgedeckt werden, um erhebliche ökonomische, ökologische und gesellschaftliche/soziale Auswirkungen darzustellen und Stakeholdern eine Beurteilung der Leistung der berichtenden Organisation im betrachteten Zeitraum zu ermöglichen.	Die Informationen, insbes. Daten, sollten so genau sein, dass Stakeholder die Leistung der Organisation bewerten können.	Es sollten sowohl positive als auch negative Aspekte der Leistung der Organisation berichtet werden, um eine fundierte Beurteilung der Gesamtleistung zu ermöglichen. Ferner sollten Leistungsinformationen so definiert sein, dass die Situation des Unternehmens nicht positiver dargestellt wird als der Realität entsprechend.	Informationen sollten so zur Verfügung gestellt werden, dass sie für Stakeholder, die diese nutzen, verständlich und nachvollziehbar sind.	Informationen sollten so zur Verfügung gestellt werden, dass Stakeholder die Leistung der Organisation im Zeitverlauf, in Bezug auf Zielsetzungen oder aber mit der Leistung anderer Organisationen vergleichen können.	Die Leistungsinformation wird regelmäßig zur Verfügung gestellt, so dass die Informationen rechtzeitig verfügbar sind, um Stakeholdern fundierte Entscheidungen zu ermöglichen.	Die bei der Zusammenstellung der Leistungsinformation verwendeten Informationen und Verfahren sollten so erfasst, aufgezeichnet, zusammengestellt, analysiert und offengelegt werden, dass sie überprüfbar sind und die Qualität und Wesentlichkeit der Informationen begründet werden.
Quellen: GRI, ISAE 3000	Quellen: GRI, Leitlinien für die Berichterstattung über nichtfinanzielle Informationen	Quellen: GRI, Leitlinien für die Berichterstattung über nichtfinanzielle Informationen, ISAE 3000		Quelle: GRI	Quelle: GRI	Quellen: GRI, Leitlinien für die Berichterstattung über nichtfinanzielle Informationen, ISAE 3000

Tab. 1: Grundlegende Prinzipien zur Konzeption von Leistungsinformationen

11 Schon während der Definition geeigneter Leistungsinformationen muss das Thema der Erhebung dieser, d.h. die Erhebung der Daten, durchdacht werden: Gibt es die Daten bereits? Wer in der Organisation kann die Informationen zur Verfügung stellen? Liegen diese für die gesamte Organisation vor? Wie sollen die Daten erhoben werden? usw.

Nur so kann eine definierte Leistungsinformation auch den intendierten Steuerungszweck erfüllen.

Hinweis

Eine wesentliche Aufgabe ist die Einrichtung geeigneter Prozesse und Strukturen, um i.R.d. Informationserhebung und -aufbereitung die oben beschriebenen Qualitätskriterien zu erfüllen.

12 Für die Prinzipien der Vollständigkeit, Genauigkeit, Verständlichkeit sowie Vergleichbarkeit der Leistungsinformationen ist es unabdingbar, eine oder mehrere – je nachdem, was z.B. aufgrund unterschiedlicher Themenverantwortlichkeiten Sinn ergibt – Richtlinien zur Berichterstattung aufzusetzen, die für die zu erhebenden Leistungsinformationen Interpretationsspielräume auf ein Minimum reduzieren.

Praxis-Beispiel (Fortsetzung zu Rz 7)

Auch bei Gerresheimer ist z.B. das Handbuch zur Umweltberichterstattung Herzstück der Berichterstattung. Es beschreibt für die Umweltthemen, zu denen quantitative Ziele gesetzt wurden,

- die **Berichtsgrenzen** (Verwaltungsstandorte sind aus der Erhebung ausgeklammert),
- die **Verantwortlichkeiten** im Informationserhebungsprozess (Dateneingabe und Kontrolle),
- den **Turnus** (zweimal jährlich) sowie
- das **Format** der Erhebung (Reporting-Software).

Gleichzeitig wird jeder einzelne Indikator, der für die Ermittlung der Leistung zu einem Ziel relevant ist, definiert, um für ein einheitliches Verständnis zu sorgen. Hierbei bilden gängige Rahmenwerke und Standards, wie z.B. das GHG Protokoll für die Energieverbraucher sowie GRI, den Referenzrahmen für die Definition von Indikatoren.

Weitere Inhalte sind z.B. Anleitungen zur Wahl der Datenquelle (Rechnungen, Zählerablesungen, eigene Wiegungen, Schätzungen), zum Umgang mit Datenlücken oder mit lokal abweichenden Definitionen. Dies trifft z.B. häufig auf das Thema Abfallklassifizierung zu.

Ein Abschnitt zu häufigen Fragen und Antworten hilft bei der Klärung von Zweifelsfällen. Die Verantwortung für die Erstellung und Pflege des Handbuchs liegt bei der zentralen Nachhaltigkeitsfunktion sowie dem zentralen Controlling.

Auf Basis des Handbuchs werden regelmäßige Schulungen für Anwender durchgeführt und es dient als einheitliches Nachschlagewerk für die am Prozess beteiligten Mitarbeiter.

Darüber hinaus wird i.R.d. zweimal jährlich zentral durchgeführten Validierungs- und Kontrollprozesse (Trendanalysen, vergleichende Analysen sowie weitere Plausibilisierungsprüfungen) das Handbuch als Grundlage genutzt. Bestimmte Angaben zu Methoden und Berichtsgrenzen werden auch als Teil der öffentlichen Berichterstattung genutzt.

Für die Zukunft ist es bei der Gerresheimer AG angedacht, auf Basis des Handbuchs interne Standort-Auditierungen vorzunehmen, um die Verlässlichkeit der lokalen Datenerhebungsprozesse sicherzustellen. Hier können u.a. Unternehmensfunktionen wie die Interne Revision einbezogen werden.

Für das Prinzip der Verständlichkeit müssen die methodischen Grundsätze, Annahmen und Berichtsgrenzen auch für die internen und externen Adressaten in ausreichendem Maße offengelegt werden, um insbes. die folgenden Fragen zu beantworten: 13

- Was ist die **Informationsquelle** für den Leistungsindikator?
- Wie wird der Leistungsindikator **definiert**?
- Nach welcher **Methodik** wurden die Angaben ermittelt?
- Was ist die **Aussage der Kennzahl** zu dem betreffenden Nachhaltigkeitsaspekt (was bildet diese ab, was nicht)?
- Existieren **Referenzwerte** (Branchenvergleiche, Durchschnittsdaten, Vorjahresdaten, Ziele), die für diesen herangezogen werden sollten?
- Existieren **Zielsetzungen** für den Leistungsindikator?

Die externe Prüfung der Informationen i.R.d. jährlich stattfindenden Berichterstattung hilft bei der Einhaltung der weiteren Prinzipien wie z.B. auch Ausgewogenheit und Zuverlässigkeit.

Wissensaufbau in der Organisation für die vielfältigen Nachhaltigkeitsthemen spielt im Gesamtkontext der Erhebung von robusten nichtfinanziellen Leistungsinformationen eine Schlüsselrolle. Das eine sind die formellen Strukturen und Prozesse zur Erhebung von Leistungsinformationen, die bis zur Datenquelle und über Systembrüche hinweg definiert werden müssen (sehr relevant für das Kriterium der Konsistenz und Vergleichbarkeit); diese auch zur gelebten Praxis zu machen, ist jedoch die eigentliche Herausforderung. Hier kommt dem Wissenstransfer, der klaren Kommunikation der Zielstellung und Relevanz der Leistungsinformationen an die interne Organisation eine herausragende Rolle zu.

Nur wenn ausreichend Sachverstand in den beteiligten Funktionen vorhanden ist, können diese bei Bereitstellung der Leistungsinformationen zur Sicherung der Qualität beitragen. Häufig ist das Wissen zu Beginn noch nicht in den Kernfunktionen vorhanden, sondern wird von z. B. der Nachhaltigkeitsabteilung gehalten.

Praxis-Beispiel (Fortsetzung zu Rz 12)

Bei der Gerresheimer AG ist diese Abteilung überschaubar und als Stabsfunktion existiert keine Weisungsbefugnis gegenüber zuliefernden Abteilungen. Umso größer ist der Stellenwert der Wissensvermittlung in Form von Schulungen auf der einen, aber auch des proaktiven Wissensaufbaus auf der anderen Seite – ein Thema, welches fortlaufende Priorität für die kommenden Jahre haben wird.

3 Ausblick

14 Viele Herausforderungen und eine Vielzahl an Fragestellungen im Kontext der Bereitstellung von Leistungsinformationen werden in Zukunft noch mehr Unternehmen (verpflichtend) betreffen sowie an Komplexität gewinnen. Die Gesamtherausforderung, transparente und aussagekräftige Leistungsinformationen zu berichten, ist Gegenstand vieler regulatorischer (Weiter-)Entwicklungen. Diese Entwicklungen sind wichtig, damit die Leistungsinformationen zweckdienlich und Entscheidungen i. S. e. nachhaltigen Entwicklung möglich sind. Durch die Berichterstattung zur EU Sustainable Finance Taxonomie (§ 12) halten z. B. vormals separat erhobene und erfasste Nachhaltigkeitskeitsinformationen nun Einzug in das Finanzreporting. Die Taxonomie macht die zunehmende Verzahnung von finanziellen und Nachhaltigkeitsdaten notwendig.

Aspekt	Fragen	Beispiel Gerresheimer AG: Klimaziele
Relevanz	Warum ist das Thema von Bedeutung?	Energieintensives Unternehmen, globale Klimakrise und damit verbundene Risiken.
Adressatenkreis	Für wen ist das Thema relevant?	Insbes. Kunden (auch Ecovadis), Investoren (auch CDP), für uns als Unternehmen im Kontext der Energiepreise sowie dem CO_2-Zertifikatehandel (EU ETS).
Zweck	Habe ich ein übergeordnetes Ziel?	Senkung der Treibhausgasemissionen, um die negativen Auswirkungen auf den Klimawandel zu verringern.
Voraussetzung: Steuerbarkeit	Lässt sich das Ziel/die erfolgreiche Zielerreichung messbar machen?	Ja, durch jährliche Ermittlung der Scope 1 und 2 Emissionen in tCO_2-Äquivalent im Zeitverlauf und Definition eines absoluten Reduktionsziels mit Basis- und Zieljahr.
Zweckdienlichkeit	Erfüllt das Ziel bzw. der Indikator zur Erfolgskontrolle entsprechende Qualitätskriterien, um eine sinnvolle und adressatengerechte Aussage zum Thema zu treffen?	Ja, die Kriterien gelten als erfüllt und werden durch Mechanismen wie Handbücher mit definitorischen Vorgaben, Kontrollen sowie durch externe Prüfung sichergestellt.
Voraussetzung: Steuerbarkeit	Habe ich das Basisjahr ermittelt?	Ja, das Basisjahr wurde ermittelt und diente als Ausgangspunkt der Zieldefinition durch Bottom-up-Validierung des Reduktionsszenarios (Berücksichtigung von technologischen Voraussetzungen sowie Wachstumseffekten).
	Was ist ein realistischer, aber ambitionierter Zielwert?	50 % der Scope 1 und 2 Emissionen bis 2030 zu senken, ist für uns als Scope 1 intensives Unternehmen ein ambitionierter Zielwert und gilt für diesen Teil unserer Emissionen (ohne Scope 3) als konform mit dem „unter 1,5°C" Ziel.
	Was ist ein sinnvolles Zieljahr (kurzfristig, mittelfristig, langfristig)?	Für das Klimaziel der Gerresheimer AG wurde das Pariser Klimaabkommen zur Orientierung für das Zieljahr gewählt, d. h. 2030. Grds. wurden Ziele z. B. aus dem Pariser Klimaabkommen, den Zieljahren für die nachhaltigen Entwicklungsziele oder dem Inkrafttreten bestimmter regulatorischer Anforderungen, wie dem deutschen Lieferkettensorgfaltspflichtengesetz, abgeleitet sowie aus dem unternehmensspezifischen Strategiezyklus.

Aspekt	Fragen	Beispiel Gerresheimer AG: Klimaziele
Verantwortlichkeiten	Sind Verantwortlichkeiten für die Umsetzung der Ziele definiert?	Ja, diese liegen aufgrund der dezentralen Konzernstruktur bei den Geschäftsbereichsleitern, welche im Sustainability Council vertreten sind, bzw. bei den Werksleitern. Die Gruppenfunktion Nachhaltigkeit fungiert als Sparringspartner für die Organisation (Funktionen/Standorte). Zudem sind dezidierte Nachhaltigkeitsmanager eingesetzt, die Bindeglied zwischen Gruppenfunktion und Geschäftsbereich sind.
Voraussetzung: Steuerbarkeit	Sind die Ziele in die relevanten Kern- und Steuerungsprozesse integriert?	Eines der Ziele, das mit dem CO_2-Ziel unmittelbar zusammenhängt, ist das Ziel, 100 % erneuerbaren Strom zu beziehen. Dieses Ziel ist Teil der Vorstandsvergütung. Gleichzeitig ist das Ziel Teil des Budgetprozesses, der Business Reviews sowie der Investitionsanträge.
	Kenne ich die Einflussgrößen auf das Ziel und kann ich diese beeinflussen?	Ja, die Einflussgrößen sind bekannt. Um eine noch zeitnähere Überwachung und Steuerung der Verbräuche zu ermöglichen, ist die Einrichtung von Zählern und eine vermehrt automatisierte Erfassung von Daten das Ziel.
	Gibt es Roadmaps für die Erreichung der Ziele?	Roadmaps wurden als Teil der Zieldefinition skizziert und werden nun granularer ausgearbeitet, um den Reduktionspfad besser planbar zu machen.
	Sind Berichtsstrukturen etabliert (Turnus, System, Kontrollen, Steuerungsgremium und -formate)?	Die Erhebung erfolgt bisher über eine Software, die auch für das Finanzreporting eingesetzt wird. Die Standortcontroller sind auch für diese Dateneintragung zuständig, sie erhalten die Daten von lokalen Fachkollegen. Die Erhebung sowie die zentrale Validierung der Daten erfolgen zweimal jährlich. Auch die Einheitenumrechnungen sowie Umrechnung in z. B. CO_2 erfolgen zentral. So werden Fehler vermieden und auf Konsistenz hingewirkt. Einmal jährlich erscheint der nichtfinanzielle Konzernbericht, in dessen Rahmen eine Prüfung mit begrenzter Sicherheit erfolgt.

Tab. 2: Leitfragen im Kontext der Identifikation und Ermittlung relevanter Leistungsinformationen

§ 6 Integrierte Berichterstattung als Transmissionsriemen für die Transformation zu nachhaltigem Wirtschaften

Überblick

Die langfristige „license to operate" – die gesellschaftliche Akzeptanz des unternehmerischen Handelns – wird für Unternehmen immer wichtiger. Die hierfür gewünschten Informationen werden u.a. mit Hilfe der Nachhaltigkeitsberichterstattung an die Stakeholder kommuniziert.

Das Praxis-Beispiel BASF zeigt, wie die integrierte Berichterstattung nach IIRC die wesentlichen finanziellen und nachhaltigkeitsbezogenen Themen vereint. Das geschaffene tiefe Verständnis der Wechselwirkungen zwischen ESG- und Finanzleistung wirkt über die reine Berichterstattung hinaus und soll im besten Fall für eine integrierte Denkweise (Integrated Thinking) und in der Folge ein integriertes Steuern (Integrated Steering) des Unternehmens sorgen und dadurch die Nachhaltigkeit tief in der Unternehmens-DNA verwurzeln. Dabei wird deutlich, dass eine umfassende Steuerung von Nachhaltigkeitsaspekten immer eine cross-funktionale Aufgabe sein wird.

1 Entwicklung der Berichterstattung am Beispiel der BASF

Vor dem Hintergrund veränderter gesellschaftlicher Rahmenbedingungen werden Unternehmen spätestens seit den 1970er Jahren nicht mehr allein nach ihrer wirtschaftlichen Leistung beurteilt. Aufgrund von Schadensereignissen mit enormen Auswirkungen in den 1970ern und 1980ern[1] war v.a. die Chemieindustrie im kritischen Fokus der Öffentlichkeit. Gesellschaftliches Vertrauen in die Industrieaktivitäten musste zurückgewonnen werden, um die langfristige „license to operate" – die gesellschaftliche Akzeptanz des unternehmerischen Handelns – zu sichern. 1

Die daraus resultierenden Anforderungen ihrer „Stakeholder" an regelmäßige Informationen aus den Bereichen Soziales sowie Umwelt griff 2

[1] V.a. 1976 Freisetzung von Dioxin im italienischen Seveso sowie 1986 ein Brand bei der Firma Sandoz, bei dem durch Pflanzenschutzmittel kontaminiertes Löschwasser zu Fischsterben im Rhein zwischen Basel und Mannheim führte.

BASF durch neue Berichtsformate auf. Beginnend mit Sozialberichten in den 1970ern, wurde aufgrund steigender Stakeholder-Relevanz in den 1980ern eine **Umweltberichterstattung** ergänzt. Zu allen 3 Säulen der Nachhaltigkeit wurde seit den 2000er-Jahren zunächst in separaten Berichten, später in einem zusammengefassten Bericht gemeinsam mit dem bestehenden Finanzbericht Transparenz geschaffen.

2 Frühzeitige Umstellung auf integrierte Berichterstattung – Beweggründe

3 Seit dem Jahr 2007 wendet BASF als Vorreiter das Konzept der integrierten Berichterstattung an. Was zunächst mit einer kombinierten Darstellung der bisher getrennten Finanz- und Nachhaltigkeitsberichterstattung im Lagebericht begann, entwickelte sich im Zeitverlauf zu einer vollintegrierten Berichterstattung der wesentlichen finanziellen und nachhaltigkeitsbezogenen Themen. Besonderer Fokus liegt bei dem verfolgten Konzept der integrierten Berichterstattung auf der Darstellung relevanter Interdependenzen, d.h. **Wirkzusammenhängen** zwischen nachhaltigkeitsbezogener und finanzieller Performance.

Mit einer konsequenten Anwendung des integrierten Berichtskonzepts können Unternehmen sowohl interne Ziele als auch Ziele in Bezug auf die externe Wahrnehmung und die sich ändernden Bedürfnisse relevanter Nutzer von Berichtsinformationen, wie z.B. Finanzmarktakteure, Ratingagenturen oder Experten aus der Zivilgesellschaft, optimal verfolgen.

4 Relevante interne Beweggründe für die Umstellung auf integrierte Berichterstattung sind:

1. Das Bestreben, die **Unternehmensstrategie adäquat zu reflektieren**, in der Nachhaltigkeit vollumfänglich integriert betrachtet wird.
2. Der Anspruch, die nationale und internationale **Vorreiterrolle** in der Berichterstattung auszubauen.
3. **Prozesseffizienzen** generieren durch Zusammenlegung paralleler Abstimmungsprozesse und teils redundanter Berichtsinhalte wie z.B. wesentliche Finanzinformationen, die sowohl Teil des damaligen Unternehmensberichts als auch des Finanzberichts waren.

Als Ziele für die externe Wahrnehmung gelten:

1. Durch frühe Veröffentlichung der nachhaltigkeitsbezogenen Informationen im integrierten Lagebericht zur Bilanzpressekonferenz Ende Februar sollte das **Aufmerksamkeitslevel der Finanzmarktakteure** für diese bislang nachgelagert zur Verfügung gestellten **ESG-Informationen gesteigert** werden (awareness raising).

2. **Gleichrangige Darstellung der ökonomischen, ökologischen und sozialen Performance** soll Finanzmarktakteuren eine **holistische Bewertung der Unternehmensleistung** ermöglichen.
3. Erwartungshaltung, **alle wesentlichen finanziellen und nachhaltigkeitsbezogenen Kapitalströme** abgeleitet aus einer Wesentlichkeitsanalyse/Materialitätsanalyse **im Lagebericht** darzustellen.

Aufgrund der sich enorm dynamisch entwickelnden Reportinglandschaft 5
kann die integrierte Berichterstattung als ein kontinuierlicher Lern- und Weiterentwicklungsprozess gesehen werden, der sich erfahrungsgemäß durch folgende Meilensteine auszeichnet:

- die Erfassung verschiedener Kapitalströme nach dem IIRC-Rahmenwerk und die Darstellung der jeweiligen Inputs, Outputs, Outcomes und Impacts,
- die Berichterstattung zu wesentlichen nachhaltigkeitsbezogenen Risiken und Chancen,
- Einführung nachhaltigkeitsbezogener bedeutsamster steuerungsrelevanter Leistungsindikatoren (§ 4) sowie
- die erstmalige Prüfung der bedeutsamsten nichtfinanziellen Leistungsindikatoren mit hinreichender Sicherheit (reasonable assurance; bei BASF seit dem Geschäftsjahr 2020).

Praxis-Beispiel
„Integrated Reporting“ – von der reinen Berichterstattung bis zum Einfluss auf die Unternehmenssteuerung

Die Veröffentlichung materieller, finanzieller und nachhaltigkeitsbezogener (extra-finanzieller) Themen im Lagebericht ist spätestens seit der Gründung des International Integrated Reporting Council (IIRC) im Jahr 2010 als integriertes Berichtskonzept bekannt. Es soll v.a. langfristig orientierte Investoren befähigen, Werttreiber in Ergänzung zum klassischen Finanzabschluss zu erfassen. Um künftige Risiken und Chancen des Unternehmens ganzheitlich zu bewerten, benötigen Investoren und Stakeholder ein vollständiges Bild der finanziellen und nachhaltigkeitsbezogenen Informationen – sowohl zu den Auswirkungen des Klimawandels, menschenrechtlicher Sorgfaltspflicht oder Biodiversitätsaspekten als auch zu den klassischen KPIs der Finanzberichterstattung.

Allein die kombinierte Darstellung finanzieller und nachhaltigkeitsbezogener Informationen im Lagebericht ist dabei nicht ausreichend. Bestehende Interdependenzen sollten nachvollziehbar aufgezeigt werden. Neben den nach außen gerichteten Zielen des Integrated Reporting bringt dieses Berichtskonzept aus Anwendersicht ein nicht unwesentliches Transformationspotenzial hin zu dem vom IIRC postulierten „Integrated Thinking“ und gar zu einem „Integrated Steering“ mit sich.

Dieser integrierte Steuerungsansatz soll zu nachhaltigeren, resilienteren unternehmerischen Entscheidungen führen und ist die Voraussetzung für die Attraktivität des Unternehmens am Kapitalmarkt sowie für eine gesicherte Unternehmensfinanzierung. Für immer mehr Anleger, insbes. für institutionelle Investoren, sind ESG-Aspekte entscheidungsrelevante Kriterien.

3 Verhältnis zum klassischen Finanzbericht

6 Der **klassische Finanzbericht** enthält sämtliche Informationen, die wesentlich sind, um die Finanz-, Vermögens- und Ertragslage des Unternehmens einschätzen zu können. Bei der integrierten Berichterstattung wird das Prinzip der doppelten Wesentlichkeit angewendet, das durch den im April 2021 veröffentlichten Entwurf der Corporate Sustainability Reporting Directive[2] (CSRD) der EU präzisiert wird: Unternehmen sind demnach dazu verpflichtet, „sowohl darüber zu berichten, wie sich Nachhaltigkeitsaspekte auf ihr Geschäftsergebnis, ihre Lage und ihren Geschäftsverlauf auswirken (Outside-in-Perspektive), als auch darüber, welche Auswirkungen diese Aspekte auf Mensch und Umwelt haben (Inside-out-Perspektive)". Insofern stellt die Wesentlichkeitsanalyse die Basis für das weitere Vorgehen bei der Berichterstattung zu Nachhaltigkeitsthemen dar.

7 Vor Beginn der Wesentlichkeitsanalyse steht die Definition der **Stakeholder** eines Unternehmens und ihres Einflusses auf das Unternehmen, entweder durch formale regulatorische Anforderungen oder durch berechtigte Erwartungshaltungen. In Zusammenarbeit mit Stakeholdern werden die wesentlichen, für das Unternehmen relevanten Nachhaltigkeitsaspekte ermittelt, bspw. durch Workshops und Interviews. Häufig werden die Ergebnisse dieser Nachhaltigkeitsanalyse in einer **„Wesentlichkeitsmatrix"** erfasst und auch i. R. d. externen Berichterstattung dargestellt und erläutert. Externe Berater können bei der Erstellung dieser Wesentlichkeitsanalyse Hilfestellung leisten.

---

2 Vgl. Vorschlag für eine Richtlinie des Europäischen Parlaments und des Rates zur Änderung der Richtlinien 2013/34/EU, 2004/109/EG und 2006/43/EG und der Verordnung (EU) Nr. 537/2014 hinsichtlich der Nachhaltigkeitsberichterstattung von Unternehmen (nachfolgend zitiert: Vorschlag CSRD).

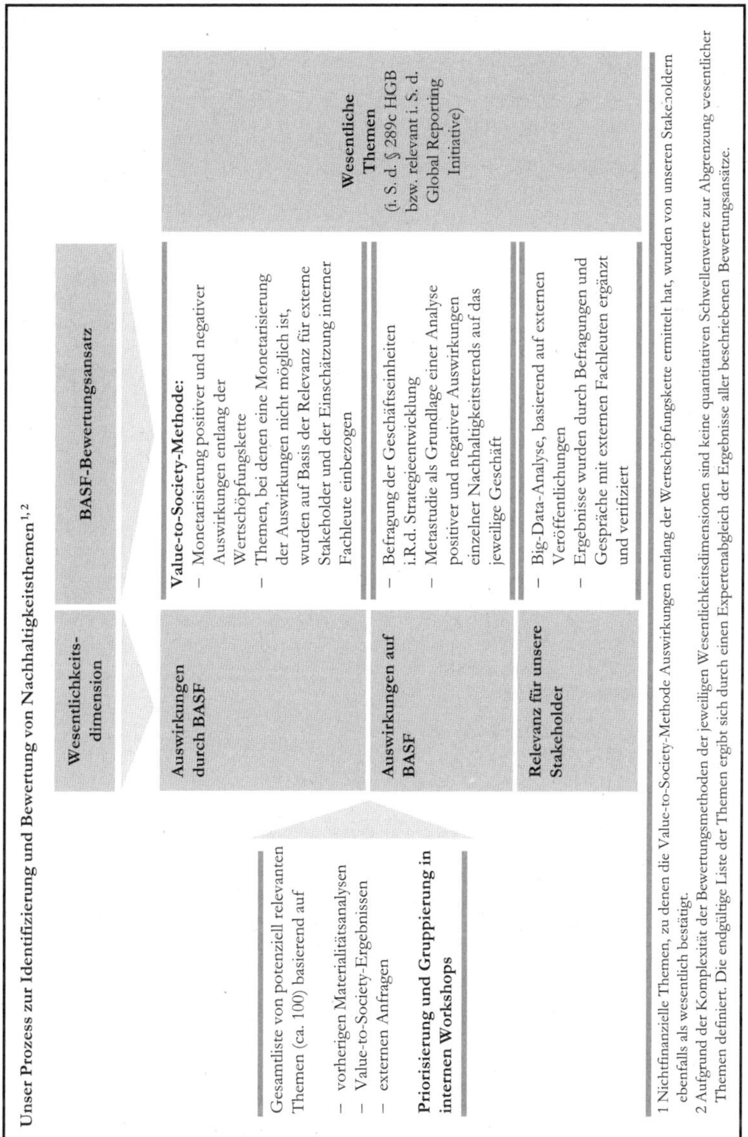

Abb. 1: Prozess der BASF zur Identifizierung und Bewertung von Nachhaltigkeitsthemen

8 Dabei gilt es, aktuell **3 Wesentlichkeitsdimensionen** bei der Analyse zur Identifikation wesentlicher Themen für die Berichterstattung abzubilden (s. Abb. 1):

1. Auswirkungen durch das Unternehmen

Geschäftsaktivitäten führen unweigerlich sowohl zu positiven als auch zu negativen Einflüssen auf Umwelt und Gesellschaft entlang der gesamten Wertschöpfungskette. Um den positiven Beitrag zu erhöhen und die negativen Auswirkungen der Geschäftstätigkeiten zu minimieren, müssen Unternehmen die Auswirkungen ihres Handelns und ihrer Produkte besser verstehen.

BASF erfasst bspw. Auswirkungen ihres unternehmerischen Handelns und bewertet Prozesse und Produkte entlang des gesamten Produktlebenszyklus durch unterschiedliche Bewertungsmethoden wie (Sozio-)Ökoeffizienz-Analysen, eine Methode zur Bewertung der Nachhaltigkeitsperformance sämtlicher Produkte und Anwendungen („Sustainable Solution Steering") oder durch die Berechnung von Product Carbon Footprints.

Aktuell fehlen noch einheitliche Standards zur Messung und Berichterstattung der ökonomischen, ökologischen und sozialen Gesamtauswirkungen von Unternehmen entlang der Wertschöpfungskette. Deshalb hat das Unternehmen die „Value-to-Society-Methode" gemeinsam mit externen Fachleuten erarbeitet. Anhand dieses methodischen Ansatzes können die Bedeutung finanzieller und nachhaltigkeitsbezogener Auswirkungen der Geschäftstätigkeit von Unternehmen auf die Gesellschaft miteinander verglichen und ihre Wechselwirkungen aufgezeigt werden.

Um einen global anerkannten Rechnungslegungs- und Berichtsstandard zu entwickeln, der die gesellschaftlichen Wertbeiträge von Unternehmen sichtbar und vergleichbar macht, wurde die industrieübergreifende Initiative **„value balancing alliance e. V." (VBA)** durch BASF mitgegründet (§ 8 Rz 226ff.).

Monetarisierte Ergebnisse solcher Valuation-Methodologien veranschaulichen positive Beiträge und negative Auswirkungen sowohl beim operierenden Unternehmen selbst als auch in den zugehörigen Wertschöpfungsketten. Diese Ergebnisse können sowohl bei der Erstellung einer Wesentlichkeitsanalyse nach dem „double materiality"-Ansatz helfen als auch bei Bewertungsprozessen in der Unternehmenssteuerung unterstützend einfließen.

Zu beachten ist, dass eine Monetarisierung der Auswirkungen bei einigen ESG-Themen nach aktuellem Stand entweder methodisch oder auch aus ethischen Gründen nicht angestrebt werden sollte (z.B. im Themenkomplex Menschenrechte). Diese können über sog. „Expert Judgement" in die Bewertung einbezogen werden.

Positive Auswirkungen können bspw. gezahlte Steuern, Löhne, Sozialleistungen, die Ausbildung von Mitarbeitenden sowie der Nettogewinn sein. Negative Beiträge ergeben sich z.B. aus Auswirkungen auf die Umwelt, wie durch CO_2-Ausstoß, Landnutzung, Emissionen in Luft, Boden und Wasser sowie durch Ereignisse im Bereich Gesundheit und Sicherheit.

2. Auswirkungen auf das Unternehmen

Um die Auswirkungen von Nachhaltigkeitsthemen auf das Geschäft zu bewerten, können verschiedene Quellen in die Wesentlichkeitsanalyse miteinbezogen werden:

I.R.d. Ausarbeitung der Strategien einzelner Geschäftseinheiten werden Einflüsse von Nachhaltigkeitsthemen wie z.B. auf die Nachfrage bestimmter Produktlösungen sowie Risiken/Chancen durch relevante Nachhaltigkeitsthemen in bestimmten Liefer- oder Wertschöpfungsketten erfasst und bewertet.

Bei der Weiterentwicklung der übergeordneten Unternehmensstrategie wurde ergänzend durch das Unternehmen eine Metastudie[3] in Auftrag gegeben, die Branchentrends offenlegt, die für Geschäftsaktivitäten relevant sind. Um solche Studienergebnisse zu verifizieren, wurden weltweit Nachhaltigkeitsexperten gebeten, verschiedene Nachhaltigkeitstrends nach der Relevanz für ihre Branche und Region zu bewerten. Die damit zusammenhängenden Risiken und Chancen wurden mit internen Experten in einer Reihe von Workshops diskutiert und in die Strategieentwicklung einbezogen.

Durch die Kombination verschiedener empirischer Erhebungs- und Bewertungsmethoden wurde versucht, einen schwer zu objektivierenden Inputfaktor nachvollziehbar zu bewerten.

3. Relevanz für Stakeholder

Als 3. Wesentlichkeitsdimension erfasst das Unternehmen die Relevanz von Nachhaltigkeitsthemen für relevante Stakeholdergruppen wie etwa Kunden, Finanzmarktakteure, Zivilgesellschaft oder Politik. Zu Beginn der Durchführung von Materialitätsanalysen wurden v.a. quantitative

---

[3] BASF, Nachhaltigkeitstrends, www.basf.com/global/de/who-we-are/sustainability/management-goals-and-dialog/management/sustainability-trends.html, abgerufen am 3.1.2022.

Methoden der Informationserhebung genutzt und umfangreiche Fragebögen an mehrere Hundert identifizierte, relevante Expertinnen und Experten verschickt.

Hier hat sich allerdings zunehmend gezeigt, dass sowohl Quantität und in Teilen auch die Qualität der Rückmeldungen im Zeitverlauf deutlich nachgelassen haben. Gründe sind möglicherweise die Vielzahl an Fragebögen zu Materialitätsanalysen, die von einer immer größer werdenden Anzahl von Unternehmen an die gleiche Gesamtheit an Stakeholdern verschickt wurde. Es ist davon auszugehen, dass bei zahlreichen Stakeholdern zum einen die Zeit und zum anderen bei immer detaillierter werdenden Fragestellungen die Bewertungskompetenz für verwertbare Rückmeldungen fehlte.

Basierend auf diesen Erfahrungen hat das Unternehmen beschlossen, zusätzlich zu weiterhin bewährten Formaten wie bilateralen Stakeholder-Dialogen oder dem Engagement in Multi-Stakeholder-Netzwerken weitere Formate zur Interaktion bzw. zur Bewertung der Relevanz von Nachhaltigkeitsthemen seitens seiner Stakeholder zu nutzen:

So wurde 2013 ein **Stakeholder Advisory Council** etabliert. Solche Gremien, die mit externen internationalen Fachleuten aus Wissenschaft und Gesellschaft besetzt sind, können durch ihre Sicht in der Diskussion mit dem Gesamtvorstand Unternehmenspositionen kritisch reflektieren. Im Fall von BASF wird das Gremium vom Vorstandsvorsitzenden geleitet und das Unternehmen greift die diskutierten Verbesserungspotenziale in der Weiterentwicklung verschiedener Nachhaltigkeitsaspekte auf.

Ergänzend zu direkten Stakeholder-Inputs können darüber hinaus durch gezielte Big-Data-Analysetools kontinuierlich globale Datenpunkte gesammelt und ausgewertet werden. BASF nutzt solche Möglichkeiten seit dem Jahr 2018, um bspw. aus gebündelten und ausgewerteten Medienscreenings, Unternehmensberichten von Kunden oder Peers oder auch NGO-Aktivitätsschwerpunkten Erkenntnisse in die eigene Materialitätsanalyse einfließen zu lassen.

4 Verankerung im Unternehmen über eine integrierte Berichterstattung

9 Der im Jahr 2010 gegründete International Integrated Reporting Council (IIRC) zielte in seinem Rahmenwerk v. a. auf die enge Verzahnung und die Zusammenhänge zwischen integrierter Berichterstattung und integrierter Unternehmenssteuerung ab. Unter der bildhaften Beschreibung „Brea-

king down the Silos"[4] wurde v.a. die notwendige cross-funktionale Zusammenarbeit zwischen den wahrgenommenen Silos betont.

Die nachhaltigkeitsbezogenen Berichtsanforderungen auf EU-Ebene haben komplexe Auswirkungen auf die Lageberichterstattung. Eine enge Zusammenarbeit zwischen Finanz- und Nachhaltigkeitsfunktionen im Unternehmen ist aus Anwendersicht unabdingbar. Nachhaltigkeitsberichterstattung wird aufgrund ihrer breiten und stetig wachsenden Anforderungen – sowohl was Qualität als auch Quantität der Informationen betrifft – vermutlich in den meisten Unternehmen immer eine **cross-funktionale Aktivität** darstellen.

Wichtig ist, dass die Verantwortlichen aus relevanten Finanzeinheiten (u.a. Reporting, Accounting/Performance Measurement, Treasury, Risikomanagement), aus Unternehmensstrategie/Nachhaltigkeit, Investor Relations, relevanten Experteneinheiten (Umweltschutz, Sicherheit, Gesundheit, Personal, Einkauf, Compliance), operativen Einheiten sowie aus der Unternehmenskommunikation im Berichts- und Prüfprozess eng zusammenarbeiten. Nur so ist die frühzeitige Veröffentlichung aller wesentlichen Finanz- und ESG-Informationen zum gleichen Zeitpunkt möglich.

Auch für die kurzfristige Umsetzung der Anforderungen des CSR-Richtlinien-Umsetzungsgesetzes (CSR-RUG) für das Geschäftsjahr 2017 und des abgeleiteten überarbeiteten Rechnungslegungsstandards (DRS 20) waren das etablierte Zusammenspiel von Rechnungslegungsexpertise und den Verantwortlichen für ESG-Berichtsprozesse erfolgskritisch.

Eine Verankerung fachlicher Expertise in allen relevanten Teilen der Organisation ist die wichtige Basis für robuste Berichterstattungsprozesse. Allerdings kann v.a. bei Unternehmen mit langjähriger Vorerfahrung im Bereich der Nachhaltigkeitsberichterstattung oftmals die Herausforderung einhergehen, dass Prozesse, Systeme und auch organisatorische Ansätze „historisch gewachsen" und in Teilen personengebunden sind. In diesem Fall bieten die wachsenden Anforderungen an eine robuste Nachhaltigkeitsberichterstattung auch die Chance, gewachsene Strukturen zu hinterfragen und eine agile sowie gleichzeitig belastbare **Aufbau- und Ablauforganisation** zu etablieren.

Seit 2018 wurde bei BASF bspw. zur cross-funktionalen Koordinierung zahlreicher Herausforderungen im Kontext der Sustainable-Finance-Debatte ein „Sustainable Finance Round Table" institutionalisiert. In die-

4 International Integrated Reporting Council, Integrated Thinking & Strategy. State of play report, www.integratedreporting.org/wp-content/uploads/2020/01/Integrated-Thinking-and-Strategy-State-of-Play-Report_2020.pdf, abgerufen am 3.1.2022.

sem Round Table diskutieren Vertreterinnen und Vertreter aus verschiedenen Finanzfunktionen, Strategieeinheiten (inkl. der Nachhaltigkeitsorganisation), Investor Relations, Kommunikation und Stabsfunktionen aufkommende neue Anforderungen an das Unternehmen und die Berichterstattung. So können zeitnah notwendige Entscheidungs- und Anpassungsprozesse angestoßen werden. Ebenso wurde 2021 im Finanzbereich eine Einheit „Sustainability Reporting, Analytics and Performance Management" etabliert, um Synergien zwischen interner und externer Finanz- und Nachhaltigkeitsberichterstattung zu generieren.

Es ist entscheidend, klare Verantwortlichkeiten für die „Governance" und die Vorgaben der Nachhaltigkeitsberichterstattung zu etablieren sowie sicherzustellen, dass diese Vorgaben qualitäts- und kontrollgesichert umgesetzt werden. So kann eine entsprechend zuverlässige Berichterstattung in Anlehnung an robuste Finanzberichterstattungsprozesse gewährleistet werden.

Eine aktuelle Herausforderung der Nachhaltigkeitsberichterstattung zahlreicher Anwenderunternehmen ist, dass auch IT-Systeme zur Erhebung globaler und robuster ESG-Daten oftmals historisch gewachsen sind. Nicht selten werden Nachhaltigkeitsdaten mit selbst kreierten Datenbanken erhoben, denen die Anbindung an bestehende IT-Systeme fehlt. Da die **Datenerhebung** aufgrund der Bandbreite der Nachhaltigkeitsthemen – von eher qualitativen KPIs zu Menschenrechtsaspekten bis hin zu detaillierten Taxonomieanforderungen zu klimabezogenen Themen – überaus heterogen ist, bietet sich hier ein Betätigungsfeld für IT-Provider, entsprechende Lösungen zu erarbeiten. Es kann hierbei eine Übergangslösung sein, Datenbanksysteme durch einfache, aber qualitätsgesicherte Workflows mit Daten zu versorgen und eine weitere Systemintegration erst dann anzustreben, sobald entsprechende standardisierte Lösungen stärker etabliert und weiter verbreitet sind.

Die weiterhin sich überaus dynamisch entwickelnden Berichtsanforderungen seitens der Gesetzgeber und Standardsetzer erschweren allerdings derzeit die zeitnahe Entwicklung standardisierter Softwarelösungen am Markt. Selbst das Anpassen intern etablierter Prozesse kann kaum Schritt halten mit dem vorgelegten und eingeforderten Tempo der Veröffentlichung und der daraus resultierenden Umsetzungsanforderungen neuer regulatorischer Rahmenbedingungen.

10 Durch das Messen und die monetäre Bewertung der verschiedenen Auswirkungen der Geschäftstätigkeit eines Unternehmens können finanzielle und sog. nichtfinanzielle Auswirkungen auf die Gesellschaft noch besser als bislang verstanden werden. Diese können direkt miteinander vergli-

chen und ihre Wechselwirkungen aufgezeigt werden. Diese Transparenz unterstützt integriertes Handeln und abgeleitete Entscheidungen.

Immer mehr Unternehmen streben daher an, ihre positiven Beiträge und die negativen Auswirkungen der Geschäftstätigkeit zu erfassen und so die Hebel zur Minimierung negativer und Maximierung positiver Auswirkungen anzusteuern. Diese **Transparenz zu Auswirkungen** wird in zunehmendem Maße von Investoren, aber auch i. R. d. doppelten Wesentlichkeit als Teil der neuen Anforderungen in der EU Corporate Sustainability Reporting Directive (CSRD; § 9 Rz 55 ff.) gefordert.

So können mit der Value-to-Society-Methode von BASF bspw. eine Transparenz des Wertbeitrags hergestellt, ein kontinuierliches Fortschritts-Monitoring durchgeführt und bisherige Konzepte zur Bewertung von Risiken und Geschäftschancen durch eine Makroperspektive ergänzt werden.

Treibende positive Faktoren bei BASF sind gezahlte Steuern, Löhne, Sozialleistungen, die Ausbildung von Mitarbeitern sowie der Nettogewinn. Negative Beiträge ergeben sich aus Auswirkungen auf die Umwelt, wie durch CO_2-Ausstoß, der Landnutzung und Emissionen in Luft, Boden und Wasser sowie durch Ereignisse im Bereich Gesundheit und Sicherheit.

Die Wechselwirkungen von integrierter Berichterstattung auf die Steuerung von Unternehmen wurde bereits bei der Ausarbeitung des Rahmenwerks des IIRC als Ziel formuliert. Integrierte Berichterstattung („Integrated Reporting“) soll sich im besten Fall in eine integrierte Denkweise („Integrated Thinking“) und in der Folge in integriertes Steuern („Integrated Steering“) des Unternehmens übersetzen. **11**

Ein zentraler Hebel, ESG in der **Unternehmenssteuerung** zu verankern, ist die Integration steuerungsrelevanter Leistungsindikatoren in die Unternehmenssteuerung.

Bereits das bestehende CSR-RUG und die kommende CSRD fordern, in der nichtfinanziellen Erklärung zu wesentlichsten Nachhaltigkeitsthemen („Aspekten“) **nichtfinanzielle Leistungsindikatoren** zu berichten.

Im DRS 20 „Konzernlagebericht“[5] wird in Tz. 105 gefordert, dass „in die Analyse des Geschäftsverlaufs und der Lage des Konzerns [...] auch die bedeutsamsten nichtfinanziellen Leistungsindikatoren einzubeziehen

5 DRSC, DRS 20, https://www.drsc.de/app/uploads/2017/02/120928_DRS_20_near-final.pdf, abgerufen am 3.1.2022.

(sind), soweit sie für das Verständnis des Geschäftsverlaufs und der Lage des Konzerns von Bedeutung sind".

Der Rechnungslegungsstandard präzisiert weiterhin in Tz. 106, dass diejenigen nichtfinanziellen Leistungsindikatoren einzubeziehen sind, „die auch zur internen Steuerung des Konzerns herangezogen werden".

Als Beispiele für mögliche nachhaltigkeitsbezogene Leistungsindikatoren werden folgende Aspekte genannt:

- Kundenbelange (Indikatoren zum Kundenstamm, Kundenzufriedenheit etc.),
- Umweltbelange (Emissionswerte, Energieverbrauch etc.),
- Arbeitnehmerbelange (Indikatoren zur Mitarbeiterfluktuation, Mitarbeiterzufriedenheit, Betriebszugehörigkeit, Fortbildungsmaßnahmen etc.), Indikatoren zur Forschung und Entwicklung,
- gesellschaftliche Reputation des Konzerns (Indikatoren zum sozialen und kulturellen Engagement, Wahrnehmung gesellschaftlicher Verantwortung etc.).

12 Der Rechnungslegungsstandard fordert weiterhin, zu den nichtfinanziellen Leistungsindikatoren „quantitative Angaben zu machen, sofern quantitative Angaben zu diesen Leistungsindikatoren auch zur internen Steuerung herangezogen werden und sie für den verständigen Adressaten wesentlich sind".

Praxis-Beispiel

BASF hat bspw. seit dem Geschäftsjahr 2020 u. a. die nachhaltigkeitsbezogene Kennzahl „absolute CO_2-Emissionen" als bedeutsamsten Leistungsindikator festgelegt. Mit diesem Indikator wird das CO_2-Ziel einer Reduktion der CO_2 -Emissionen um 25 % bis 2030 bezogen auf das Basisjahr 2018 angesteuert.

Die aktive Steuerung dieses Themas erfolgt u. a. durch die Verankerung quantitativer kompensationsrelevanter Vorgaben in den langfristigen Zielvereinbarungen des Vorstands und der oberen Führungskräfte. Hier werden Nachhaltigkeitsindikatoren sowohl in der kurzfristigen Performancebewertung als auch in der langfristigen Incentivierung („Long-term incentives, LTI") herangezogen.

Daneben erfolgt eine verpflichtende und systematische Integration relevanter Nachhaltigkeitsthemen z. B. bei

- Entwicklungen neuer Geschäftsstrategien,
- internen Bewertungen von Investitions-/Desinvestitionsprojekten,

- Einordnung von Forschungs- und Entwicklungsprojekten i. R. d. sog. Phase-Gate-Prozesses zur Bewertung von Forschungsaktivitäten,
- Lieferantenbewertungen,
- Bewertungen des Produktportfolios,
- Erhebung und Bewertung von Chancen und Risiken.

Aus der Verankerung bedeutsamster steuerungsrelevanter ESG-Leistungsindikatoren in der Unternehmenssteuerung leitet sich eine Prüfung dieser Leistungsindikatoren mit hinreichender Sicherheit und damit die Angleichung an das Prüfniveau der Finanzinformationen im Bericht ab. Daraus resultierende Berichts- und Prüfanforderungen sind bspw. der Aufbau eines internen Kontrollsystems (IKS), das Veröffentlichen einer Prognose sowie eines Prognose-Ist-Abgleichs oder die Integration der Themen in den Chancen- und Risikobericht.

5 Prüfung der Informationen

Ergänzend zur „reasonable assurance" für nachhaltigkeitsbezogene steuerungsrelevante Leistungsindikatoren lässt BASF sämtliche wesentlichen Nachhaltigkeitsinformationen im Lagebericht mit **eingeschränkter Sicherheit** („limited assurance") prüfen. Der Prüfprozess erstreckt sich auf einen ganzjährigen Austausch zwischen Prüfenden und Unternehmen, um neue Berichtsanforderungen rechtzeitig umzusetzen. Die Erkenntnisse und Kritikpunkte aus Prüfprozessen sind wertvolle Impulse, um die Robustheit von Managementsystemen und Datenerhebungen zu ESG-Themen zu stärken. 13

In diesem Kontext wurden etablierte Prozesse zur Sicherung der Prüffestigkeit von Finanzkennzahlen entweder auf ESG-Themen adaptiert oder wesentliche Nachhaltigkeits-KPIs wurden in Standardprozesse (z. B. Financial Reporting Compliance, Risiko- und Chancenberichterstattung) integriert.

Gem. dem Entwurf der CSRD ist geplant, dass „(a)lle Unternehmen, die in den Anwendungsbereich fallen, dazu verpflichtet werden (sollten), begrenzte Prüfungssicherheit für die bereitgestellten Nachhaltigkeitsinformationen einzuholen"[6]. 14

Es ist anzunehmen, dass diese Prüfungsanforderungen sich über die Zeit zu einer hinreichenden Prüfungssicherheit entwickeln werden. Der aktuelle Stand des CSRD-Entwurfs würde es den Mitgliedstaaten erlauben, den betroffenen Unternehmen die Möglichkeit einzuräumen, eine separate Prüfgesellschaft mit der Prüfung der Nachhaltigkeitsberichterstat-

6 Vorschlag CSRD, S. 13.

tung zu beauftragen, die nicht gleichzeitig Abschlussprüfer des Jahresabschlusses des Unternehmens ist. Aus der Anwendersicht und basierend auf den Erfahrungen aus integrierten Prüfprozessen ist eine enge Zusammenarbeit und der kontinuierliche Austausch zwischen den Prüfenden finanzbezogener und den Prüfenden nachhaltigkeitsbezogener Lageberichtsinhalte essenziell, um eine konsistente Prüfung im vorgegebenen engen Zeitrahmen erfolgreich durchzuführen.

Eine konstruktiv-kritische Zusammenarbeit zwischen Unternehmen und Abschlussprüfer hat das Potenzial, dazu beizutragen, die Qualität der Nachhaltigkeitsberichterstattung kontinuierlich zu erhöhen, aber auch zugrunde liegende Prozesse effizienter und effektiver zu gestalten. Ergebnisse des Prüfprozesses sind die Grundlage eines kontinuierlichen Verbesserungsprozesses.

6 Ausblick

15 An den Beispielen von BASF zeigt sich, wie integrierte Berichterstattung ein strategisches Instrument sein kann, das ein tiefes Verständnis der Wechselwirkungen zwischen ESG- und Finanzleistung schafft und die Umsetzung der Strategie und den Unternehmenszweck wirkungsvoll erklärt.

Letztlich zeigt die Erfahrung, dass es sich hierbei um ein sich überaus dynamisch entwickelndes Themengebiet handelt. Daher ist es absolut notwendig, cross-funktional und gleichzeitig organisatorisch agil aufgestellt zu sein. So können Unternehmen sich ändernde oder zusätzliche Anforderungen effizient und effektiv umsetzen. Unternehmen müssen sich kontinuierlich fachlich mit den neuen nationalen, EU-weiten und internationalen Anforderungen der Nachhaltigkeitsberichterstattung auseinandersetzen – nicht zuletzt, um die sich daraus ergebenden Risiken zu minimieren, aber auch Chancen für das Geschäftsmodell des Unternehmens zu erkennen und zu ergreifen.

7 Exkurs: Vertiefende Informationen zur Entwicklung steuerungsrelevanter Nachhaltigkeitskennzahlen einschl. Case Study am Beispiel „CO_2-Emissionen"

7.1 Entwicklung steuerungsrelevanter Nachhaltigkeitskennzahlen

16 In Rz 1ff. wurden die Entwicklung und die Rahmenbedingungen für eine integrierte Berichterstattung dargestellt. Die Relevanz von Impulsen aus der Nachhaltigkeitsberichterstattung für die Steuerung des Geschäfts wurde hierbei angesprochen, soll aber in diesem Kapitel weiter vertieft werden.

Ein konkretes Beispiel aus der Unternehmenspraxis ist der Umgang von BASF mit CO_2-Emissionen, der externen Berichterstattung dazu und der internen Umsetzung der entsprechenden Ziele. Der **KPI „absolute CO_2-Emissionen"** wurde 2020 darüber hinaus als bedeutsamster steuerungsrelevanter Leistungsindikator in die Unternehmenssteuerung integriert.

Bei der internen Umsetzung wird besonders deutlich, wie Berichterstattung und Steuerung wesentlicher ESG-Themen die cross-funktionale Zusammenarbeit in Unternehmen fordert und fördert und dass unterschiedliche Kompetenzprofile der entsprechenden Mitarbeitenden benötigt bzw. geschärft werden müssen.

7.2 Externe Anforderungen an die CO_2-Berichterstattung

Bereits vor Inkrafttreten der europäischen Non-Financial Reporting Directive (NFRD) im Jahr 2017 hat das Unternehmen umfassend über Nachhaltigkeitsaspekte extern berichtet. Die Anforderungen der NFRD wurden dabei unter Anwendung der Standards der **Global Reporting Initiative** (**GRI**; § 8 Rz 38ff.) – in der „umfassenden Umsetzungsoption" – sowie unter Berücksichtigung der Berichtsanforderungen des UN Global Compact (§ 8 Rz 74ff.) als entsprechende Rahmenwerke erstellt. 17

Darüber hinaus unterstützt das Unternehmen die Empfehlungen der Task Force on Climate-related Financial Disclosures (TCFD; § 8 Rz 174ff.) zur Berichterstattung klimabezogener Informationen. So werden im Geschäftsbericht 2020 an verschiedenen Stellen von der TCFD empfohlene Inhalte veröffentlicht, gem. den TCFD-Empfehlungen gegliedert in die folgenden 4 TCFD-Kernbereiche: Governance, Strategie, Risikomanagement sowie Kennzahlen und Ziele.

Abgeleitet aus der **Wesentlichkeitsanalyse** zum einen und der **Steuerungsrelevanz** des Themas zum anderen berichtet das Unternehmen umfangreich in der externen Berichterstattung über das Thema Energie und Klimaschutz.

Zu den relevantesten ESG-Themen sollten über die entsprechende Strategie, globale Ziele und die Maßnahmen zur Erreichung der Ziele berichtet werden. So geht BASF hierbei u. a. auf Energieversorgung und Energieeffizienz, auf die CO_2-Bilanz sowie auf Klimaschutzprodukte, d. h. solche, die Treibhausgasemissionen durch ihren Einsatz beim Kunden vermeiden, ein.

Bedeutender als die externe Darstellung der Informationen ist aber die tatsächliche interne Untermauerung der Ziele mit spezifischen Maßnahmen und Steuerungselementen.

7.3 Case Study: Steuerung wesentlicher ESG-Themen am Beispiel „CO_2-Emissionen" der BASF

18 **Ansteuern unternehmensweiter Ziele für CO_2-Emissionen**

Praxis-Beispiel

Im März 2021 legte BASF einen aktualisierten Fahrplan zur Klimaneutralität fest mit den folgenden wesentlichen Kernpunkten:

- Ab 2050 weltweit Netto-Null-CO_2-Emissionen[7] angestrebt;
- deutliche Reduzierung von CO_2-Emissionen um 25 % bereits bis 2030;
- bis zu 4 Milliarden EUR Investitionen bis 2030 geplant.

Insofern setzte sich BASF messbare Ziele auf ihrem Weg Richtung Klimaneutralität im Jahr 2050. Basierend auf den jüngsten Fortschritten bei der Entwicklung CO_2-reduzierter und CO_2-freier Technologien erhöhte das Unternehmen sein mittelfristiges Reduktionsziel für Treibhausgasemissionen bis zum Jahr 2030 im Vergleich zu früheren Zielen: Das Unternehmen will die Menge emittierter Treibhausgase im Vergleich zum Jahr 2018 weltweit um 25 % senken – und dies bei angestrebtem Wachstum und der Errichtung eines großen Verbundstandorts in Südchina.

Ohne Berücksichtigung des geplanten Wachstums bedeutet dies eine Halbierung der CO_2-Emissionen im bestehenden Geschäft bis Ende des Jahrzehnts. Insgesamt plant BASF zur Erreichung des neuen Klimaziels bis 2025 Investitionen von bis zu 1 Milliarde EUR sowie bis 2030 von weiteren 2 bis 3 Milliarden EUR.

Im Jahr 2018 lagen die weltweiten Emissionen der BASF-Gruppe bei 21,9 Millionen Tonnen CO_2-Äquivalente. Im Jahr 1990 waren sie noch etwa doppelt so hoch. Das neue Emissionsziel 2030 entspricht einer Reduktion von rund 60 % im Vergleich zu 1990.

Im Zentrum der langfristigen Umstellung hin zu Netto-Null-CO_2-Emissionen ab 2050 steht der Einsatz neuer Technologien, bei denen fossile Energieträger wie Erdgas durch elektrischen Strom aus erneuerbaren Quellen ersetzt werden.

BASF setzt sich mit der Klimaneutralität im Jahr 2050 ein ambitioniertes Ziel und hat entsprechende interne Steuerungs-, Kontroll- und Berichtssysteme etabliert, um dieses Ziel zu erreichen.

---

7 Auf Basis der Scope-1- und Scope-2-Emissionen der BASF-Gruppe; andere Treibhausgase werden gem. Greenhouse Gas Protocol in CO_2-Äquivalente umgerechnet.

Herausforderung: Neue Berichtsanforderungen bei gleichzeitigem Fehlen anerkannter Standards 19

Praxis-Beispiel
Berechnung des Product Carbon Footprint der BASF-Produkte

Ein Beispiel für die Umsetzung von CO_2-Emissionszielen in der Geschäftssteuerung und sogar der Marktbearbeitung ist die Ermittlung von Product Carbon Footprints (PCF) durch die BASF. BASF berechnet den CO_2-Fußabdruck aller Verkaufsprodukte und kann so transparente Emissionsdaten für das gesamte Portfolio aus rund 45.000 Produkten vorlegen. Daten aus dem BASF-Verbund und eine neue digitale Anwendung helfen BASF-Kunden, den eigenen CO_2-Fußabdruck ihrer Aktivitäten und Endprodukte besser messen, reduzieren und berichten zu können.

Der PCF umfasst sämtliche produktbezogenen angefallenen Treibhausgasemissionen, bis das BASF-Produkt das Werkstor Richtung Kunde verlässt: vom eingekauften Rohstoff bis zum Einsatz von Energie in den Produktionsprozessen.

Die PCF-Berechnung bei BASF stützt sich auf umfangreiche Daten aus der Erhebung von Emissionen im eigenen Produktionsnetzwerk, auf qualitativ hochwertige Durchschnittsdaten für eingekaufte Rohstoffe sowie auf zugekaufte Energie. Die Methode folgt allgemeinen Standards für Lebenszyklus-Analysen wie bspw. ISO 14044 und ISO 14067 sowie dem Greenhouse Gas Protocol Product-Standard.

Um unternehmensübergreifend vergleichbare Ergebnisse zu erzielen, setzt sich das Unternehmen für die Einführung produktspezifischer Vorgaben für die Berechnung von PCFs in der chemischen Industrie ein. So können industrieweit gleiche Grundlagen für die Berechnung und somit eine Vergleichbarkeit für Produkte geschaffen werden.

Gerade in Bereichen, in denen bislang keine einheitlichen Erhebungs- oder gar Berichtsstandards vorliegen, können Unternehmen durch eigene Pilotprojekte und gleichzeitig frühen Austausch mit Peers die Ausarbeitung neuer Standards anstoßen. Durch das Einbeziehen sog. „Critical Reviews" – externer kritischer Gutachten – kann die Akzeptanz neuer Datenerhebungs- oder Berichterstattungsansätze erhöht werden.

20 Unzureichende Datenerhebungsprozesse und fehlende IT-Lösungen – Lösungsansatz: Externalisierung der Product-Carbon-Footprint-Berechnung

Praxis-Beispiel

Im August 2021 hat BASF begonnen, eine firmeneigene digitale Lösung und Methodik zur Berechnung des Product Carbon Footprint über Lizenzvereinbarungen an im Softwarebereich tätige Dritte weiterzugeben. Auf Grundlage der vom Unternehmen entwickelten Methode werden externe Partner eine Software entwickeln, die von anderen Industrieunternehmen eingesetzt werden kann.

In der Entwicklungsphase der digitalen Lösung hat BASF erkannt, dass die bestehenden Standards für die PCF-Berechnung Interpretationsspielraum lassen und unterschiedliche Wege der Emissionszuordnung zulassen. Das führt dazu, dass selbst PCFs für ein und dasselbe Produkt nicht immer vergleichbar sind. Daher arbeitet das Unternehmen mit verschiedenen Partnern und Verbänden zusammen, um die Standardisierung der PCF-Methoden voranzutreiben und gleiche Wettbewerbsbedingungen zu schaffen.

Um interessierten Industrieakteuren eine pragmatische Lösung anzubieten, hat BASF beschlossen, ihren automatisierten PCF-Berechnungsansatz über ein Netzwerk von Partnerschaften auf dem Markt verfügbar zu machen. In einem ersten Schritt werden Lizenzvereinbarungen IT-Unternehmen in die Lage versetzen, die Methodik und die interne Lösung von BASF in eine marktfähige Software zu übersetzen.

Eine der zentralen Herausforderungen für Unternehmen im Bereich der CO_2-Datenerhebung ist die Erfassung oder Berechnung von Treibhausgasemissionen in der Lieferkette. Eine enge Zusammenarbeit zwischen Unternehmen und ihren Zulieferern zu dieser komplexen Thematik ist unabdingbar. BASF unterstützt daher Lieferanten bei der Berechnung ihrer Product Carbon Footprints und einer weiteren Standardisierung. Das Unternehmen hat ein CO_2-Managementprogramm für Lieferanten ins Leben gerufen, um seine Zulieferer aktiv einzubinden und Transparenz über die PCFs seiner Rohstoffe zu schaffen.

Transparenz zu ESG-Informationen, in diesem Fall zu CO_2-Emissionen, ist ein Grundpfeiler für die aktive Steuerung dieser Themen und das Erreichen gesetzter Unternehmensziele. Ein Netzwerk von Partnerschaften kann die Berechnung, die Berichterstattung und den Austausch von ESG-Daten wie CO_2-Emissionen zwischen den Akteuren entlang der Wertschöpfungskette beschleunigen und die Verlässlichkeit sowie die Vergleichbarkeit von Daten gewährleisten.

7.4 Anforderungen an die Organisation

Die dargestellten Beispiele der BASF zeigen, wie umfassend Nachhaltig- 21
keit in der Berichterstattung und Geschäftssteuerung integriert werden muss, wenn es sich um Themen von großer Wesentlichkeit für einzelne Firmen handelt. Es wird deutlich, dass eine umfassende Steuerung von Nachhaltigkeitsaspekten immer eine **cross-funktionale Aufgabe** sein wird und des Zusammenspiels von Mitarbeitenden aus Strategieabteilungen, der Nachhaltigkeitsorganisation, aus Finanzen, Controlling und IT und – je nach Themenstellung – aus Marketing, Vertrieb und Produktion sowie Forschung und Entwicklung bedarf. Mit diesem Zusammenspiel geht einher, dass sich alle Beteiligten intensiv mit den anderweitigen Anforderungen auseinandersetzen müssen, dabei voneinander lernen und sich fachlich und persönlich weiterentwickeln.

Wichtig im Zusammenhang mit der stringenten Bearbeitung von Nachhaltigkeitsthemen aus Sicht der Berichterstattung und der Geschäftssteuerung ist, diese gegenseitigen Anforderungen klar zu definieren und das Anspruchsniveau an die externe Berichterstattung sowie den Bedarf für interne Steuerung und Nutzung von Daten in operativen Bereichen festzulegen.

Hierfür hat die BASF ein **Sustainability Reporting & Controlling Committee** gegründet, in dem Unternehmensbereiche und Zentraleinheiten das Vorgehen zur Messung, Erhebung, Steuerung und Berichterstattung von Nachhaltigkeitsthemen abstimmen, ein gemeinsames Verständnis sicherstellen und damit Klarheit und Stringenz in der Weiterentwicklung der unterschiedlichen Nachhaltigkeitsthemen gewährleisten.

§ 7 Zur Notwendigkeit von Nachhaltigkeit in der Corporate Governance

Überblick

Derzeit wird kontrovers auf nationaler und internationaler Ebene eine stärkere Regulierung der nachhaltigen Unternehmensführung (Sustainable Corporate Governance) diskutiert. Ein wesentlicher Motor stellt in diesem Kontext das „EU Green Deal"-Projekt dar, das neben Reforminitiativen in den Bereichen Nachhaltigkeitsberichterstattung und nachhaltiges Finanzwesen auch eine Integration von Corporate Social Responsibility (CSR) in die Unternehmensleitung und -überwachung anstrebt. Bedingt durch die Fridays-for-Future-Bewegung und die Covid-19-Pandemie erfährt die vorliegende Thematik seit einiger Zeit eine breite Öffentlichkeitswirkung. Nach einer konzeptionellen und definitorischen Abgrenzung des Begriffs Sustainable Corporate Governance geht der Beitrag auf die derzeitigen Verlinkungen von Nachhaltigkeit im nationalen Aktien- und Bilanzrecht ein. Im Anschluss daran sollen Möglichkeiten für eine perspektivische Regulierung der Sustainable Corporate Governance aus deutscher Sicht dargestellt werden. Aus dem Blickwinkel einer börsennotierten Aktiengesellschaft werden der Vorstand und der Aufsichtsrat fokussiert.

1 Einführung

1 Die EU-Kommission hat in den vergangenen Jahren vielfältige Reformen angestoßen, um primär Unternehmen des öffentlichen Interesses (Public Interest Entities – PIEs) zu einer nachhaltigen Unternehmensentwicklung zu bewegen. Der Nachhaltigkeitsbegriff ist im Schrifttum divers belegt und kann zum einen durch das sog. „Triple Bottom Line"-Konzept operationalisiert werden. Hiernach sollen die betreffenden Unternehmen Ökonomie (Profit), Ökologie (Planet) und Soziales (People) gleichrangig als **Corporate Social Responsibility** (CSR) in die strategische und operative Planung einbeziehen. Zum anderen kommt dem sog. **„Environmental, Social & Governance"**-(ESG)-Konzept in jüngerer Zeit eine steigende Bedeutung zu, wonach Ökologie, Soziales und „gute" Unternehmensführung gleichrangig berücksichtigt werden sollen. Das ESG-Konzept zeigt die Interdependenzen zwischen der sozialen und umweltbedingten Nachhaltigkeit einerseits und der Corporate Governance andererseits (Sustainable Corporate Governance).

2 Die IFRS Foundation, die mit dem IASB seit vielen Jahrzehnten mit den International Financial Reporting Standards (IFRS) globale Standards der Finanzberichterstattung erlassen hat, hat sich im Herbst 2021 dazu entschieden, dem IASB ein International Sustainability Standards Board (ISSB) an die Seite zu stellen, das globale Standards für die Nachhaltigkeitsberichterstattung ableitet (§ 8 Rz 65 ff.). Die nachfolgenden Ausführungen fokussieren die europäischen Reformentwicklungen zur Sustainable Corporate Governance und ihre Einbettung in die Sustainable Finance & Reporting-Strategie.

3 Wesentliche Meilensteine für eine steigende Regulierung der nachhaltigen Unternehmensführung stellen aus EU-Sicht die Erklärung zur Unternehmensführung durch die Richtlinie 2006/46/EG[1] sowie die nichtfinanzielle Erklärung nach der EU-Richtlinie 2014/95[2] (sog. CSR-Richtlinie; § 9 Rz 1) dar. Als 3. „neues“ Medium der ESG-Berichterstattung ist der Vergütungsbericht für gewisse PIEs nach der modifizierten EU-Aktionärsrechte-Richtlinie 2017/828[3] zwingend. Bedauerlicherweise hat es die EU-Kommission bislang nicht ermöglicht, die Verknüpfung dieser 3 Dokumente zu einem einheitlichen ESG-Bericht bzw. die Integration mit der Finanzberichterstattung (Integrated Report) voranzutreiben.

4 Zur Erhöhung der Qualität der Unternehmensberichterstattung hat die EU-Kommission schließlich am 21.4.2021 einen Richtlinienentwurf zur Nachhaltigkeitsberichterstattung (**„CSR-Richtlinie 2.0“**; § 9 Rz 59) veröffentlicht, der die bisherige nichtfinanzielle Erklärung (§ 9 Rz 1 ff. und Rz 51 ff. für die nichtfinanzielle Konzernerklärung) ablösen wird. In diesem Kontext möchte die EU-Kommission bis Oktober 2022 ein eigenes Rahmenwerk zur Berichterstattung und Prüfung des neuen Nachhaltigkeitsberichts vorlegen (§ 9 Rz 76 f.).

5 Das **„EU Green Deal“**-Projekt verdeutlicht allerdings, dass Regulierungen im Bereich der Unternehmensberichterstattung nicht ausreichen, um die ambitionierten Ziele einer klimaneutralen Wirtschaft in den kommenden Jahrzehnten zu erfüllen. Daher wurden die (geplanten) Maßnahmen um erhebliche Markteingriffe i. R. v. Sustainable-Finance-Regulierungen ergänzt. Der Fokus für eine „grüne“ Unternehmensfinanzierung liegt in der Verordnung (EU) 2020/852[4], die ein EU-weites Klassifizierungssystem für grüne Wirtschaftsaktivitäten beinhaltet (**Taxonomie**; § 12). Die neue EU-Taxonomie ist allerdings auch mit der nichtfinanziellen Erklä-

---

1 Vgl. ABl. EU v. 16.8.2006, L 224/1 ff.

2 Vgl. ABl. EU v. 15.11.2014, L 330/1 ff. sowie hierzu Müller/Stawinoga/Velte, ZfU 2015, S. 313; Müller/Stawinoga/Velte, DB 2015, S. 2217.

3 Vgl. ABl. EU v. 20.5.2017, L 132/1 ff.

4 Vgl. ABl. EU v. 22.6.2020, L 198/13.

rung bzw. des geplanten Nachhaltigkeitsberichts verknüpft, da der Umfang der als ökologisch nachhaltig eingestuften Geschäftsaktivitäten auf der Basis von 3 grünen Performance-Kennzahlen dargelegt werden muss.[5] Ergänzend zur Taxonomie-Verordnung werden delegierte Rechtsakte erlassen, wobei bislang die delegierte Verordnung (EU) 2021/2139 veröffentlicht wurde (§ 12 Rz 22ff.).[6]

Neben diesen Maßnahmen, welche auch die Realwirtschaft betreffen, richten sich die Sustainable-Finance-Regulierungen der EU-Kommission primär an die Finanzwirtschaft. Nachhaltigkeitspflichten für institutionelle Anleger und Vermögensverwalter wurden durch die flankierende Offenlegungsverordnung EU 2019/2088[7] kodifiziert (§ 11). Die Aufsichtsvorschriften für Banken und Versicherungen wurden durch die sog. CRR II-Verordnung (EU 2019/876) um Nachhaltigkeit erweitert.[8] Klimareferenzwerte durch eine Benchmark-Verordnung (EU 2019/2089)[9] sowie ein EU-Green-Bond-Standard, der Normen und Kennzeichen für umweltfreundliche Finanzprodukte erfasst (§ 13 Rz 11ff.), runden die Maßnahmen ab. 6

Streng genommen stellen die Sustainable-Finance-Regulierungen der EU bereits gleichzeitig eine Normierung der Sustainable Corporate Governance dar, weil die EU-Kommission davon ausgeht, dass nachhaltige (institutionelle) Investoren Druck auf die Unternehmen ausüben, eine aktive(re) Nachhaltigkeits- und Klimaschutzpolitik zu implementieren. Durch die zunehmende **Bedeutung von Investorennetzwerken** (z.B. durch die UN Principles for Responsible Investments) und steigende Kooperationen von Investoren mit NGOs ist davon auszugehen, dass künftig Unternehmen mit einer wenig erfolgreichen oder passiven Nachhaltigkeitspolitik erhebliche Finanzierungsprobleme erleiden dürften. 7

Kontrovers debattiert wird jedoch, inwiefern das sog. „Greenwashing"-Risiko durch die vorstehend benannten EU-Regulierungen zu Sustainable Finance und zur Nachhaltigkeitsberichterstattung allein signifikant abgebaut werden kann. Vor diesem Hintergrund plant die EU-Kommission derzeit eine flankierende Regulierung der internen Sustainable Corporate Governance, die sich an den Verwaltungsrat bzw. den Vorstand und Aufsichtsrat direkt richtet. 8

---

5 Vgl. Verordnung (EU) 2020/852, Art. 8.
6 Vgl. ABl. EU v. 9.12.2021, L 442/1ff.
7 Vgl. ABl. EU v. 9.12.2019, L 317/1ff.
8 Vgl. ABl. EU v. 7.6.2019, L 150/1ff.
9 Vgl. ABl. EU v. 9.12.2019, L 317/17ff.

9 Während der deutsche Gesetzgeber bereits im Sommer 2021 ein Lieferkettengesetz verabschiedet hat, welches ein Risikomanagement(system) für die nachhaltige Wertschöpfungskette des Unternehmens vorsieht (§ 15 Rz 32ff.), wurde jüngst von der EU-Kommission ein Richtlinienentwurf zur nachhaltigen Corporate Governance (inkl. der Wertschöpfungskette) veröffentlicht. Die geplante Richtlinie soll restriktiver als das deutsche Lieferkettengesetz ausfallen, u.a. hinsichtlich des Anwenderkreises der Sorgfaltspflichten, der Reichweite der Wertschöpfungskette, der Integration von Nachhaltigkeit in die Unternehmensstrategie und der zivilrechtlichen Haftung.

10 Die von der EU-Kommission bei der Wirtschaftsprüfungsgesellschaft Ernst & Young in Auftrag gegebene Studie wurde teilweise äußerst kritisch in Forschung und Praxis aufgenommen, da eine pauschale Tendenz zu einer kurzfristigen und ergo nicht nachhaltigen Unternehmenssteuerung unterstellt wurde. Die Studie beinhaltet 7 zentrale Handlungsfelder, um Unternehmen stärker zu einer **langfristigen und nachhaltigen Unternehmensentwicklung** zu bewegen:

- Implementierung des **Stakeholder-Value-Prinzips** als Richtschnur für die Unternehmensziele,
- Stärkung der Rechte und der Bedeutung von **langfristigen und nachhaltigen Investoren,**
- Integration von Nachhaltigkeitszielen in der **Unternehmensstrategie und -planung,**
- Verknüpfung von nichtfinanziellen Aspekten mit **variablen Vergütungssystemen** von Verwaltungsräten,
- Berücksichtigung von Nachhaltigkeitsexpertise bei der **Besetzung von Verwaltungsräten,**
- Implementierung eines **kontinuierlichen Stakeholder-Dialogs** sowie
- **Enforcement** der Berücksichtigung des Stakeholder-Value-Prinzips durch Aufsichtsbehörden und/oder andere Stakeholder-Gruppen.[10]

2 Konzeptionelle Einordnung der Sustainable Corporate Governance

11 Die Corporate Governance folgt in ihrer traditionellen Auslegung der Principal-Agent-Theorie und dem Shareholder-Value-Ansatz.[11] Hiernach stehen die (finanziellen) Interessen der (Eigen-)Kapitalgeber (Inves-

10 Vgl. EY, Study on directors' duties and sustainable corporate governance. Final report, 2020.

11 Vgl. u.a. Shleifer/Vishny, The Journal of Finance 1997, S. 737.

toren und Gläubiger) als Prinzipale des Unternehmens im Fokus, wobei andere Stakeholder-Gruppen weitgehend ausgeblendet werden.[12] Die Sustainable Corporate Governance sollte als theoretischen Bezugsrahmen die klassische Agency-Theorie durch die Stakeholder- oder die Legitimitätstheorie ersetzen. Nach der Stakeholder-Theorie[13] als Gegenentwurf zur Principal-Agent-Theorie sollen Unternehmen nicht nur ihre Kapitalgeber befriedigen, sondern auch die Interessen sonstiger Stakeholder-Gruppen berücksichtigen (Stakeholder Values).

Die Legitimitätstheorie unterstellt die Existenz von impliziten sozialen 12 Verträgen zwischen dem Unternehmen und der Gesellschaft, um ein kontinuierliches Bemühen des Unternehmens zum Aufbau und zum Erhalt von Legitimität zu erzeugen.[14] Insofern liegt der Unternehmenszweck bzw. der Corporate Purpose[15] nicht länger in der Maximierung des finanziellen Unternehmenswerts als Oberziel, sondern in der langfristigen Wertsteigerung für das Unternehmen und die Gesellschaft. Die Sustainable Corporate Governance erfüllt in diesem Zusammenhang die entscheidende Funktion, durch Anreiz- und Überwachungsmechanismen zur Stärkung dieses nachhaltigen Corporate Purpose beizutragen. Im Folgenden wird daher unter Sustainable Corporate Governance die Gesamtheit rechtlicher und faktischer Institutionen verstanden, welche darauf ausgerichtet ist, den nachhaltigen Unternehmenszweck (Sustainable Corporate Purpose) i.S.e. Erhöhung des langfristigen Werts für das Unternehmen und die Gesellschaft (Long Term Value to Business and Society) zu verfolgen.

3 Bisherige Regulierungen der Sustainable Corporate Governance aus nationaler Sicht

3.1 Nachhaltigkeit in der variablen Vorstandsvergütung

Die Transformation der neugefassten EU-Aktionärsrechte-Richtlinie 13 durch das sog. ARUG II im Jahr 2019 hatte zu einer Anpassung des § 87 Abs. 1 S. 2 AktG dahingehend geführt,[16] dass bei der variablen Vorstandsvergütung bei börsennotierten Aktiengesellschaften seither eine „nach-

12 Vgl. Shleifer/Vishny, The Journal of Finance 1997, S. 737.

13 Vgl. Freeman, Business Ethics Quarterly 1994, S. 409.

14 Vgl. Dowling/Pfeffer, The Pacific Sociological Review 1975, S. 122ff.

15 Vgl. hierzu die Ausführungen von Colin Mayer und Alex Edmans: Mayer, Prosperity. Better Business Makes the Greater Good, 2018; Edmans, Grow the Pie: How Great Companies Deliver Both Purpose and Profit, 2020.

16 Vgl. die Gegenüberstellung in BT-Drs. 19/15153 v. 13.11.2019, S. 12.

haltige und langfristige Entwicklung der Gesellschaft" zugrunde gelegt werden muss.[17] Durch diese Klarstellung des Gesetzgebers war zu vermuten, dass die Einbeziehung von nichtfinanziellen Leistungsindikatoren in die Vorstandsvergütung nach dem ARUG II notwendig ist. Nach der Klarstellung des Rechtsausschusses darf sich die Ausrichtung der Vorstandsvergütung an einer nachhaltigen Unternehmensentwicklung nicht nur auf eine Berücksichtigung von langfristigen Zielen i.S.d. zeitlichen Dimension beziehen.[18] Vielmehr müssen auch **nichtfinanzielle Parameter** (Sozial- und Umweltziele) zwingend Berücksichtigung finden.[19] Der Rechtsausschuss führt hierzu an, „dass der Aufsichtsrat bei der Festsetzung der Vergütung, insbesondere der Wahl der Vergütungsanreize auch soziale und ökologische Gesichtspunkte in den Blick zu nehmen hat."[20]

14 Da die aktienrechtlichen Kommentierungen zu § 87 AktG vor dem ARUG II den Nachhaltigkeitsbegriff lediglich aus zeitlicher Perspektive ausgelegt hatten, ist wenig überraschend, dass nach dem ARUG II eine Einbeziehung von sozialen und umweltrelevanten Aspekten in die Vergütungssysteme zurückhaltend und teilweise sogar ablehnend kommentiert wird.[21] Eine abweichende und meiner Ansicht nach sachgerechte Einschätzung vertritt dagegen FLEISCHER, wonach die Einbeziehung nichtfinanzieller Leistungsindikatoren „– anders als nach bisher hM – nicht mehr nur gestattet, sondern ausdrücklich geboten"[22] ist.

15 Insgesamt sind die Meinungen im Fachschrifttum zur zwingenden Einbeziehung von CSR- bzw. ESG-Zielen nach § 87 Abs. 1 S. 2 AktG auch nach dem ARUG II uneinheitlich. Wenig überraschend hatte der Gesetzgeber zur konkreten Ausgestaltung der gewählten Nachhaltigkeitsziele im Vergütungssystem des Vorstands keine konkreten Vorgaben vorgenommen.[23] Für das Geschäftsjahr 2020 zeigte sich, dass ESG-Ziele i.R.d. Vorstandsvergütung bei den DAX-Unternehmen zwar häufig einbezogen wurden, diese bedeutungsmäßig jedoch eher einen „Nebenfaktor" bilden.[24] Die DAX-Unternehmen, die ihr Vergütungssystem nach

---

17 Vgl. BT-Drs. 19/15153 v. 13.11.2019, S. 12.
18 Vgl. Velte, NZG 2020, S. 12.
19 Vgl. Velte, NZG 2020, S. 12.
20 BT-Drs. 19/15153 v. 13.11.2019, S. 62.
21 Koch, in Hüffer/Koch, AktG, 14. Aufl. 2020, § 87 AktG, Rz 25; Spindler, in Münchener Kommentar zum AktG, 5. Aufl., 2021, Nachtrag, § 87, Rn 78; Seibt, in Schmidt/Lutter, AktG, 4. Aufl., 2020, § 87, Rn 23.
22 Fleischer, in Spindler/Stilz, Großkommentar AktG, 5. Aufl., 2022, § 87, Rn 36, mit Verweis auf Velte, NZG 2020, S. 12.
23 Vgl. Arnold/Herzberg/Zeh, AG 2021, S. 147.
24 Vgl. Arnold/Herzberg/Zeh, AG 2021, S. 147.

§ 87a AktG bereits 2020 der Hauptversammlung zur Billigung vorgelegt haben, haben der Studie von ARNOLD et al. zufolge ausnahmslos ESG-Ziele berücksichtigt. Auch die im M-DAX vorgelegten Vergütungssysteme berücksichtigen ganz überwiegend ESG-Ziele. Nachhaltigkeitsziele stellen meistens einen Teil des variablen Vergütungsbestandteils dar und werden entweder als zusätzliche Kennzahl neben den finanziellen Kennzahlen additiv oder als Multiplikator einbezogen. Der Anteil von ESG-Zielen an der Ziel-Gesamtvergütung des Vorstands beträgt allerdings im Durchschnitt nur ca. 5–10 %, so dass keine kritische Masse im Vergleich zu finanziellen Leistungsindikatoren erreicht wird und die Anreizwirkung einer stärkeren Umwelt- und Sozialausrichtung des Unternehmens fraglich ist.

Vor dem Hintergrund der kritischen Massentheorie würde es sich anbieten, z.B. einen Mindestanteil von 30 % nichtfinanziellen Leistungsindikatoren bei der variablen Vorstandsvergütung einzurechnen, um eine signifikante Anreizwirkung zu erzielen. Ferner erscheint der Hinweis wesentlich, dass **Nachhaltigkeitsziele** i.R.d. Vergütungssystems i.S.d. § 87 AktG auch simultan mit nichtfinanziellen Leistungsindikatoren im Lagebericht nach § 289 Abs. 3 HGB und in der nichtfinanziellen Erklärung nach § 289c Abs. 3 Nr. 5 HGB abgestimmt werden und steuerungsrelevant sind.[25] 16

Wenngleich weder der Vergütungsbericht nach § 162 AktG noch die nichtfinanzielle Erklärung de lege lata aus inhaltlicher Sicht Gegenstand der Pflichtprüfung durch den Abschlussprüfer ist, so muss dieser im Rahmen seiner **Lageberichtsprüfung** nach § 317 Abs. 2 HGB auch die nichtfinanziellen Leistungsindikatoren einbeziehen. Die Beurteilung der Konsistenz hinsichtlich der entsprechenden Angaben in der nichtfinanziellen Erklärung nach § 289c Abs. 3 Nr. 5 HGB und der Angaben im Vorstandsbericht nach § 162 AktG zu nichtfinanziellen Elementen in der Vorstandsvergütung kann erste Hinweise für eine (un)wahrscheinliche Greenwashing-Politik des Unternehmens liefern. 17

3.2 Geschlechtliche Vielfalt im Vorstand und Aufsichtsrat

Das Besetzungsprofil von Vorständen und Aufsichtsräten wurde wesentlich durch das Gesetz zur gleichberechtigten Teilhabe von Frauen und Männern in Führungspositionen in der Privatwirtschaft und im öffentlichen Dienst (im Folgenden FüPoG I)[26] verändert.[27] So müssen börsen- 18

25 Vgl. in Bezug auf § 289c Abs. 3 Nr. 5 HGB auch Walden, NZG 2020, S. 58.
26 Vgl. BGBl. 2015 I S. 642.
27 Vgl. Weber et al., DB 2020, S. 966.

notierte Gesellschaften nach § 3 Abs. 2 AktG mit paritätischer Mitbestimmung gem. § 96 Abs. 2 S. 1 AktG eine **Geschlechterquote** von mind. 30 % im Aufsichtsrat berücksichtigen. Diese Einführung einer fixen Geschlechterquote im Aufsichtsrat wurde ergänzt durch zwingende Zielgrößen für den Frauenanteil (sog. flexible Geschlechterquote).[28] Diese Verpflichtung gilt für Gesellschaften, die entweder börsennotiert sind oder der Mitbestimmung (Parität oder Drittelparität) unterliegen. Hierbei hat der Aufsichtsrat nach § 111 Abs. 5 S. 1 AktG Zielgrößen für den Frauenanteil im Aufsichtsrat und im Vorstand zu fixieren. Zudem muss der Vorstand gem. § 76 Abs. 4 S. 1 AktG Zielgrößen für den Frauenanteil in den beiden Führungsebenen unterhalb des Vorstands festlegen. Eine feste Mindestzielgröße hatte das FüPoG I für den Frauenanteil jedoch nicht vorgesehen, so dass auch eine Zielgrößenfestlegung von 0 % zulässig ist.[29] Spezifische Rechtsfolgen im Fall einer Nichteinhaltung der vorgesehenen Zielgröße waren nach dem FüPoG I ebenfalls nicht vorgesehen.

19 Im Unterschied zum Aufsichtsrat war seit Inkrafttreten des FüPoG I der Anstieg der in der Unternehmenspraxis vorzufindenden Frauenquote auf Vorstandsebene zuerst moderat. Zudem hatten die betreffenden Unternehmen häufig Zielgrößen von 0 % angegeben.[30] Vor diesem Hintergrund hat die Bundesregierung ein Zweites Führungspositionen-Gesetz (FüPoG II) im Jahr 2021 verabschiedet. Im Mittelpunkt steht ein Mindestbeteiligungsgebot von einer Frau für Vorstände mit mehr als 3 Mitgliedern von börsennotierten und paritätisch mitbestimmten Unternehmen nach § 76 Abs. 3a AktG. Zudem müssen Unternehmen begründen, warum sie eine Zielgröße von 0 % für den Frauenanteil im Vorstand und Aufsichtsrat gesetzt haben (§ 76 Abs. 4 S. 2–4 AktG; § 111 Abs. 5 AktG). Sofern keine Zielgröße angegeben wird oder eine Begründung für eine Zielgröße von 0 % versäumt worden ist, können Bußgelder als Sanktionen verhängt werden.

20 Wichtig zu erwähnen ist, dass bislang keine EU-weite harmonisierte Regelung zur Frauenförderung im Vorstand und Aufsichtsrat existiert. Ein früherer Richtlinienentwurf der EU-Kommission zur Einführung einer festen Frauenquote im Aufsichtsrat bzw. bei den nichtgeschäftsführenden Direktoren im Verwaltungsrat i.H.v. 40 % bis 2020 konnte

28 Vgl. Weber et al., DB 2020, S. 966.

29 Vgl. hierzu kritisch Weber et al., DB 2020, S. 966.

30 Vgl. Gesetzentwurf der Bundesregierung, Entwurf eines Gesetzes zur Ergänzung und Änderung der Regelungen für die gleichberechtigte Teilhabe von Frauen an Führungspositionen in der Privatwirtschaft und im öffentlichen Dienst, BR-Drs. 49/21 v. 22.1.2021, S. 1.

nicht finalisiert werden. Allerdings soll demnächst ein erneuter Anlauf im EU-Rat zu dieser Thematik gestartet werden, um die Richtlinie doch noch verabschieden zu können.

3.3 Nachhaltiges Lieferkettenmanagement (Sustainable Supply Chain Management) durch den Vorstand

Die jüngste Regulierung i.R.d. Sustainable Corporate Governance stellt das sog. „**Lieferkettensorgfaltspflichtengesetz**" (im Folgenden Lieferkettengesetz; § 15 und § 16) aus dem Jahr 2021 dar. Wenngleich andere europäische Staaten, z.B. das Vereinigte Königreich und Frankreich, in den vergangenen Jahren ähnliche Gesetze erlassen haben, hat sich auf EU-Ebene neben der CSR-Richtlinie und der EU-Konfliktmineralien-Verordnung 2017/821 noch keine Regulierung zur nachhaltigen Lieferkette durchgesetzt. Wie bereits ausgeführt (Rz 9), hat die EU-Kommission jüngst einen entsprechenden Richtlinienvorschlag vorgelegt. Das Lieferkettengesetz wird am 1.1.2023 in Deutschland in Kraft treten und richtet sich an alle in Deutschland ansässigen Unternehmen mit mehr als 3.000 im Inland beschäftigten oder ins Ausland entsandten Arbeitnehmern. Dieser Schwellenwert wird zum 1.1.2024 auf 1.000 Arbeitnehmer abgesenkt. Die in § 3 des Lieferkettengesetzes benannten unternehmerischen Sorgfaltspflichten fokussieren bestimmte Menschenrechte, während umweltbezogene Pflichten deutlich moderater ausfallen.[31] 21

Im Kern beinhaltet das Lieferkettengesetz ein Lieferketten-bezogenes Risikomanagement. Das Risikomanagement bezieht lediglich Risiken der Lieferkette ein, die vom Unternehmen verursacht sind. Die Anforderungen an die Implementierung eines angemessenen und wirksamen Risikomanagements müssen unternehmensindividuell ausgelegt werden. Aus dem Blickwinkel einer Aktiengesellschaft ist für die Einrichtung der Vorstand zuständig, der bereits seit dem KonTraG aus dem Jahr 1998 nach § 91 Abs. 2 AktG zur Einrichtung eines Risikofrüherkennungs- und Überwachungssystems für bestandsgefährdende Risiken verpflichtet ist. Mit dem Finanzmarktintegritätsstärkungsgesetz (FISG) hatte die Bundesregierung flankierend den § 91 Abs. 3 AktG kodifiziert, wonach börsennotierte Aktiengesellschaften erweiternd ein Risikomanagement- und internes Kontrollsystem zu implementieren haben. Bislang waren Kapitalgesellschaften i.S.d. § 264d HGB lediglich verpflichtet, im Lagebericht die wesentlichen Merkmale des internen Kontroll- und Risikomanagementsystems im Hinblick auf den Rechnungs- 22

---

31 Vgl. Ehmann, ZVertriebsR 2021, S. 141.

legungsprozess zu beschreiben (§ 289 Abs. 4 HGB). Hieraus resultierte bis zum FISG allerdings keine Verpflichtung zur Einrichtung von Systemen, die über den § 91 Abs. 2 AktG hinausgingen.

3.4 Nichtfinanzielle Erklärung bzw. gesonderter nichtfinanzieller Bericht

3.4.1 Erstellung durch den Vorstand

23 Die CSR-Richtlinie 2014/95 wurde in Deutschland durch das CSR-Richtlinie-Umsetzungsgesetz (CSR-RUG) umgesetzt.[32] Für Geschäftsjahre ab dem 1.1.2017 ist die **Erstellung** einer nichtfinanziellen Erklärung bzw. eines nichtfinanziellen Berichts für bestimmte PIEs vorgeschrieben. Beim Ausweis und bei der Prüfung der nichtfinanziellen Berichterstattung resultieren aus deutscher Sicht vielfältige Wahlrechte, welche die Vergleichbarkeit beeinträchtigen. Anstelle der nichtfinanziellen Erklärung kann ein gesonderter nichtfinanzieller Bericht erstellt werden (§ 289b Abs. 3 HGB). Neben einer Eingliederung in den Lagebericht nach § 289b, c HGB können die Informationen auch außerhalb des Lageberichts abgegeben werden. Neben der Beschreibung des Geschäftsmodells (§ 289c Abs. 1 HGB) müssen nichtfinanzielle Belange (Umwelt-, Arbeitnehmer- und Sozialbelange, Achtung der Menschenrechte sowie Bekämpfung von Korruption und Bestechung; § 289c Abs. 2 Nr. 1–5 HGB) angegeben werden (§ 9).

3.4.2 Prüfung durch den Aufsichtsrat

24 Nach dem CSR-RUG ergibt sich eine **materielle Prüfungspflicht** der nichtfinanziellen Erklärung bzw. des gesonderten nichtfinanziellen Berichts durch den **Aufsichtsrat** in § 171 Abs. 1 S. 4 AktG.[33] Allerdings wird die Reichweite der Prüfungspflicht in Bezug auf die nichtfinanzielle Erklärung bzw. den gesonderten nichtfinanziellen Bericht nach § 171 Abs. 1 S. 4 AktG kontrovers diskutiert.[34] Die Stellungnahmen im Schrifttum reichen von einer regelmäßigen Begrenzung auf Plausibilitätschecks bis zur gleichwertigen Prüfung analog zur Prüfung der Finanzberichte. Die h.M. in der Kommentarmeinung begrenzt die Prüfung der nichtfinanziellen Erklärung durch den Aufsichtsrat auf ein kritisches Lesen

---

[32] Vgl. BGBl. 2017 I S. 802; hierzu i.E. Kajüter, DB 2017, S. 617.

[33] Ablehnend AK Bilanzrecht Hochschullehrer Rechtswissenschaft, NZG 2016, S. 1337; vgl. zum Zuschieben des „schwarzen Peters“ an den Aufsichtsrat Hennrichs, ZGR 2018, S. 220.

[34] Vgl. für einen Überblick Velte, AG 2018, S. 266; Velte, IRZ 2017, S. 325.

und Plausibilitätsbeurteilungen sowie aktives Nachfragen und Nachgehen von Unklarheiten und Widersprüchen.[35]

Aus vorwiegend betriebswirtschaftlicher Sicht wird allerdings die Einschätzung vertreten, dass die Prüfung der nichtfinanziellen Erklärung durch den Aufsichtsrat mit derselben Intensität zu erfolgen habe wie die übrigen Teile der Rechnungslegung, insbes. des Lageberichts.[36] Vor diesem Hintergrund ist der Aufsichtsrat berechtigt, zur Unterstützung eine externe Prüfung der nichtfinanziellen Erklärung, z.B. durch einen Wirtschaftsprüfer, durchführen zu lassen (§ 9 Rz 38ff.). Von diesem Recht nimmt der Aufsichtsrat bei Unternehmen des deutschen Prime Standards seit dem Inkrafttreten des CSR-RUG regen Gebrauch, wenngleich bislang eine Prüfung mit begrenzter Sicherheit aus Kosten- und Zeitaspekten sehr beliebt ist. 25

3.5 Corporate-Governance-Berichterstattung (Erklärung zur Unternehmensführung und Vergütungsbericht)

3.5.1 Erstellung durch den Vorstand (und den Aufsichtsrat)

Die durch das BilMoG 2009 eingeführte Erklärung zur Unternehmensführung wurde seither um die sog. **Diversitätsberichterstattung** in § 289f HGB erweitert.[37] Neben Unternehmensführungspraktiken, die über die gesetzlichen Anforderungen hinaus gemacht werden, und einer Darlegung der Zusammensetzung und Arbeitsweise von Vorstand und Aufsichtsrat sowie der eingerichteten Ausschüsse dieser Gremien zählt die Diversität auf Ebene von Vorstand und Aufsichtsrat zu den elementaren Inhalten der **Erklärung zur Unternehmensführung**.[38] Neben dem Start der zwingenden Diversitätsberichterstattung durch das FüPoG I[39] wurde mit dem CSR-RUG eine Berichtspflicht eingeführt, welche das Diversitätskonzept im Hinblick auf die **Zusammensetzung von Vorstand und Aufsichtsrat** einschl. der Ziele des Konzepts, der Art und Weise seiner Umsetzung und die im Geschäftsjahr erreichten Ergebnisse 26

---

35 Vgl. Hennrichs/Pöschke, in Münchener Kommentar zum AktG, 4. Aufl., 2018, § 171 AktG, Rn 59a.

36 Vgl. Gundel, WPg 2018, S. 110; Schmidt/Strenger, NZG 2019, S. 482.

37 Vgl. Velte, WPg 2018, S. 479. Die Erklärung zur Unternehmensführung muss von börsennotierten AG sowie AG, die ausschl. andere Wertpapiere als Aktien zum Handel an einem organisierten Markt i.S.d. § 2 Abs. 5 WpHG ausgegeben haben und deren ausgegebene Aktien auf eigene Veranlassung über ein multilaterales Handelssystem i.S.d. § 2 Abs. 3 S. 1 Nr. 8 WpHG gehandelt werden, erstellt werden.

38 Vgl. § 289f Abs. 2 Nr. 2, 3 HGB; bestätigend BT-Drs. 18/9982 v. 17.10.2016, S. 54.

39 Vgl. § 289f Abs. 2 Nr. 4 und 5 HGB.

adressiert.[40] Auch bei der Erklärung zur Unternehmensführung ist die Pflichtprüfung durch den Abschlussprüfer auf formelle Aspekte begrenzt (§ 317 Abs. 2 S. 4 HGB).

27 Die Neufassung der EU-Aktionärsrechte-Richtlinie 2017/828 beinhaltete u.a. die EU-weite Einführung eines Vergütungsberichts. Der **Vergütungsbericht** bildet die dritte Teilmenge der nichtfinanziellen Berichterstattung neben Erklärung zur Unternehmensführung und nichtfinanzieller Erklärung; dieser kann nicht mit der bestehenden Erklärung zur Unternehmensführung vernetzt werden. Lediglich ein Verweis auf die Internethomepage, auf der sich der Vergütungsbericht befindet, wird in der Erklärung zur Unternehmensführung aufgenommen (§ 289f Abs. 2 Nr. 1a HGB). Durch die Einbeziehung nichtfinanzieller Leistungsindikatoren nach dem ARUG II stellt der Vergütungsbericht nach § 162 AktG auch eine gewichtige Komponente der ESG-Berichterstattung bei PIEs dar. Abweichend zu den anderen Erklärungen muss nach § 162 AktG ausdrücklich eine gemeinsame Erstellung des Vergütungsberichts durch Vorstand und Aufsichtsrat erfolgen.

3.5.2 Prüfung durch den Aufsichtsrat

28 In § 171 AktG ist keine explizite Prüfungspflicht des Aufsichtsrats bezogen auf die Erklärung zur Unternehmensführung, anders als bei der nichtfinanziellen Erklärung, kodifiziert.[41] Strittig ist daher, inwiefern der Aufsichtsrat die Erklärung zur Unternehmensführung überhaupt nach § 171 AktG prüfen muss.[42] Nach Maßgabe der allgemeinen Überwachungsnorm des § 111 Abs. 1 AktG unterstellt Mock eine materielle Prüfungspflicht der Erklärung zur Unternehmensführung durch den Aufsichtsrat.[43] Hennrichs/Pöschke verneinen dagegen eine Prüfungspflicht des Aufsichtsrats gem. § 171 Abs. 1 AktG mit Verweis auf das Ausweiswahlrecht des Vorstands. In Übereinstimmung zur nichtfinanziellen Erklärung hat der **Aufsichtsrat** jedoch wiederum die Möglichkeit, einen **freiwilligen Prüfungsauftrag** zur inhaltlichen Begutachtung der Erklärung zu erteilen.

29 Infolge der zunehmenden Vernetzung der Nachhaltigkeits- und Corporate-Governance-Informationen (ESG-Bericht), die auch durch die geplante EU-Richtlinie zur Nachhaltigkeitsberichterstattung (§ 9 Rz 55ff.) voran-

---

40 Vgl. § 289f Abs. 2 Nr. 6 HGB. Dies betrifft börsennotierte Gesellschaften, die zugleich die Größenklassen für große Kapitalgesellschaften nach § 267 Abs. 3 HGB erfüllen. Eine entsprechende Vorschrift auf Konzernebene ist in § 315d HGB vorgesehen.

41 Vgl. Velte, AG 2018, S. 271.

42 Vgl. Velte, AG 2018, S. 271 f.

43 Vgl. Mock, in Hachmeister et al., Bilanzrecht. Kommentar, 2018, § 289f HGB, Rn 58.

getrieben wird, empfiehlt sich eine inhaltliche Prüfung der Erklärung der Unternehmensführung durch eine unternehmensexterne Partei, um die Verlässlichkeitslücke zu überwinden und die Vertrauenswürdigkeit der Corporate-Governance-Berichterstattung gegenüber Kapitalgebern und anderen Stakeholder-Gruppen zu steigern.

4 Vorschläge für eine weitergehende Regulierung der Sustainable Corporate Governance

4.1 Nachhaltigkeitspflichten des Vorstands

4.1.1 Nachhaltiges Unternehmensinteresse

Der Wortlaut des § 76 AktG, wonach der Vorstand „unter eigener Verantwortung die Gesellschaft zu leiten" hat, lässt unterschiedliche Sichtweisen zum sog. „Unternehmensinteresse" im Schrifttum auftreten. Der Shareholder-Value-Ansatz als erster Extrempunkt stellt auf eine Maximierung des Marktwerts des Eigenkapitals aus Sicht der Investoren (Shareholder Value) ab.[44] Dagegen richtet sich der Stakeholder-Value-Ansatz als Konkurrenzmodell an eine Maximierung des Unternehmenswerts aus Sicht vielfältiger Anspruchsgruppen des Unternehmens (Stakeholder). Im Fachschrifttum wurden in den vergangenen Jahrzehnten unterschiedliche Sichtweisen für und gegen den Shareholder- und Stakeholder-Value-Ansatz eingenommen.[45] Durch die Finanzkrise 2007/08 ist die Attraktivität des Shareholder-Value-Ansatzes deutlich gesunken.[46] Relativ konsensfähig erscheint bislang im einschlägigen Schrifttum als *enlightened shareholder value* ein „moderates" Shareholder-Value-Konzept, das auch Nachhaltigkeitsbelange nicht gänzlich unberücksichtigt lässt.[47] Vorgeschlagen wird ebenfalls ein „moderater Stakeholder-Ansatz"[48]. In jüngerer Zeit wird die vorstehende Diskussion auch aus internationaler Sicht unter dem Deckmantel „Sustainable Corporate Purpose" geführt.[49] 30

Sofern die Zielsetzung der Klimaneutralität bis 2050 (auf EU-Ebene) bzw. bis 2045 (auf nationaler Ebene) konsequent von den betreffenden Unternehmen verfolgt werden soll, wird nach eigener Einschätzung eine bloße Regulierung der Berichterstattungs- und Finanzierungsanforderungen 31

44 Vgl. Fleischer, in Spindler/Stilz, Großkommentar AktG, 5. Aufl., 2022, § 76, Rn 29.

45 Vgl. Fleischer, in Spindler/Stilz, Großkommentar AktG, 5. Aufl., 2022, § 76, Rn 30f.

46 Vgl. Schön, ZHR 2016, S. 280.

47 Vgl. Fleischer, in Spindler/Stilz, Großkommentar AktG, 5. Aufl., 2022, § 76, Rn 38.

48 Von Werder, in Kremer et al., Deutscher Corporate Governance Kodex, Kommentar, DCGK 21 f, Rn 19.

49 Von Werder, in Kremer et al., Deutscher Corporate Governance Kodex, Kommentar, DCGK 0, Rn 27.

nicht erfolgversprechend sein. Vielmehr müssen primär die Klimaschutzziele des Unternehmens in die Strategie verankert werden, so dass diese auch das Produkt- und Dienstleistungsangebot bei bislang nicht nachhaltigen Industrien wesentlich verändern. Eine klimaneutrale Unternehmenstransformation lässt sich wohl weder mit dem traditionellen Shareholder-Value-Konzept noch mit einem „moderaten Stakeholder-Ansatz" in dem betreffenden Zeitrahmen erzielen.

32 Die von der EU-Kommission in Auftrag gegebene Studie von Ernst & Young zu möglichen Handlungsfeldern im Bereich einer potenziellen Regulierung der Sustainable Corporate Governance sieht u.a. vor, i.R.e. EU-Richtlinie die Aufgaben des Verwaltungsrats sowie das Unternehmensinteresse in Richtung eines Stakeholder-Value-Ansatzes zu konkretisieren.[50] Dieses Stakeholder-orientierte Verständnis wurde auch bereits in § 70 des österreichischen Aktiengesetzes kodifiziert: „Der Vorstand hat unter eigener Verantwortung die Gesellschaft so zu leiten, wie das Wohl des Unternehmens unter Berücksichtigung der Interessen der Aktionäre und der Arbeitnehmer sowie des öffentlichen Interesses es erfordert". Art. 1833 Abs. 2 des französischen Code Civil verpflichtet die Geschäftsleitung ebenfalls dazu, im Rahmen ihrer Geschäftstätigkeit die sozialen Auswirkungen ihrer Aktivitäten und die Konsequenzen für die Umwelt zu berücksichtigen. Ferner hatten viele US-amerikanische CEOs im Jahr 2019 in einem Business Roundtable ihre Abkehr vom Shareholder-Value-Prinzip und Hinwendung zu einem (moderaten) Stakeholder Value medienwirksam bekräftigt.[51]

33 Im Jahr 2017 hatte die SPD-Fraktion bereits eine Nachhaltigkeitsverankerung in § 76 AktG in einem Gesetzentwurf zur Angemessenheit von Vorstandsvergütungen und zur Beschränkung der steuerlichen Absetzbarkeit vorgeschlagen. Hiernach sollte die Leitungspflicht des Vorstands in § 76 Abs. 1 AktG um einen Satz ergänzt werden, wonach dieser „dabei dem Wohl des Unternehmens, der Arbeitnehmerinnen und Arbeitnehmer, der Aktionärinnen und Aktionäre und dem Wohl der Allgemeinheit verpflichtet" ist.[52] Ähnlich empfiehlt der Sustainable-Finance-Beirat der Bundesregierung (SFB) eine Anpassung des § 76 Abs. 1 AktG in seinem Abschlussbericht: „Leitung im langfristigen Interesse des Unternehmens unter angemessener Berücksichtigung von Nachhaltigkeitszielen."[53] Auf

---

50 Vgl. EY, Study on directors' duties and sustainable corporate governance. Final report, 2020.

51 Vgl. https://www.businessroundtable.org/business-roundtable-redefines-the-purpose-of-a-corporation-to-promote-an-economy-that-serves-all-americans, abgerufen am 3.1.2022.

52 Vgl. Gesetzentwurf der Fraktion der SPD, Entwurf eines Gesetzes zur Angemessenheit von Vorstandsvergütungen und zur Beschränkung der steuerlichen Absetzbarkeit, Stand: 20.2.2017.

53 Sustainable-Finance-Beirat der Bundesregierung, Shifting the Trillions. Ein nachhaltiges Finanzsystem für die Große Transformation, 2021, S. 96.

entsprechende Formeln könnte bei einer potenziellen künftigen Regulierung der Sustainable Corporate Governance zurückgegriffen werden. Die Regierungskommission Deutscher Corporate Governance Kodex (DCGK) hat vor kurzer Zeit einen Entwurf für eine **Neufassung des DCGK** publiziert, der die Implementierung des Stakeholder-Value-Prinzips für börsennotierte Aktiengesellschaften vorsieht. Ferner sieht der EU-Richtlinienvorschlag der EU-Kommission vor, dass ein Teil der einbezogenen Unternehmen künftig Klimaschutz- und Emissionsreduktionsziele in die Unternehmensstrategie einbeziehen soll.

4.1.2 Nachhaltigkeitsexpertise

34 Die zwingende Einrichtung von **Nachhaltigkeitsexperten im Verwaltungsrat** wird auf internationaler Ebene kontrovers diskutiert,[54] wobei einige Staaten bereits Regulierungen hierzu erlassen haben. So sieht das Indische Aktienrecht durch den sog. „Companies Act 2013“ die obligatorische Einrichtung eines Nachhaltigkeitsausschusses mit mind. 3 Personen im Verwaltungsrat bei Unternehmen ab einem bestimmten finanziellen Schwellenwert vor, wobei zumindest ein unabhängiges Mitglied vorzuhalten ist.[55] Die zentralen Aufgaben von **Nachhaltigkeitsausschüssen**, die auch in Deutschland bereits häufig auf freiwilliger Basis bei PIEs implementiert wurden, richten sich an die Formulierung und Empfehlung einer Nachhaltigkeitspolitik für den Verwaltungsrat sowie die Überwachung der Nachhaltigkeitsinitiativen des Unternehmens.

35 Auch der SFB empfiehlt in seinem Abschlussbericht eine Berücksichtigung von Nachhaltigkeitsexpertise als Kriterium bei der Besetzung von Vorständen im Deutschen Corporate Governance Kodex (DCGK).[56] Vielfältige betriebswirtschaftliche Studien belegen, dass sich die Einrichtung von Nachhaltigkeitsausschüssen und eines **Chief Sustainability Officer** (CSO) positiv auf die Nachhaltigkeitsleistung eines Unternehmens auswirken.[57] Daher könnte sich eine künftige Regulierung der Sustainable Corporate Governance auch an die zwingende institutionalisierte Berücksichtigung von Umwelt- und/oder Sozial-Expertise auf Ebene des Vorstands richten. Über eine etwaige Implementierung müsste ebenfalls i. R. d. Erklärung zur Unternehmensführung berichtet werden.[58]

---

54 Vgl. Fleischer, AG 2017, S. 525.

55 Vgl. Afsharipour/Rana, U.C. Davis Business Law Journal 2014, S. 218.

56 Vgl. Sustainable-Finance-Beirat der Bundesregierung, Shifting the Trillions. Ein nachhaltiges Finanzsystem für die Große Transformation, 2021, S. 94.

57 Vgl. Velte/Stawinoga, 2020, S. 333.

58 Vgl. Bachmann, ZGR 2018, S. 239.

36 In einem 1. Schritt könnte die Institutionalisierung von Nachhaltigkeitsexpertise im Vorstand und Aufsichtsrat über einen CSO, Beauftragten oder Ausschuss zu einer höheren Sichtbarkeit und einem erhöhten Bewusstsein auf strategischer und operativer Ebene führen. In einem 2. Schritt müsste versucht werden, die Nachhaltigkeitsexpertise in die betriebswirtschaftlichen Funktionen, z. B. in das Finanz- und Rechnungswesen, zu integrieren, um das „Silo-Denken" aufzubrechen. Insofern müsste aus langfristiger Sicht jeder CEO oder CFO auch gleichzeitig ein CSO sein bzw. müsste ein Prüfungsausschuss des Aufsichtsrats auch gleichzeitig Mitglieder mit Nachhaltigkeitsexpertise aufweisen.

4.1.3 Nachhaltigkeitsorientiertes Risikomanagementsystem und Sorgfaltspflichten

37 Über § 91 Abs. 2, 3 AktG und das Lieferkettengesetz hinaus stellt sich ebenfalls die Frage, inwiefern eine regulative Ausdehnung des betrieblichen Risikomanagementsystems (RMS) um Nachhaltigkeitsaspekte notwendig erscheint. Dies impliziert, dass das unternehmerische RMS auf eine Steuerung nicht nur von finanziellen Risiken, sondern zusätzlich von Umwelt- und Sozialrisiken abzielen müsste. HOMMELHOFF hatte berechtigterweise darauf hingewiesen, dass eine CSR-Berichtspflicht nach dem CSR-RUG streng genommen auch eine Berücksichtigung dieser Nachhaltigkeitsaspekte im betrieblichen Risikomanagement voraussetzen würde.[59] WALDEN führt explizit an, dass bestandsgefährdende Entwicklungen auch aus Nachhaltigkeitsaspekten resultieren können, so dass eine Einbeziehung in das Risikofrüherkennungssystem nach § 91 Abs. 2 AktG angezeigt ist.[60] In diesem Sinne hat auch die BaFin eine Einbeziehung von Nachhaltigkeitsrisiken in das Risikomanagement von Banken in einem bekannten Merkblatt nachdrücklich empfohlen.[61]

38 Aus aktuellem Anlass müssten primär Klimarisiken und andere ESG-Risiken in das RMS integriert und überwacht werden. Dies steht ebenfalls im Einklang mit den Empfehlungen der TCFD für eine Klimaberichterstattung (§ 8 Rz 174 ff.). In diesem Zusammenhang liegen ebenfalls konkrete Vorschläge im internationalen Schrifttum für ein nachhaltigkeitsorientiertes Risikomanagement vor.[62] Der SFB schlägt in seinem

59 Vgl. Hommelhoff, NZG 2017, S. 1361.

60 Vgl. Walden, NZG 2020, S. 55.

61 Vgl. BaFin, Merkblatt zum Umgang mit Nachhaltigkeitsrisiken, 2020; hierzu auch Walden, NZG 2020, S. 56.

62 Vgl. COSO, Enterprise Risk Management. Applying enterprise risk management to environmental, social and governance-related riks, 2018, https://www.3grc.de/thema/sustainability-nachhaltigkeitsmanagement/normen-kodizes/coso-erm-guidelines-to-integrate-environmental-social-and-governance-related-risks-esg/, abgerufen am 3.1.2022.

Abschlussbericht ebenfalls eine Klarstellung der Sorgfaltspflichten des Vorstands zur Einrichtung von Kontroll- und Risikomanagementsystemen im Hinblick auf ökologische und soziale Nachhaltigkeitsrisiken vor.[63] Folgerichtig empfiehlt die Entwurfsfassung des DCGK eine Integration von Umwelt- und Sozialaspekten in das betriebliche IKS und RMS (inkl. des Compliance Management Systems).

Zumindest für börsennotierte Aktiengesellschaften stellt die Erweiterung der Vorstandspflichten um den § 91 Abs. 3 AktG und die Implementierung eines angemessenen und wirksamen Internen Kontroll- und Risikomanagementsystems (nicht nur auf Rechnungslegungszwecke bezogen) nach dem FISG einen wichtigen Impuls dar, wenngleich viele Rechtsunsicherheiten bestehen. In diesem Zusammenhang stellt sich u.a. die Frage, inwiefern börsennotierte Aktiengesellschaften ein Compliance-Management-System nach § 91 Abs. 3 AktG implementieren müssen und wie die Abgrenzung zwischen § 91 Abs. 3 AktG und dem bisherigen § 91 Abs. 2 AktG für sämtliche Aktiengesellschaften ist. 39

4.1.4 Integrierte Finanz- und ESG-Berichterstattung

Bislang besteht keine Verpflichtung, die vielfältigen ESG-Berichte von PIEs (Erklärung zur Unternehmensführung, nichtfinanzielle Erklärung, Vergütungsbericht) mit der Finanzberichterstattung zu integrieren (Integrated Reporting). Dieser Umstand vergrößert das Risiko von „Greenwashing" und einer Informationsüberflutung durch den stetig steigenden Umfang der ESG-Berichterstattung und die damit einhergehenden inhaltlichen Dopplungen.[64] In jüngerer Zeit hatten viele (inter)nationale Institutionen eine inhaltliche Ausweitung der nichtfinanziellen Berichterstattung empfohlen, z.B. der Sustainable-Finance-Beirat der deutschen Bundesregierung.[65] 40

Vor diesem Hintergrund hatte die EU-Kommission am 21.4.2021 einen **Richtlinienentwurf zur Nachhaltigkeitsberichterstattung** veröffentlicht, der die inhaltliche Reichweite der Normierungen aus der CSR-Richtlinie erheblich vergrößert. Die bisherige nichtfinanzielle Erklärung soll in einen **Nachhaltigkeitsbericht** (ESG-Bericht) überführt werden, der künftig zwingend im Lagebericht auszuweisen ist (§ 9 Rz 66). Neben 41

63 Vgl. Sustainable-Finance-Beirat der Bundesregierung, Shifting the Trillions. Ein nachhaltiges Finanzsystem für die Große Transformation, 2021, S. 96.

64 Vgl. Simon-Heckroth/Borcherding, WPg 2020, S. 210; Velte/Simon-Heckroth/Borcherding, WPg 2020, S. 1349.

65 Vgl. Sustainable-Finance-Beirat der Bundesregierung, Zwischenbericht. Die Bedeutung einer nachhaltigen Finanzwirtschaft für die große Transformation, hierzu auch Schmidt, DB 2020, S. 233.

einer massiven Ausweitung des Kreises der berichtspflichtigen Unternehmen sollen die Berichtsanforderungen wesentlich verbreitert werden. Im Fokus steht die Betonung des Prinzips der **doppelten Wesentlichkeit**, wonach nicht nur die klassische Outside-in-Perspektive, sondern auch die herausfordernde Inside-out-Perspektive mit der unternehmerischen Impact-Messung von externen Klima- und Sozialeffekten eingenommen werden soll. So können sich bspw. Klimarisiken einerseits auf die (finanzielle) Geschäftstätigkeit des Unternehmens wesentlich auswirken. Andererseits führt die Geschäftstätigkeit zu einer wesentlichen Beeinflussung der Umwelt als externalisierte Effekte. Die EU-Kommission plant ferner die Implementierung eines eigenständigen Rahmenwerks für die Nachhaltigkeitsberichterstattung anstelle einer Übernahme eines bestimmten existierenden Leitfadens (§ 9 Rz 71 ff.).

42 Nach dem EU-Richtlinienentwurf wird allerdings die Chance einer vollständigen **Synchronisierung** bisheriger ESG-Berichte mit dem „neuen" Nachhaltigkeitsbericht vertan. Lediglich für bestimmte Teile der Erklärung zur Unternehmensführung wird ein Mitgliedstaatenwahlrecht eröffnet, diese in den Nachhaltigkeitsbericht zu integrieren. Für andere Teile, z. B. für die Entsprechenserklärung zum Corporate Governance Kodex, ist keine Integration vorgesehen. Entsprechendes gilt für den „neuen" Vergütungsbericht nach der angepassten EU-Aktionärsrechte-Richtlinie. Insofern ist davon auszugehen, dass auch die neue Nachhaltigkeitsrichtlinie der EU-Kommission lediglich eine Übergangslösung darstellen wird auf dem langfristigen Pfad einer integrierten Finanz- und ESG-Berichterstattung.

43 Nach dem Richtlinienentwurf sollen große Kapitalgesellschaften, Banken sowie Versicherungen zur Erstellung eines Nachhaltigkeitsberichts verpflichtet werden, sofern 2 der folgenden Kriterien an 2 aufeinanderfolgenden Geschäftsjahren (20 Mio. EUR Bilanzsumme, 40 Mio. EUR Umsatzerlöse und 250 Mitarbeiter) überschritten werden. Ferner sollen sämtliche in der EU börsennotierten Unternehmen – mit Ausnahme der Mikro-Unternehmen – unter die Berichtspflicht fallen. Wenngleich die Pflicht für Geschäftsjahre ab dem 1.1.2023 starten soll, sollen kleine und mittelgroße Unternehmen, die zugleich börsennotiert sind, erst 3 Jahre später betroffen sein. Für alle anderen Non-PIE-Unternehmen ist keine Pflicht zur Nachhaltigkeitsberichterstattung vorgesehen, wobei die EU-Kommission **unverbindliche Empfehlungen** für eine „maßgeschneiderte" Berichterstattung **auch für die SMEs** erlassen möchte.

4.2 Nachhaltigkeitspflichten des Aufsichtsrats

4.2.1 Nachhaltigkeitsexpertise

Mit dem BilMoG aus dem Jahr 2009 wurde in § 100 Abs. 5 AktG die sog. Finanzexpertise im Aufsichtsrat bzw. Prüfungsausschuss implementiert. So mussten nach dem BilMoG kapitalmarktorientierte Kapitalgesellschaften i. S. d. § 264d HGB mind. 1 Mitglied im Aufsichtsrat vorweisen, welches über Sachverstand auf den Gebieten Rechnungslegung oder Abschlussprüfung verfügt. Bei Einrichtung eines Prüfungsausschusses musste dieser Finanzexperte nach § 107 Abs. 4 AktG Mitglied des Prüfungsausschusses sein. Nach dem FISG müssen gem. § 100 Abs. 5 AktG mind. 1 Mitglied des Aufsichtsrats mit Sachverstand auf dem Gebiet Rechnungslegung und mind. 1 weiteres Mitglied mit Sachverstand auf dem Gebiet Abschlussprüfung, d. h. mind. 2 Finanzexperten, in den Aufsichtsrat bzw. Prüfungsausschuss von PIEs berufen werden. 44

Durch das AReG aus dem Jahr 2016 erfolgte eine inhaltliche Erweiterung um die Branchenexpertise des Aufsichtsrats in § 100 Abs. 5 AktG. Demnach müssen die Mitglieder des Aufsichtsrats bzw. des Prüfungsausschusses in ihrer Gesamtheit mit dem Sektor, in dem die Gesellschaft tätig ist, vertraut sein. Neben der Finanz- und Branchenexpertise sind bislang keine zusätzlichen inhaltlichen Fähigkeiten gesetzlich vorgesehen oder geplant. 45

Infolge der durch das CSR-RUG eingeführten Prüfungspflicht des Aufsichtsrats bei der nichtfinanziellen Erklärung und der durch die EU-Regulierungen zu Sustainable Finance ansteigenden Vernetzungen zwischen Rechnungs- und Finanzwesen mit CSR-Aspekten ist die bisherige gesetzliche Reduzierung auf Finanz- und Branchenexpertise im Aufsichtsrat fragwürdig.[66] Daher wird im betriebswirtschaftlichen Fachschrifttum eine angemessene Berücksichtigung von Nachhaltigkeitsexpertise im Aufsichtsrat zur Stärkung seiner Überwachungs- und Prüfungspflicht explizit in jüngerer Zeit befürwortet.[67] Insofern wäre zu diskutieren, analog zur gesetzlichen Implementierung von 2 Finanzexperten im Aufsichtsrat bzw. Prüfungsausschuss von PIEs eine Mindestanzahl oder -quote von CSR-Expertise in § 100 Abs. 5 AktG vorzuschreiben.[68] Die Einführung eines Nachhaltigkeitsexperten im Aufsichtsrat hatte auch der SFB in seinem Abschlussbericht explizit befürwortet.[69] Die Entwurfs- 46

---

66 Vgl. u. a. Simon-Heckroth/Borcherding, WPg 2020, S. 1104.

67 Vgl. u. a. Scheid/Needham, DB 2020, S. 1777; Schmidt, DB 2020, S. 240; Simon-Heckroth/Borcherding, WPg 2020, S. 1104.

68 Simon-Heckroth/Borcherding sprechen sich für die Berufung von mind. einem Nachhaltigkeitsexperten im Aufsichtsrat aus; vgl. Simon-Heckroth/Borcherding, WPg 2020, S. 1105.

69 Vgl. Sustainable-Finance-Beirat der Bundesregierung, Shifting the Trillions. Ein nachhaltiges Finanzsystem für die Große Transformation, 2021, S. 95.

fassung des **DCGK** sieht in diesem Kontext eine künftige Empfehlung vor, wonach das **Kompetenzprofil des Aufsichtsrats** auch Nachhaltigkeitsexpertise inkludieren soll. Zudem sollen die beiden nach dem FISG zwingenden Finanzexperten im Prüfungsausschuss auch gleichzeitig Nachhaltigkeitsexpertise entweder im Bereich Rechnungslegung oder Abschlussprüfung vorweisen. Eine der beiden Personen soll weiterhin als unabhängiger Finanz- und Nachhaltigkeitsexperte den Vorsitz des Prüfungsausschusses übernehmen.

47 Analog zu den Überlegungen zu einer verpflichtenden Einrichtung eines CSO oder eines Nachhaltigkeitsausschusses auf Ebene des Vorstands ist zu diskutieren, inwiefern bei PIEs auch ein **Nachhaltigkeitsausschuss** des Aufsichtsrats sachgerecht ist oder eine Existenz dieser Expertise im Prüfungsausschuss vorzugswürdiger erscheint.[70] Mit Blick auf die Überwachungs- und Prüfungspflichten der §§ 111, 107 Abs. 3 und 171 AktG wäre die letztgenannte Option vorzugswürdig. Bei Implementierung eines CSR-Ausschusses im Aufsichtsrat muss nach § 171 Abs. 2 S. 2 Halbs. 2 AktG und nach § 289f Abs. 2 Nr. 3 HGB hierüber berichtet werden.[71] Nachhaltigkeitsausschüsse im Aufsichtsrat sollten sich vorwiegend mit strategischen Fragestellungen befassen i.S.d. Beratungsfunktion gegenüber dem Vorstand.

48 Es ist davon auszugehen, dass in der Zukunft verstärkte Fort- und Weiterbildungsangebote für den Aufsichtsrat mit Blick auf ESG-Themen bereitgestellt werden, um die Überwachungstätigkeit bei den internen Corporate-Governance-Systemen und die Prüfungsqualität bei der nichtfinanziellen Erklärung bzw. des künftigen Nachhaltigkeitsberichts zu steigern. Bei einer Neubesetzung empfiehlt sich, Mitglieder mit beruflichen und/oder akademischen Erfahrungen im Sozial- und Umweltbereich zu berufen. Da die universitären Ausbildungsprofile erst in jüngerer Zeit eine stärkere Integration von Nachhaltigkeitsaspekten vornehmen, z. B. in betriebswirtschaftlichen Studiengängen, müsste der akademische Ausbildungsweg durch einschlägige Praxiserfahrungen im Nachhaltigkeitsfeld belegt werden.

4.2.2 Überwachungs- und Prüfungspflichten

49 Die potenzielle Ausweitung der Inhalte der nichtfinanziellen Erklärung sowie eine mögliche Integration von Nachhaltigkeitspflichten in das betriebliche Risikomanagementsystem und in die Sorgfaltspflichten des Vorstands könnten eine Klarstellung der §§ 111, 107 Abs. 3, 171 AktG für

70 Vgl. Simon-Heckroth/Borcherding, WPg 2020, S. 1105.
71 Vgl. Bachmann, ZGR 2018, S. 241.

den Aufsichtsrat nach sich ziehen. So schlägt der SFB in seinem Abschlussbericht vor, die Überwachung des Aufsichtsrats um die „langfristige Entwicklung und angemessene Berücksichtigung von Nachhaltigkeits- und Klimarisiken sowie Stakeholder-Erwartungen in Bezug auf Nachhaltigkeit“ auszudehnen.[72] Eine analoge Ausweitung der Überwachungspflichten des Aufsichtsrats bzw. des Prüfungsausschusses sieht auch die Entwurfsfassung des DCGK vor.

Die h. M. im rechtswissenschaftlichen Schrifttum, welche eine gleichwertige Intensität der Prüfung der Finanzberichterstattung und der nichtfinanziellen Erklärung durch den Aufsichtsrat verneint, steht im Gegensatz zur zunehmenden Forderung nach einer verlässlichen Nachhaltigkeitsberichterstattung bei Shareholdern und anderen Stakeholder-Gruppen. Daher sollte die Rechtmäßigkeits-, Ordnungsmäßigkeits-, und Zweckmäßigkeitsprüfung der Nachhaltigkeitsberichterstattung analog zur Finanzberichterstattung durch den Aufsichtsrat in den Fokus rücken.[73] Dieses Verständnis zeigt sich auch im aktuellen EU-Richtlinienentwurf zur Nachhaltigkeitsberichterstattung, welche die Überwachungspflichten des Prüfungsausschusses in Bezug auf die Nachhaltigkeitsberichterstattung sowie die dahinterstehenden Systeme explizit kodifizieren möchte. Hierbei soll eine Gleichwertigkeit der Überwachungstätigkeiten zur bestehenden Finanzberichterstattung hergestellt werden. 50

Ferner müsste analog zur Prüfung der nichtfinanziellen Erklärung aktienrechtlich klargestellt werden, dass der Aufsichtsrat gem. § 171 AktG ebenfalls eine Prüfung der Erklärung zur Unternehmensführung durchführen muss.[74] Entsprechendes gilt ebenfalls für die Prüfung des Vergütungsberichts nach § 162 AktG. Da der Vergütungsbericht gemeinsam durch Vorstand und Aufsichtsrat zu erstellen ist, erwächst insbes. bei der Corporate-Governance-Berichterstattung aus Sicht des Aufsichtsrats ein erhöhtes Selbstprüfungsrisiko, welches zu einer Beeinträchtigung der Qualität der in Rede stehenden Angaben führen kann.[75] Entscheidend ist ferner, dass sich die CSR-Pflichten des Aufsichtsrats nicht nur auf die Prüfung der nichtfinanziellen Erklärung nach § 171 AktG erstreckt, sondern die „Unternehmensführung zu CSR-Themen – angefangen von der Strategie über die organisationalen Prozesse bis hin zur Berichterstattung“[76] begleitet und insofern die vorausschauende Überwachungsauf- 51

---

72 Vgl. Sustainable-Finance-Beirat der Bundesregierung, Shifting the Trillions. Ein nachhaltiges Finanzsystem für die Große Transformation, 2021, S. 96.

73 Vgl. Naumann/Siegel, WPg 2017, S. 1177.

74 Vgl. Velte, AG 2018, S. 272.

75 Vgl. Velte, StuB 2020, S. 58.

76 Richter/Mattheus, Der Aufsichtsrat 2019, S. 4.

gabe bzw. Beratung des Vorstands – auch in den Kommentierungen – in den Fokus rücken sollte. Insofern bleibt mit Spannung abzuwarten, wie die künftige EU-Richtlinie zur Sustainable Corporate Governance und die Anpassung des DCGK das Tätigkeits- und Besetzungsprofil von Vorständen und Aufsichtsräten mit Blick auf Nachhaltigkeitsaspekte verändern werden.

Literaturtipps

- Bachmann, CSR-bezogene Vorstands- und Aufsichtsratspflichten und ihre Sanktionierung, ZGR 2018, S. 231 ff.
- Böcking/Althoff, Corporate Social Responsibility als Instrument guter Corporate Governance, Festschrift für Klaus J. Hopt zum 80. Geburtstag, 2020, S. 83 ff.
- Fleischer, Gesetzliche Unternehmenszielbestimmungen im Aktienrecht, ZGR 2017, S. 411 ff.
- Hommelhoff, CSR-Vorstands- und -Aufsichtsratspflichten, NZG 2017, S. 1361 ff.
- Illert/Schneider, ESG-relevante Themen für den Vorstand einer börsennotierten AG, DB 2021, S. 27 ff.
- Needham/Müller, Sustainable Corporate Governance. Analyse der Empfehlungen des Sustainable Finance-Beirats zur Weiterentwicklung der Corporate Governance, ZCG 2021, S. 136 ff.
- Schmidt, Corporate Governance in der sozialen Marktwirtschaft und ihr Beitrag für nachhaltiges Wirtschaften, WPg 2013, Sonderheft 1, S. 13
- Schmidt/Strenger, Die neuen nichtfinanziellen Berichtspflichten – Erfahrungen mit der Umsetzung aus Sicht institutioneller Investoren, NZG 2019, S. 481 ff.
- Schön, Der Zweck der Aktiengesellschaft – geprägt durch europäisches Gesellschaftsrecht?, ZHR 2016, S. 279 ff.
- Spießhofer, Compliance und Corporate Social Responsibility, NZG 2018, S. 441 ff.
- Stave/Velte, Regulierung eines nachhaltigen Lieferkettenmanagements. Bestandsaufnahme bisheriger Normierungen und Ausblick auf die geplante EU-Gesetzgebung, DB 2021, S. 1791 ff.
- Velte, Prüfung von Nachhaltigkeitsberichten nach dem Entwurf einer „EU-CSR-Richtlinie 2.0“. Vergleichende Analyse der Reformmaßnahmen und kritische Würdigung, WPg 2021, S. 613 ff.
- Velte, Regulierung von Corporate-Governance-Systemen durch das geplante FISG. Eine kritische Würdigung, WPg 2021, S. 387 ff.

- Velte, Sustainable Corporate Governance. Integration von Nachhaltigkeit in das Aktien- und Bilanzrecht, DB 2021, S. 1054ff. (Teil I) und S. 1113ff. (Teil II)
- Velte, Die Lieferkette im Fokus der nichtfinanziellen Berichterstattung. Normative Reichweite, empirische Befunde und Reformdiskussion, DStR 2020, S. 2034ff.
- Velte/Simon-Heckroth/Borcherding, Zur Notwendigkeit eines „CSR-RUG 2.0“. Eine Bestandsaufnahme empirischer Befunde zur Entscheidungsnützlichkeit der nichtfinanziellen Erklärung, WPg 2020, S. 1349ff.
- Velte/Weber, Sustainable corporate purpose and sustainable corporate governance: Integrative theoretical framework and reform recommendations, Journal of Environmental Law and Policy 2021, S. 287ff.
- Wagner, Für wen sind Unternehmen da?, Perspektiven der Wirtschaftspolitik 2021, S. 27ff.
- Walden, Corporate Social Responsibility: Rechte, Pflichten und Haftung von Vorstand und Aufsichtsrat, NZG 2020, S. 50ff.

C Nachhaltigkeitsberichterstattung

§ 8 Frameworks, Standards, Guidance

Überblick

Viele Unternehmen erstellen – ggf. zusätzlich zu gesetzlich normierten Vorgaben zur nichtfinanziellen Berichterstattung im (Konzern-)Lagebericht – auf freiwilliger Basis einen umfassenden und in sich geschlossenen Nachhaltigkeitsbericht. In der Praxis der Unternehmensberichterstattung werden überwiegend Rahmenwerke genutzt, die Form, Inhalt und zeitliche Gestaltung dieser Rechenschaftslegung vorgeben. Diverse Organisationen haben in den beiden letzten Jahrzehnten auf internationaler, europäischer und deutscher Ebene solche Rahmenwerke (fort)entwickelt.

1 Frameworks und Standards

1.1 Climate Disclosure Standards Board (CDSB)

1.1.1 Entstehung und Zielsetzung

1 Für die Erfassung und Berichterstattung von Treibhausgasemissionen und Naturkapital wurde über die Jahre eine Vielzahl von Rahmenwerken entwickelt,[1] doch eine fehlende Harmonisierung hat zu uneinheitlichen Daten und einer erhöhten Berichtslast für die Unternehmen geführt.[2] Um diese Hürde i. S. d. Adressaten zu überbrücken, wurde beim Weltwirtschaftsforum 2007 das Climate Disclosure Standards Board (Rat für Standards zu Umweltangaben, CDSB) als gemeinnützige Organisation gegründet. Es stellt eine Arbeitsgemeinschaft globaler Wirtschafts- und Umweltorganisationen dar, zu der bspw. das Carbon Disclosure Project (CDP; Rz 150ff.), die Coalition for Environmentally Responsible Economies (C.E.R.E.S), die Internationale Emissions Trading Association (IETA), das World Council for Business and Sustainable Development (WCBSD), das Weltwirtschaftsforum (WEF) und das World Resources Institute (WRI) gehören.

2 Das CDSB sieht seine Aufgabe in der Förderung und Weiterentwicklung von Angaben in Bezug auf den Klimawandel mittels der Entwicklung eines Rahmenkonzepts für die Unternehmensberichterstattung. Der ini-

---

1 OECD, OECD Guidelines for Multinational Enterprises, 2011.

2 Europäische Kommission, Company GHG Emissions Reporting – a Study on Methods and Initiatives (ENV.G.2/ETU/2009/0073) Revised Final Report, October 2010.

tiale Schwerpunkt des **CDSB-Rahmenkonzepts** lag auf Risiken und Chancen, die der Klimawandel für die Strategie und die finanzielle Lage und Leistung eines Unternehmens mit sich bringt. Die zu berichtenden Umweltinformationen umfassen mittlerweile ein breites Spektrum an Angaben, wie

- Abhängigkeiten von Naturkapital,
- Umweltergebnisse,
- Umweltrisiken und -chancen,
- Umweltpolitik, Strategien und Ziele,
- Leistung im Vergleich zu den Umweltzielen.

So wurde das Rahmenwerk 2018 aktualisiert, um u.a. noch enger mit den Empfehlungen der Task Force on Climate-related Financial Disclosures (**TCFD**, Rz 174ff.) in Übereinstimmung zu sein.

3 Zielsetzungen des einheitlichen Berichtsrahmens für die Umweltberichterstattung sind zum einen eine vereinfachte Bereitstellung von vergleichbaren Informationen für Investoren, die Darstellung der Verbindung mit der Unternehmensstrategie sowie Lage und Entwicklung eines Unternehmens, zum anderen die Minimierung der Berichtslast und der Berichterstattungsprozesse. Übergeordnetes Ziel ist eine grds. Angleichung der Umweltberichterstattung an die klassische Finanzberichterstattung. In diesem Kontext dient das Rahmenkonzept des CDSB Unternehmen in ihrem Bemühen, Umweltinformationen so in ihrem Reporting zu verankern, dass diese klar, prägnant und vergleichbar sind und sich ganzheitlich in den Unternehmenskontext einbetten.[3] Zudem bietet das Rahmenkonzept Hilfestellung bei der Einhaltung gesetzlicher und anderer Anforderungen an die Berichterstattung über die Bereitstellung von Umweltinformationen und bildet so auch eine Grundlage für die Prüffähigkeit der jeweiligen Umweltangaben. Die CDSB-Richtlinien sind somit auch eine **Best-Practice-Sammlung für Klimaberichterstattung**.

1.1.2 Organe des CDSB

4 Das CDSB setzt sich aus 3 Organen zusammen:

- CDSB-Rat: verantwortlich für die Führung und strategische Ausrichtung; Mitglieder des Rats stammen aus Unternehmen und Umweltorganisationen;
- Beirat: berät den CDSB-Rat und setzt sich aus Vertretern von Wirtschaftsvereinigungen, Nichtregierungsorganisationen und Rechtsfirmen zusammen;

---

[3] Vgl. CDSB, Framework for reporting environmental & climate change information, 2019, S. 7 und 13.

- Facharbeitsgruppe: koordiniert das Arbeitsprogramm des CDSB und widmet sich der Entwicklung des Rahmenkonzepts; Mitglieder der Arbeitsgruppe sind Vertreter der großen Prüfungsgesellschaften, Rechnungslegungsvereinigungen, Berater und Wissenschaftler.[4]

Das in London ansässige Carbon Disclosure Project (**CDP**; Rz 150ff.) fungiert als Sekretariat des Konsortiums.

Das CDSB wird auch von einer Technischen Arbeitsgruppe (Technical Working Group, **TWG**) unterstützt – einer Gruppe großer, weltweit tätiger Wirtschaftsprüfungsgesellschaften sowie von Wissenschaftlern, die Empfehlungen aussprechen und die Arbeit an der Entwicklung und Einführung des Rahmens für die Berichterstattung über Umweltinformationen, Naturkapital und damit verbundene geschäftliche Auswirkungen leiten. 5

1.1.3 Zielgruppe des CDSB-Rahmenwerks

Das CDSB sieht sich einer breiten Gruppe von Interessenten gegenüber, darunter v.a.: 6

- **Anleger und Analysten**: Sie können auf Basis des Rahmenwerks fundierte Entscheidungen zur Kapitalallokation treffen. Analysten können zudem besser in die Lage versetzt werden, Informationen zum Klimawandel, zur Umwelt und zum Naturkapital zu nutzen. Das erlaubt ihnen, die Auswirkungen auf den zukünftigen Cashflow und letztendlich die Unternehmensbewertung zu bestimmen.
- **Unternehmen** können das CDSB-Rahmenwerk verwenden, um Informationen zum Klimawandel, zur Umwelt und zum Naturkapital in die allgemeinen Finanzberichte aufzunehmen. Im Lauf der Aufarbeitung der Daten und der Entwicklung relevanter Klimastrategien bekommen die Unternehmensvertreter eine ganzheitliche Sicht darauf, wie sich Klimawandel und Naturkapital auf die Leistung ihres Unternehmens auswirken. Es lässt sich daraus schließen, welche Maßnahmen sie ergreifen können, um Risiken zu minimieren und Chancen zu nutzen.
- **Regulierer** profitieren von einem standardfähigen Konzept und einem Rahmenwerk, das sie sofort übernehmen oder als Methode zur Einhaltung von Vorschriften/Leitlinien verwenden können, auch um Vergabeentscheidungen in Bezug auf die Nutzung natürlicher Ressourcen, Land und nachhaltiges Verhalten zu treffen.

---

[4] Entnommen Deloitte, Climate Disclosure Standards Board (CDSB), www.iasplus.com/de/resources/sustainability/cdsb, abgerufen am 3.1.2022.

7 Unternehmen und Investoren können ihre Vorreiterrolle beim Klimaschutz demonstrieren, indem sie die **Erklärung des CDSB** zu treuhänderischen Pflichten und zur Offenlegung des Klimawandels unterzeichnen. Durch ihren Beitritt können die Unternehmen eine Absichtserklärung abgeben, nach der sie sich verpflichten, die wirtschaftlichen Risiken anzugehen und die Chancen zu nutzen, die mit dem notwendigen Übergang zu einer kohlenstoffarmen Wirtschaft und größerer Widerstandsfähigkeit gegen Klimaveränderungen verbunden sind.

1.1.4 Prinzipien und Berichtsanforderungen

8 Da die Umweltinformationen sehr konkret und für Investoren brauchbar aufbereitet sein sollen, wurden vom CDSB 7 Prinzipien aufgestellt, welche als Leitlinien für die Aufbereitung der Informationen dienen sollen:[5]

Prinzip 1	Anwendung der Prinzipien von Relevanz und Wesentlichkeit
Prinzip 2	Wahrheitsgetreue Offenlegung
Prinzip 3	Darstellung in Verbindung zu anderen Informationen
Prinzip 4	Konsistent und vergleichbar
Prinzip 5	Klar und verständlich
Prinzip 6	Überprüfbar
Prinzip 7	Zukunftsgerichtet

9 Gem. **Prinzip 1** sollen vorrangig die wesentlichen Umweltinformationen dargestellt werden, die eine Teilmenge der relevanten Umweltinformationen ausmachen. Die daraus resultierenden Umweltergebnisse haben maßgeblich negative oder positive Auswirkungen auf die finanzielle Lage und die operativen Ergebnisse der Organisation. So ist ein Unternehmen, dessen Rohstoffbasis maßgeblich auf petrochemischen Substanzen beruht, ebenso dazu aufgefordert, dies offenzulegen, wie ein Unternehmen, dessen Rohstoffe bspw. hauptsächlich aus dem Recycling stammen. Diese Indikatoren, Maßnahmen und qualitativen bzw. quantitativen Informationen sollen die tatsächlichen oder potenziellen Umweltauswirkungen der Tätigkeiten der Organisation widerspiegeln und haben eine Auswirkung auf die Umsetzung der Strategie eines Unternehmens. Dies können

5 Vgl. CDSB, Framework for reporting environmental & climate change information, S. 13.

bspw. die Verfügbarkeit von Ressourcen, die Preisgestaltung, politische oder regulatorische Beschränkungen oder ähnliche Parameter sein.[6]

10 Um jegliche Irreführung oder Missverständnisse mit Investoren oder anderen Stakeholdern zu vermeiden, sollen die Informationen gem. **Prinzip 2** stets frei von Falschangaben sein und auch keine Managementmeinung widerspiegeln. Damit einher geht auch die gem. **Prinzip 6** geforderte Überprüfbarkeit der Daten; es sollten immer Nachweise für die erhobenen Umweltinformationen vorhanden sein, um den Grad der Unsicherheit und die Risiken für Falschdarstellungen in den berichteten Informationen so weit wie möglich zu reduzieren.[7] Beides hat zur Folge, dass überhöhte Aussagen wie „weltweit einzigartig“, „an allen Standorten weit über die gesetzlichen Anforderungen hinaus“ o. Ä. in der Berichterstattung nicht haltbar sind.

11 Zusammenhänge zwischen Umweltinformationen und weiteren Informationen im Hauptbericht inkl. der finanziellen Informationen sollen gem. **Prinzip 3** erläutert werden, und durch stetige Anwendung der gleichen Standards, Strategien und Verfahren sollen die Angaben eine höhere Vergleichbarkeit aufweisen (**Prinzip 4**).[8] Dies gilt z. B. für die Darstellung der Umweltkennzahlen im Jahresvergleich und die zur Erhebung angewandten Verfahren und zugrunde liegenden Definitionen.

12 Durch die Verwendung einer einheitlichen Terminologie, einer einfach zu folgenden Struktur und klar und prägnant formulierter Berichte (**Prinzip 5**) können Informationen einem breiten Adressatenkreis verlässlich zugänglich gemacht werden.[9]

13 Um Umweltinformationen stets überprüfen zu können, müssen immer Belege vorhanden sein und bei einer Durchsicht von verschiedenen, unabhängigen Prüfern als grds. frei von Falschdarstellungen angesehen werden können und verzerrungsfrei nachweisbar sein (**Prinzip 6**).[10] So gilt es auch sicherzustellen, dass die Daten ausländischer Standorte den gleichen Grundsätzen und Definitionen wie die Gesamtunternehmensangaben folgen und z. B. Wasser- oder Stromverbräuche durch Rechnungen im Berichtszeitraum nahtlos belegt werden können.

---

6 Vgl. CDSB, Framework for reporting environmental & climate change information, S. 14f.

7 Vgl. CDSB, Framework for reporting environmental & climate change information, S. 16.

8 Vgl. CDSB, Framework for reporting environmental & climate change information, S. 17f.

9 Vgl. CDSB, Framework for reporting environmental & climate change information, S. 17.

10 Vgl. CDSB, Framework for reporting environmental & climate change information, S. 18.

14 Durch **Prinzip 7** wird der Tatsache Rechnung getragen, dass unser heutiges Handeln in Bezug auf Klimaauswirkungen erst in der Zukunft sichtbar werden wird. Indem dieser Bezug deutlich gemacht wird, kann aber auf die zukünftigen Herausforderungen und Implikationen für den Unternehmenserfolg geschlossen werden.[11]

15 Der CDSB-Rahmen legt eine Reihe von Anforderungen an die Berichterstattung fest, die definieren, was und wie eine Organisation in Bezug auf Umweltinformationen berichten muss. Die Anforderungen stützen sich auf bestehende Rahmenwerke, Normen und Gesetze einschl. der TCFD-Empfehlungen (Rz 174 ff.) und der International Financial Reporting Standards, und sie spiegeln gesetzliche und freiwillige Berichterstattungs- und Emissionshandelsvorschriften wider. Diese werden durch das CDSB ergänzt, wenn es Lücken in den bestehenden Bestimmungen gibt.

16 Die Besonderheit des Rahmenwerks besteht darin, dass es auf **bestehende Standards** verweist, anstatt neue Standards zu schaffen. So enthält der Leitfaden konkrete Hintergrundinformationen und verweist auf Informationsquellen, die zur Erfüllung der Berichtspflichten herangezogen werden können. Er enthält auch zusätzliche Leitlinien für das Risikomanagement sowie eine Empfehlung für Unternehmen, im Einklang mit dem Pariser Abkommen und allen sich daraus ergebenden Anforderungen zu prüfen, wie widerstandsfähig die Unternehmensstrategien gegenüber wesentlichen Umweltrisiken sind, die mit einem Szenario von 2°C oder weniger bei der globalen Erderwärmung verbunden sind.

17 Zum Juni 2022 werden das Climate Disclosure Standards Board (**CDSB**) und die Value Reporting Foundation (**VRF**; Rz 112 ff.) – die das Integrated Reporting Framework und die SASB-Standards beherbergt – in das neu gegründete International Sustainability Standards Board (**ISSB**; Rz 65 ff.), das unter dem Schirm der IFRS Foundation eine umfassende globale Basis von qualitativ hochwertigen Standards für die Offenlegung von Nachhaltigkeitsdaten entwickeln soll, übergehen. Dies wurde während des COP26 Treffens der Staats- und Regierungsvertreter in Glasgow von den Trustees der IFRS Foundation verkündet.

Die IFRS Foundation beabsichtigt, die bestehenden Beratungsgruppen des CDSB und der VRF zu nutzen, in denen Investoren und andere Experten vertreten sind, die sich seit langem für eine verbesserte Offenlegung von Nachhaltigkeitsdaten einsetzen.

---

11 Vgl. CDSB, Framework for reporting environmental & climate change information, S. 18.

1.2 Deutscher Nachhaltigkeitskodex (DNK)

1.2.1 Rat für Nachhaltige Entwicklung

Der **Rat für Nachhaltige Entwicklung** (RNE) wurde erstmals im April 2001 einberufen. Er soll eine beratende Funktion für die Bundesregierung zur Nachhaltigkeitspolitik ausüben. Zu den Aufgaben des RNE gehören insbes. die 18

- Erarbeitung von Beiträgen zur Weiterentwicklung und Umsetzung der Deutschen Nachhaltigkeitsstrategie sowie der globalen Ziele einer nachhaltigen Entwicklung,
- Stellungnahme zu Fragen des Staatssekretärausschusses für nachhaltige Entwicklung[12] sowie
- Förderung des gesellschaftlichen Dialogs zur nationalen und internationalen nachhaltigen Entwicklung.

Dem RNE gehören 15 Mitglieder des öffentlichen Lebens aus Zivilgesellschaft, Wirtschaft, Wissenschaft und Politik an. Der RNE ist in seiner Tätigkeit unabhängig und wird alle 3 Jahre von der Bundesregierung neu berufen.[13] 19

Der RNE versteht Nachhaltigkeit als Voraussetzung für eine Sicherstellung des Wohlstands für alle, ohne negative Auswirkungen auf andere Länder oder Menschen bzw. nachfolgende Generationen. Nachhaltiges Wirtschaften wird demnach als ein Handeln verstanden, welches ökologische, soziale und wirtschaftliche Aspekte gleichermaßen berücksichtigt.[14] 20

Ende November 2010 veröffentlichte der RNE einen ersten Entwurf des Deutschen Nachhaltigkeitskodex (DNK) und stellte diesen zur öffentlichen Diskussion. Nach dem Dialogprozess und einer Praxisphase hinsichtlich der Anwendbarkeit durch knapp 30 Unternehmen verabschiedete der RNE den DNK im Oktober 2011.[15] Durch die Bundesregierung werden Unternehmen ermutigt, den DNK zur Förderung eines nachhaltigen Wirtschaftens zu nutzen.[16] 21

1.2.2 Anpassungen des DNK

Seit der Einführung des DNK im Jahr 2011 wurde der Kodex aufgrund der rechtlichen Entwicklungen bereits mehrfach fortentwickelt. So wurde 22

---

12 Vgl. www.bundesregierung.de/breg-de/themen/nachhaltigkeitspolitik/der-staatssekretaersausschuss/staatssekretaersausschuss-fuer-nachhaltige-entwicklung-426412, abgerufen am 3.1.2022.

13 Vgl. RNE, www.nachhaltigkeitsrat.de/ueber-den-rat/, abgerufen am 3.1.2022.

14 Vgl. RNE, Leitfaden zum Deutschen Nachhaltigkeitskodex, S. 2.

15 Vgl. RNE, Empfehlungen, S. 18.

16 Vgl. RNE, Maßstab, S. 5.

im August 2014 durch den RNE eine aktualisierte Fassung des DNK beschlossen. Ursächlich für diese Aktualisierung war vornehmlich eine Anpassung der im DNK angewandten Bezugsgrößen (s. zu den Bezugsgrößen Rz 30).[17]

23 Um Unternehmen im Kontext des am 18.4.2017 im Bundesgesetzblatt verkündeten „Gesetz zur Stärkung der nichtfinanziellen Berichterstattung der Unternehmen in ihren Lage- und Konzernlageberichten (CSR-Richtlinie-Umsetzungsgesetz)“ die Option zu eröffnen, den DNK als Rahmenwerk für die Berichterstattung nach dem CSR-RUG zu nutzen, wurde der DNK erneut aktualisiert (s. zum Aufstellungsprozess Rz 37).[18]

24 Insbes. die Einhaltung von Menschenrechten ist in den letzten Jahren immer stärker in den Fokus gerückt. Zu den Berichtsanforderungen des DNK gehören somit seit Ende 2018 auch Angaben zur menschenrechtlichen Sorgfaltspflicht. Unternehmen können darüber hinaus zusätzlich zur Erfüllung des Kriteriums 17: Menschenrechte freiwillig i. S. d. Nationalen Aktionsplans Wirtschaft und Menschenrechte (NAP) berichten.[19]

25 Im Jahr 2020 erfolgte durch den RNE eine Überarbeitung der Aspekte zum Kriterium 2: Wesentlichkeit. Die Änderungen wurden in der DNK-Datenbank (s. zur DNK-Datenbank Rz 36) und auf der Webseite hinterlegt. Zudem findet sich seit Juli 2020 im neu aufgelegten DNK-Leitfaden ein eigenes Kapitel zum Thema Wesentlichkeit und Wesentlichkeitsanalyse.[20]

26 Zur Frage der verstärkten Integration der Sustainable Development Goals (SDGs; Rz 163 ff.) in den DNK wurden durch den RNE ebenfalls im Jahr 2020 eine Chancen-Risiken-Analyse sowie Konsultationen von Experten und der breiten Öffentlichkeit durchgeführt. Aufgrund des diversen Meinungsbilds wurde jedoch entschieden, die Anforderungen zur Berichterstattung zu den SDGs vorerst im DNK nicht zu verändern. Somit können derzeit Unternehmen, die sich den SDGs verpflichtet haben, in Kriterium 3: Ziele unverändert ihren Beitrag zu den SDGs darstellen. In der Berichterstattung nach dem DNK kann an geeigneten Stellen Bezug auf die entsprechenden SDGs genommen werden.[21]

---

17 Vgl. DNK, Der Nachhaltigkeitskodex, www.deutscher-nachhaltigkeitskodex.de/de-DE/Home/DNK/DNK-Overview, abgerufen am 3.1.2022.

18 Vgl. DNK, Der Nachhaltigkeitskodex.

19 Vgl. DNK, Der Nachhaltigkeitskodex.

20 Vgl. DNK, DNK-Weiterentwicklung: Wesentlichkeit und Sustainable Development Goals (SDGs) im DNK, Weiterentwicklung 2019.

21 Vgl. DNK, DNK-Weiterentwicklung: Wesentlichkeit und Sustainable Development Goals (SDGs) im DNK, Weiterentwicklung 2019.

Mit einem Gutachten zur Analyse der inhaltlichen Kompatibilität des DNK mit den Anforderungen des Richtlinienvorschlags zur Corporate Sustainability Reporting Directive (CSRD; § 9 Rz 55 ff.) sowie der EU-Taxonomie (§ 12) wurde die Universität Hamburg beauftragt. Eine juristische Prüfung der geplanten Anpassungen des DNK soll bis Anfang 2022 abgeschlossen sein.[22] 27

1.2.3 Deutscher Nachhaltigkeitskodex: Kriterien und Erklärung

Der DNK bietet Unternehmen als Anwendern einen Einstieg in die Nachhaltigkeitsberichterstattung. Bei dem DNK handelt es sich um einen **branchenübergreifenden Standard**, mittels dem Unternehmen – unabhängig von ihrer Rechtsform und Größe – über ihre Nachhaltigkeitsleistung berichten können (DNK-Erklärung).[23] Obwohl der DNK ein nationales Rahmenwerk darstellt, können auch Anwender mit Sitz im Ausland den Standard nutzen. Durch eine regelmäßige Berichterstattung ist es Anwendern möglich, ihre Entwicklung im Zeitablauf sichtbar zu machen. Derzeit umfasst die DNK-Datenbank Erklärungen von knapp 750 Unternehmen. 28

Der DNK erfordert für die Nachhaltigkeitsberichterstattung die Beachtung von 20 Kriterien zu ökologischen, sozialen und ökonomischen Dimensionen der Nachhaltigkeit. Diese sind in die nachfolgenden 4 Bereiche untergliedert: 29

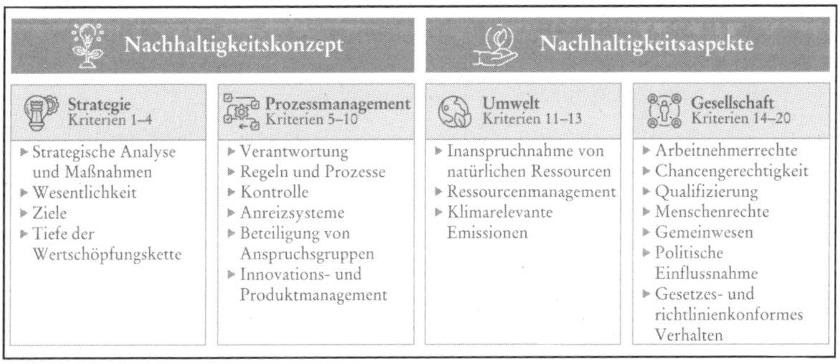

Abb. 1: Kriterien des DNK für die Nachhaltigkeitsberichterstattung[24]

[22] Vgl. DNK, DNK Newsletter Oktober 2021.
[23] Vgl. RNE, Leitfaden zum Deutschen Nachhaltigkeitskodex, S. 4.
[24] In Anlehnung an RNE, Leitfaden zum Deutschen Nachhaltigkeitskodex, S. 7.

Zu jedem der vorstehenden Kriterien ist gem. des DNK die Angabe von qualitativen Informationen erforderlich. Die jeweiligen Kriterien werden anhand von Aspekten mit detaillierten Berichtsanforderungen konkretisiert.

30 Darüber hinaus stellt der DNK einen Bezug von einzelnen Kriterien zu ausgewählten, konkret benannten Leistungsindikatoren der Global Reporting Initiative (GRI; Rz 38 ff.) bzw. der European Federation of Financial Analysts Societies (EFFAS) her. Hierdurch ist auch quantitativen Informationserfordernissen nachzukommen. Die Entscheidung für eine Berichterstattung nach den dort genannten Leistungsindikatoren der GRI oder der EFFAS ist durchgängig für die gesamte Berichterstattung beizubehalten und durch das berichtende Unternehmen nach den unternehmensindividuellen Anforderungen zu bestimmen:

Bereiche	DNK-Kriterien	GRI-SRS-Indikatoren	EFFAS-Indikatoren
Strategie	01. Strategische Analyse und Maßnahmen		
	02. Wesentlichkeit		
	03. Ziele		
	04. Tiefe der Wertschöpfungskette		
Prozessmanagement	05. Verantwortung	GRI SRS-102-16	EFFAS S06-01
	06. Regeln und Prozesse		EFFAS S06-02
	07. Kontrolle		
	08. Anreizsysteme	GRI SRS-102-35 GRI SRS-102-38	
	09. Beteiligung von Anspruchsgruppen	GRI SRS-102-44	
	10. Innovations- und Produktmanagement	G4-FS11	EFFAS E13-01 EFFAS V04-12
Umwelt	11. Inanspruchnahme von natürlichen Ressourcen	GRI SRS-301-1 GRI SRS-302-1	EFFAS E04-01 EFFAS E05-01
	12. Ressourcenmanagement	GRI SRS-302-4 GRI SRS-303-3 GRI SRS-306-2	EFFAS E01-01

Bereiche	DNK-Kriterien	GRI-SRS-Indikatoren	EFFAS-Indikatoren
	13. Klimarelevante Emissionen	GRI SRS-305–1	EFFAS E02–01
		GRI SRS-305–2	
		GRI SRS-305–3	
		GRI SRS-305–5	
Gesellschaft	14. Arbeitnehmerrechte	GRI SRS-403–9	EFFAS S03–01
	15. Chancengerechtigkeit	GRI SRS-403–10	EFFAS S10–01
	16. Qualifizierung	GRI SRS-403–4	EFFAS S10–02
		GRI SRS-404–1	EFFAS S02–02
		GRI SRS-405–1	
		GRI SRS-406–1	
	17. Menschenrechte	GRI SRS-412–3	EFFAS S07–02 II
		GRI SRS-412–1	
		GRI SRS-414–1	
		GRI SRS-414–2	
	18. Gemeinwesen	GRI SRS-201–1	
	19. Politische Einflussnahme	GRI SRS-415–1	EFFAS G01–01
	20. Gesetzes- und richtlinienkonformes Verhalten	GRI SRS-205–1	EFFAS V01–01
		GRI SRS-205–3	EFFAS V02–01
		GRI SRS-419–1	

Tab. 1: DNK-Kriterien, GRI- und EFFAS-Indikatoren im Überblick[25]

Die DNK-Erklärung unterliegt grds. dem Prinzip der **doppelten Wesentlichkeit** (§ 9 Rz 72), d.h. sowohl der geschäftsbezogenen Perspektive als auch der darüber hinausgehenden Betrachtung in Bezug auf die Auswirkungen der Geschäftstätigkeit.[26] Nachhaltigkeitsthemen werden dann als wesentlich angesehen, wenn diese zum einen mit Chancen oder Risiken für den Geschäftsverlauf, die Lage des Unternehmens oder den Jahresabschluss verbunden sind (Outside-in-Perspektive) oder wenn zum anderen sich Geschäftstätigkeiten, Geschäftsbeziehungen sowie Produkte und Dienstleistungen wahrscheinlich positiv oder negativ auf die Nachhaltigkeit auswirken (Inside-out-Perspektive). Darüber hinaus ist 31

25 In Anlehnung an RNE, Leitfaden zum Deutschen Nachhaltigkeitskodex, S. 125.

26 Vgl. DNK, DNK-Weiterentwicklung: Wesentlichkeit und Sustainable Development Goals (SDGs) im DNK, Weiterentwicklung 2019.

erforderlich, dass die Nachhaltigkeitsthemen von zentralen Stakeholdern als wesentlich erachtet werden (Stakeholder-Perspektive).[27]

32 Bei den qualitativen und quantitativen Angaben, welche in einer DNK-Erklärung zu erfolgen haben, ist jeweils entweder über die Erfüllung (**Comply**) der Kriterien zu berichten oder eine Erklärung (**Explain**) bei entsprechenden Auslassungen darzulegen. Wird eine Explain-Angabe gemacht, ist zusätzlich anzugeben, ab wann mit einer Veröffentlichung der derzeit noch fehlenden Informationen zu rechnen ist.[28]

33 Zur Unterstützung der Unternehmen bei der (Erst-)Anwendung des DNK wird vom RNE ein **Leitfaden** als Orientierungshilfe zur Verfügung gestellt.[29] Zusätzlich haben mehrere Verbände **branchenspezifische Ergänzungen** für die Berichterstattung entwickelt:

- Branchenleitfaden für Abfallwirtschaft und Stadtreinigung,
- Orientierungshilfe Bankenverband,
- Branchenleitfaden Energiewirtschaft,
- Branchenleitfaden Ernährungsindustrie,
- Branchenleitfaden Handwerk,
- Leitfaden Hochschul-DNK,
- Berichtsrahmen Nachhaltige Kommune,
- Branchenleitfaden Maschinen- und Anlagenbau,
- Anwendungshilfe Soziokultur,
- Leitfaden Sparkassen,
- Branchenleitfaden Weinbaubetriebe und
- Branchenleitfaden Wohnungswirtschaft.[30]

34 Für die DNK-Erklärung können Unternehmen Berichte nutzen, die bereits nach anderen Standards erstellt wurden (sowie vice versa). Dafür werden insbes. Berichte als geeignet angesehen, die aufgestellt wurden nach:

- Sustainability Reporting Standards (SRS) der Global Reporting Initiative (GRI; Rz 38ff.)
- UN Global Compact (Fortschrittsbericht; Rz 88ff.),
- OECD-Leitsätze für multinationale Unternehmen, Ausgabe 2011,
- ISO 26000,
- Eco-Management and Audit Scheme, EMAS (EU-Verordnung 1221/2009),
- Carbon Disclosure Project (CDP; Rz 150ff.),

---

27 Vgl. DNK, DNK-Weiterentwicklung: Wesentlichkeit und Sustainable Development Goals (SDGs) im DNK, Weiterentwicklung 2019.

28 Vgl. RNE, Maßstab, S. 17.

29 Vgl. RNE, Leitfaden zum Deutschen Nachhaltigkeitskodex.

30 Vgl. DNK, Der DNK für Ihre Branche, www.deutscher-nachhaltigkeitskodex.de/de-DE/Home/DNK/DNK-for-industry, abgerufen am 3.1.2022.

- Task Force on Climate-related Financial Disclosures (TCFD, Rz 174ff.),
- International Integrated Reporting Council (IIRC; Rz 115ff.),
- Sustainability Accounting Standards Board (SASB; Rz 143ff.),
- Corporate-Governance-Bericht i.S.d. Deutschen Corporate Governance Kodex (DCGK) und Entsprechenserklärung zum DCGK i.S.v. § 161 AktG.[31]

Darüber hinaus können Unternehmen bei der Erstellung der DNK-Erklärung als Hilfestellung eine vom RNE bereitgestellte **Checkliste** für die Erklärung nach dem DNK verwenden. Die Checkliste enthält einen Überblick über die Aspekte des DNK sowie über die zugehörigen Leistungsindikatoren nach GRI bzw. EFFAS und bietet ferner eine Anbindung zur Berichterstattung i.S.d. NAP sowie zu den Berichtsanforderungen des CSR-RUG.[32] 35

Nach Übermittlung der DNK-Erklärung an das DNK-Büro zum Zweck einer formalen Überprüfung kann diese in der DNK-Datenbank veröffentlicht werden.[33] Seitens des DNK-Büros erfolgt keine inhaltliche Prüfung. Die Durchführung einer (inhaltlichen) externen Überprüfung einzelner oder sämtlicher Angaben der DNK-Erklärung wird jedoch vom RNE ausdrücklich empfohlen.[34] 36

Nach Erfassung der DNK-Erklärung in der DNK-Datenbank ist diese öffentlich einsehbar.[35] Im Anschluss wird den Unternehmen ein DNK-Signet zur Verfügung gestellt, um auf die Anwendung des DNK in der Unternehmenskommunikation (z.B. in Form von E-Mails) hinweisen zu können.[36]

Tipp

In der DNK-Datenbank finden sich alle bisher veröffentlichten Erklärungen der DNK-Anwender. Die DNK-Datenbank verfügt u.a. über Filteroptionen (z.B. nach Unternehmensbranchen), so dass sich Unternehmen an Erklärungen von bestehenden DNK-Anwendern orientieren können.[37]

---

31 Vgl. RNE, Maßstab, S. 18.
32 Vgl. RNE, Maßstab, S. 34ff.
33 Vgl. DNK, Fünf Schritte auf dem Weg zur DNK-Erklärung.
34 Vgl. DNK, FAQs – Häufig gestellte Fragen.
35 Vgl. DNK, Datenbank.
36 Vgl. DNK, Fünf Schritte auf dem Weg zur DNK-Erklärung.
37 Vgl. DNK, Datenbank.

37 Für die Aufstellung einer DNK-Erklärung – am Beispiel für CSR-RUG berichtspflichtige Unternehmen – wird in Anlehnung an den RNE der folgende Prozess empfohlen:

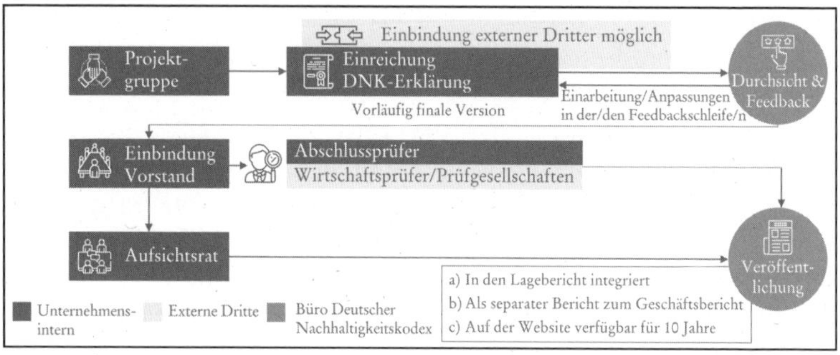

Abb. 2: Aufstellungsprozess einer DNK-Erklärung[38]

1.3 Global Reporting Initiative (GRI)

1.3.1 Entwicklung

38 Die GRI ist eine gemeinnützige Multi-Stakeholder Stiftung. Sie wurde 1997 in Boston gegründet, nachdem der Skandal über die Umweltschäden der Exxon Valdez-Ölpest in der Öffentlichkeit bekannt wurde. Der Ursprung der Stiftung liegt in dem Zusammenschluss der US-amerikanischen Organisation Coalition for Environmentally Responsible Economy (CERES) mit dem Tellus Institute unter der Beteiligung des United Nations Environment Programme (UNEP). Im Jahr 2002 verlegte die GRI ihren Hauptsitz nach Europa (Amsterdam). Obwohl die GRI unabhängig ist, arbeitet sie eng u.a. mit dem UNEP sowie dem Global Compact der Vereinten Nationen (UNGC) zusammen.[39]

39 Die GRI hat es sich zur Aufgabe gemacht, weltweit anwendbare Richtlinien für die Erstellung von Nachhaltigkeitsberichten auf Unternehmensebene zu entwickeln. Ziel der GRI ist es, durch strukturierte Grundsätze und Leitlinien ein verantwortungsvolles Verhalten der Unternehmen gegenüber ihrer Umwelt zu erreichen. Diese Prinzipien wurden im Verlauf um soziale

38 In Anlehnung an RNE, Leitfaden zum Deutschen Nachhaltigkeitskodex, S. 14.

39 Vgl. GRI, Our Mission and history, www.globalreporting.org/about-gri/mission-history/, abgerufen am 3.1.2022.

und wirtschaftliche Aspekte sowie Aspekte der Unternehmensführung erweitert.[40]

Zur Erreichung einer **standardisierten Nachhaltigkeitsberichterstattung** wurde ein entsprechender Berichtsrahmen erarbeitet und weiterentwickelt, der zu einer Harmonisierung aller essenziellen Standards führen soll. Die GRI hat sich darüber hinaus mit 4 weiteren Organisationen zusammengeschlossen, um Fortschritte auf dem Weg zu einem einheitlichen Regelwerk für eine umfassende und globale Berichterstattung zu erzielen.[41] Diese Absicht wird gemeinsam mit dem Carbon Disclosure Project (CDP; Rz 150ff.), dem Climate Disclosure Standards Board (CDSB), dem International Integrated Reporting Council (IIRC; Rz 115ff.) und dem Sustainability Accounting Standards Board (SASB; Rz 143ff.) vertreten. Der Zusammenschluss der Organisationen wurde unter dem Namen des **Global Sustainability Standards Board** (GSSB) im September 2020 bekannt gegeben.[42] Durch die Zusammenarbeit der Organisationen sollen folgende Kernpunkte erreicht werden: 40

- Gemeinsame Marktorientierung darüber, wie Rahmenwerke und Standards komplementär und additiv angewendet werden können;
- Entwicklung eines gemeinsamen Ziels, wie sich die Bestandteile der allgemein anerkannten Rechnungslegungsgrundsätze (Financial GAAP) ergänzen und als natürlicher Ausgangspunkt für Fortschritte auf dem Weg zu einem kohärenteren, umfassenderen System der Unternehmensberichterstattung dienen könnten;
- ein gemeinsames Engagement für die Verwirklichung dieses Ziels durch ein fortlaufendes Programm zur Vertiefung der Zusammenarbeit zwischen GSSB und die erklärte Bereitschaft, eng mit anderen interessierten Akteuren zusammenzuarbeiten.[43]

Dieser „Gesamtüberblick" über die Beziehung zwischen den Standards und Rahmenwerken, einschl. ihrer Beziehung zum International Accounting Standards Board (IASB), zum Financial Accounting Standards Board (FASB) sowie weiteren Rahmenwerken, wird nachfolgend dargestellt:

40 Vgl. GRI, Our Mission and history.

41 Vgl. GRI, Statement from the Global Sustainability Standards Board (GSSB).

42 Vgl. GRI, The reporting landscape.

43 Vgl. Impact Management Project, World Economic Forum and Deloitte, Statement of Intent to Work Together Towards Comprehensive Corporate Reporting, September 2020.

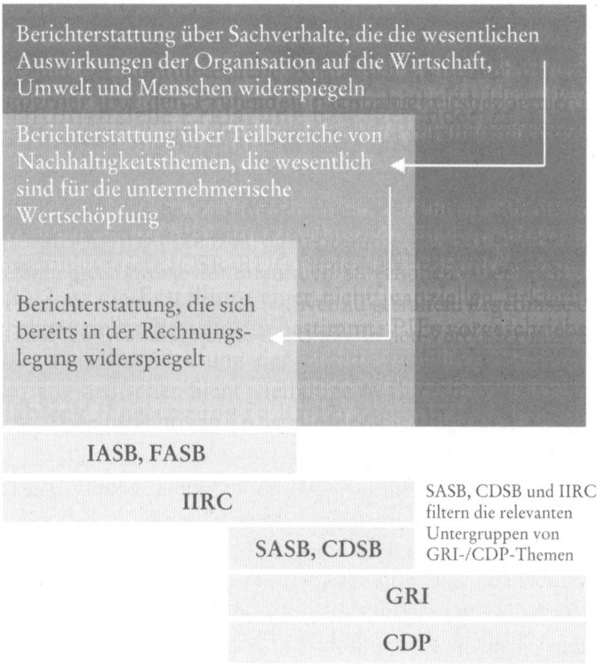

Abb. 3: Unterschiedliche Konzepte der Wesentlichkeit[44]

41 Mithilfe der durch die GRI entwickelten Standards wurden der Prozess einer globalen Nachhaltigkeitsberichterstattung wesentlich beeinflusst und eine internationale Standardisierung, Vergleichbarkeit und Transparenz gefördert.

Die erste Version des damaligen GRI-Leitfadens (G1) wurde im Jahr 2000 veröffentlicht und bildete den ersten globalen Rahmen für die Nachhaltigkeitsberichterstattung. Im Jahr 2002 wurde die erste Aktualisierung der Leitlinien (G2) veröffentlicht. Da die Nachfrage nach GRI-Berichterstattung und die Akzeptanz bei den Organisationen stetig wuchs, wurden die Leitlinien erweitert und verbessert, was zu G3 (2006) und G4 (2013) führte.[45]

[44] In Anlehnung an Impact Management Project, World Economic Forum and Deloitte, Statement of Intent to Work Together Towards Comprehensive Corporate Reporting, September 2020.

[45] Vgl. GRI, Our Mission and history.

1.3.2 GRI-Standards

Im Jahr 2016 ging die GRI von der Bereitstellung von Leitlinien zur Festlegung der ersten **globalen Standards für die Nachhaltigkeitsberichterstattung** über – den GRI Standards. Die Standards werden kontinuierlich aktualisiert und ergänzt, einschl. neuer themenspezifischer Standards. 42

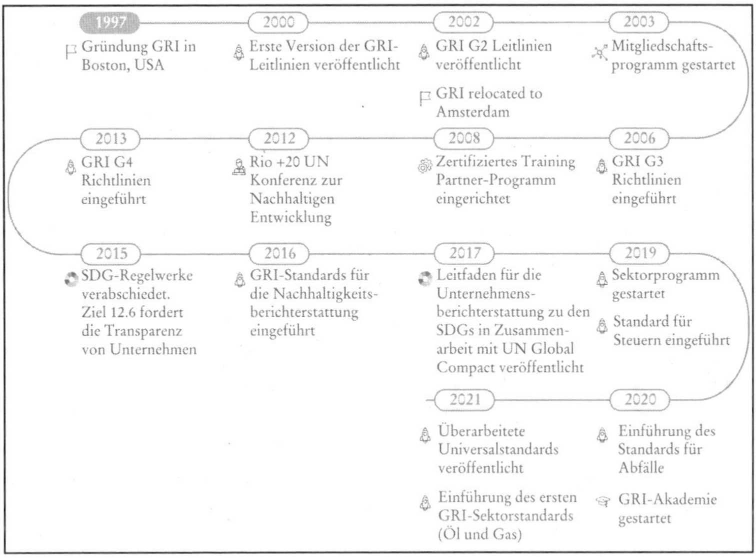

Abb. 4: Entwicklung der GRI-Standards[46]

Die aktuell seit 2016 zu verwendenden GRI-Standards gliedern sich in die **3 universellen Standards** GRI 101, GRI 102 und GRI 103 sowie in die **themenspezifischen Standardreihen** GRI 200, GRI 300 und GRI 400.

Der Standard GRI 101 beinhaltet die Grundlagen der Berichterstattung. 43
GRI 102 beschäftigt sich mit allgemeinen Angaben zu der berichtenden Organisation. Der GRI Standard 103 umfasst Angaben zum Managementansatz. Die Standards aus der GRI-200er-Reihe befassen sich mit den Auswirkungen der Organisation zu ökonomischen Themen, die der GRI-300er-Reihe zu ökologischen und die der GRI-400er-Reihe zu sozialen Themen.

46 Vgl. GRI, Our Mission and history.

44 Im Standard GRI 101: Grundlagen werden die grundlegenden Prinzipien der GRI-Berichterstattung, die zur Sicherstellung der Berichtsqualität dienen sowie eine Orientierungshilfe zur Gewährleistung qualitativer Informationen und ordnungsgemäßer Darstellung bieten, dargelegt. Folgende Prinzipien der Berichterstattung zur Bestimmung des Berichtsinhalts sind nach GRI zu berücksichtigen:

- Einbindung von Stakeholdern,
- Nachhaltigkeitskontext,
- Wesentlichkeit,
- Vollständigkeit.[47]

45 Das Prinzip der **Einbindung von Stakeholdern** beinhaltet als Pflichtanforderung die Identifizierung der relevanten Stakeholder der berichtenden Organisation sowie deren Informationsbedarf. Entsprechend soll mittels der Berichterstattung der Einbindungsprozess der Stakeholdergruppen dargestellt werden, einschl. der Auswirkungen ihrer Einbindung auf den Bericht, die Aktivitäten sowie Produkte und Dienstleistungen.[48]

46 Das Prinzip des **Nachhaltigkeitskontexts** adressiert das Ziel, einen Zusammenhang zwischen der jeweiligen Geschäftstätigkeit des berichtenden Unternehmens und breiteren Nachhaltigkeitskonzepten herzustellen. Dies beinhaltet eine Offenlegung von Informationen des Unternehmens über ihre positiven oder negativen Effekte auf ökonomische, ökologische und soziale Sachverhalte.[49]

47 Nach dem Prinzip der **Wesentlichkeit** soll die berichtende Organisation zum einen die signifikantesten ökonomischen, ökologischen und sozialen Auswirkungen durch die jeweilige Geschäftstätigkeit darstellen. Zum anderen soll über die Themen berichtet werden, die Bewertungen sowie Entscheidungen der Stakeholder erheblich beeinflussen. Bei der Bewertung der Wesentlichkeit können interne sowie externe Faktoren kombiniert werden. Die Faktoren können sich u. a. auf die allgemeine Wettbewerbsstrategie der Organisation sowie den Einfluss von Lieferanten und Kunden beziehen.[50]

48 Das Prinzip der **Vollständigkeit** betrifft die Verpflichtung, wesentliche Themen und die jeweilige Abgrenzung ausreichend zu behandeln, um die erheblichen ökonomischen, ökologischen und sozialen Auswirkungen darzustellen. Den Stakeholdern soll damit eine Beurteilung der berichteten Leistung ermöglicht werden. In diesem Zusammenhang ist zu beach-

---

[47] Vgl. Global Reporting Initiative, GRI 101: Grundlagen, S. 7ff.
[48] Vgl. Global Reporting Initiative, GRI 101: Grundlagen, S. 8.
[49] Vgl. Global Reporting Initiative, GRI 101: Grundlagen, S. 9.
[50] Vgl. Global Reporting Initiative, GRI 101: Grundlagen, S. 10.

ten, dass die Informationen vollständig dargestellt werden, die für den Berichtszeitraum relevant sind.[51]

Die Prinzipien der Berichterstattung zur Sicherung der Berichtsqualität lauten:

- Genauigkeit,
- Ausgewogenheit,
- Verständlichkeit,
- Vergleichbarkeit,
- Zuverlässigkeit,
- Aktualität.[52]

Genauigkeit bedeutet im Kontext der Berichterstattung, dass die veröffentlichten Informationen so konkret und detailliert beschrieben werden, dass den Stakeholdern eine Beurteilung der Leistung ermöglicht wird. Dies betrifft sowohl die qualitativen als auch die quantitativen Angaben der Organisation.

Um dem Konzept der **Ausgewogenheit** gerecht zu werden, müssen die berichteten Informationen positive und negative Aspekte der Leistung der berichtenden Organisation widerspiegeln. Hierbei ist deutlich zwischen Fakten und Interpretation zu unterscheiden. Dadurch soll eine Bewertung der Gesamtleistung möglich sein.

Nach dem Prinzip der **Verständlichkeit** sollen die Informationen für die Stakeholdergruppen nachvollziehbar und verständlich aufbereitet sein und in zugänglicher Weise zur Verfügung gestellt werden.

Das Prinzip der **Vergleichbarkeit** dient zum einen dazu, die im Bericht enthaltenen Informationen mit anderen Organisationen vergleichbar zu machen. Zum anderen soll die Berichterstattung dadurch im Zeitverlauf beurteilbar und analysierbar sein. Entsprechend wichtig ist es, eine Vergleichbarkeit zwischen aktuellen und historischen Informationen für Stakeholdergruppen zu ermöglichen.

Darüber hinaus ist nach dem Prinzip der **Zuverlässigkeit** erforderlich, dass die Informationen derart ermittelt, aufbereitet und veröffentlicht werden, dass sie überprüfbar und analysierbar sind. Die Qualität und Wesentlichkeit der Informationen sollen durch interne Kontrollen und Dokumentationen sichergestellt werden.

---

51 Vgl. Global Reporting Initiative, GRI 101: Grundlagen, S. 12.
52 Vgl. Global Reporting Initiative, GRI 101: Grundlagen, S. 7.

Gem. des Grundsatzes der **Aktualität** soll gewährleistet werden, dass die Berichterstattung regelmäßig erfolgt und dass die Informationen den Stakeholdergruppen rechtzeitig zur Verfügung stehen.[53]

49 Der Inhalt der Berichterstattung nach GRI wird durch die Standardangaben festgelegt. Die GRI unterscheidet zwischen allgemeinen und spezifischen Standardangaben.

Der Standard GRI 102 beinhaltet **allgemeine Standardangaben** der berichtenden Organisation, welche sich auf 6 Bereiche mit insgesamt 56 Angaben aufteilen:

- Organisationsprofil,
- Strategie,
- Ethik und Integrität,
- Unternehmensführung,
- Einbindung von Stakeholdern,
- Vorgehensweise bei der Berichterstattung.[54]

In Abhängigkeit von der jeweiligen gewählten GRI Option – „Core" oder „Comprehensive" (Rz 50) – sind die allgemeinen Standardangaben nur z. T. oder vollständig zu beachten.[55]

50 Die **spezifischen Standardangaben** beinhalten:

- Angaben zum Managementansatz (GRI 103) und
- spezifische Angaben zu wirtschaftlichen (GRI-200er-Reihe), ökologischen (GRI-300er-Reihe) und sozialen (GRI-400er-Reihe) Themen.

Der GRI Standard 103 betrifft die Darstellung des Managementansatzes für jedes als wesentlich eingestufte Thema. Die berichtende Organisation muss insbes. darstellen, aus welchen Gründen das Thema wesentlich ist, sowie den Umgang mit dem Thema i. R. e. Managementansatzes darlegen.[56]

Die weiteren GRI-Reihen (GRI-200er-Reihe, GRI-300er-Reihe, GRI-400er-Reihe) betrachten die ökonomischen, umweltbezogenen und sozialen Auswirkungen. So enthält die GRI-200er-Reihe Berichtsanforderungen aus der wirtschaftlichen Perspektive, bspw. GRI 202: Marktpräsenz oder GRI 205: Korruptionsbekämpfung sowie seit kurzem GRI 207: Steuern. Es folgt mit der 300er-Reihe die ökologische Dimension mit u. a. GRI 301: Materialien, GRI 305: Emissionen sowie GRI 306: Abfall.

53 Vgl. Global Reporting Initiative, GRI 101: Grundlagen, S. 13 ff.
54 Vgl. Global Reporting Initiative, GRI 102: Allgemeine Angaben, S. 2 ff.
55 Vgl. Global Reporting Initiative, GRI 101: Grundlagen, S. 23.
56 Vgl. Global Reporting Initiative, GRI 103: Managementansatz, S. 5 ff.

Abschließend werden mit der 400er-Reihe Themen wie GRI 405: Diversität und Chancengleichheit und GRI 408: Kinderarbeit berichtet.

I.S.d. GRI Standards von 2016 erfolgt hinsichtlich der Anwendungsebenen eine Differenzierung und Angabe durch die Organisationen, ob sie den Bericht in Übereinstimmung mit („in accordance with") den GRI-Kriterien aufgestellt haben. Dabei wird zwischen den vom Erfüllungsgrad abhängigen Optionen „Kern" („Core") und „Umfassend" („Comprehensive") unterschieden. Darüber hinaus besteht die Möglichkeit der Anwendung von nur ausgewählten Standards oder Teilen davon. Für jede Art der Anwendung sind entsprechende Anwendungserklärungen vorgesehen.[57] 51

Praxis-Beispiel

Anwendungsebene „In Übereinstimmung mit" (GRI 102: Allgemeine Angaben 2016: 102–54): „Dieser Bericht wurde in Übereinstimmung mit den GRI-Standards: Option ‚Kern' (resp. ‚Umfassend') erstellt."

Anwendungsebene „Selektive Anwendung": „Nachfolgende Informationen beruhen auf der selektiven Anwendung des GRI 305–1 Direkte THG-Emissionen (Scope 1)."

In Ausnahmefällen können spezifische Standardangaben ausgelassen werden. Sofern **Auslassungen** erfolgen, ist darzulegen, welche Informationen aus welchem Grund nicht angegeben wurden. Die GRI erachtet für Auslassungen grds. die nachfolgenden Fälle als möglich an: 52

- eine spezifische Standardangabe, ein Teil der spezifischen Standardangabe oder der Indikator ist nicht anwendbar;
- eine Information unterliegt speziellen Vertraulichkeitsauflagen;
- es bestehen spezifische gesetzliche Verbote bzgl. der Veröffentlichung von Informationen;
- die Information ist derzeit nicht verfügbar.[58]

Das Nichtvorliegen von Informationen kommt in der Praxis am häufigsten vor. In diesem Fall sind vom Unternehmen die Schritte zu beschreiben, um an die Informationen künftig zu gelangen, einschl. des erforderlichen Zeitrahmens:

57 Vgl. Global Reporting Initiative, GRI 101: Grundlagen, S. 21.

58 Vgl. Global Reporting Initiative, GRI 101: Grundlagen, S. 23 f.

Praxis-Beispiel
GRI 306: Abfall 2020 (306–3): „Eine Aufschlüsselung des Abfalls nach der Zusammensetzung ist derzeit nicht möglich. Eine softwaregestützte mengenmäßige Datenerfassung wurde eingeleitet, so dass die Informationen für das kommende Berichtsjahr verfügbar sind."

53 Ab Januar 2021 ergänzt der neu entwickelte Standard GRI 207: Steuern die themenspezifischen Angaben. Ebenfalls ab Januar 2021 ist die angepasste Fassung zum Standard GRI 303: Wasser und Abwasser (2018) anwendbar, die den bisherigen Standard GRI 303: Wasser (2016) ersetzt. Zeitgleich ab 2021 verpflichtend anzuwenden ist die Aktualisierung des Standards GRI 403: Arbeitssicherheit und Gesundheitsschutz (2018), der den GRI 403: Arbeitssicherheit und Gesundheitsschutz (2016) ablöst. Darüber hinaus wurde der Standard GRI 306: Abwasser und Abfall (2016) durch den Standard GRI 306: Abfall (2020) ersetzt, der ab Januar 2022 anzuwenden ist.[59]

1.3.3 Aktualisierung der GRI-Standards

54 Im Oktober 2021 wurden die universellen Standards der GRI umfassend aktualisiert. Die themenspezifischen Standards wurden nicht überarbeitet. Im folgenden Abschnitt werden die wesentlichen Änderungen der universellen Standards skizziert. Eine Anwendung der aktualisierten universellen Standards ist für Unternehmen ab 2023 verpflichtend umzusetzen, eine frühere Anwendung wird empfohlen.

55 Die wesentlichen Änderungen betreffen sowohl die grds. Struktur der GRI-Standards als auch deren Inhalt. Die Struktur der universellen Standards wurde auf eine einstellige Bezeichnung geändert (GRI 1: Grundlagen, GRI 2: Allgemeine Angaben und GRI 3: Wesentliche Themen). Eine Übersicht der überarbeiteten Struktur ist in Abb. 5 dargestellt:

[59] Vgl. Global Reporting Initiative, Standards.

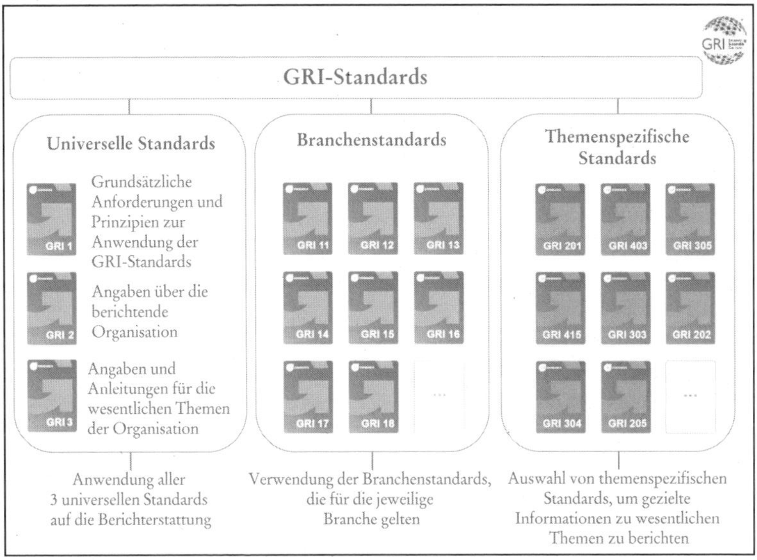

Abb. 5: Systematik der neuen GRI-Standards[60]

Eine inhaltliche Neuerung in GRI 1 betrifft die Prinzipien der Berichterstattung. Diese wurden angepasst und auf 8 Hauptprinzipien zusammengefasst (Rz 44, Rz 48). Die Prinzipien **Einbindung von Stakeholdern**, **Wesentlichkeit** sowie **Zuverlässigkeit** wurden im Abschnitt der Schlüsselkonzepte verortet sowie um das neue Prinzip der **Prüfbarkeit** ergänzt.[61] 56

Weiterhin neu in GRI 1: Grundlagen 2021 ist der Abschnitt der **Schlüsselkonzepte**. Diese bilden die Grundlage für die Nachhaltigkeitsberichterstattung. Die wichtigsten Konzepte, die in diesem Abschnitt behandelt werden, sind: Auswirkungen, wesentliche Themen, Due Diligence und Stakeholder. Das Ziel der Standards ist es, Organisationen in die Lage zu versetzen, Informationen über ihre wichtigsten Auswirkungen auf die Wirtschaft, die Umwelt und den Menschen bereitzustellen, einschl. der Berücksichtigung von Menschenrechten. In den GRI-Standards werden diese als wesentliche Themen behandelt. Due-Diligence-Prüfungen und die Einbeziehung von Stakeholdern helfen Organisationen, ihre signifikantesten Auswirkungen zu ermitteln.[62]

---

60 In Anlehnung an Global Reporting Initiative, GRI 1: Foundation 2021, S. 6.

61 Vgl. Global Reporting Initiative, GRI 1: Foundation 2021, S. 20ff.

62 Vgl. Global Reporting Initiative, GRI 1: Foundation 2021, S. 8ff.

57 Mit den neuen „Universal Standards" entfällt die Möglichkeit der Wahl der Reporting-Optionen „Kern" oder „Umfassend". Es besteht nur noch die Möglichkeit, „**In Übereinstimmung**" zu den GRI-Standards zu berichten. Hierzu muss eine Organisation alle folgenden 9 Anforderungen erfüllen:

- Anforderung 1: Anwendung der Berichterstattungsgrundsätze,
- Anforderung 2: Berichterstattung der Angaben in GRI 2: Allgemeine Angaben 2021,
- Anforderung 3: Bestimmung der wesentlichen Themen,
- Anforderung 4: Berichterstattung der Angaben in GRI 3: Wesentliche Themen 2021,
- Anforderung 5: Berichterstattung der Angaben aus den GRI themenspezifischen Standards für jedes wesentliche Thema,
- Anforderung 6: Angabe von Gründen für die Auslassung von Angaben und Anforderungen,
- Anforderung 7: Veröffentlichung eines GRI-Inhaltsindex,
- Anforderung 8: Bereitstellung einer Erklärung zur Verwendung,
- Anforderung 9: GRI benachrichtigen.[63]

58 Bzgl. der Anforderung 5 ist weiterhin nur eine relevante GRI-Angabe je verwendetem Themenstandard erforderlich, so wie derzeit noch unter der „Kern"-Option. Weiterhin wird die Möglichkeit der Verwendung der Option „GRI-referenced" bestehen bleiben.[64]

59 GRI 2: Allgemeine Angaben 2021 wurde ebenfalls umfassend überarbeitet und besteht jetzt aus 5 Bereichen mit insgesamt 30 Angaben (Rz 49). Die Bereiche sind untergliedert in folgende Abschnitte:

- Organisation und Berichtspraxis,
- Aktivitäten und Beschäftigte,
- Governance,
- Strategie, Politik und Praktiken,
- Stakeholder-Engagement.[65]

60 Auslassungen sind für alle Angaben in GRI 2 zulässig, außer für folgende 5 Angaben des ersten Abschnitts „Die Organisation und ihre Berichtspraxis":

- 2–1: Organisatorische Details,
- 2–2: Unternehmen, die in die Nachhaltigkeitsberichterstattung der Organisation einbezogen sind,
- 2–3: Berichtszeitraum, Häufigkeit und Kontaktstelle,

---

63 Vgl. Global Reporting Initiative, GRI 1: Foundation 2021, S. 11.
64 Vgl. Global Reporting Initiative, GRI 2: Foundation 2021, S. 11.
65 Vgl. Global Reporting Initiative, GRI 2: General Disclosures 2021, S. 3f.

- 2–4: Anpassungen von Informationen,
- 2–5: Externe Prüfung.[66]

Zusätzlich ist hervorzuheben, dass die GRI Angabe 2–5 bei einer erfolgten externen Prüfung u.a. den Verweis auf den Prüfungsvermerk sowie eine Beschreibung dessen, was geprüft bzw. was nicht geprüft worden ist, beinhalten soll.[67]

Praxis-Beispiel
Der Nachhaltigkeitsbericht wurde von der Wirtschaftsprüfungsgesellschaft XY einer externen Prüfung nach ISAE 3000 (Rev.) zur Erlangung einer begrenzten Sicherheit für das Prüfungsurteil unterzogen. Der Prüfungsvermerk, der u.a. die Beschreibung des Prüfungsgegenstands beinhaltet, kann *unter dem Link* abgerufen werden.

Im Standard GRI 2: Allgemeine Angaben ist zudem neu, dass die Organisation Informationen über ihre Strategie für eine nachhaltige Entwicklung sowie diesbzgl. Richtlinien und Praktiken darstellen soll. Dieser Fokus auf u.a. menschenrechtliche Sorgfaltspflichten beruht ebenfalls auf schon vorhandenen zwischenstaatlichen Instrumenten wie der Internationalen Labour Organization (ILO), OECD sowie den UN-Leitprinzipien für Wirtschaft und Menschenrechte.[68] **61**

Der ebenfalls umfassend aktualisierte Standard GRI 3: Wesentliche Themen 2021 bietet eine Anleitung, wie die wesentlichen Themen bestimmt werden. Für den Prozess der Wesentlichkeitsanalyse wird ein vierstufiger Ansatz empfohlen. Die Befolgung dieser Schritte ist jedoch nicht verpflichtend. Die Struktur der Identifikation wird im Folgenden verdeutlicht: **62**

66 Vgl. Global Reporting Initiative, GRI 2: General Disclosures 2021, S. 6ff.
67 Vgl. Global Reporting Initiative, GRI 2: General Disclosures 2021, S. 12.
68 Vgl. Global Reporting Initiative, GRI 2: General Disclosures 2021, S. 34

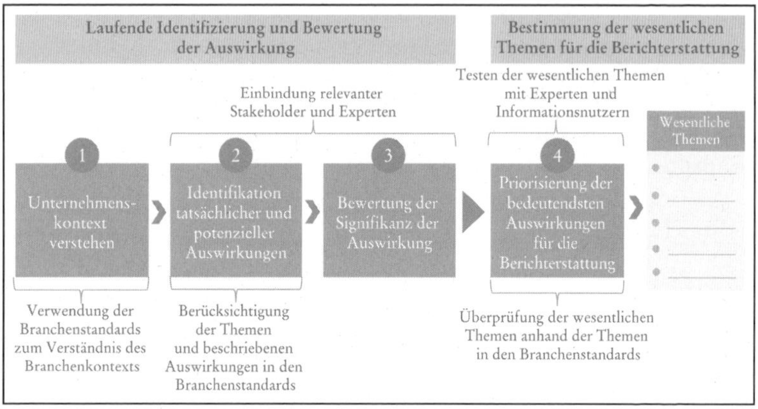

Abb. 6: Prozess der Wesentlichkeitanalyse[69]

63 In Ergänzung zu den neuen GRI-Standards werden vom unabhängigen GRI Global Sustainability Standards Board (GSSB) derzeit 40 sektorspezifische Standards für die 4 Bereiche „Grundstoffe und Grundbedarf", „Industrie", „Verkehr, Infrastruktur und Tourismus" sowie „Sonstige Dienstleistungen und Leichtindustrie" entwickelt.

Die Sektorenstandards sollen die GRI-Standards ergänzen und die jeweiligen Organisationen unterstützen, welche Themen sie bei der Wesentlichkeitsanalyse berücksichtigen sollten.[70] Die Organisation ist verpflichtet, bei der Bestimmung ihrer wesentlichen Themen die anwendbaren Branchenstandards zu verwenden, die für ihre Sektoren gelten.[71]

64 Ein erster spezifischer Standard wurde für die Nachhaltigkeitsberichterstattung im Öl- und Gassektor veröffentlicht. Dieser fokussiert sich auf die wesentlichen Themen auf Grundlage der wichtigsten Auswirkungen des Sektors auf Wirtschaft, Umwelt und die Menschen, einschl. Menschenrechte. Der Standard ist in 2 Abschnitte gegliedert: Abschnitt 1 bietet einen umfassenden Überblick des Öl- und Gassektors bzgl. seiner Aktivitäten, Geschäftsbeziehungen, Kontext sowie Verknüpfung zu den SDGs der Vereinten Nationen. Abschnitt 2 gibt einen Leitfaden über die 22 wahrscheinlich wesentlichen Themen wie u. a. Treibhausgasemissionen, Klimaanpassung, Resilienz und Transformation, Biodiversität, Abfall, Anti-Korruption sowie Zwangsarbeit und moderne Sklaverei.[72]

---

69 In Anlehnung an Global Reporting Initiative, GRI 3: Material Topics 2021, S. 7.
70 Vgl. GRI, GSSB, GRI Sector Program – Revised list of prioritized sectors.
71 Vgl. Global Reporting Initiative, GRI 1: Foundation 2021, S. 12.
72 Vgl. Global Reporting Initiative, GRI 11: Oil and Gas Sector 2021, S. 9ff.

1.4 International Sustainability Standards Board (ISSB)

1.4.1 Hintergrund

Als gemeinnützige Organisation hat es sich die IFRS Foundation bereits vor über 20 Jahren zum Ziel gesetzt, ein einheitliches Paket qualitativ hochwertiger, verständlicher, durchsetzbarer und weltweit anerkannter Rechnungslegungs- und Nachhaltigkeitsstandards zu entwickeln. Als Organ der Stiftung legt das International Accounting Standards Board (IASB) durch die IFRS-Rechnungslegungsstandards fest, wie ein Unternehmen über seine Vermögens-, Finanz- und Ertragslage berichtet.[73] 65

Das am 3.11.2021 ebenfalls durch die IFRS Foundation neu geschaffene International Sustainability Standards Board (ISSB) soll in Anlehnung an die Prinzipien der IFRS erstmals einen eigenen einheitlichen Rahmen für die Offenlegung von Nachhaltigkeitsinformationen entwickeln. Dieser soll definieren, wie ein Unternehmen Informationen zu Klima- und anderen Umwelt-, Sozial- und Governance-Themen (**ESG**) offenlegt. 66

In Anbetracht der Dringlichkeit und der Forderung nach einer soliden Grundlage für die Aufnahme der Tätigkeiten haben die Trustees der IFRS Foundation die Technical Readiness Working Group (**TRWG**) eingesetzt (s. zu deren Zusammensetzung Rz 70). Sowohl das CDSB (Rz 1ff.) als auch die VRF (Rz 112ff.) werden zum Juni 2022 in das ISSB übergehen.

Ziel ist es, durch einheitliche internationale Standards eine größere Transparenz und somit eine bessere internationale Vergleichbarkeit von Nachhaltigkeits- und Finanzinformationen zu schaffen. Anhand dieser Informationen können von unterschiedlichen Interessengruppen fundierte wirtschaftliche Entscheidungen getroffen werden, und die Informationslücke an Nachhaltigkeitsinformationen für Kapitalgeber und Unternehmen kann verringert werden.[74] 67

1.4.2 Organisation und Auftrag des ISSB

Um anhand des Unternehmenswerts genaue Investitionsentscheidungen treffen zu können, sollen die vom ISSB zu entwickelnden Vorgaben als umfassende und globale Grundlage dienen und so dem Bedarf an transparenten und einheitlichen Nachhaltigkeitsinformationen nachkommen. Durch einen einheitlichen und globalen Basisansatz ist es möglich, eine weltweite Vergleichbarkeit unter Unternehmen zu schaffen, die für Anleger von entscheidender Bedeutung ist. In diesem Licht ist genau zu beobachten, inwiefern die Standards des ISSB mit denen anderer Initiati- 68

[73] Vgl. IFRS, Who we are, www.ifrs.org/about-us/who-we-are/, abgerufen am 3.1.2022.
[74] Vgl. IFRS, About the International Sustainability Standards Board.

ven, z.B. EFRAG auf europäischer Ebene, korrespondieren werden. Denn Ziel aller Standards ist die Schaffung von Vergleichbarkeit und Transparenz – dies kann nur dann gelingen, wenn die Unternehmen sich nicht in einem Konglomerat verschiedenster divergierender Standards verlieren.

69 Aktuell sind die Finanzberichterstattung und die Offenlegung von Klima- und Nachhaltigkeitsinformationen noch nicht offiziell miteinander verbunden. Dies soll künftig geändert werden.[75] Da in der Finanzberichterstattung die Vorgaben zu spezifischen Daten und deren Qualität deutlich standardisierter sind und bereits mehr als 140 Länder von den Unternehmen verlangen, nach den IFRS-Rechnungslegungsstandards zu berichten, sollen nun auch Nachhaltigkeitsinformationen mit der gleichen Stringenz und globalen Vergleichbarkeit erstellt werden wie Finanzinformationen. Diese sollen sich gegenseitig ergänzen und so zu einer vollständigen Berichterstattung führen.

70 Als gemeinsame Arbeit der Technical Readiness Working Group (**TRWG**), welche sich aus Vertretern

- des Climate Disclosure Standards Board (CDSB),
- der Task Force on Climate-related Financial Disclosures (TCFD),
- des World Economic Forum (WEF),
- der Value Reporting Foundation (VRF) und
- des International Accounting Standards Board (IASB)

zusammensetzt und von der International Organization of Securities Commissions (IOSCO) und ihrer Technical Expert Group der Wertpapieraufsichtsbehörde unterstützt wird, wurden in 2021 bereits 2 Prototyp-Dokumente erstellt. Das eine Dokument konzentriert sich auf klimabezogene Angaben, während das zweite allgemeine Angaben zur Nachhaltigkeit darlegt.[76]

---

[75] Vgl. IFRS, Global sustainability disclosure standards for the financial markets, www.ifrs.org/news-and-events/news/2021/11/global-sustainability-disclosure-standards-for-the-financial-markets/, abgerufen am 3.1.2022.

[76] Vgl. Technical Readiness Working Group, General Requirements for Disclosure of Sustainability-related Financial Information Prototype.

Governance und Struktur des ISSB	Das ISSB wird neben dem IASB tätig sein und von den Treuhändern beaufsichtigt werden. Die Arbeit des ISSB wird nach dem Konsultationsprozess der IFRS-Stiftung erfolgen. Die fachliche Beratung des ISSB erfolgt durch einen neuen beratenden Ausschuss für Nachhaltigkeit, die strategische Beratung durch den IFRS-Beirat, dessen Aufgabenbereich entsprechend erweitert werden wird.
Auftrag	Der ISSB wird globale Standards und Angabevorschriften entwickeln, um eine konsistente und vergleichbare Berichterstattung von Unternehmen in verschiedenen Rechtskreisen zu erleichtern und so dazu beizutragen, Kapital in langfristige, widerstandsfähige Unternehmen im Übergang zu einer kohlenstoffarmen Wirtschaft zu lenken.
Bezeichnung der Standards	Der Name der vom ISSB zu entwickelnden Standards wird **„IFRS Sustainability Disclosure Standards“** lauten.
Zusammensetzung	Der ISSB besteht i. d. R. aus 14 Mitgliedern, von denen einige auch Teilzeitmitglieder sein können. Die wichtigsten Voraussetzungen für die Mitgliedschaft im ISSB sind fachliche Kompetenz und einschlägige Berufserfahrung.
Vorsitzende	Das Board wird sich aus 3 Mitgliedern aus der Region Asien-Ozeanien, 3 Mitgliedern aus Europa, 3 Mitgliedern aus Amerika, 1 Mitglied aus Afrika und 4 Mitgliedern aus einem beliebigen Gebiet zusammensetzen. Vorsitzender mit Wirkung zum 1.1.2022 wird Emmanuel Faber sein.[77]

[77] Vgl. IFRS, Emmanuel Faber appointed to lead the International Sustainability Standards Board (www.ifrs.org).

Organisationssitz	Die Standorte der Büros des ISSB sind weltweit zu finden und erstrecken sich von Nord- und Südamerika, Asien, Europa, dem Nahen Osten bis nach Afrika. Es gibt einige Städte mit Büros, welchen eine spezielle Aufgabe zugeteilt worden ist. Ab Anfang 2022 sollen die Büros in Frankfurt am Main als Sitz des Verwaltungsrats und Büro des Vorsitzenden dienen, während das Büro in Montreal für wichtige Funktionen zur Unterstützung des neuen Verwaltungsrats und zur Vertiefung der Zusammenarbeit mit regionalen Interessengruppen zuständig sein soll. Die Büros in San Francisco und London werden ebenfalls technische Unterstützung und Plattformen für eine engere Zusammenarbeit mit regionalen Interessengruppen bieten. Weitere Gespräche werden mit Vorschlägen für Büros in Peking und Tokio geführt, um die Präsenz des neuen Gremiums in der Region Asien und Ozeanien zu vervollständigen.[78]

1.4.3 Herausforderungen

71 Als am 3.11.2021 die IFRS Foundation die Gründung des ISSB ankündigte, gab es danach einige Zweifel zwecks der Umsetzung „einer umfassenden globalen Basis von qualitativ hochwertigen Standards für die Nachhaltigkeitsberichterstattung“.

72 Denn auch wenn die Organe der IFRS Foundation aufgrund ihrer Kompetenz und langjährigen Erfahrung in der Standardisierung der Finanzberichterstattung einerseits prädestiniert sind für eine weitergehende Professionalisierung und Vereinheitlichung der Nachhaltigkeitsberichterstattung, so folgt diese doch auch eigenen Regeln in der gelebten Praxis. Es sei angemerkt, dass bei einem Unternehmenswertansatz die Gefahr besteht, dass negative Auswirkungen auf die Umwelt, welche durch das Unternehmen verursacht werden, aber finanziell unerheblich sind, in der Berichterstattung nicht berücksichtigt werden. Ein doppelter Wesentlichkeits-

78 Vgl. IFRS, Foundation announces International Sustainability Standards Board, consolidation with CDSB and VRF, and publication of prototype disclosure requirements (www.ifrs.org).

ansatz würde hier durch seine Betrachtung der finanziellen Wesentlichkeit und der ökologischen bzw. gesellschaftlichen Wesentlichkeit mehr Transparenz liefern. Ebenso findet die Berichterstattung zum derzeitigen Zeitpunkt noch auf freiwilliger Basis statt, und durch die weitere Ausbreitung unterschiedlichster Berichterstattungsinitiativen ist die Landschaft der Nachhaltigkeitsberichterstattung derzeit eher divers und uneinheitlich als vergleichbar oder gar standardisiert.

Die Entwicklung und Umsetzung der ISSB-Standards in verbindliche lokale Rechtsvorschriften wird vermutlich einige Jahre dauern – eine Zeitspanne, in der die Entwicklung anderer Standardinitiativen ebenfalls weiter voranschreiten wird. 73

1.5 United Nations Global Compact (UNGC)

1.5.1 Entstehung

Der United Nations Global Compact (UNGC) wurde offiziell im Juli 2000 auf Initiative des damaligen UN-Generalsekretärs Kofi Annan gegründet. Vorangegangen war sein Angebot beim Weltwirtschaftsforum in Davos Anfang 1999 an die Unternehmen, einen Pakt mit der UN einzugehen, um die Globalisierung sozialer und ökologischer zu gestalten. Nach anfänglicher Zurückhaltung verfolgte die Internationale Handelskammer (ICC) den Gedanken weiter und man einigte sich auf eine enge Zusammenarbeit zwischen ICC und UN. Schließlich gelang es der ICC, mehrere Unternehmen von dem Vorhaben zu überzeugen, so dass im Jahr 2000 die Idee Realität wurde.[79] 74

Seit dem hat sich der UNGC von anfänglich 44 Unternehmen zur **weltweit größten unternehmerischen Nachhaltigkeitsinitiative** und globalen Bewegung mit mehr als 12.000 Unternehmen und mehr als 3.000 nicht-unternehmerischen Interessensgruppen aus 160 Ländern entwickelt.[80] 75

1.5.2 Ziele und Strategie

Der UNGC verfolgt 2 übergeordnete Ziele: 76

1. Organisationen sollen ihre Strategie und ihre Geschäftstätigkeiten an den 10 Prinzipien des UNGC (Rz 83 ff.) zu Menschenrechten, Arbeitsnormen, Umwelt und Korruptionsprävention ausrichten.

---

79 Vgl. UN Global Compact – ICC Germany, www.iccgermany.de/ueber-icc-germany/un-global-compact/, abgerufen am 3.1.2022.

80 Vgl. UNGC, UN Global Compact Strategy 2021–2023, 2021, S. 4.

2. Organisationen sollen strategische Maßnahmen ergreifen, um umfassende gesellschaftliche Ziele wie die UN Sustainable Development Goals (SDGs; Rz 163 ff.) voranzutreiben.

77 Während die 10 Prinzipien zeitlos sind und grds. definieren, wie Organisationen arbeiten und mit der Gesellschaft interagieren, gibt es für die SGDs einen klaren begrenzten Rahmen bis 2030.[81]

78 Der Schwerpunkt des UNGC liegt auf Kooperation und Kollaboration. Neben übergeordneten Aktionen, Unterstützungsangeboten und Ressourcen wird der UNGC über lokale Netzwerke organisiert (Rz 80). Er richtet sich an Unternehmen jeglicher Größe und Sektoren. Die Erwartungshaltung unterscheidet sich jedoch für multinationale, nationale oder kleine und mittlere Unternehmen.[82]

79 Im Jahr 2021 hat sich der UNGC eine neue 3-Jahres-Strategie (2021–2023) gegeben, die u. a. die Gegebenheiten der Corona-Pandemie berücksichtigt. Die neue Strategie zielt insbes. darauf ab, UNGC-Mitglieder stärker in die Verantwortung zur Erreichung der Ziele zu nehmen, die lokalen Netzwerke zu stärken und gleichzeitig die weltweite Abdeckung zu erhöhen, die Auswirkungen in 5 Fokusbereichen zu messen, die kollektive Stärke von kleineren und mittleren Unternehmen zu nutzen sowie enger mit UN-Einrichtungen zusammenzuarbeiten.[83]

1.5.3 Lokale Netzwerke

80 UNGC besteht aus 69 lokalen Netzwerken in 75 Ländern. Die Netzwerke befinden sich in unterschiedlichen Entwicklungsstadien. Insbes. in Afrika ist der Reifegrad sowie allgemein die Abdeckung noch gering. Darüber hinaus sind 2 regionale Netzwerke in Planung für die Karibik und West-Afrika. Die regionalen Netzwerke sollen ähnliche Unterstützungsmöglichkeiten wie lokale Netzwerke bieten und als Vorstufe für zukünftige lokale Netzwerke dienen.[84]

81 Das **deutsche Netzwerk** ist eines der ersten (Gründung bereits im Jahr 2000) und größten und umfasst mittlerweile mehr als 800 Teilnehmende, davon die überwiegende Mehrheit Unternehmen. Daneben sind Vertreter der Zivilgesellschaft, der Wissenschaft und des öffentlichen Sektors Teil

[81] Vgl. UN Global Compact, Our Mission, www.unglobalcompact.org/what-is-gc/mission, abgerufen am 3.1.2022.

[82] Vgl. UNGC, UN Global Compact Strategy 2021–2023, 2021, S. 4 ff.

[83] Vgl. UNGC, UN Global Compact Strategy 2021–2023, 2021, S. 31.

[84] Vgl. UNGC, UN Global Compact Strategy 2021–2023, 2021, S. 24.

des Netzwerks. Es bietet vielfältige Lern- und Dialogformate und fördert den Wissensaustausch unter den Mitgliedern.[85]

Um Mitglied im UNGC und damit auch im deutschen Netzwerk zu werden, muss ein vorgesehenes Verfahren eingehalten werden, dessen wesentlicher Teil die schriftliche Erklärung – der sog. Letter of Commitment (Verpflichtungserklärung) – zur Unterstützung der 10 Prinzipien und der SDGs sowie zur Abgabe eines Fortschrittsberichts (Rz 88 ff.) ist. Die Erklärung muss von der Geschäftsführung unterzeichnet werden.[86] 82

1.5.4 10 Prinzipien

Die 10 Prinzipien bilden das Herzstück des UNGC und decken die Bereiche Menschenrechte, Arbeitsnormen, Umwelt und Korruptionsprävention ab. Sie definieren eine Art **Minimumstandard**, der von Organisationen in Strategien, Richtlinien, Verfahrensabläufen, der Unternehmenskultur etc. integriert werden sollte. Die 10 Prinzipien basieren auf den folgenden internationalen Normen und Rahmenwerken: der Allgemeinen Erklärung der Menschenrechte, der Erklärung der Internationalen Arbeitsorganisation zu grundlegenden Prinzipien und Rechten bei der Arbeit, der Rio-Erklärung über Umwelt und Entwicklung sowie dem Übereinkommen der Vereinten Nationen gegen Korruption.[87] 83

Menschenrechte

1. Unternehmen sollen den Schutz der internationalen Menschenrechte unterstützen und achten.
2. Unternehmen sollen sicherstellen, dass sie sich nicht an Menschenrechtsverletzungen mitschuldig machen.

Arbeitsnormen

3. Unternehmen sollen die Vereinigungsfreiheit und die wirksame Anerkennung des Rechts auf Kollektivverhandlungen wahren.
4. Unternehmen sollen für die Beseitigung aller Formen von Zwangsarbeit eintreten.
5. Unternehmen sollen für die Abschaffung von Kinderarbeit eintreten.

---

85 Vgl. Global Compact Netzwerk Deutschland, Über uns, www.globalcompact.de/ueber-uns/deutsches-global-compact-netzwerk, abgerufen am 3.1.2022.

86 Vgl. Global Compact Netzwerk Deutschland, Beitrittsprozess für Business, www.globalcompact.de/teilnehmen/beitrittsprozess-business, abgerufen am 3.1.2022.

87 Vgl. UN Global Compact, The Ten Principles of the UN Global Compact, www.unglobalcompact.org/what-is-gc/mission/principles, abgerufen am 3.1.2022.

6.	Unternehmen sollen für die Beseitigung von Diskriminierung bei Anstellung und Erwerbstätigkeit eintreten.
Umwelt	
7.	Unternehmen sollen im Umgang mit Umweltproblemen dem Vorsorgeprinzip folgen.
8.	Unternehmen sollen Initiativen ergreifen, um größeres Umweltbewusstsein zu fördern.
9.	Unternehmen sollen die Entwicklung und Verbreitung umweltfreundlicher Technologien beschleunigen.
Korruptionsprävention	
10.	Unternehmen sollen gegen alle Arten der Korruption eintreten, einschl. Erpressung und Bestechung.

Tab. 2: Die 10 Prinzipien

Menschenrechte

84 Das 1. Prinzip ist eine allumfassende Erwartungshaltung. Gemeinsam mit dem 2. Prinzip werden die Anforderungen der UN-Leitprinzipien für Wirtschaft und Menschenrechte widergespiegelt, die 2011 vom UN-Menschenrechtsrat verabschiedet wurden und als **einer der wichtigsten internationalen Standards** zur Unternehmensverantwortung und zu menschenrechtlichen Sorgfaltspflichten gelten. In Deutschland ist die Umsetzung dieser Prinzipien eng mit dem kommenden Lieferkettensorgfaltspflichtengesetz (LkSG) verknüpft (§§ 15 und 16).[88]

Arbeitsnormen

85 Die 4 Prinzipien im Bereich Arbeitsnormen sind inhaltlich eng mit denen der Menschenrechte verbunden, weshalb die Beschreibungen im Fortschrittsbericht häufig zusammengefasst werden. Die zu diesen Prinzipien gemachten Angaben stehen oftmals im Zusammenhang mit **arbeitsrechtlichen Grundlagen** und greifen auf die Anforderungen der Internationalen Arbeitsorganisation zu grundlegenden Prinzipien und Rechten bei der Arbeit zurück.[89]

---

88 Vgl. UN Global Compact, Principle Two: Human Rights, www.unglobalcompact.org/what-is-gc/mission/principles/principle-2, abgerufen am 3.1.2022.

89 Vgl. UN Global Compact, Labour, www.unglobalcompact.org/what-is-gc/our-work/social/labour, abgerufen am 3.1.2022.

Umwelt

Die Prinzipien zu Umwelt beschäftigen sich mit den **Auswirkungen der Geschäftstätigkeit** auf die Umwelt und adressieren damit v.a. Umweltrisiken und den notwendigen Umweltschutz. Das 9. Prinzip mit Bezug zu umweltfreundlichen Technologien zeigt aber auch ganz klar die möglichen Chancen für Unternehmen auf.[90] 86

Korruptionsprävention

Korruption ist ein wesentliches Hindernis für die wirtschaftliche und soziale Entwicklung von Gesellschaften. Die Prävention oder Bekämpfung von Korruption ist daher entscheidend für nachhaltiges Wachstum. Das 10. Prinzip des UNGC adressiert diesen Sachverhalt und fordert dazu auf, gegen alle Arten der Korruption einzutreten. Weltweit kommen neue oder schärfere Gesetze zu Anti-Korruption auf und Unternehmen benötigen dementsprechend **robuste Prozesse**, um diesen Anforderungen gerecht zu werden.[91] 87

1.5.5 Fortschrittsbericht

Der jährliche Fortschrittsbericht, auch Communication on Progress (**CoP**) genannt, stellt ein wichtiges Medium für die Verbindlichkeit der Umsetzung der Prinzipien dar und dient gleichzeitig als Grundlage für den Dialog mit verschiedenen Stakeholdern. UNGC definiert Mindestanforderungen an die Berichterstattung, die Sprache ist jedoch freigestellt. Je nach Entwicklungsstadium der berichtenden Organisation gibt es verschiedene Kategorien, die in der Tiefe und im Umfang variieren. 88

UNGC kooperiert außerdem mit anderen bestehenden Rahmenwerken wie der **GRI** (Rz 38ff.), um Anwendern die Berichterstattung zu erleichtern und eine größere Vergleichbarkeit zu ermöglichen.[92]

UNGC hat eine **CoP-Richtlinie** entwickelt, die die Mindestanforderungen an Fortschrittsberichte definiert. Es werden 3 Anforderungen festgelegt: 89

1. **Erklärung der Geschäftsführung**: Jeder Fortschrittsbericht muss eine Erklärung der Geschäftsführung beinhalten, die die fortlaufende Unterstützung zum UNGC zusichert und gleichzeitig das Commitment zur Initiative und Verpflichtung der Prinzipien erneuert.

---

[90] Vgl. UN Global Compact, Environment, www.unglobalcompact.org/what-is-gc/our-work/environment, abgerufen am 3.1.2022.

[91] Vgl. UN Global Compact, Anti-Corruption, www.unglobalcompact.org/what-is-gc/our-work/governance/anti-corruption, abgerufen am 3.1.2022.

[92] Vgl. UN Global Compact, The Communication on Progress (CoP) in Brief, www.unglobalcompact.org/participation/report/cop, abgerufen am 3.1.2022.

2. **Beschreibung praktischer Maßnahmen**: Der CoP muss eine Beschreibung der im Berichtsjahr durchgeführten Maßnahmen zur Umsetzung der 10 Prinzipien in allen 4 Bereichen enthalten. Hierbei gilt der „Comply-or-explain"-Ansatz. Sollte ein Unternehmen zu einem der Bereiche keine Maßnahmen durchgeführt haben, so ist dies zu erläutern.
3. **Messung der Ergebnisse**: Der Fortschrittsbericht muss Angaben darüber machen, inwieweit Vorgaben erreicht wurden, oder anderweitig die Messung der Ergebnisse quantitativ oder qualitativ beschreiben.[93]

90 Die Berichterstattung nach einem der Reifegrade basiert auf der **Selbsteinschätzung** des Unternehmens. Es werden 3 Kategorien unterschieden:
1. Global Compact „Learner": für Unternehmen, die eine oder mehrere der Mindestanforderungen nicht erfüllen.
2. Global Compact „Active": für Unternehmen, die die Mindestanforderungen erfüllen.
3. Global Compact „Advanced": für Unternehmen, die zusätzlich zu „Active" auch die fortgeschrittenen Kriterien und Best Practices erfüllen.[94]

91 Die Webseite des UNGC bietet zahlreiche Tools, Webinare und Leitfäden mit Unternehmensbeispielen (auch deutschsprachig), die bei der Erstellung des CoP unterstützen.[95] Darüber hinaus bietet das deutsche Netzwerk eine Vielzahl von Publikationen als Hilfestellung.[96]

92 Die Teilnahme am UNGC für Unternehmen ist **freiwillig**, die Berichterstattung bei Teilnahme dann aber **verpflichtend**. Zwar gibt es festgelegte Mindestkriterien für den CoP, jedoch werden diese inhaltlich nicht überprüft. Das Nichtvorlegen eines Fortschrittsberichts, abzüglich gewisser Kulanzfristen, führt allerdings zum Ausschluss aus dem UNGC.[97]

93 Im Jahr 2021 wurden die Anforderungen an die Fortschrittsberichterstattung komplett überarbeitet. Mitglieder steht es für 2022 frei, als „Early Adopter" bereits nach den neuen Vorgaben zu berichten oder noch nach den alten. Ab 2023 gilt die Überarbeitung für alle. Die neue Fortschritts-

---

93 Vgl. UNGC, Richtlinien des Global Compacts der Vereinten Nationen zu Fortschrittsberichten, 2013, S. 1, www.globalcompact.de/mediathek/publikationen, abgerufen am 3.1.2022.

94 Vgl. UN Global Compact, The Communication on Progress (CoP) in Brief.

95 Vgl. UN Global Compact, Create and submit your CoP.

96 Vgl. Global Compact Netzwerk Deutschland, Publikationen.

97 Vgl. UNGC, Richtlinien des Global Compacts der Vereinten Nationen zu Fortschrittsberichten, 2013, S. 3.

berichterstattung geht mit einer digitalen Plattform einher, die von den frühzeitigen Anwendern getestet wird.[98]

Mit Beginn 2023 wird es 2 Mindestanforderungen geben. Zum einen muss eine elektronische Erklärung der Geschäftsführung eingereicht werden, äquivalent zur aktuellen Mindestanforderung (Rz 89). Zum anderen muss ein CoP-Fragebogen ausgefüllt werden. Der Fragebogen ist in 5 Bereiche unterteilt. Neben den 4 thematischen Bereichen, die die 10 Prinzipien abdecken, gibt es einen vorangestellten Teil zur Governance, also der allgemeinen Unternehmensführung. 94

In jedem Bereich gibt es Fragen zu Prozessen und Richtlinien, die das Commitment des Unternehmens zum Fortschritt adressieren, zu Maßnahmen, die negative Auswirkungen des Unternehmens verhindern, zu Kennzahlen sowie zu Wiedergutmachungs- und Berichtsmechanismen zur Adressierung von Verstößen und Reflexion von Erfahrungen. In den Themenbereichen Menschenrechte und Umwelt gibt es zusätzliche, bspw. sektorspezifische Fragen.[99] 95

1.5.6 Praktische Umsetzung

Die Verpflichtung zu den 10 Prinzipien und die Erstellung des Fortschrittsberichts müssen auf einer entsprechenden Umsetzung im Unternehmen fußen. Hierfür ist es notwendig, sich intensiv mit den Prinzipien auseinanderzusetzen, eine Strategie abzuleiten, Chancen und Risiken zu bewerten, Maßnahmen zu definieren und umzusetzen und Ergebnisse zu messen. Hierfür wurde das **UNGC Management Model** entwickelt. Es ist ein dynamischer Prozess mit dem Ziel, die Nachhaltigkeitsleistung kontinuierlich zu verbessern.[100] 96

---

98 Vgl. UN Global Compact, The Communication on Progress (CoP) in Brief.

99 Vgl. UNGC, Questionnaire, Communication on Progress, 2021, S. 2.

100 Vgl. UNGC & Deloitte, UN Global Compact Management Model, Framework for Implementation, 2010, S. 10.

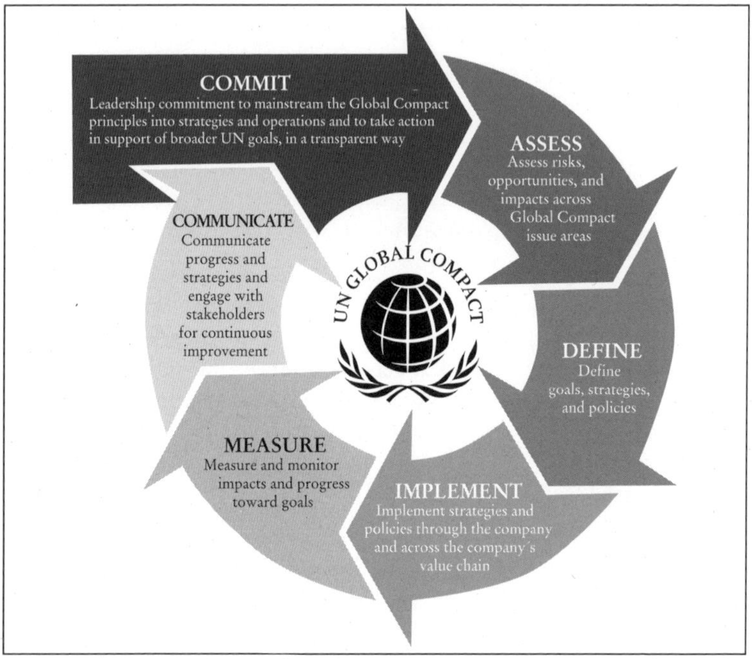

Abb. 7: UN Global Compact Management Model[101]

1.6 United Nation Guiding Principles (UNGP) Reporting Framework

1.6.1 Entstehung

97 Im Jahr 2011 wurden die UN-Leitprinzipien für Wirtschaft und Menschenrechte vom UN-Menschenrechtsrat verabschiedet. Als UN-Sonderbeauftragter für Wirtschaft und Menschenrechte war der Politikwissenschaftler John Ruggie von 2005 bis 2011 mit dem Mandat betraut, einen Bericht über die menschenrechtliche Verantwortung von Unternehmen zu erstellen. Die UN-Leitprinzipien, auch Ruggie-Prinzipien genannt, gelten als einer der wichtigsten weltweit anerkannten Standards der Ver-

[101] Entnommen UNGC & Deloitte, UN Global Compact Management Model, Framework for Implementation, 2010.

antwortung für Menschenrechte.[102] „*The UN Guiding Principles Reporting Framework is an indispensable tool that companies have been waiting for. This tool will mark a major breakthrough in company relations with individuals and communities whose lives they impact*", so JOHN RUGGIE, Hauptverfasser der UN-Leitprinzipien für Wirtschaft und Menschenrechte.[103]

98 Es werden 31 Leitprinzipien definiert, die auf 3 Grundpfeilern beruhen: Protect, Respect, Remedy (Schutz, Achtung, Abhilfe). Diese 3 Grundpfeiler stehen für die staatliche Pflicht, Menschenrechte zu schützen, und für die politische Erwartung, dass Unternehmen Menschenrechte respektieren und im Fall von Menschenrechtsverletzungen Zugang zu Abhilfe schaffen.[104]

99 Das UN Guiding Principles Reporting Framework stellt das erste umfassende Rahmenwerk dar, nach dem Unternehmen ihre Sorgfaltspflichten berichten können. Es wurde im Februar 2015 veröffentlicht und von der Human Rights Reporting and Assurance Framework Initiative (RAFI) entwickelt. Hinter RAFI stehen die Organisationen Shift, eine NGO gegründet vom Beratungsteam von JOHN RUGGIE, sowie MAZARS, eine internationale Wirtschaftsprüfungs- und Unternehmensberatungsgesellschaft.[105]

1.6.2 Rahmenwerk

1.6.2.1 Grundlagen

100 Das UN Guiding Principles Reporting Framework bietet Unternehmen eine Möglichkeit, ihre Fortschritte in Bezug auf die menschenrechtlichen Sorgfaltspflichten sinnvoll und stimmig zu berichten. 3 Ziele sind damit verbunden:

1. Unternehmen Hinweise zu geben, wie Informationen berichtet werden können,
2. die praktische Anwendung sicherzustellen im Zusammenhang mit Kapazitätsbeschränkungen im Unternehmen,
3. bei der Verbesserung der Managementsysteme zu helfen.

101 Das Rahmenwerk kann für **eigenständige Menschenrechtsberichte**, aber auch für die Berichterstattung zu Menschenrechten in anderen Veröffentlichungsformaten, wie z. B. dem **Geschäftsbericht** oder dem **Nachhaltig-**

---

102 Vgl. UNO-Leitprinzipien für Wirtschaft und Menschenrechte, www.humanrights.ch/de/ipf/menschenrechte/wirtschaft/transnationale-unternehmen-und-menschenrechte-dossier/internationale-regulierungen/uno-leitprinzipien/, abgerufen am 3.1.2022.

103 UN Guiding Principles Reporting Framework, www.ungpreporting.org/about-us/, abgerufen am 3.1.2022.

104 Vgl. UN, Guiding Principles on Business and Human Rights, 2011, S. 1 ff.

105 Vgl. UN Guiding Principles Reporting Framework, About us.

keitsbericht, angewendet werden und ergänzt sich mit anderen Rahmenwerken, etwa GRI (Rz 38 ff.).[106]

102 Das Rahmenwerk beschreibt zum einen übergeordnete Fragen und Informationsanforderungen in 3 Teilen, die durch unterstützende Fragen erweitert werden. Zum anderen gibt es 7 Grundsätze vor, die bei der Berichterstattung beachtet werden sollen.[107]

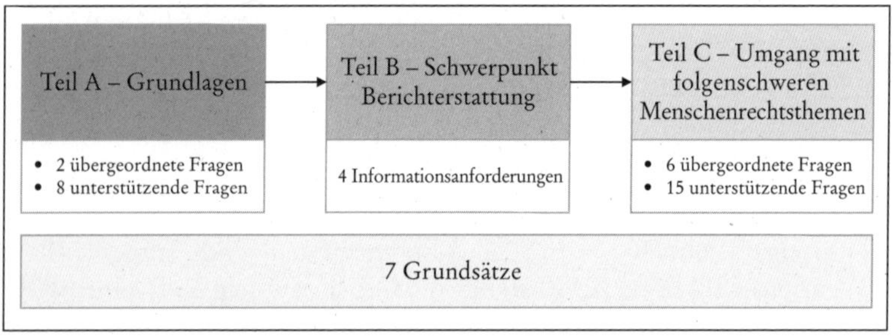

Abb. 8: Überblick UNGP Reporting Framework

1.6.2.2 Die 7 Grundsätze

103 Die Grundsätze beschreiben, wie das Unternehmen bei der Umsetzung des Rahmenwerks vorgehen sollte.

Grundsätze	Beispiele/Hinweise zur Umsetzung
1) Menschenrechtliche Berichterstattung im Unternehmenskontext verorten	• Das Geschäftsmodell sollte dargestellt werden, um den Gesamtkontext besser einordnen zu können. Dazu gehören auch bspw. die Organisationsstruktur, die Governance, Strategie und geografische Lage. • Auf diese Informationen kann auch verwiesen werden, sollten sie an anderer Stelle öffentlich zugänglich sein (z. B. im Geschäftsbericht oder Nachhaltigkeitsbericht).

106 Vgl. Shift & Mazars, UN Guiding Principles Reporting Framework with implementation guidance, 2015, S. 14.

107 Vgl. Shift & Mazars, UN Guiding Principles Reporting Framework with implementation guidance, 2015, S. 6 ff.

Grundsätze	Beispiele/Hinweise zur Umsetzung
2) Mindestinformationsanforderungen erfüllen	• Mindestanforderungen sind 8 übergeordnete Fragen aus Teil A und C sowie die Informationsanforderungen aus Teil B (Rz 105). • Diese Fragen sind von allen Unternehmen, unabhängig vom Reifegrad/Umsetzungsstand in Bezug auf die menschenrechtlichen Sorgfaltspflichten zu beantworten.
3) Laufende Verbesserungen zeigen	• Die Umsetzung der Anforderungen der UN Guiding Principles oder auch des Lieferkettensorgfaltspflichtengesetzes brauchen Zeit. Es ist ein kontinuierlicher Prozess und die Fortschritte sollten entsprechend in der Berichterstattung gezeigt werden. • Änderungen in der Geschäftstätigkeit, dem operativen Umfeld oder den Geschäftsbeziehungen können zu Veränderungen führen, die fortlaufend berücksichtigt werden müssen.
4) Fokus auf die Achtung der Menschenrechte legen	• Fokus der Berichterstattung sollte auf dem 11. Leitprinzip der UN Guiding Principles beruhen, also der Vermeidung der Beeinträchtigung von Menschenrechten und der Adressierung von möglichen nachteiligen Auswirkungen. • Soziale Investitionen oder philanthropische Aktivitäten sind nicht unbedingt Teil der geforderten Berichterstattung.
5) Auf die schwerwiegendsten Beeinträchtigungen von Menschenrechten konzentrieren	• Unternehmen sollten sich auf die potenziell und tatsächlich schwerwiegendsten Auswirkungen fokussieren. • Die Sichtweise ist dabei, dass es ein menschenrechtliches Risiko sein muss und nicht ein geschäftliches Risiko, wobei diese eng zusammenhängen.

Grundsätze	Beispiele/Hinweise zur Umsetzung
6) Ausgewogene Beispiele aus relevanten Regionen anführen	• Die Fragen des Rahmenwerks sollten möglichst mit konkreten Informationen, insbes. Beispielen beantwortet werden. • Die Beispiele sollten ausgewogen und repräsentativ sein und sich auf relevante Regionen und die schwerwiegendsten Menschenrechtsrisiken konzentrieren.
7) Das Fehlen wichtiger Angaben erklären	• In Ausnahmefällen können geforderte Informationen vom Unternehmen nicht berichtet werden und müssen entsprechend begründet werden. • Gründe können bspw. Vertraulichkeit, gesetzliche Verbote oder das Fehlen von verlässlichen Informationen sein.

Tab. 3: Grundsätze der Berichterstattung[108]

1.6.2.3 Die 3 Teile des Rahmenwerks

104 Die Struktur des UN Guiding Principles Reporting Framework umfasst 3 Teile:

- Teil A: Grundlagen für die Achtung der Menschenrechte,
- Teil B: Schwerpunkt der Berichterstattung,
- Teil C: Umgang mit folgenschweren Menschenrechtsthemen.

105 Als Mindestanforderungen zur Nutzung des Rahmenwerks gelten die 8 übergeordneten Fragen, die in Teil A und Teil C verortet sind, und die Informationsanforderungen in Teil B. Die unterstützenden Fragen sind nicht verpflichtend, sondern dienen zur Verbesserung der Qualität der übergeordneten Fragen.

Es ist nicht notwendig, die Reihenfolge der Fragen aus dem Rahmenwerk einzuhalten. Vielmehr geht es um die Erstellung einer stimmigen Berichterstattung. Eine Vorlage für einen Index ist verfügbar, der die Zuordnungen der Berichtsinhalte zu den erforderlichen Fragen ermöglicht.[109]

---

108 In Anlehnung an Shift & Mazars, UN Guiding Principles Reporting Framework with implementation guidance, 2015.

109 Vgl. Shift & Mazars, UN Guiding Principles Reporting Framework with implementation guidance, 2015, S. 19 und 112.

Der **Grundlagenteil** besteht aus 2 übergeordneten Fragen: 106
- A1: Wie äußert sich das Unternehmen öffentlich über seine Selbstverpflichtung zur Achtung der Menschenrechte?
- A2: Wie zeigt das Unternehmen, welche Bedeutung es der Umsetzung seiner Grundsatzerklärung zu den Menschenrechten beimisst?

Beide Fragen werden insgesamt durch 8 unterstützende Fragen unterfüttert.

Ziel des Teils A ist es zu erläutern, wie das berichtende Unternehmen seine Verantwortung für die Achtung der Menschenrechte versteht und wie es die daraus resultierenden Erwartungen an seine Mitarbeiter, Geschäftspartner sowie andere Unternehmen oder andere Einrichtungen weitergibt, die direkt mit seiner Geschäftstätigkeit, seinen Produkten oder Dienstleistungen in Verbindung stehen. 107

Teil B dient als **Filter** für die weitere Berichterstattung. Es werden 4 Informationen abgefragt, die die Schwerpunkte der Berichterstattung für Teil C bestimmen: 108
- B1: Nennung der folgenschweren Menschenrechtsthemen,
- B2: Prozess der Festlegung der folgenschweren Menschenrechtsthemen,
- B3: Festlegung geografischer Schwerpunkte,
- B4: Weitere schwerwiegende Auswirkungen.[110]

Folgenschwere Menschenrechtsthemen, die sog. „salient issues“, sind die Menschrechte, die durch die Geschäftstätigkeiten oder -beziehungen des Unternehmens am meisten gefährdet sind. Die Gefährdung ist eine Kombination aus Eintrittswahrscheinlichkeit und Schwere der Auswirkungen. **„Salient issues“** sind mit einer hohen Eintrittswahrscheinlichkeit verbunden (bzw. ggf. ist schon eine Menschenrechtsverletzung eingetreten) und haben schwerwiegende negative Auswirkungen für die Rechteinhaber. Die Schwere der Auswirkungen lässt sich bspw. über die Anzahl der Betroffenen oder die Möglichkeit zur Umkehr/Wiedergutmachung bestimmen.[111] 109

Folgenschwere Menschenrechtsthemen sind gleichzeitig mit einem besonders hohen **Risiko** für das Unternehmen verbunden.[112]

---

110 Vgl. Shift & Mazars, UN Guiding Principles Reporting Framework with implementation guidance, 2015, S. 9ff.

111 Vgl. Introduction to Salient Human Rights Issues – Shift, https://shiftproject.org/resource/salient-humanrights/, abgerufen am 3.1.2022.

112 Vgl. Shift & Mazars, UN Guiding Principles Reporting Framework with implementation guidance, 2015, S. 22.

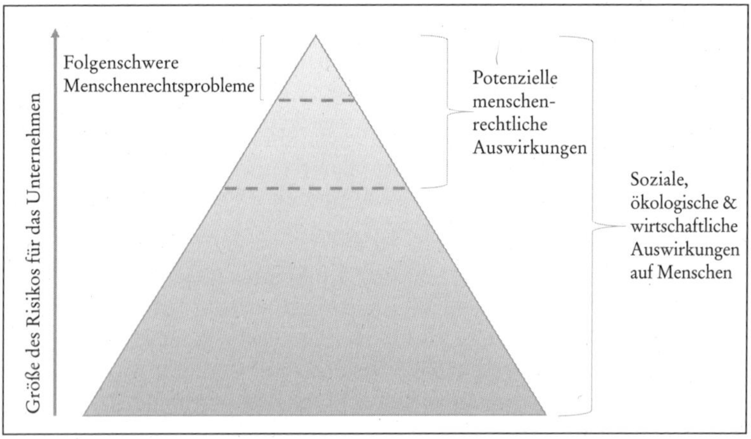

Abb. 9: Zusammenhang zwischen folgenschweren Menschenrechtsproblemen und Risiken für das Unternehmen[113]

110 Teil C erfordert die Beschreibung zum Umgang mit den in Teil B identifizierten Menschenrechtsthemen. Er besteht aus 6 übergeordneten Fragen:

- C1: Verfügt das Unternehmen über spezielle Vorschriften zu folgenschweren Menschenrechtsproblemen und falls ja, welche?
- C2: Wie geht das Unternehmen vor, um seine Stakeholder an der Lösung folgenschwerer Menschenrechtsprobleme zu beteiligen?
- C3: Wie stellt das Unternehmen fest, inwieweit sich die verschiedenen folgenschweren Menschenrechtsprobleme im Lauf der Zeit ändern?
- C4: Wie berücksichtigt das Unternehmen seine Erkenntnisse in Bezug auf die einzelnen folgenschweren Menschenrechtsprobleme in seinen Entscheidungsprozessen und Maßnahmen?
- C5: Wie stellt das Unternehmen fest, ob seine Maßnahmen zur Minderung folgenschwerer Menschenrechtsrisiken in der Praxis wirken?
- C6: Wie gewährleistet das Unternehmen wirkungsvolle Abhilfe, wenn Menschen durch die Handlungen oder Entscheidungen des Unternehmens im Zusammenhang mit folgenschweren Menschenrechtsproblemen zu Schaden kommen?

Die Fragen werden insgesamt durch 15 unterstützende Fragen unterfüttert.[114]

---

113 Quelle: Shift & Mazars, UN Guiding Principles Reporting Framework, Berichtsrahmen für die UN-Leitprinzipien für Wirtschaft und Menschenrechte mit Umsetzungshinweisen, 2015, S. 25.

114 Vgl. Shift & Mazars, UN Guiding Principles Reporting Framework with implementation guidance, 2015, S. 9f.

1.6.3 UN Guiding Principles Assurance Guidance

Neben dem Rahmenwerk zur Berichterstattung wurde eine Hilfestellung für die Überprüfung erstellt. Diese richtet sich an die Interne Revision, externe Experten oder Assurance-Dienstleister. Ziel der Assurance Guidance ist, eine wirksame Überprüfung zu ermöglichen, um so die Risikoprozesse der Unternehmen in Bezug auf Menschenrechte zu verbessern. Das Dokument enthält praktische Hilfestellung in Bezug auf mögliche Nachweise und notwendige Kompetenzen. Prüfungshandlungen und damit mögliche Nachweise für die Aussagen, die das Unternehmen trifft, können z.B. eine Medienanalyse, Interviews mit Mitarbeitern oder der Austausch mit einer lokalen NGO sein. Auf diese Weise kann der Assurance-Dienstleister in Erfahrung bringen, ob es evtl. Verstöße gegen Menschenrechte gab oder ob die beschriebenen Maßnahmen des Unternehmens tatsächlich durchgeführt wurden. Beispiele für notwendige Kompetenzen sind Unabhängigkeit, eine kritische Grundhaltung und Unvoreingenommenheit.[115] 111

1.7 Value Reporting Foundation (VRF)

1.7.1 Ziel und Zusammensetzung

Das International Integrated Reporting Council (IIRC; Rz 115ff.) und das Sustainability Accounting Standards Board (SASB; Rz 143ff.) haben am 9.6.2021 offiziell ihren **Zusammenschluss** zur Value Reporting Foundation (VRF) bekanntgegeben. Ziel der VRF ist es, insbes. die Entscheidungsfindung von Unternehmen und Investoren mit den nachfolgenden 3 Schlüsselressourcen zu unterstützen: 112

- Integrated Thinking Principles,
- Integrated Reporting Framework,
- SASB Standards.

Die VRF setzt sich auch für ein zusammenhängendes globales System der Unternehmensberichterstattung ein, indem sie eng mit der IFRS-Stiftung und anderen führenden Rahmenkonzeptanbietern und Standardsetzern zusammenarbeitet. 113

Ein künftiger Zusammenschluss von VRF, ISSB (Rz 65ff.) und CDSB (Rz 1ff.) ist bis Juni 2022 vorgesehen.[116] 114

---

115 Vgl. Shift & Mazars, Guidance Part II: Assurance of Human Rights Performance and Reporting, 2017, S. 10ff.

116 Vgl. VRF, IFRS Foundation announces International Sustainability Standards Board, November 2021.

Unabhängig vom Zusammenschluss sind die Standards des SASB sowie das Framework des IIRC weiterhin getrennt voneinander durch Anwender nutzbar.

1.7.2 International Integrated Reporting Council (IIRC)

115 Beim IIRC handelt es sich um eine weltweite Vereinigung von u.a. Investoren, Unternehmen, Standardsetzern und Nichtregierungsorganisationen. Ziel des Zusammenschlusses ist es, die Berichterstattung von Unternehmen unter Berücksichtigung ihrer Wertschöpfung weiterzuentwickeln. Vor dem Hintergrund dieser Zielsetzung wurde im Dezember 2013 ein **Rahmenkonzept** zum Integrated Reporting für die Berichterstattung sowohl über finanzielle als auch nichtfinanzielle Informationen geschaffen, welches im Januar 2021 aktualisiert wurde.[117]

Die Grundidee des IIRC-Rahmenkonzepts besteht aus einer in sich geschlossenen Berichterstattung, die Informationen über die Strategie, Führung und Leistung des Unternehmens sowie über die kurz-, mittel- und langfristige Prognose zur Veränderung des Unternehmenswerts geben soll.[118] In der Berichterstattung nach IIRC wird einem sog. „integrierten Denken“ eine hohe Bedeutung beigemessen.

Der integrierte Bericht nach IIRC ist nicht lediglich eine additive Darstellung von finanziellen und nichtfinanziellen Informationen. Er ist vielmehr auf die Darstellung der Interdependenzen unterschiedlicher Themen im Hinblick auf die kurz-, mittel- und langfristige Wertschöpfung eines Unternehmens gerichtet.

116 Nach dem Rahmenkonzept des IIRC sollen die Investoren durch den integrierten Bericht in ihrer Entscheidungsfindung zur Bereitstellung von Kapital unterstützt werden.[119] Die Wertschöpfung kann zwar für das Unternehmen selbst (in Form von finanziellen Rückflüssen an Investoren) oder für die sonstigen Stakeholder bestehen. Letztere Wertschöpfung wird jedoch nur als relevant für die Berichterstattung angesehen, sofern diese für die finanziellen Rückflüsse an die Investoren wesentlich ist.[120]

117 Das Rahmenkonzept des IIRC besteht aus einem prinzipienbasierten Ansatz, der sowohl eine Flexibilität in der Berichterstattung als auch eine Vergleichbarkeit von Berichterstattungen unterschiedlicher Unterneh-

---

117 Vgl. VRF, International <IR> Framework – Integrated Reporting; vgl. zum Rahmenkonzept 2013: IDW, WPH Edition 2021, Assurance, Kap. J, Rz. 132ff.

118 Vgl. International Integrated Reporting Council, <IR> Framework January 2021, Rz. 1.1ff.

119 Vgl. International Integrated Reporting Council, <IR> Framework January 2021, Rz. 1.1ff.

120 Vgl. International Integrated Reporting Council, <IR> Framework January 2021, Rz. 1.7f. und 2.4ff.

men vereinen soll. Eine Vorgabe zu Angaben z.B. von bestimmten Leistungsindikatoren oder konkreten Informationen erfolgt jedoch nicht.[121]

Der **integrierte Bericht** nach IIRC kann als eigenständiger Bericht auf- 118
gestellt oder in bestehende Berichte einbezogen werden. Im Fall eines Einbezugs z.B. in den Lagebericht hat der integrierte Bericht nach IIRC auch den Erfordernissen des Rahmenkonzepts zu entsprechen.[122]

Nach dem Rahmenkonzept des IIRC soll die Berichterstattung periodisch erfolgen.[123]

Das Rahmenkonzept des IIRC soll vorrangig privatwirtschaftlich organi- 119
sierten Unternehmen dienen, wobei Unternehmen der öffentlichen Hand sowie gemeinnützige Unternehmen das Rahmenkonzept ebenso verwenden können.[124]

Der integrierte Bericht nach IIRC basiert maßgeblich auf der Betrachtung 120
von verschiedenen Kapitalarten und dem damit verbundenen Prozess der Wertschöpfung. Die Kapitalarten sind als Wertspeicher (Silos) zu verstehen, die durch die Unternehmenstätigkeit verändert werden.[125] Das Rahmenwerk des IIRC empfiehlt die Verwendung der nachfolgenden 6 Kapitalarten zur Berichterstattung, eine verpflichtende Anwendung dieser Kategorisierung ist allerdings nicht gefordert:

- Finanzkapital,
- Produktionskapital,
- geistiges Kapital,
- Humankapital,
- Sozial- und Netzwerkkapital,
- natürliches Kapital.[126]

Praxis-Beispiel
Durch externe Schulungsmaßnahmen hat ein Unternehmen in Humankapital investiert und dadurch den Wert des Humankapitals um X erhöht. Zugleich verringert sich der Wert des Finanzkapitals um den Wert Y. Es erfolgt eine Umwandlung von Finanz- in Humankapital.[127]

---

121 Vgl. International Integrated Reporting Council, <IR> Framework January 2021, Rz. 1.9f.
122 Vgl. International Integrated Reporting Council, <IR> Framework January 2021, Rz. 1.12ff.
123 Vgl. International Integrated Reporting Council, <IR> Framework January, Glossary Nr. 53.
124 Vgl. International Integrated Reporting Council, <IR> Framework January 2021, Rz. 1.4.
125 Vgl. International Integrated Reporting Council, <IR> Framework January 2021, Rz. 2.3 und 2.11.
126 Vgl. International Integrated Reporting Council, <IR> Framework January 2021, Rz. 2.10.
127 Vgl. International Integrated Reporting Council, <IR> Framework January 2021, Rz. 2.12.

121 Das **Finanzkapital** besteht nach dem Rahmenkonzept des IIRC aus dem Eigen- oder Fremdkapital des Unternehmens, das zur Produktion von Erzeugnissen oder für die Erbringung von Dienstleistungen zur Verfügung steht.

Als **Produktionskapital** werden Güter angesehen, die einem Unternehmen für die Herstellung von Erzeugnissen oder für die Erbringung von Dienstleistungen zur Verfügung stehen, wie z.B. Gebäude oder eine vorhandene Infrastruktur.

Nach dem Rahmenkonzept des IIRC besteht das **geistige Kapital** sowohl aus immateriellen geistigen Vermögenswerten, wie z.B. Patenten und Lizenzen, als auch aus einem organisatorischen geistigen Kapital, wie z.B. Systemen und Verfahren.

Unter dem **Humankapital** werden Fähigkeiten, Erfahrungen und Innovationsfreude der Mitarbeiter verstanden, einschl. der Motivation und Loyalität zum Unternehmen sowie der Bereitschaft zur Beachtung ethischer Werte und Normen.

Das **Sozial- und Netzwerkkapital** besteht sowohl aus der Struktur als auch aus der Fähigkeit zur Förderung des individuellen und allgemeinen Wohls und beinhaltet u.a.:

- gemeinsame Werte, Normen und Verhaltensweisen,
- Beziehungen zu den wesentlichen Stakeholdergruppen, einschl. der Bereitschaft, Beziehungen zu externen Gruppen aufzubauen, sowie
- immaterielle Werte wie Markennamen oder Reputation.

Das **natürliche Kapital** beinhaltet Umweltressourcen, wie Luft, Wasser, Land, Mineralien, Wälder, Artenreichtum und Intaktheit von Ökosystemen.[128]

122 Die Kapitalarten sind Ausgangspunkt für die unternehmerische Tätigkeit und zugleich Ergebnis dieser Tätigkeit. Sie sind somit ein wesentlicher Teil des Prozesses der Wertschöpfung:

---

128 Vgl. International Integrated Reporting Council, <IR> Framework January 2021, Rz. 2.15.

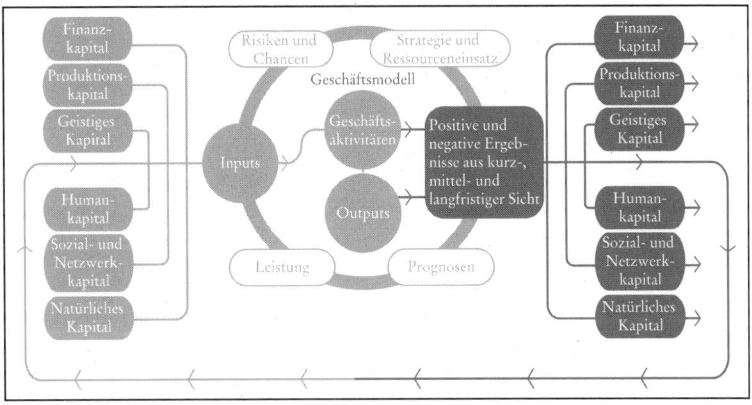

Abb. 10: Wertschöpfungsprozess[129]

Die unternehmerische Tätigkeit selbst lässt sich durch verschiedene, durch das IIRC vorgegebene Inhaltselemente beschreiben, wobei insbes. auf die Interdependenzen (Rz 115) zwischen den Elementen einzugehen ist: 123

- Unternehmen und Unternehmensumfeld,
- Unternehmensführung,
- Geschäftsmodell,
- Risiken und Chancen,
- Strategie und Ressourceneinsatz,
- Leistung und
- Prognosen.[130]

Auch wenn durch die Vorgabe von Inhaltselementen eine Vergleichbarkeit der Berichterstattungen nach IIRC gefördert werden soll, können Unternehmen über den Einbezug der Elemente in die Berichterstattung unter Beachtung ihrer individuellen Gegebenheiten entscheiden.

I.R.d. Beschreibung des Unternehmens und Unternehmensumfelds soll auf den Gegenstand der **Geschäftstätigkeit** eingegangen und die Faktoren erläutert werden, unter denen die Geschäftstätigkeit des Unternehmens betrieben wird. Die Darstellung soll die unternehmerischen Ziele und Visionen umfassen, einschl. 124

- Unternehmenskultur, -ethik und -werte,
- Eigentümer- und Organisationsstruktur,

[129] In Anlehnung an International Integrated Reporting Council, <IR> Framework January 2021, S. 22.

[130] Vgl. International Integrated Reporting Council, <IR> Framework January 2021, Rz. 4.1 ff.

- wesentliche Geschäftsaktivitäten und Märkte,
- Wettbewerbsstruktur und Marktposition sowie
- Lieferkettenposition.

Darüber hinaus werden als wesentliche **Faktoren des Unternehmensumfelds** rechtliche, wirtschaftliche, soziale, ökologische und politische Aspekte angesehen, die die Fähigkeit des Unternehmens beeinflussen, eine kurz-, mittel- oder langfristige Wertschöpfung zu schaffen. Diese können das Unternehmen direkt oder indirekt beeinflussen (z.B. aufgrund der Verfügbarkeit, Qualität und der Kosten des Kapitals).[131]

125 In einem integrierten Bericht nach IIRC soll dargestellt werden, wie die Unternehmensführung die Fähigkeit des Unternehmens, kurz-, mittel- und langfristige Werte zu schaffen, beeinflusst. Daher soll darin Aufschluss darüber gegeben werden, wie u.a. die folgenden Aspekte mit der Fähigkeit des Unternehmens, Werte zu schaffen, zusammenhängen:

- Führungsstruktur des Unternehmens, einschl. seiner Fähigkeiten und Vielfalt,
- Prozesse für strategische Entscheidungen und zur Festlegung und Überwachung der Unternehmenskultur,
- Maßnahmen zur Beeinflussung und Überwachung der strategischen Ausrichtung des Unternehmens und der Ansatz zum Risikomanagement,
- Kultur, Ethik und Werte des Unternehmens, einschl. der Beziehungen zu wichtigen Stakeholdergruppen,
- Vergütung und Anreize, mit denen die kurz-, mittel- und langfristige Wertschöpfung verknüpft ist.[132]

126 Ein integrierter Bericht nach IIRC soll das **Geschäftsmodell** beschreiben, einschl. der wichtigsten Inputs, Geschäftsaktivitäten, Outputs und Ergebnisse.

In der Beschreibung soll auch eine Verbindung zu Informationen aus anderen Inhaltselementen wie den Risiken und Chancen oder der Strategie und Leistung hergestellt werden.[133]

127 Ein integrierter Bericht nach IIRC hat ferner die wichtigsten **Risiken und Chancen** des Unternehmens zu identifizieren. Diese Identifizierung kann umfassen:

- die spezifische Quelle der Risiken und Chancen,

---

131 Vgl. International Integrated Reporting Council, <IR> Framework January 2021, Rz. 4.4ff.
132 Vgl. International Integrated Reporting Council, <IR> Framework January 2021, Rz. 4.8f.
133 Vgl. International Integrated Reporting Council, <IR> Framework January 2021, Rz. 4.10ff.

- die vom Unternehmen vorgenommene Bewertung der Wahrscheinlichkeit, dass das Risiko oder die Chance eintritt und wie groß die Auswirkungen sind, sofern der Eintritt erfolgt,
- Schritte, um Schlüsselrisiken zu vermindern oder zu managen oder Chancen in der Wertschöpfung zu nutzen.

Grundlegende Risiken, die die Fähigkeit des Unternehmens beeinflussen können, Werte zu schaffen, und die schwerwiegende Konsequenzen haben könnten, sind in den integrierten Bericht aufzunehmen, selbst wenn die Wahrscheinlichkeit des Eintritts als gering angesehen wird.[134] **128**

I. R. d. Strategie und des Ressourceneinsatzes sind die kurz-, mittel- und langfristigen Ziele des Unternehmens, einschl. der strategischen Maßnahmen zur Zielerreichung, darzustellen. In diesem Zusammenhang sollen auch die Verfahren zur Messung der Zielerreichung und Pläne zur Allokation von Ressourcen hinsichtlich einer strategischen Zielerreichung erläutert werden.[135] **129**

Der integrierte Bericht nach IIRC hat zudem Informationen über die erzielten Leistungen zu enthalten, insbes. soll das Erreichen von strategischen Zielen unter Einbezug der Auswirkungen auf die verschiedenen Kapitalarten dargestellt werden. In diesem Zusammenhang werden sowohl qualitative Aussagen als auch wichtige Leistungsindikatoren, die finanzielle Kennzahlen mit anderen Informationen verknüpfen (z. B. das Verhältnis der Treibhausgasemissionen zum Umsatz), als sinnvoll erachtet.[136] **130**

Nach dem IIRC hat ein integrierter Bericht auch unternehmerische **Prognosen**, insbes. i. R. v. Herausforderungen und Unsicherheiten bei der Verfolgung der Unternehmensstrategie zu berücksichtigen. Er soll weiterhin darstellen, welche potenziellen Auswirkungen auf das Geschäftsmodell und die künftige Leistung des Unternehmens bestehen.[137] **131**

Der integrierte Bericht nach IIRC soll unter Berücksichtigung der folgenden 7 **Leitprinzipien** aufgestellt werden: **132**

- Unternehmensstrategie und Zukunftsorientierung,
- Wechselwirkungen,
- Beziehungen zu Stakeholdern,
- Wesentlichkeit,
- Prägnanz,

---

134 Vgl. International Integrated Reporting Council, <IR> Framework January 2021, Rz. 4.23 ff.

135 Vgl. International Integrated Reporting Council, <IR> Framework January 2021, Rz. 4.28 ff.

136 Vgl. International Integrated Reporting Council, <IR> Framework January 2021, Rz. 4.31 ff.

137 Vgl. International Integrated Reporting Council, <IR> Framework January 2021, Rz. 4.35.

- Verlässlichkeit und Vollständigkeit sowie
- Stetigkeit und Vergleichbarkeit.[138]

133 Nach dem Leitprinzip der **Unternehmensstrategie und Zukunftsorientierung** hat der integrierte Bericht nach IIRC einen Einblick in die Strategie des Unternehmens zu geben. Es soll erläutert werden, wie sich diese Strategie auf die Fähigkeit des Unternehmens zur kurz-, mittel- und langfristigen Wertschöpfung auswirkt. Auch ist auf die Verfügbarkeit, Qualität und Erschwinglichkeit der wesentlichen Kapitalarten einzugehen, die dazu beitragen, die strategischen Unternehmensziele in der Zukunft zu erreichen und Werte zu schaffen.[139]

134 Gem. des Leitprinzips der **Wechselwirkungen** sollen Zusammenhänge, Verflechtungen und Abhängigkeiten zwischen den einzelnen Faktoren dargestellt werden, die die Fähigkeit des Unternehmens beeinflussen, im Lauf der Zeit Werte zu schaffen. Je mehr das integrierte Denken in die Aktivitäten eines Unternehmens eingebettet ist, desto stärker wird die Vernetzung der Informationen in die Berichterstattung gegenüber der Unternehmensführung, Analyse und Entscheidungsfindung und schließlich in den integrierten Bericht erfolgen. Das IIRC bezieht die Wechselwirkungen auf z.B. unterschiedliche Zeitperioden, Kapitalarten oder Arten von Informationen (quantitative oder qualitative).[140]

135 Der integrierte Bericht nach IIRC soll zudem Einblick in die Art und Qualität der **Beziehungen zu** den wichtigsten **Stakeholdern** geben, einschl. wie und in welchem Umfang das Unternehmen die Bedürfnisse und Interessen seiner Stakeholder versteht und berücksichtigt.[141]

136 Nach dem Leitprinzip der **Wesentlichkeit** sind nur Informationen über Sachverhalte darzulegen, die sich auf die Fähigkeit des Unternehmens zur Wertschöpfung auf kurz-, mittel- und langfristige Sicht wesentlich auswirken. I.R.d. integrierten Berichts beinhaltet der Prozess zur Bestimmung der Wesentlichkeit u.a. die Identifizierung relevanter Sachverhalte auf Grundlage der Fähigkeit, die Wertschöpfung zu beeinflussen. Ebenso haben eine Priorisierung dieser Sachverhalte sowie eine Bestimmung der Informationen über diese wesentlichen Sachverhalte zu erfolgen, die Eingang in die Berichterstattung finden sollen.[142]

---

138 Vgl. International Integrated Reporting Council, <IR> Framework January 2021, Rz. 3.1.
139 Vgl. International Integrated Reporting Council, <IR> Framework January 2021, Rz. 3.3 und 3.5.
140 Vgl. International Integrated Reporting Council, <IR> Framework January 2021, Rz. 3.6ff.
141 Vgl. International Integrated Reporting Council, <IR> Framework January 2021, Rz. 3.10.
142 Vgl. International Integrated Reporting Council, <IR> Framework January 2021, Rz. 3.17ff.

137 Nach dem Leitprinzip der **Prägnanz** hat die Berichterstattung derart ausreichend ausgestaltet zu sein, dass ein Einblick in die Strategie des Unternehmens, Führung und Leistung sowie künftige Entwicklung möglich ist, ohne die Berichterstattung mit unwesentlichen Informationen zu belasten.[143]

138 Ein integrierter Bericht nach IIRC soll gem. des Leitprinzips der **Verlässlichkeit und Vollständigkeit** alle wesentlichen Sachverhalte, sowohl positive als auch negative, in einer ausgewogenen Weise und ohne wesentliche Fehler enthalten. Die Verlässlichkeit von Informationen kann durch Mechanismen wie robuste interne Kontroll- und Berichtssysteme, die Einbeziehung von Stakeholdern oder eine externe Prüfung erhöht werden. Ob die Informationen hinreichend verlässlich sind, um in den integrierten Bericht nach IIRC aufgenommen zu werden, ist durch die Unternehmensführung zu beurteilen. Nach dem Prinzip der Vollständigkeit sollen Informationen in einem ausreichenden Umfang sowie mit ausreichender Genauigkeit dargestellt werden.[144]

139 Der integrierte Bericht nach IIRC soll nach dem Leitprinzip der **Stetigkeit und Vergleichbarkeit** intertemporär – über einzelne Berichtsperioden hinweg – und unternehmensübergreifend vergleichbar erfolgen. Eine Durchbrechung des Prinzips der Stetigkeit ist zu erläutern, daraus resultierende Änderungen sind zu beschreiben. Das Leitprinzip der unternehmensübergreifenden Vergleichbarkeit findet Unterstützung durch die Anwendung der Inhaltselemente, wird jedoch gleichzeitig vor dem Hintergrund einer geforderten unternehmensindividuellen Berichterstattung erschwert.[145]

140 Ein integrierter Bericht nach IIRC hat die Anforderungen des Rahmenwerks zu erfüllen. Informationen in der Berichterstattung auszulassen ist nur möglich, soweit keine zuverlässige Informationslage gegeben ist oder spezifische rechtliche Verbote hinsichtlich einer Angabe bestehen. In diesem Fall soll die Art der weggelassenen Information dargelegt sowie der Grund des Auslassens erläutert werden. Bei Nichtverfügbarkeit von Informationen sind die Schritte, die das Unternehmen geplant hat, um diese zu erheben, sowie der dafür benötigte Zeitrahmen anzugeben.[146]

141 Ein integrierter Bericht nach IIRC soll zudem die Grundlagen seiner Erstellung beinhalten, einschl. einer:

143 Vgl. International Integrated Reporting Council, <IR> Framework January 2021, Rz. 3.36ff.

144 Vgl. International Integrated Reporting Council, <IR> Framework January 2021, Rz. 3.39f., 3.42 und 3.48.

145 Vgl. International Integrated Reporting Council, <IR> Framework January 2021, Rz. 3.54ff.

146 Vgl. International Integrated Reporting Council, <IR> Framework January 2021, Rz. 1.17.

- Zusammenfassung des Verfahrens des Unternehmens zur Bestimmung der Wesentlichkeit,
- Beschreibung der festgelegten Berichtsgrenzen,
- Zusammenfassung der wesentlichen Rahmenwerke und Methoden, die zur Quantifizierung oder Bewertung wesentlicher Sachverhalte dienen.[147]

Die Berichtsgrenzen können grds. entsprechend des Konsolidierungskreises aus der Finanzberichterstattung festgelegt werden. Risiken, Chancen und Ergebnisse mit wesentlichem Einfluss auf die Wertschöpfung des Unternehmens, die von nicht in den Konsolidierungskreis einbezogenen Unternehmen ausgehen, sind jedoch ebenfalls einzubeziehen:[148]

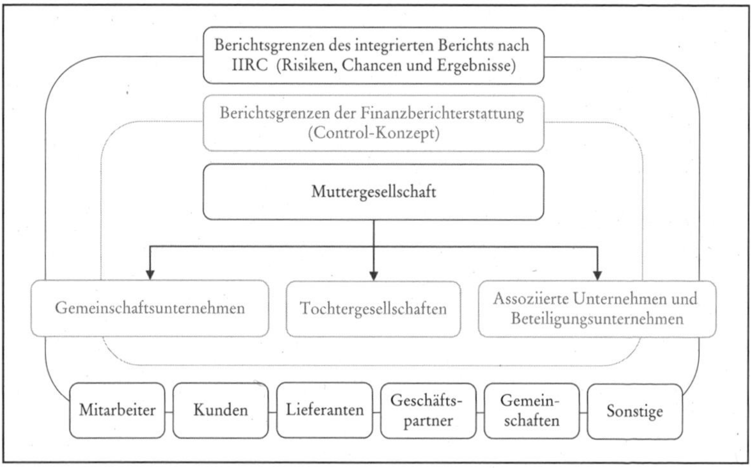

Abb. 11: Berichtsgrenzen[149]

Praxis-Beispiel
In der Textilbranche sind Arbeitspraktiken für die Fähigkeit des Unternehmens, Werte zu schaffen, wesentlich. Der integrierte Bericht sollte daher auch Informationen über Arbeitspraktiken der Zulieferer enthalten.

147 Vgl. International Integrated Reporting Council, <IR> Framework January 2021, Rz. 4.41 ff.

148 Vgl. International Integrated Reporting Council, <IR> Framework January 2021, Rz. 3.30 ff. und 4.44 ff.

149 In Anlehnung an International Integrated Reporting Council, Framework January 2021, S. 32.

In einer **Erklärung** der mit der Unternehmensführung Beauftragten soll 142
der integrierte Bericht nach IIRC Angaben enthalten zur:

- Anerkennung ihrer Verantwortung für die Sicherstellung der Gewissenhaftigkeit des integrierten Berichts,
- Einschätzung darüber, ob oder inwieweit der integrierte Bericht in Übereinstimmung mit dem Framework des IIRC aufgestellt wurde.

Sofern rechtliche oder regulatorische Anforderungen eine Verantwortungserklärung der für die Unternehmensführung Verantwortlichen ausschließen, soll dieses erläutert werden.[150]

1.7.3 Sustainability Accounting Standards Board (SASB)

Das SASB wurde im Jahr 2011 als gemeinnützige Organisation mit dem Ziel 143
gegründet, Unternehmen und Investoren zu unterstützen, ein einheitliches branchenspezifisches Verständnis über die finanziellen Auswirkungen einer nachhaltigen Unternehmensführung zu erlangen. Entsprechend dieser Zielsetzung sollen durch die vom SASB erlassenen Standards die Teile der Umwelt-, Sozial- und Governance-Themen (ESG) identifiziert werden, die für die finanzielle Leistung einer Unternehmensbranche (Sektoren) am bedeutsamsten sind.[151] Dabei ordnet das SASB seine Standards und die damit verbundene Berichterstattung zwischen der Finanzberichterstattung und einer klassischen Nachhaltigkeitsberichterstattung ein:

Abb. 12: Einordnung der SASB-Standards zwischen Finanz- und Nachhaltigkeitsberichterstattung[152]

150 Vgl. International Integrated Reporting Council, <IR> Framework January 2021, Rz. 1.20.
151 Vgl. VRF, SASB Standards, https://www.sasb.org/about/, abgerufen 3.1.2022.
152 Vgl. VRF, SASB Standards, Materiality Finder.

144 Zur Erfüllung des branchenspezifischen Ansatzes werden die Unternehmen nach dem **SASB's Sustainability Industry Classification System** (SICS) folgenden 11 Sektoren zugeordnet:

- Konsumgüter,
- Extraktive & Mineralienverarbeitung,
- Finanzen,
- Lebensmittel und Getränke,
- Gesundheitsfürsorge,
- Infrastruktur,
- Nachwachsende Rohstoffe & Alternative Energien,
- Ressourcentransformation,
- Dienstleistungen,
- Technologie & Kommunikation,
- Transport.

Die 11 Sektoren beinhalten insgesamt 77 untergeordnete Sektoren, zu denen jeweils ein sektorspezifischer SASB-Standard entwickelt wurde.[153]

145 Die sektorspezifischen Standards beruhen auf dem **SASB Conceptual Framework**, in dem die grundlegenden Prinzipien und Zielsetzungen des SASB beschrieben werden. Hiernach sind mittels der Standards solche Informationen darzulegen, die als wesentlich für die finanzielle Unternehmensleistung anzusehen, aus Investorensicht entscheidungsnützlich sowie kosteneffizient in der Bereitstellung sind.[154]

146 Als eine bedeutsame Hilfestellung für Unternehmen kann die sog. **Wesentlichkeitskarte** des SASB angesehen werden, die zahlreiche Nachhaltigkeitsherausforderungen, aufgeteilt nach Branchen und Sektoren, beinhaltet.[155]

147 Derzeit befindet sich das SASB Conceptual Framework in Überarbeitung. Von August bis Ende Dezember 2020 hat eine öffentliche Konsultation zum Entwurf des aktualisierten Frameworks stattgefunden. Die Ergebnisse aus der Konsultation stehen derzeit noch aus.[156]

148 Alle 77 sektorspezifischen SASB-Standards weisen einheitlichen, grundlegenden Inhalt auf:[157]

- Offenlegungsthemen: ein Mindestmaß an sektorspezifischen Themen, die mit hoher Wahrscheinlichkeit wesentliche Informationen darstel-

---

153 Vgl. VRF, SASB Standards, Find Your Industry.

154 Vgl. VRF, SASB Standards, Conceptual Framework, S. 9.

155 Vgl. VRF, SASB Standards, Exploring Materiality.

156 Vgl. VRF, SASB Standards, Conceptual Framework.

157 Vgl. bspw. Sustainability Accounting Standards Board, Apparel, Accessoires & Footwear, S. 4, Stand: 10/2018.

len, einschl. einer kurzen Beschreibung, wie sich der Umgang mit diesen Themen auf die Wertschöpfung des Unternehmens auswirkt.
- Leistungskennzahlen: quantitative und/oder qualitative Leistungsindikatoren zur Messung der Leistung für jedes sektorspezifische Thema.
- Technische Protokolle: jeder Leistungsindikator wird von einem technischen Protokoll begleitet, das Definitionen und Anleitungen zur Umsetzung und Darstellung enthält.
- Aktivitätsmetriken: übergeordnete Kennzahlen, die den Umfang der Geschäftstätigkeiten eines Unternehmens quantifizieren und i.V.m. den Leistungsindikatoren die Vergleichbarkeit der Informationen erleichtern sollen.

Die SASB-Standards bieten Unternehmen durch die Branchenfokussierung eine einfache Umsetzbarkeit. Allerdings sollten die branchenspezifischen Standards nicht unabhängig von Vollständigkeits- oder Wesentlichkeitsüberlegungen als eine reine Checkliste angesehen werden. 149

Hinweis

Auch wenn die Standards des Sustainability Accounting Standards Board in Deutschland eher unbekannt sind, bieten sie einen guten Überblick über aus Investorensicht potenziell wesentliche Nachhaltigkeitsthemen. Die SASB-Standards können insofern von Unternehmen dazu verwendet werden, um finanziell wesentliche Nachhaltigkeitsinformationen zu identifizieren, steuern und gegenüber Investoren zu vertreten.

2 Guidance

2.1 Carbon Disclosure Project (CDP)

2.1.1 Hintergrund und Zielsetzung

Das Carbon Disclosure Project (CDP) ist eine im Jahr 2000 in London gegründete gemeinnützige Organisation mit dem Ziel, als globales Offenlegungssystem von Umweltdaten für Investoren, Unternehmen, Städte, Staaten und Regionen zu fungieren. Einmal jährlich erhebt das CDP im Namen von Investoren anhand von standardisierten Bewertungsfragebögen auf freiwilliger Basis Daten und Informationen zu CO_2-Emissionen, Klimarisiken und Reduktionszielen und -strategien von Unternehmen, um eine nachhaltige Wirtschaft zu unterstützen. Im Jahr 2020 unterstützten 590 Investoren mit einem Vermögen von 110 Billionen US-Dollar und 150 mehr als 200 Einkaufsorganisationen mit einer Kaufkraft von 4 Billionen US-Dollar die Forderung des CDP nach Offenlegung.[158]

151 Das CDP hat sich seit seiner Gründung als Instanz der **Nachhaltigkeitsbewertung** etabliert. In manchen Ländern wie z. B. in den USA fließt das CDP-Reporting bereits in die Finanzbewertung ein (Deutsche Börse, Reuters, Google Finance). Mehr als 700 institutionelle Anleger unterstützen das Projekt als sog. „Signatory Investors". Das CDP ist unabhängig und finanziert sich durch ein breites Spektrum an Sponsoren, außerdem durch Mitgliedsbeiträge und i. R. v. besonderen Projekten und Partnerschaften. Die von den Unternehmen freigegebenen Daten und die jährlichen CDP-Berichte sind auf der Internetseite des CDP für alle Interessenten frei verfügbar. Die Investoren, die das CDP unterstützen, erhalten auch Zugang zu nicht-öffentlichen Informationen.

152 Neben dem Hauptsitz in London unterhält das CDP Büros in New York, Dublin, Paris, Berlin, São Paulo, Stockholm und Tokio. Insgesamt erhebt das CDP in etwa 60 Ländern Daten, wobei die Zusammenarbeit mit Partnerorganisationen eine wichtige Rolle spielt. So ist das CDP als Teil von verschiedensten Initiativen wie der Science Based Targets Initiative (SBTi), der We Mean Business Coalition, der The Investor Agenda und der Net Zero Asset Managers Initiative aktiv und möchte eine größere Transparenz und Rechenschaftspflicht von Unternehmen, Städten und Regierungen erreichen.[159]

153 Im Jahr 2021 hat das CDP eine 5-Jahres-Strategie entworfen. Eines der Ziele ist es, bis 2025 über relevante Umweltdaten für einen noch größeren Anteil der öffentlichen und privaten Unternehmen zu verfügen, einschl. 90 % der Unternehmen mit den größten Umweltauswirkungen (z. B. beim Ausstoß von Emissionen, Landnutzung, Wasserverbrauch etc.). CDP will die Unternehmen dadurch auf ihrem Weg zu nachhaltiger Entwicklung weiter unterstützen.

Außerdem sollen Investoren in die Lage versetzt werden, Risiken für ihre Investitionsentscheidungen, wie etwa die unterschiedlichen Auswirkungen des Klimawandels auf die einzelnen Unternehmen, Preisrisiken für Emissionszertifikate, Wetterrisiken oder steigende Energiepreise besser abschätzen zu können.[160]

---

158 Vgl. CDP, Who we are, www.cdp.net/en/info/about-us, abgerufen am 3.1.2022.

159 Vgl. CDP, Accelerating the Rate of Change, S. 25, https://cdn.cdp.net/cdp-production/comfy/cms/files/files/000/005/094/original/CDP_STRATEGY_2021–2025.pdf, abgerufen am 3.1.2022.

160 Vgl. CDP, Accelerating the Rate of Change, S. 3.

Um dieses Ziel zu erreichen, setzt das CDP bewusst den Fokus auf 8 Kernbereiche: 154

1. Ausweitung ihres Geltungsbereichs auf die planetarischen Grenzen,
2. Verfolgung und Bewertung der Fortschritte auf dem Weg des wissenschaftsbasierten Übergangs,
3. Vergrößerung des Einflusses ihres Systems durch Erreichen neuer Akteure,
4. Ermöglichung ehrgeiziger politischer Ziele durch Vorantreiben von Maßnahmen,
5. Nutzung der CDP-Plattform zur Umsetzung von Standards in großem Maßstab,
6. Katalysieren und Skalierung von ortsbezogenen Maßnahmen,
7. Verbesserung der Transparenz und Verringerung der Komplexität durch neue Technologien,
8. Verbesserung der sozialen und Governance-Metriken in der CDP-Plattform.

2.1.2 Berichterstattung

Investoren, Unternehmen, politische Entscheidungsträger, Wissenschaftler und Medien nutzen die CDP-Daten, um sich über klimarelevante Daten und Strategien von Unternehmen zu informieren. Investoren verwenden diese Daten u. a. zur Bewertung langfristiger Chancen und Risiken ihrer Portfoliounternehmen, zur Festlegung ihrer Investmentstrategie, zur Entwicklung von Anlageprodukten und Indizes sowie zur Einreichung von Anträgen auf Hauptversammlungen und zur direkten Zusammenarbeit mit dem Unternehmensmanagement.[161] 155

Unternehmen und Städte legen ihre Daten offen, weil sie sich dadurch langfristig einen nennenswerten Vorteil erwarten. Während Städte durch die Offenlegung eine verbesserte Vergleichbarkeit untereinander haben und eine bessere Nachverfolgung von Fortschritten erreichen können,[162] haben Unternehmen den Vorteil, vorausschauender auf Risiken reagieren zu können und gleichzeitig eine positive Bewertung von Finanzgebern und anderen Stakeholdergruppen zu erzielen.[163] 156

Im CDP-Fragebogen zu Climate Change werden 4 Aspekte des nachhaltigen Wirtschaftens von Unternehmen untersucht: 157

161 IHS Markit, The confusion is real: How private market investors are tackling ESG challenges, https://ihsmarkit.com/research-analysis/the-confusion-is-real-private-market-investors-ESG.html, abgerufen am 3.1.2022.

162 Vgl. CDP, Why your city should disclose.

163 Vgl. CDP, Why disclose as a company.

- Einschätzungen des Managements über die mit dem Klimawandel einhergehenden Risiken und Chancen für das Unternehmen,
- systematische Erfassung von Treibhausgasemissionen (Carbon Accounting),
- Strategien des Managements hinsichtlich der Reduktion von Treibhausgasemissionen, Risikosteuerung und Erschließung von Potenzialen,
- Corporate Governance hinsichtlich des Klimawandels.

2.1.3 Datenerhebungsprozesse

158 CDP unterstützt Unternehmen, Städte, Staaten und Regionen, ihre Daten offenzulegen, und bietet verschiedene Plattformen an, welche die Informationen durch Vereinheitlichung vergleichbarer gestalten sollen. Einige Unternehmen werden von ihren Investoren gebeten, am CDP teilzunehmen, während andere von ihren Kunden über das Supply Chain Modul befragt werden. Für die unterschiedlichen Organisationsformen gibt es verschiedene Systeme der Datenerfassung.

159 Die Übermittlung der Daten von **Unternehmen** läuft über das Dashboard des CDP und das Online Response System (ORS). Aus dem Dashboard geht hervor, welche Fragebögen das jeweilige Unternehmen beantworten muss, und man erhält einen Link zur Aktivierung der Fragebögen. CDP bietet für Unternehmen 3 Fragebögen aus den Bereichen Klimawandel, Forstwesen und Wassersicherheit an.[164] Im ORS werden die jeweiligen Informationen eingegeben und abgesendet.[165]

160 Das CDP liefert mit „ICLEI – Local Governments for Sustainability" eine einheitliche **Plattform für die Klimaberichterstattung von Städten**, um die Datenerfassung zu vereinfachen. Die jeweilige Stadt wird vom CDP per E-Mail benachrichtigt und erhält einen individuellen Link für den Zugang zur Plattform. In den Fragebögen werden Umweltdaten aus folgenden Themenbereichen abgefragt:
- Regierungsführung,
- Klimagefahren, Anpassung,
- stadtweite Emissionen,
- Emissionsreduzierung, Möglichkeiten,
- Emissionen der lokalen Verwaltung,
- Energie, Gebäude, Verkehr,
- Stadtplanung,

164 Vgl. CDP, Guidance for companies.

165 Vgl. CDP, Using CDP's Disclosure Platform – Companies, S. 5.

- Lebensmittel, Abfall,
- Sicherheit der Wasserversorgung.[166]

Das CDP-Programm „Staaten und Regionen" bietet eine globale **Plattform für subnationale Regierungen**, um Umweltinformationen über Treibhausgasemissionen, Risiken des Klimawandels und Strategien zur Eindämmung und Anpassung an den Klimawandel zu veröffentlichen. Staaten und Regionen können den Fragebogen über die CDP-Berichtsplattform beantworten. Diese ist zugänglich über einen individuellen Aktivierungslink, der per E-Mail von CDP verschickt wird.[167] **161**

Auf der CDP-Website gibt es für die jeweilige Datenberichterstattung einen einzuhaltenden Zeitrahmen, um in die Bewertung des jeweiligen Jahres aufgenommen zu werden.[168] **162**

2.2 Sustainable Development Goals (SDGs)

2.2.1 Entstehung und Bedeutung

„Die Ziele für nachhaltige Entwicklung sind heute wichtiger denn je. Es ist jetzt an der Zeit, das Wohl der Menschen, der Volkswirtschaften, der Gesellschaften und unseres Planeten zu sichern", so ANTÓNIO GUTERRES, Generalsekretär der Vereinten Nationen.[169] **163**

Im Jahr 2015 wurde von allen Mitgliedstaaten der Vereinten Nationen die Agenda 2030 für eine nachhaltige Entwicklung verabschiedet. Die Agenda 2030 umfasst **17 Ziele für eine nachhaltige Entwicklung**, die sog. Sustainable Development Goals (SDGs).[170] Sie traten an die Stelle der im Jahr 2000 verabschiedeten „Millennium Development Goals", die nur für die Länder des globalen Südens galten und darauf abzielten, diesen bis 2015 gute Entwicklungsmöglichkeiten zu geben. Die SDGs nehmen hingegen alle Länder und Organisationsformen gleichermaßen in die Verantwortung.

Auch als nicht-bindende Leitplanken lohnt sich ein Blick auf die Sustainable Development Goals, die Unternehmen und Regierungsorganisationen als Orientierungshilfe für die Ziele und Tätigkeiten dienen und von immer mehr Ratings und Rankings als **Maßstab verantwortungsvollen unternehmerischen Handelns** herangezogen werden. **164**

166 Vgl. CDP, Guidance for cities.
167 Vgl. CDP, CDP States and Regions 2021: Frequently Asked Questions, S. 2.
168 Vgl. CDP, How to disclose as a company.
169 United Nations, Ziele für nachhaltige Entwicklung – Bericht 2021, S. 66.
170 Vgl. United Nations, The 17 Goals.

Mit ihrer Vielfalt bieten die Sustainable Development Goals privatwirtschaftlichen wie staatlichen Organisationen die Möglichkeit, die ihnen zugeschriebene Verantwortung entlang von Lieferketten (§§ 15 und 16) und in Bezug auf Materialität konkret zu überprüfen und pragmatisch zu gestalten.

2.2.2 Die Ziele und ihre Umsetzung

165 Zentrale Aspekte der Ziele sind das Voranbringen des Wirtschaftswachstums, die Reduzierung von Disparitäten im Lebensstandard, die Schaffung von Chancengleichheit sowie ein nachhaltiges Management von natürlichen Ressourcen, das den Erhalt von Ökosystemen gewährleistet und deren Resilienz stärkt. In der Ausgestaltung der Ziele wird die Bedeutung der Menschen, welche „das Zentrum einer nachhaltigen Entwicklung sind", betont. Dabei ist v. a. die Wahrung von Menschenrechten ein wichtiger Aspekt.[171]

166 Je nach Branche, Geschäftsmodell und Region bieten die SDGs die Möglichkeit, unterschiedliche Risiken zu adressieren und damit verbundene Chancen wahrzunehmen.[172] Zu jedem Ziel wurden auch umfangreiche spezifische und praktisch umsetzbare Unterziele formuliert (in Summe sind dies 169 Unterziele). Diese sollen dazu beitragen, die Anwendung der Oberziele auf nationaler und lokaler Ebene zu vereinfachen.[173]

167 Die **169 Zielvorgaben** lassen sich unterteilen in 107 inhaltliche Ziele, die für die SDGs 1 bis 16 mit arabischen Ziffern gekennzeichnet sind, und in 62 Umsetzungsmaßnahmen („Means of Implementation"), mit denen meist finanzielle oder institutionelle Strukturen beschrieben werden. SDG 17 enthält ausschl. Umsetzungsmaßnahmen.[174]

---

171 The Global Goals, www.globalgoals.org/, abgerufen am 3.1.2022.

172 Vgl. Tretter/Lotze, Keine Strategie ohne Verantwortung. Zur Bedeutung und den Möglichkeiten der Sustainable Development Goals für die Strategieentwicklung, in Pechlaner/Tretter (Hrsg.), Keine Strategie ohne Verantwortung, 2018, S. 29ff.

173 Vgl. EWIK, Broschüre zu den SDGs mit allen 169 Unterzielen.

174 United Nations, Linkages between the Means of implementation of the Sustainable Development Goals and the Addis Ababa Action Agenda, www.un.org/esa/ffd/wp-content/uploads/sites/2/2015/07/SDG-MoIs_AAAA.pdf, abgerufen am 3.1.2022.

Abb. 13: Sustainable Development Goals[175]

Es gibt keine gesetzliche Verpflichtung für Unternehmen oder Organisa- 168
tionen, sich bei der Nachhaltigkeitsberichterstattung auf die SDGs zu beziehen. Die Sustainable Development Goals 2030 sind auch kein konkretes Rahmenwerk zur Erfüllung der EU-Berichtspflicht, wie es etwa die Standards der Global Report Initiative (GRI; Rz 38ff.) und des Deutschen Nachhaltigkeitskodex (DNK; Rz 18ff.) darstellen. Sie sind aber eine gute inhaltliche Orientierung für Unternehmen und Organisationen, die über ihre Nachhaltigkeitsleistungen berichten. Um den Einstieg in die Berichterstattung im Einklang mit den SDGs zu erleichtern, haben UN Global Compact und GRI den sog. **SDG Compass** entwickelt.

Zur Kontrolle der Umsetzung der Nachhaltigkeitsziele stellen jährlich über 169
40 UN-Mitgliedstaaten im Hochrangigen politischen Forum über nachhaltige Entwicklung (High-level Political Forum on Sustainable Development – HLPF) ihre nationalen Berichte zu den SDGs vor.[176] Zudem richten immer mehr Unternehmen und öffentliche Organisationen weltweit ihre Nachhaltigkeitsstrategien und ihre Berichterstattung an den SDGs aus, um langfristig zu einer positiven globalen Entwicklung beizutragen.

175 Quelle: www.un.org/sustainabledevelopment/; mit freundlicher Genehmigung der UN unter Hinweis: „the content of this publication has not been approved by the United Nations and does not reflect the views of the United Nations or its officials or Member States".

176 Vgl. Vereinte Nationen, Eine Pandemie verdeutlicht die gegenseitige Abhängigkeit, https://zeitschrift-vereinte-nationen.de/suche/zvn/artikel/eine-pandemie-verdeutlicht-die-gegenseitige-abhaengigkeit/, abgerufen am 3.1.2022.

170 Sowohl das Deutsche Global Compact Netzwerk als auch die Homepage der Vereinten Nationen stellen zahlreiche Ressourcen für die praktische Umsetzung der SDGs zur Verfügung.[177] Diese interaktiven, digitalen Tools richten sich v.a. an Unternehmen und sollen Analysen, Maßnahmenplanung sowie die Erfolgskontrolle und die Verankerung von Nachhaltigkeitsthemen in Managementprozessen unterstützen.

2.2.3 Herausforderungen in der Umsetzung

2.2.3.1 Datenlage

171 Nach dem altbekannten Spruch „nur was man messen kann, kann auch gesteuert werden“ steht und fällt auch die Umsetzung und der Erfolg der SDGs mit den verfügbaren Daten. Schützende Maßnahmen, Programme und Ressourcen werden zwangsläufig zu kurz greifen, wenn Daten fehlen, anhand derer Interventionen gezielt ausgerichtet werden können.[178] In der Globalen Datenbank für die Zielindikatoren liegen für 5 der 17 Nachhaltigkeitsziele für weniger als die Hälfte der 193 Länder oder Gebiete international vergleichbare Daten vor. Dieser Mangel an landesbezogenen Daten ist für das Klimaschutzziel (SDG 13) besonders besorgniserregend: Hier liegen im Schnitt nur für etwa ein Sechstel der Länder Daten vor. Auch in anderen Bereichen wie nachhaltige Städte und Gemeinden (SDG 11), Frieden, Gerechtigkeit und starke Institutionen (SDG 16), Nachhaltigkeit in Produktion und Konsum (SDG 12) sowie Geschlechtergleichstellung (SGD 5) bestehen erhebliche nationale Datenlücken. Die Datenerhebung wurde im Jahr 2020 dazu noch stark durch die zur Eindämmung von Covid-19 verhängten Beschränkungen behindert, was die Disparitäten zwischen den Ländern in ihrer Fähigkeit zur Berichterstattung über viele der Indikatoren weiter vergrößert hat.[179]

2.2.3.2 Auswirkungen der Corona-Pandemie

172 Die Covid-19-Pandemie hatte starke Auswirkungen auf die Verwirklichung der Agenda 2030 und bereits erzielte Fortschritte wurden vielfach massiv gebremst. Nach über 20 Jahren stieg die extreme Armut, und die Zahl der Menschen, welche unter chronischem Hunger leiden, erhöhte sich ebenfalls. Auch die Bildung und das Wohlergehen von Kindern litten unter der Krise. Man hatte es sich mit dem Klimaziel (SDG 10) zum Ziel gemacht, die Ungleichheit zwischen den Ländern zu verringern, jedoch

---

177 Vgl. United Nations, Transforming our world: the 2030 Agenda for Sustainable Development; Deutsches Global Compact Netzwerk, Tools.

178 Vgl. United Nations, Ziele für nachhaltige Entwicklung – Bericht 2021, S. 3.

179 Vgl. United Nations, Ziele für nachhaltige Entwicklung – Bericht 2021, S. 5.

wurde durch die Pandemie diese Ungleichheit eher noch verstärkt. Im Kontext der Pandemie ist deutlich sichtbar geworden, welchen globalen gesellschaftlichen Problemen wir uns in Zukunft stellen müssen.[180] So sind in diesem Kontext rasant steigende Lebensmittelpreise, fehlender Zugang zu Bildung – v. a. für Mädchen – und eine weitreichende Zerstörung von Lebensraum unter vielen anderen Themen zu nennen.

Nach 5 Jahren SDGs hatte das Global Policy Forum bereits eine erste Zwischenbilanz gezogen: In der Publikation „Agenda 2030 – Wo steht die Welt?“[181] wird der Stand der Umsetzung jedes einzelnen Ziels kritisch betrachtet und Handlungsempfehlungen gegeben. Das Ausmaß und die Geschwindigkeit, mit denen Unternehmen weltweit nachhaltigere und inklusivere Geschäftsmodelle entwickeln, werden maßgeblich die erfolgreiche Umsetzung der SDGs bestimmen. Hierbei wird auch der fortschreitenden Digitalisierung eine erfolgskritische Rolle zukommen. Die digitale Transformation bietet große Chancen. Es gilt aber auch, gewaltige Umbrüche und die damit verbundenen Risiken in der nahen Zukunft effektiv zu meistern.[182] 173

2.3 Task Force on Climate-related Financial Disclosures (TCFD)

2.3.1 Hintergrund

Der Klimawandel bringt Unternehmen sowohl ungeahnte Risiken als auch Chancen. Laut einem Bericht der Economist Intelligence Unit werden im Jahr 2100 Vermögenswerte im Gesamtwert von geschätzt 43 Billionen USD Klimarisiken ausgesetzt sein.[183] Dies umfasst Risiken wie starke Regenfälle, Hitzewellen, Sturmfluten, langfristige Klimaveränderungen, aber auch Risiken, die sich aus den Veränderungen in der Gesellschaft und der Anpassung zu einer kohlenstoffarmen Wirtschaft ergeben (s. zu den Risiken Rz 181). Gleichzeitig bieten sich enorme Chancen für Unternehmen als Teil der Neugestaltung (s. zu den Chancen Rz 182). Einem Bericht der New Climate Economy zufolge könnte der Übergang zu einem nachhaltigen, kohlenstoffarmen Wachstum wirtschaftliche Vorteile im Wert von 26 Billionen USD bis 2030 bringen im 174

180 Vgl. Welthungerhilfe, Corona: Vielschichtige Krise für die Ärmsten, www.welthungerhilfe.de/aktuelles/projektupdate/2020/corona-auswirkungen-fuer-die-aermsten-weltweit/, abgerufen am 3.1.2022.

181 Vgl. Global Policy Forum, Agenda 2030: Wo steht die Welt?, 5 Jahre SDGs – eine Zwischenbilanz, 2020.

182 Vgl. Betriebswirtschaftliche Implikationen der digitalen Transformation, ZfbF Sonderheft 72/17, 2018.

183 Vgl. The Economist Intelligence Unit, The Cost of Inaction: Recognising the Value at Risk from Climate Change, 2015, S. 2.

Vergleich zu „Business-as-Usual".[184]

175 Die finanziellen Auswirkungen wurden in der Vergangenheit nicht ausreichend analysiert, bewertet, berichtet und veröffentlicht. Ohne diese Informationen können jedoch Finanzmärkte Risiken und Chancen nicht adäquat bepreisen, was zu plötzlichen Wertverschiebungen und destabilisierenden Kosten führen kann.[185]

2.3.2 Financial Stability Board (FSB)

176 Das FSB (auch als Finanzstabilitätsrat bezeichnet) ist ein internationales Gremium, das das globale Finanzsystem überwacht und Empfehlungen dazu abgibt. Das FSB koordiniert nationale Finanzbehörden und internationale Standardsetter bei der Entwicklung einer starken Regulierungs- und Aufsichtspolitik. Dabei soll ein „level playing field" geschaffen werden und eine kohärente Umsetzung über Sektoren und Jurisdiktionen hinweg. Ziel ist die Stärkung der einzelnen Finanzsysteme sowie die Stabilisierung der internationalen Finanzmärkte.[186]

177 Das FSB hat im Jahr 2015 die Task Force on Climate-related Financial Disclosures (**TCFD**) ins Leben gerufen mit dem Ziel, verlässliche klimabezogene Finanzinformationen für Investitions-, Kredit- und Versicherungsentscheidungen zu generieren. Damit soll der Übergang zu einer stabileren und nachhaltigeren Wirtschaft erleichtert werden. Die TCFD besteht aus 31 Mitgliedern der G20: 17 Experten aus dem Finanzsektor, 8 aus nichtfinanziellen Sektoren sowie 6 weitere. Den Vorsitz führt MICHAEL R. BLOOMBERG, Mitbegründer der Bloomberg L.P., die als eine der weltweit führenden Anbieter von Finanzinformationen gilt.[187]

2.3.3 TCFD-Empfehlungen

178 Im Jahr 2017 veröffentlichte die Task Force die 1. Fassung ihrer Empfehlungen. Durch die Anwendung sollen Vorteile in 3 Bereichen erzielt werden:

- **Risikobewertung**: effektive Bewertung von Klimarisiken des eigenen Unternehmens, der Lieferanten und Wettbewerber;
- **Kapitalallokation**: fundierte Entscheidung zum Einsatz von Kapital;
- **strategische Planung**: bessere Beurteilung von Risiken und der entsprechenden Exposition, auf kurze, mittlere und lange Sicht.[188]

---

184 Vgl. The New Climate Economy, Unlocking the Inclusive Growth Story of the 21st Century: Accelerating Climate Action in Urgent Times, 2018, S. 12.

185 Vgl. TCFD, About, www.fsb-tcfd.org/about/, abgerufen am 3.1.2022.

186 Vgl. FSB, About the FSB, www.fsb.org/about/, abgerufen am 3.1.2022.

187 Vgl. TCFD, About, www.fsb-tcfd.org/about/, abgerufen am 3.1.2022.

188 Vgl. TCFD, www.fsb-tcfd.org/, abgerufen am 3.1.2022.

Die TCFD-Empfehlungen richten sich grds. an alle Unternehmen, unabhängig von der Größe und dem Sektor. Die daran anschließenden Empfehlungen zur Berichterstattung unterteilen sich in allgemeine Hinweise und Hinweise für ausgewählte Sektoren (Rz 188). Die resultierende Berichterstattung sollte in Finanzberichte integriert werden. Neben den Empfehlungen veröffentlicht die TCFD weitere Hilfestellungen zur Implementierung sowie Statusberichte.[189] 179

2.3.3.1 Klimabezogene Risiken, Chancen und finanzielle Auswirkungen

Viele Unternehmen berichten bereits ihren sog. CO_2-Fußabdruck. Dieser beschreibt die vom Unternehmen verursachten CO_2-Emissionen entlang der Wertschöpfungskette und damit die Auswirkungen, die die Geschäftstätigkeit auf den Klimawandel hat. Die TCFD fokussiert auf eine 2. Sichtweise: die Auswirkungen des Klimawandels auf die Geschäftstätigkeit und damit insbes. die **Finanzwirkung von Klimarisiken und Klimachancen.** 180

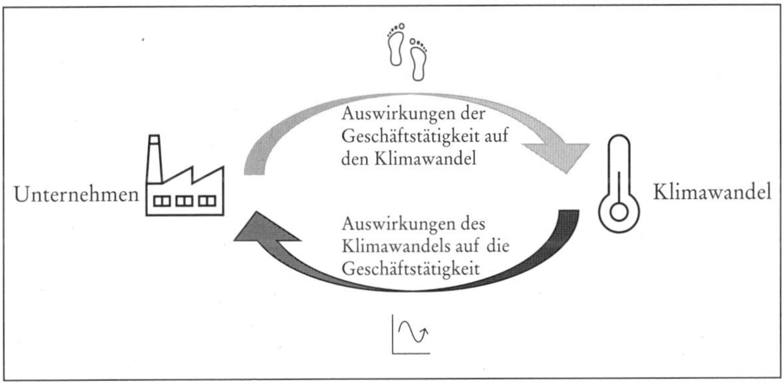

Abb. 14: Auswirkungen auf und durch den Klimawandel

Die Risiken lassen sich in 2 übergeordnete Risikokategorien unterteilen: transitorische Risiken und physische Risiken. **Transitorische Risiken** entstehen aufgrund der Transition hin zu einer kohlenstoffarmen Wirtschaft. Diese Risiken sind bspw. besonders hoch für Unternehmen in CO_2-intensiven Branchen, wie der Öl- und Gasindustrie. **Physische Risiken** sind direkte Folgen des Klimawandels und können akut oder chronisch sein. Die finanziellen Auswirkungen können bspw. durch den direkten 181

[189] Vgl. TCFD, Final Report, Recommendations of the Task Force on Climate-related Financial Disclosures, 2017, S. iii f.

Schaden an Vermögenswerten entstehen oder indirekt durch Ausfälle in der Lieferkette.[190]

Transitorische Klimarisiken		Physische Klimarisiken	
Politische und rechtliche Risiken	Politische Maßnahmen zur Einschränkung von klimaschädlichen Aktivitäten bzw. zur Förderung der Anpassung an den Klimawandel, z. B. CO_2-Steuer	Akute Risiken	Ereignisbedingte Risiken (z. B. Waldbrände oder Stürme), einschl. einer Zunahme des Ausmaßes von Extremwetterereignissen
Technologische Risiken	Risiken aus der Substituierung von neuen Technologien	Chronische Risiken	Langfristige Änderungen des Klimas (z. B. anhaltend höhere Temperaturen), welche bspw. einen Anstieg des Meeresspiegels verursachen können
Marktrisiken	Änderungen in Angebot und Nachfrage für gewisse Rohstoffe, Produkte und Dienstleistungen		
Reputationsrisiken	Änderungen in der Wahrnehmung der Kunden / der Gesellschaft		

Tab. 4: Klimarisiken[191]

[190] Vgl. TCFD, Final Report, Recommendations of the Task Force on Climate-related Financial Disclosures, 2017, S. 5 f.

[191] TCFD, Final Report, Recommendations of the Task Force on Climate-related Financial Disclosures, 2017.

Neben Risiken entstehen durch Klimaschutz oder Anpassung an den Klimawandel auch Chancen, z.B. durch Ressourceneffizienz, die Nutzung von neuen Energiequellen oder die Entwicklung neuer Produkte und Dienstleistungen. Die TCFD hat 5 übergeordnete Bereiche für **Chancen** identifiziert: 182

- Ressourceneffizienz: z.B. Reduktion der Betriebskosten, insbes. im Zusammenhang mit dem Energieeinsatz;
- Energieträger: z.B. Einsatz von erneuerbaren Energien;
- Produkte und Dienstleistungen: z.B. Entwicklung von kohlenstoffarmen Produkten;
- Märkte: z.B. Zugang zu neuen Märkten durch Zusammenarbeit mit Regierungen, Entwicklungsbanken oder lokalen Kleinstunternehmen;
- Resilienz: z.B. Anpassung durch Umstellung der Produktionsprozesse.[192]

Die **bessere Berichterstattung der finanziellen Auswirkungen** der Risiken und Chancen ist das Hauptziel der TCFD. Diese können sich in der Gewinn- und Verlustrechnung, der Kapitalflussrechnung oder der Bilanz abzeichnen. Während grds. alle Unternehmen betroffen sind, unterscheiden sich die Art und Schwere der Auswirkung stark je nach Sektor und geografischer Lage. Die finanziellen Folgen sind nicht immer direkt und können Unternehmen vor Herausforderungen in der Identifikation stellen. Dies liegt insbes. an fehlenden Kenntnissen oder Kapazitäten, der Fokussierung auf kurzfristige Risiken sowie den Schwierigkeiten in der Quantifizierung.[193] 183

2.3.3.2 Themenbereiche der TCFD-Empfehlungen

Die Empfehlungen der TCFD gliedern sich in 4 Themenbereiche, die die Kernelemente der Arbeitsweise von Organisationen repräsentieren – Unternehmensführung, Strategie, Risikomanagement, Kennzahlen und Ziele. Die 4 Themenbereiche werden unterfüttert mit empfohlenen Angaben zur Berichterstattung.[194] 184

192 Vgl. TCFD, Final Report, Recommendations of the Task Force on Climate-related Financial Disclosures, 2017, S. 6f.

193 Vgl. TCFD, Final Report, Recommendations of the Task Force on Climate-related Financial Disclosures, 2017, S. 7.

194 Vgl. TCFD, Final Report, Recommendations of the Task Force on Climate-related Financial Disclosures, 2017, S. 13f.

Unternehmensführung	Strategie	Risikomanagement	Kennzahlen und Ziele
Angaben zur Unternehmensführung für klimabezogene Risiken und Chancen der Organisation	Angaben zu den tatsächlichen und potenziellen Auswirkungen von klimabezogenen Risiken und Chancen auf das Geschäft, die Strategie und die Finanzplanung der Organisation, sofern diese wesentlich sind	Angaben zur Identifizierung, Bewertung und Steuerung klimabezogener Risiken der Organisation	Angaben zu Kennzahlen und Zielen zur Bewertung und Steuerung relevanter klimabezogener Risiken und Chancen, sofern diese wesentlich sind
Empfohlene Angaben:	Empfohlene Angaben:	Empfohlene Angaben:	Empfohlene Angaben:
• Beschreibung der Überwachung klimabezogener Risiken und Chancen durch den Aufsichtsrat • Beschreibung der Funktion des Vorstands in der Bewertung und Steuerung klimabezogener Risiken und Chancen	• Beschreibung der kurz-, mittel- und langfristigen klimabezogenen Risiken und Chancen, die die Organisation identifiziert hat • Beschreibung der Auswirkungen klimabezogener Risiken und Chancen auf das Geschäft, die Strategie und die Finanzplanung der Organisation • Beschreibung der Resilienz der Unternehmensstrategie unter Berücksichtigung verschiedener Klimaszenarien, einschl. eines 2°-Szenarios	• Beschreibung der Prozesse zur Identifizierung und Bewertung von klimabezogenen Risiken • Beschreibung der Prozesse zur Steuerung klimabezogener Risiken • Beschreibung, wie die Prozesse zur Identifizierung, Bewertung und Steuerung von klimabezogenen Risiken in das gesamtheitliche Risikomanagement der Organisation verankert sind	• Angabe der von der Organisation angewandten Kennzahlen zur Bewertung von klimabezogenen Risiken und Chancen, ausgerichtet am Strategie-und Risikomanagement-prozess • Angabe der Treibhausgas-emissionen für Scope 1, Scope 2 und, falls angemessen, für Scope 3, einschl. der zugehörigen Risiken • Beschreibung der von der Organisation genutzten Ziele, um klimabezogene Risiken und Chancen zu steuern, einschl. der Leistung bezogen auf diese Ziele

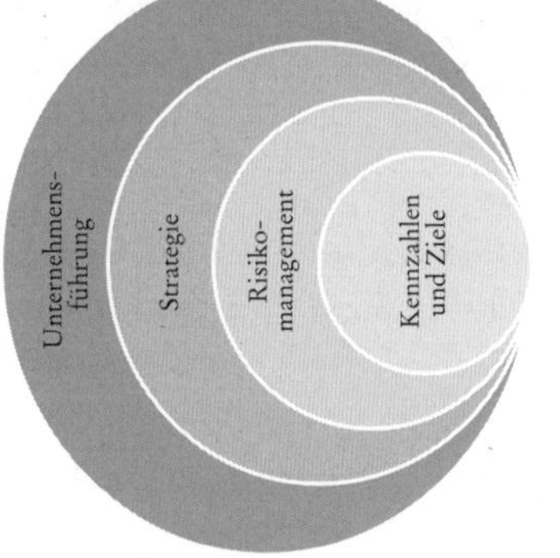

Abb. 15: Übersicht der TCFD-Empfehlungen[195]

[195] TCFD, Final Report, Recommendations of the Task Force on Climate-related Financial Disclosures, 2017.

Laut dem aktuellen Statusreport der TCFD von 2021 berichten die meisten Unternehmen über die identifizierten Chancen und Risiken (Themenbereich Strategie) und am wenigsten zur Resilienz unter verschiedenen Szenarien (Themenbereich Strategie). Auch die beiden Angaben zur Unternehmensführung werden bisher noch sehr selten veröffentlicht.[196] **185**

2.3.3.3 Grundsätze für die effektive Berichterstattung

Als Hilfestellung für die Berichterstattung hat die TCFD 7 Prinzipien entwickelt, die größtenteils mit Grundsätzen aus anderen internationalen Rahmenwerken für die Berichterstattung, wie z.B. GRI (Rz 38ff.), konsistent sind. Die 7 Grundsätze sollen qualitativ hochwertige und entscheidungsrelevante Offenlegung fördern.[197] **186**

Grundsätze	Beispiele/Hinweise zur Umsetzung
1) Angabe von relevanten Informationen	• Es sollten keine unwesentlichen Informationen berichtet und Redundanzen vermieden werden. Es kann jedoch hilfreich sein, Informationen darüber aufzunehmen, dass z.B. gewisse Risiken nicht relevant für das Unternehmen sind. • Der Detailgrad, in dem Informationen zur Verfügung gestellt werden, sollte für den jeweiligen Adressatenkreis gerecht sein. • Generische Informationen, die keinen Mehrwert liefern, sollten vermieden werden.
2) Spezifische und vollständige Angaben	• Unternehmen sollten einen umfassenden Überblick geben. • Die Angaben sollten sowohl historische als auch zukunftsorientierte Informationen beinhalten. • Insbes. bei zukunftsorientierten Angaben sollten die zugrunde gelegten Annahmen offengelegt werden.

196 Vgl. TCFD, 2021 Status Report, S. 8.

197 Vgl. TCFD, Final Report, Recommendations of the Task Force on Climate-related Financial Disclosures, 2017, S. 18.

Grundsätze	Beispiele/Hinweise zur Umsetzung
3) Klare, ausgewogene und verständliche Angaben	• Die gemachten Angaben sollten für eine Reihe von Stakeholdern (z. B. Investoren, Versicherer, Analysten) nützlich sein. • Das Verhältnis zwischen qualitativen und quantitativen Angaben sollte ausgewogen sein. • Eine ausgewogene Darstellung erfordert außerdem, dass sowohl Risiken als auch Chancen unvoreingenommen berichtet werden. • Verwendete Fachbegriffe sollten erklärt/definiert werden.
4) Im Zeitablauf konsistente Angaben	• Format, Sprache, Kennzahlen sollten konsistent im Zeitablauf sein. • Änderungen erfordern eine Erklärung.
5) Vergleichbare Angaben	• Die Offenlegung sollte aussagekräftige Vergleiche zwischen Unternehmen sowie innerhalb von Sektoren und geografischer Lage ermöglichen.
6) Verlässliche, überprüfbare und objektive Angaben	• Die gemachten Angaben sollten von hoher Qualität sein. • Insbes. für zukunftsorientierte Angaben sollte soweit wie möglich auf objektive Daten und best-in-class-Methoden zurückgegriffen werden. • Eine externe Überprüfung ist nicht verpflichtend, Informationen sollten aber entsprechend aufbereitet sein, dass diese möglich wäre.
7) Zeitnahe Veröffentlichung	• Die Offenlegung sollte mind. jährlich erfolgen. • Insbes. bei akuten Klimaereignissen sollte ein zeitnahes Update erfolgen.

Tab. 5: Grundsätze für die effektive Berichterstattung[198]

198 TCFD, Annex: Implementing the Recommendations of the Task Force on Climate-related Financial Disclosures, 2021.

In der Praxis kann es bei der Anwendung der Grundsätze hin und wieder zu Konflikten kommen. Bspw. kann die Aktualisierung einer genutzten Methodik gem. dem Grundsatz der Vergleichbarkeit im Widerspruch zum Grundsatz der Konsistenz stehen. Solche Spannungen sind angesichts der weitreichenden und manchmal konkurrierenden Bedürfnisse der Nutzer und Ersteller unvermeidlich. Es ist wichtig, ein Gleichgewicht zu finden, um den Empfehlungen und Prinzipien angemessen gerecht zu werden und gleichzeitig unnötige Informationen zu vermeiden.[199] 187

2.3.3.4 Sektorspezifische Informationen

Für den Finanzsektor sowie für Sektoren, die potenziell am stärksten vom Klimawandel und Übergang zu einer kohlenstoffarmen Wirtschaft betroffen sind, hat die TCFD ergänzende Erläuterungen veröffentlicht. Die Erläuterungen für den Finanzsektor sind unterteilt nach Banken, Versicherungen, Vermögenseigentümern und Vermögensverwaltern. Diesen kommt eine besondere Rolle als Multiplikator zu. Im Nicht-Finanzbereich gibt es spezifische Orientierungshilfen für die Energiebranche, den Transportsektor, das Baugewerbe sowie für Landwirtschaft, Lebensmittel und Forstprodukte.[200] 188

2.3.3.5 Szenarioanalysen

Szenarioanalysen sind ein wichtiges und nützliches Tool für das Verständnis der strategischen Implikationen von klimabezogenen Risiken und Chancen. Die Empfehlungen der TCFD sehen die Anwendung verschiedener Klimaszenarien für den Themenbereich Strategie vor (s. Abb. 15). Szenarioanalysen können qualitativ, semi-quantitativ oder quantitativ sein. Sie ermöglichen einen Blick darauf, wie die Zukunft aussehen könnte, wenn gewisse Trends anhalten oder gewisse Konditionen eintreten. Dies bedeutet, Unternehmen können die Implikationen für ihr Geschäft, ihre Strategie und damit auch ihre finanzielle Performance unter Berücksichtigung verschiedener Kombinationen von transitorischen und physischen Klimarisiken beurteilen.[201] 189

Grds. lassen sich 2 Arten von **Klimaszenarien** unterscheiden: Szenarien, die unterschiedliche politische Ergebnisse und die daraus resultierenden Pfade für Energie und Wirtschaft darstellen, oder Szenarien, die von der atmosphärischen Treibhausgaskonzentration ausgehen und die sich 190

---

199 Vgl. TCFD, Annex: Implementing the Recommendations of the Task Force on Climate-related Financial Disclosures, 2021, S. 72.

200 Vgl. TCFD, Final Report, Recommendations of the Task Force on Climate-related Financial Disclosures, 2017, S. 15.

201 Vgl. TCFD, Final Report, Recommendations of the Task Force on Climate-related Financial Disclosures, 2017, S. 25 f.

daraus ergebenden Temperaturbereiche aufzeigen. Die 2 bekanntesten Quellen für diese Szenarien sind die International Energy Agency (IEA) sowie das Intergovernmental Panel on Climate Change (IPCC).[202]

191 In der Praxis ist es wichtig, Szenarioanalysen nicht als einmalige Maßnahme zu betrachten. Am sinnvollsten sind Szenarioanalysen, wenn sie in den regulären Planungs- und Risikoprozess integriert werden. Aufgrund der erhöhten Komplexität werden entsprechende Kompetenzen und Kapazitäten benötigt. Vielfach greifen Unternehmen bei der ersten Durchführung auf externe Unterstützung zurück, um den Transfer auf das eigene Geschäftsmodell zu ermöglichen und diese in die bestehenden Prozesse zu integrieren. Die TCFD hat als Hilfestellung für die Einführung von Szenarioanalysen einen separaten Leitfaden erstellt, der mit vielen Praxis-Beispielen und Case Studies ausgestaltet ist.[203]

2.3.4 Anwendung und Verbreitung der TCFD-Empfehlungen

192 Der aktuelle Statusbericht der TCFD zeigt, dass in 2021 mehr als 2.600 Organisationen aus 89 Ländern die TCFD-Empfehlungen offiziell unterstützen, darunter über 1.000 Finanzinstitutionen, die Vermögenswerte im Wert von 194 Billionen USD repräsentieren.[204]

193 Die Empfehlungen der TCFD sind freiwillig, gewinnen jedoch immer mehr an Bedeutung und sind in einigen Ländern bereits Teil einer verpflichtenden Berichterstattung, so z.B. im Vereinigten Königreich, in Neuseeland und der Schweiz.[205] Auch der Entwurf der Corporate Sustainability Reporting Directive der EU-Kommission (§ 9 Rz 55 ff.), der gewisse Unternehmen ab 2023 zur Berichterstattung verpflichtet, sieht Teile der TCFD-Empfehlungen als verpflichtend vor.[206]

194 Das neu gegründete International Sustainability Standards Board (**ISSB**) (Rz 65 ff.) wird ebenfalls auf die Empfehlungen der TCFD zurückgreifen. Vertreter der TCFD waren Teil der **Technical Readiness Working Group**, die die vorbereitenden Arbeiten für das ISSB durchgeführt hat.[207]

---

202 Vgl. TCFD, Technical Supplement, The Use of Scenario Analysis in Disclosure of Climate-Related Risks and Opportunities, 2017, S. 12.

203 Vgl. TCFD, Guidance on Scenario Analysis for Non-Financial Companies, 2020, S. 11 ff.

204 Vgl. TCFD, 2021 Status Report, S. 3.

205 Vgl. TCFD, 2021 Status Report, S. 5.

206 Vgl. Europäische Kommission, Vorschlag für eine Richtlinie des Europäischen Parlaments und des Rates zur Änderung der Richtlinien 2013/34/EU, 2004/109/EG und 2006/43/EG und der Verordnung (EU) Nr. 537/2014 hinsichtlich der Nachhaltigkeitsberichterstattung von Unternehmen.

207 Vgl. Summary of the Technical Readiness Working Group's Programme of Work, www.ifrs.org/content/dam/ifrs/groups/trwg/summary-of-the-trwg-work-programme.pdf, abgerufen am 3.1.2022.

195 Darüber hinaus integrieren andere freiwillige Rahmenwerke die Empfehlungen der TCFD, so z.B. UN PRI (Rz 199ff.), CDP (Rz 150ff.), CDSB (Rz 1ff.) oder SASB (Rz 143ff.).

2.3.5 Praxistipps zur Anwendung der TCFD-Empfehlungen

196 Die TCFD-Empfehlungen bieten eine hohe Flexibilität in der Anwendung. Es ist wichtig, diese als Prozess oder Evolution zu verstehen, bei der gilt: „Etwas zu machen, ist besser als nichts zu machen." Wie es für die Umsetzung fast aller Themen im Nachhaltigkeitsbereich der Fall ist, ist auch die Umsetzung der TCFD-Empfehlungen eine **Querschnittsaufgabe**. Insbes. die Geschäftsführung, das Rechnungswesen und Controlling, die Risikoabteilung und auch operative Einheiten sind von Bedeutung.

197 Im 1. Schritt sollte unternehmensweit das notwendige Bewusstsein für die Konzepte des Klimawandels und die potenziellen Auswirkungen geschaffen werden. Es bietet sich an, mit einer Bestandsaufnahme i.V.m. einem **„Gap Assessment"** zu starten. Es ist wichtig zu verstehen, auf welche Prozesse bspw. im Risikomanagement bereits zurückgegriffen werden kann und inwieweit Informationen zu den eigenen Klimaauswirkungen erhoben werden. Im 2. Schritt sollte eine Auseinandersetzung mit den möglichen Szenarien erfolgen, zuerst qualitativ, dann quantitativ, was sicherlich die größte Herausforderung darstellt. Auf dieser Basis können strategische Implikationen abgeleitet werden.

198 Für Unternehmen, die bereits über Nachhaltigkeit berichten, bietet sich die Möglichkeit, einen **TCFD-Index** einzuführen, der bestehende Informationen aus dem Bericht mit den geforderten TCFD-Angaben verknüpft. Dies ermöglicht einen sachten Einstieg in die Thematik.

2.4 United Nations Principles for Responsible Investment (UN PRI)

2.4.1 Hintergrund

199 In den 1980er-Jahren kam es zu weit verbreiteten Desinvestitionen in Südafrika als Protest gegen die Apartheid. Dies kann als einer der ersten Schritte für verantwortungsvolle Investitionen gesehen werden. Anfang der 1990er wurden erste Indizes zu sozialem Investment gegründet und 1999 folgte schließlich die Einführung der Dow Jones Sustainability Indizes. Seitdem wurden zahlreiche Initiativen zu nachhaltigem Investieren gegründet und Indizes erstellt.[208]

[208] Vgl. PRI, What is responsible investment?, www.unpri.org/an-introduction-to-responsible-investment/what-is-responsible-investment/4780.article, abgerufen am 3.1.2022.

200 Nachhaltiges oder verantwortungsvolles Investieren steht für die Strategie oder Praxis, Umwelt-, Sozial- und Governance-Faktoren (ESG) in Investitionsentscheidungen und aktive Beteiligungen zu integrieren.

2.4.2 United Nations Environment Programme Finance Initiative und United Nations Global Compact

201 Die United Nations Environment Programme Finance Initiative (UNEP FI) ist eine Partnerschaft zwischen UNEP und dem globalen Finanzsektor mit dem Ziel der Mobilisierung von Finanzmitteln des Privatsektors für eine nachhaltige Entwicklung. Die Partnerschaft arbeitet mit mehr als 450 Banken, Versicherern und Investoren und nutzt dabei die Hebelwirkung durch die UN.[209]

202 Gemeinsam mit dem United Nations Global Compact (Rz 74 ff.) hat UNEP FI im Jahr 2006 die UN Principles for Responsible Investment (PRI) ins Leben gerufen. Bereits 2005 haben auf Einladung des damaligen Generalsekretärs Kofi Annan eine Gruppe von institutionellen Investoren aus 12 Ländern sowie Vertreter verschiedener Interessensgruppen (Investmentindustrie, zwischenstaatliche Organisationen und Zivilgesellschaft) die PRI entwickelt.[210]

2.4.3 Organisation und Commitment

203 PRIs Mission ist die Schaffung eines wirtschaftlich effizienten, nachhaltigen globalen Finanzsystems zur langfristigen Wertschöpfung. Dieses Ziel soll durch die Förderung sowie die Zusammenarbeit bei der Umsetzung der 6 Prinzipien (Rz 208) erreicht werden. Gute Unternehmensführung, Integrität und die Übernahme von Verantwortung sowie die Beseitigung von Hindernissen für ein nachhaltiges Finanzsystem, die im Bereich Marktpraktiken, Strukturen und Regulierung liegen, sind weitere Bausteine.[211]

204 PRI besteht aus einem internationalen Netzwerk von sog. Signatories (Unterzeichnenden). Zur Gründung hatte PRI 51 Signatories, darunter z. B. die Munich Re, BNP Paribas Asset Management oder Amundi. Im Jahr 2021 lag die Zahl der Signatories bei 4.300 aus 60 Ländern mit ca. 120 Billionen USD verwaltetem Vermögen.[212]

205 Um Signatory werden zu können, muss man in eine der folgenden Kategorien fallen:

---

209 Vgl. UNEP FI, About Us, www.unepfi.org/about/, abgerufen am 3.1.2022.
210 Vgl. PRI, PRI brochure 2021, S. 6.
211 Vgl. PRI, PRI brochure 2021, S. 6.
212 Vgl. PRI, PRI brochure 2021, S. 5.

a) Eigentümer von Vermögenswerten (Asset Owner): Besitzer von langfristigen Altersvorsorge-, Versicherungs- oder anderer Vermögenswerte, z. B. Pensionsfonds, Staatsfonds, Versicherungsgesellschaften;
b) Investment Manager: Dritte, die Investmentfonds verwalten oder kontrollieren und einen institutionellen Markt und/oder den Privatkundenmarkt bedienen;
c) Dienstleistungsanbieter (Professional Service Partners): Dienstleister, die Produkte oder Dienstleistungen für Vermögenseigentümer und/oder Anlageverwalter anbieten.

Signatories der Kategorie a) stellen die Mehrheit der Unterzeichner. Je nach Kategorie muss ein bestimmter Mitgliedsbeitrag gezahlt werden, über den sich PRI finanziert.[213]

Anlässlich des 10-jährigen Jubiläums im Jahr 2016 hat sich PRI eine neue 10-Jahres-Vision gesetzt: „A Blueprint for Responsible Investment". Der Blueprint beschreibt 3 Bereiche, in denen sich PRI über 10 Jahre (2017–2027) weiterentwickeln will. 206

1. Verantwortungsvolle Investoren: Dieser Bereich steht für den Kernbereich der PRI, der weiter ausgebaut und vertieft werden soll.
2. Nachhaltige Märkte: Der 2. Bereich zielt auf die Abschaffung von Barrieren für ein nachhaltiges Finanzsystem.
3. Eine prosperierende Welt für alle: Der 3. Bereich steht für die tatsächlichen Auswirkungen, die durch nachhaltiges Investieren erreicht werden können.[214]

Alle 3 Jahre erarbeitet PRI eine Strategie, die die Ziele des Blueprint voranbringen soll. Die aktuelle 3-Jahres-Strategie (2021–2024) steht unter dem strategischen Thema: „Building a Bridge between Financial Risk, Opportunities and Real World Outcomes". Für jeden der 3 Bereiche des Blueprint legt die Strategie Einzelmaßnahmen fest.[215] 207

PRI und damit auch alle Signatories verpflichten sich zu den 6 Prinzipien. Die Prinzipien fungieren als Plattform zur **Formalisierung und Fokussierung von nachhaltigem Investieren**. 208

---

213 Vgl. PRI, Become a signatory, www.unpri.org/signatory-resources/become-a-signatory/5946.article, abgerufen am 3.1.2022.

214 Vgl. PRI, A Blueprint for Responsible Investment, 2017, S. 5.

215 Vgl. PRI, PRI Strategic Plan 2021–24, 2021, S. 6f.

1. Wir werden ESG-Themen in die Analyse- und Entscheidungsprozesse im Investmentbereich einbeziehen.
2. Wir werden aktive Anteilseigner sein und ESG-Themen in unserer Investitionspolitik und -praxis berücksichtigen.
3. Wir werden Unternehmen und Körperschaften, in die wir investieren, zu einer angemessenen Offenlegung in Bezug auf ESG-Themen anhalten.
4. Wir werden die Akzeptanz und die Umsetzung der Prinzipien innerhalb der Investmentbranche vorantreiben.
5. Wir werden zusammenarbeiten, um unsere Wirksamkeit bei der Umsetzung der Prinzipien zu steigern.
6. Wir werden über unsere Aktivitäten und Fortschritte bei der Umsetzung der Prinzipien Bericht erstatten.

Abb. 16: Die 6 Prinzipien[216]

209 Das 1. Prinzip fordert die Unterzeichnenden auf, ESG-Themen in Investment- und Entscheidungsfindungsprozessen zu berücksichtigen. Mögliche Bereiche für Maßnahmen zur umfassenden Umsetzung sind Research- und Analyseaktivitäten, Portfolio-Gestaltung oder auch Training und Capacity Building von Mitarbeitenden.[217]

210 Bei der Berücksichtigung in Investmentprozessen gibt es grds. 2 Strategien – Core-Strategien und Broad-Strategien. Bei Core-Strategien wird im 1. Schritt die ESG-Analyse durchgeführt und dann erst die finanzielle Analyse. Dies bedeutet, dass von vornherein gewisse Anlagemöglichkeiten ausgeschlossen werden. Beispiele für diese Art von Strategien sind Negativ-Screening, Positiv-Screening oder Best-in-class-Ansätze. Bei Broad-Strategien erfolgt die ESG- und finanzielle Analyse integriert. Es geht um die Beurteilung einzelner Risiko-Rendite-Profile und kann bis zur bewussten Einflussnahme reichen. Beide Strategiearten können auch kombiniert angewendet werden.[218]

211 Das 2. Prinzip fordert die Signatories dazu auf, ihre Einflussmöglichkeiten aktiv zu nutzen und entsprechend in der Anlagepolitik zu verankern. Die gezielte Ausübung der Stimmrechte, die Einreichung von Aktionärsanträgen zu ESG-Themen oder auch das direkte Engagement mit Unternehmen zu ESG-Themen seien hier als beispielhafte Maßnahmen genannt. Die Möglichkeiten des Engagements werden für die unter-

216 In Anlehnung an PRI, PRI brochure 2021, 2021, S. 7.
217 Vgl. PRI, PRI brochure 2021, S. 7.
218 Vgl. Bundesministerium für Umwelt, Naturschutz und Reaktorsicherheit, Nachhaltig und verantwortlich investieren – ein Leitfaden, 2012, S. 17f.

schiedlichen Anlageklassen variieren. Teilweise sind sie durch Mechanismen wie die genannten Aktionärsanträge formalisiert.

Die Schaffung von Transparenz durch die Berichterstattung zu ESG-Themen steht im Fokus des 3. Prinzips. Das Einfordern einer standardisierten Berichterstattung von den investierten Organisationen zu Nachhaltigkeit (separat oder integriert in die Finanzberichterstattung) oder zumindest die Abfrage zur Einhaltung oder Anwendung von relevanten Standards oder Normen (z.B. UN Global Compact; Rz 74ff.) sind Möglichkeiten, dieses Prinzip in die Praxis umzusetzen. 212

Mit dem 4. Prinzip soll die Reichweite der PRI innerhalb der Investmentbranche vergrößert werden. Dies macht deutlich, dass die Mission der PRI nicht durch einzelne Akteure erreicht werden kann. Insbes. bei der Zusammenarbeit mit Investmentdienstleistern sollten die Signatories die ESG-Anforderungen klar kommunizieren und notwendige Konsequenzen bei der Nicht-Einhaltung ziehen. Grds. kann bspw. die Unterzeichnung der PRI-Prinzipien als Voraussetzung im Auswahlprozess für Dienstleister festgelegt werden. 213

Prinzip 5 ermutigt die Unterzeichnenden zur Zusammenarbeit. Kollaborative Initiativen, Beteiligung an Netzwerken, Teilen von Informationen und Ressourcen und das gegenseitige voneinander Lernen sind mögliche Maßnahmen zur Umsetzung. 214

Das 6. Prinzip formuliert die klare Verpflichtung zu einer jährlichen Berichterstattung der Signatories. Diese Berichterstattung soll den Fortschritt in Bezug auf die ersten 5 Prinzipien nach dem „Comply or explain"-Ansatz darstellen. Hierfür gibt es ein eigens entwickeltes Rahmenwerk.[219] 215

Während es im Jahr 2006 mit einer einfachen Self-Assessment-Umfrage zur Erfüllung der Berichtspflicht startete, gibt es seit 2012 ein umfassendes **Rahmenwerk**. Im Jahr 2020 wurde dieses Rahmenwerk erneut komplett überarbeitet und seit 2021 ein neues Online-Reporting-Tool eingeführt. Aufgrund von technischen Schwierigkeiten und dem umfassend eingeholten Feedback der Signatories zum neuen Rahmenwerk wurde entschieden, den Berichterstattungszyklus für 2022 auszusetzen, um die notwendigen Überarbeitungen durchzuführen.[220] 216

Das neue Rahmenwerk aus dem Jahr 2020 führt ein „Core"- und „Plus"-Modell ein. Die „Core"-Komponenten, die verpflichtend zu berichten sind, bestehen hauptsächlich aus geschlossenen Fragen und sollen 217

---

219 Vgl. PRI, PRI brochure 2021, S. 7.

220 Vgl. PRI, Investor reporting guidance, www.unpri.org/reporting-and-assessment/investor-reporting-guidance/5373.article#update, abgerufen am 3.1.2022.

im Zeitablauf stabil berichtet werden. Diese Angaben sind prozessfokussiert und müssen veröffentlicht werden. Die „Plus"-Komponenten stellen freiwillige Inhalte dar, die veröffentlicht werden können. Sie sind sowohl prozess- als auch ergebnisfokussiert und bestehen aus offenen Fragen. Abb. 17 zeigt die Struktur des Rahmenwerks inkl. der „Core"- und „Plus"-Komponenten.[221]

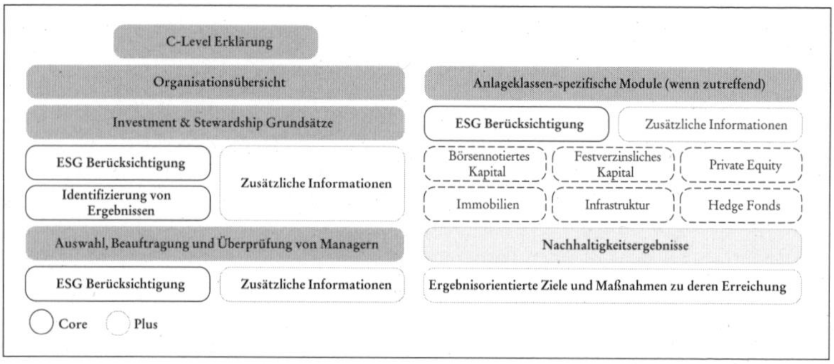

Abb. 17: Struktur des PRI-Berichterstattungsrahmenwerks[222]

218 Für alle 6 übergeordneten Module der Berichterstattung finden sich Vorlagen, detaillierte Leitfäden und FAQs auf der Seite von PRI.[223]

219 Die C-Level-Erklärung steht für die Erklärung eines Mitglieds auf C-Ebene, d. h. Ebene der Geschäftsführung. Sie soll das Bewusstsein erhöhen und sicherstellen, dass die Prinzipien tatsächlich intern umgesetzt und in die Entscheidungsfindung integriert sind. Die C-Level-Erklärung besteht aus 2 Teilen. Der 1. Teil gibt den Kontext, wer der Signatory ist und welche generelle Überzeugung in Bezug auf nachhaltiges Investieren besteht. Der 2. Teil beschreibt die Fortschritte und Leistungen des vergangenen Jahres. Die C-Level-Erklärung ist ein „Core"-Modul.[224]

220 Das Modul Organisationsübersicht, das verpflichtend ist, besteht hauptsächlich aus strukturellen Fragen zum Hauptsitz, den Mitarbeitenden sowie einer Aufschlüsselung der Vermögenswerte. Die Antworten aus diesem Modul bedingen, welche weiteren Module oder Indikatoren im Rahmenwerk bearbeitet werden müssen.[225]

221 Vgl. PRI, PRI Reporting Framework – Overview and structure, 2020, S. 6.
222 In Anlehnung an PRI, PRI Reporting Framework – Overview and structure, 2020, S. 6.
223 Vgl. PRI, Investor reporting guidance.
224 Vgl. PRI, PRI Reporting Framework – Overview and structure, 2020, S. 8 f.
225 Vgl. PRI, PRI Reporting Framework – Overview and structure, 2020, S. 9.

Das Modul Investment & Stewardship-Grundsätze befasst sich vorrangig mit Angaben zum grds. Ansatz der Berücksichtigung von ESG-Themen, was Informationen zu Richtlinien, zur Strategie, zu Kompetenzen oder auch TCFD (Rz 178ff.) umfasst. Diese Angaben sind verpflichtend. Darüber hinaus können in diesem Modul freiwillige „Plus"-Informationen berichtet werden, die Kontext für die Pflichtangaben oder zu neuen verantwortungsvollen Investmentpraktiken liefern.[226] 221

Das Modul Auswahl, Beauftragung und Überprüfung von Managern muss ausschl. von Investoren beantwortet werden, die ihre Investmentaktivitäten an externe Investmentmanager ausgelagert haben. Geforderte „Core"-Informationen zielen insbes. auf den Auswahlprozess der externen Investmentmanager sowie die vertraglichen Vereinbarungen in Bezug auf nachhaltiges Investieren. Die Tiefe und Häufigkeit der Überprüfung dieser Vereinbarungen oder bestehende Eskalationsprozesse sind weitere notwendige Angaben. Freiwillige Informationen können u.a. zu den Ergebnissen in Bezug auf die Nachhaltigkeit der externen Investments berichtet werden.[227] 222

Es werden 6 Anlageklassen unterschieden und je nach Auswahl im Modul Organisationsübersicht müssen verpflichtende Angaben bspw. zu relevanten Richtlinien sowie Pre- und Post-Investitionsprozessen für die jeweilige Anlageklasse gemacht werden. Daneben können wie beim Modul zu Investment & Stewardship-Grundsätze freiwillige „Plus"-Informationen zum Kontext der Pflichtangaben oder zu neuen Investmentpraktiken angegeben werden.[228] 223

Das Modul der Ergebnisse ist ein rein freiwilliges „Plus"-Modul. Es umfasst Informationen zu Zielen, Einzelmaßnahmen und den Fortschritten in Bezug auf die Ziele.[229] 224

2.4.4 Sonstige Aktivitäten

Neben den beschriebenen Prinzipien und dem Berichterstattungsrahmenwerk bietet PRI zahlreiche Hilfestellungen und Tools. Es gibt eine eigene PRI Academy mit Schulungsangeboten zum nachhaltigen Investieren, Webinare, Podcasts, Netzwerkveranstaltungen und diverse Publikationen zu ESG-Themen. 225

---

226 Vgl. PRI, PRI Reporting Framework – Overview and structure, 2020, S. 9f.
227 Vgl. PRI, Selection, Appointment and Monitoring of External Managers, 2021, S. 1.
228 Vgl. PRI, PRI Reporting Framework – Overview and structure, 2020, S. 10f.
229 Vgl. PRI, PRI Reporting Framework – Overview and structure, 2020, S. 11.

2.5 Value Balancing Alliance (VBA)

2.5.1 Hintergrund

226 Gesellschaften, Volkswirtschaften und Geschäftsmodelle befinden sich in einem grundlegenden Wandel hin zu mehr Nachhaltigkeit und gerechter Verteilung und Bewertung von Inputfaktoren. Um die Transformation von Wirtschaftsaktivitäten diesbzgl. zu unterstützen und voranzutreiben, benötigen Regulierungsbehörden, Finanzmarktakteure und Unternehmen belastbare und maßgeschneiderte Informationen über die Leistung und die eingesetzten externen Faktoren von Unternehmen. Allerdings ist die Methodenlandschaft zur Bewertung der Leistung von Unternehmen aus dieser Perspektive immer noch sehr fragmentiert. Hier will die Value Balancing Alliance (VBA) eine Lücke schließen.[230]

227 Als gemeinnütziger Verein vereint die VBA internationale Unternehmen aus verschiedenen Branchen und Regionen. Sie wurde 2019 als ein Zusammenschluss multinationaler Unternehmen gegründet, mit dem gemeinsamen Ziel, den Wert der Beiträge von Unternehmen für Gesellschaft, Wirtschaft und Umwelt messbar und transparent zu machen. Ökologische und soziale Auswirkungen sollen in vergleichbare Finanzdaten übersetzt werden und Kennzahlen liefern, die sich bisher nicht in der Bilanz eines Unternehmens wiederfinden. Durch gemeinsame Entwicklung und Verprobung der Methodiken und Kennzahlen soll ein standardisierter Ansatz zur Ermittlung eines ganzheitlichen Unternehmenswerts geschaffen und ein Offenlegungsrahmen für eine bessere Vergleichbarkeit der Daten entwickelt werden.[231]

228 Die VBA entwickelt und testet Konzepte, um reale Werte von unternehmerischen Aktivitäten und Geschäftsmodellen zu ermitteln (Externalitäten) und die ökologischen und sozialen Auswirkungen in vergleichbare Finanzdaten zu übersetzen (Internalisierung; s. Abb. 18).

---

230 Vgl. Forbes, Werte als Währung, www.forbes.at/artikel/werte-als-waehrung.html, abgerufen am 3.1.2022.

231 Vgl. Value Balancing Alliance, Who we are and what we fight for, www.value-balancing.com/en/about-us.html, abgerufen am 3.1.2022.

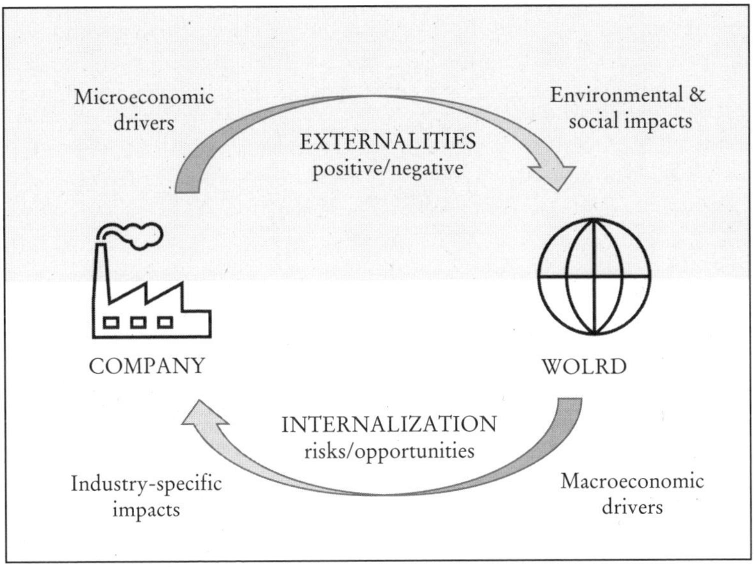

Abb. 18: Internalisierung[232]

2.5.2 Doppelte Wesentlichkeit

Im Kontext der VBA wird das Konzept der doppelten Wesentlichkeit zum einen durch den „Value to Society"- und zum anderen durch den „Value to Business"-Ansatz geprägt (s. Abb. 19). Während sich die erste Sichtweise mit dem Wertbeitrag bzw. den Auswirkungen der Organisation auf Umwelt und Gesellschaft beschäftigt, befasst sich die zweite Perspektive mit den Folgen auf die (längerfristige) finanzielle Leistung des Unternehmens unter Einfluss von Nachhaltigkeitskriterien. Beide Perspektiven sind inhärent miteinander verbunden.[233] 229

Gem. der VBA ist der wahre Wert eines Unternehmens nicht aus der Bilanz allein ablesbar, sondern beinhaltet auch die Zukunftsaussichten der Organisation und ihrer immateriellen Vermögenswerte, wie den Wert der Produkte für die Kunden, die Fähigkeiten seiner Mitarbeiter oder die Ökoeffizienz seiner Produktionsprozesse. 230

232 Quelle: Value Balancing Alliance e. V., 2021.

233 S. bzgl. doppelter Wesentlichkeit u.a. Accountancy Europe, Interconnected Standard Setting for Corporate Reporting, 2020; CDSB, Falling short?, 2020; EU Commission, Guidelines on reporting climate-related information, 2019; Natural Capital Coalition, Natural Capital Protocol, 2016, S. 15.

231 Die Entwicklung eines Standards, um diese Werte messbar und vergleichbar zu machen, hat sich die VBA auf die Fahne geschrieben und eine entsprechende Bewertungsmethode auf Basis unterschiedlicher aktueller wissenschaftlicher Erkenntnisse entwickelt. In einer Pilotanwendung bei den Mitgliedsunternehmen wurde die Ausgangsmethode weiterentwickelt.

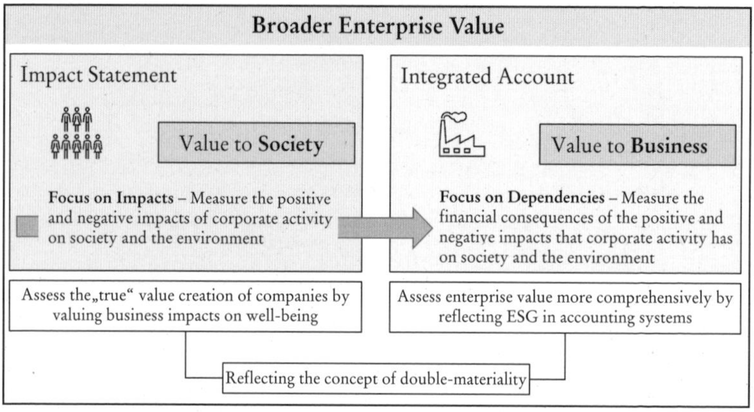

Abb. 19: Broader Enterprise Value[234]

2.5.3 Pilotprozess

232 Aufbauend auf der Arbeit führender Universitäten, der Erfahrung von Mitgliedsunternehmen sowie bestehender Rahmenwerke wurde im Jahr 2020 ein strukturierter Pilotprozess von allen damaligen Mitgliedsunternehmen aus 7 Branchen in 9 Regionen weltweit durchgeführt, um den methodischen Ansatz der VBA in der unternehmerischen Praxis zu testen und die zugrunde liegende Dokumentation zu detaillieren.[235] Kriterien in der Pilotphase waren Machbarkeit, Skalierbarkeit, Robustheit, Vergleichbarkeit, Konnektivität und Relevanz.

233 Um Entscheidungen bewerten zu können, die direkte und indirekte Auswirkungen auf die Gesellschaft oder die Umwelt haben, wie z. B. die indirekte Auswirkung von Lieferanten oder Materialien auf die Lieferkette eines Unternehmens, gilt es, die Auswirkungen der Beziehung zwischen Unternehmen und Umfeld (ökologisch und sozial) zu bewerten.

---

234 Quelle: Value Balancing Alliance e. V., 2021.

235 Vgl. VBA Publications, www.value-balancing.com/en/downloads.html, abgerufen am 3.1.2022.

Die Bewertung ist erforderlich, auch wenn der Einfluss außerhalb der engen Grenzen der gängigen Finanzberichterstattung liegt,[236] dafür aber Auswirkungen direkter oder indirekter Art in der Wertschöpfungskette erkennbar sind.[237]

2.5.4 Bewertungsmethode

2.5.4.1 Allgemeine Anforderungen

Die Bewertung (auch häufig als Impact Valuation bezeichnet) bedeutet, **234** dass die Auswirkungen auf die Gesellschaft, die Kunden, die Mitarbeiter und die Umwelt entlang der Wertschöpfungskette quantifiziert und in Geldeinheiten umgerechnet werden, wodurch ein Vergleich des Wirkungsgrads zwischen den verschiedenen Bereichen ermöglicht wird. Die Messung und Bewertung der Auswirkungen ermöglicht es, vorfinanzielle Informationen in die Finanzberichte zu integrieren, was der Realität der Finanzmärkte und der Unternehmenswelt entspricht.[238] Als Grundlage für die Bewertung der Auswirkungen dient ein gemeinsames Verständnis darüber, wie Aktivitäten und Inputs mit den Auswirkungen auf das menschliche Wohlbefinden zusammenhängen. Die VBA erläutert in ihrem Grundsatzdokument „Allgemeine Methodik" die Hintergründe der Notwendigkeit der Bewertung und die rechnerische Basis des Ansatzes.[239]

Die „Allgemeine Methodik" führt in die Berechnungsmethodik für die **235** monetäre Folgenabschätzung ein, gefolgt von vertiefenden Themenpapieren zu sozioökonomischen und ökologischen Auswirkungen. Das **Allgemeine Methodenpapier** definiert den übergreifenden Rahmen sowie die Schlüsselkonzepte und den Prozess der Methodenentwicklung. Das **Papier zur Umweltmethode** erläutert die Details der Wirkungsmessung für spezifische Umweltthemen und das **Sozioökonomische Methodenpapier** erläutert die Details für bestimmte sozioökonomische Themen. Alle Dokumente und beschriebenen Methoden befinden sich in einem Zwischenstadium und werden nach den Pilotphasen und verschiedenen Peer-Learning-Phasen im Jahr 2023 (nach aktuellem Plan) abgeschlossen sein.[240] Bis dahin sind alle Ausarbeitungen „work-in-progress", die fortwährend mit externen Experten und den Mitgliedern erprobt, diskutiert

---

236 Vgl. Value Balancing Alliance, Our Work, www.value-balancing.com/en/our-work.html, abgerufen am 3.1.2022.

237 Vgl. https://news.sap.com/2019/08/value-balancing-alliance-sap-founding-member/, abgerufen am 3.1.2022.

238 Vgl. Impact Valuation Roundtable, Operationalizing Impact Valuation, 2017.

239 Vgl. Value Balancing Alliance, Our work.

240 Vgl. VBA, Methodology Impact Statement Focus: Environment, Version 0.1, Feb. 2021.

und verbessert werden, um langfristig zu einem robusten Standardansatz zu gelangen.[241]

2.5.4.2 Allgemeines Methodenpapier

236 Das Allgemeine Methodenpapier ist das grundlegende Dokument. Es legt die Leitlinien fest, skizziert den Methodenentwicklungsprozess, erläutert den Entwicklungsprozess des Dokuments und fasst Schlüsselkonzepte und allgemeine Entscheidungen zusammen, die getroffen werden müssen und für alle wirtschaftlichen, ökologischen und sozialen Auswirkungen allgemeingültig sein sollten.

237 Ziel dieses Dokuments ist es, eine standardisierte Methodik für ein breiteres Spektrum von unternehmerischen Auswirkungen (Impacts) – über die Finanzen hinaus – darzustellen, um eine breite Akzeptanz durch Unternehmen weltweit zu erlangen. Folgende 4 Ziele bilden die Basis für die Entwicklung der VBA-Methodik:

- Entscheidungsrelevanz: die Methodik soll Anwendern zu besseren Entscheidungen verhelfen.
- Standardisierung: Ansätze sollen soweit wie möglich vereinheitlicht werden.
- Konnektivität: die VBA-Methode soll an bereits existierende (de facto) Standards anschlussfähig sein.
- Skalierbarkeit: die Methodik soll auch in verschiedenen Kontexten und gem. individueller Unternehmensstrukturen anwendbar sein.

238 Das Allgemeine Methodenpapier erläutert den Anwendern den Mehrwert von Impact Valuation (s. Abb. 20) und gibt eine umfangreiche Einführung in die Basis der Anwendung von den Grenzen der Wertschöpfungsketten über die Klassifizierungstypen von Daten bis hin zum OECD Well-being-Konzept.[242]

---

241 Vgl. VBA, Methodology Impact Statement General Paper, Version 0.1, Feb. 2021.
242 OECD, How's Life? Measuring Well-Being, 2011.

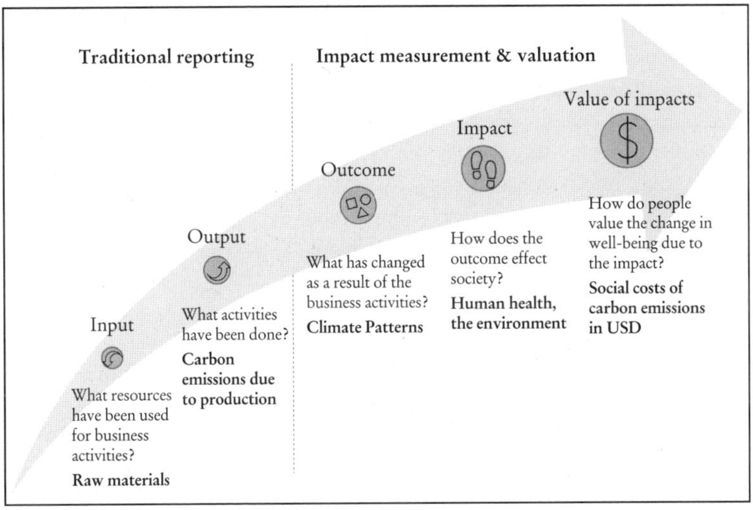

Abb. 20: From inputs to (valued) impacts[243]

2.5.4.3 Methodenpapier „Umwelt“

Folgende klimarelevante Themen wurden von der VBA initial als besonders erfolgskritisch beurteilt und haben wie folgt Eingang in das Papier zur Umweltmethode gefunden: 239

1. **Greenhouse Gas Emissions**: Durch Treibhausgase in unserer Atmosphäre wird der Klimawandel gefördert, unabhängig davon, wodurch sie verursacht oder wo sie emittiert werden. Folgen sind u. a.:
   - Verschiebung der Klimamuster,
   - steigende Meeresspiegel,
   - zunehmende extreme Wetterereignisse und
   - steigende Durchschnittstemperaturen.
2. **Andere Emissionen in die Luft**: Im Gegensatz zu Treibhausgasen, die weltweit zum Klimawandel beitragen, sind die Auswirkungen der Luftverschmutzung in erster Linie lokal oder regional. Darüber hinaus beeinflussen lokale oder regionale Faktoren, wie Wetterbedingungen und Bevölkerungsdichte, die Schwere der Auswirkungen von Luftschadstoffen.[244]

243 Entnommen VBA, Methodology Impact Statement General Paper, Version 0.1, Feb. 2021, S. 9.

244 Vgl. VBA, Methodology Impact Statement Focus: Environment, Version 0.1, Feb. 2021.

3. **Wasserverbrauch**: „Der Wasserverbrauch ist definiert als die Wassermenge, die verdunstet, in ein Produkt eingearbeitet oder so stark verschmutzt wird, dass es unbrauchbar wird."[245]
   Dort wo der Wasserverbrauch sehr hoch ist, sind meist auch die sanitären Verhältnisse schlecht, die Wasserversorgungsinfrastruktur unzureichend, die Armut groß und die Gesundheitsversorgung schlecht. Die Verantwortung für die Auswirkungen des Wasserverbrauchs tragen die Unternehmen, andere Wasserverbraucher und v.a. die lokalen und nationalen Regierungen. Die VBA-Methodik bewertet die Auswirkungen des Wasserverbrauchs von Unternehmen unter Berücksichtigung des lokalen Kontextes.
4. **Wasserverschmutzung**: Die Verschmutzung von Gewässern beeinträchtigt das menschliche Wohlbefinden und verursacht dadurch gesellschaftliche Kosten, die in diesem Kontext bewertet werden.
5. **Landnutzung**: Natürliche Landflächen mit hoher biologischer Vielfalt bringen eine Reihe an Leistungen für die Gesellschaft mit sich, indem sie Güter und Dienstleistungen, die den Lebensunterhalt sichern, liefern und eine Erholungsmöglichkeit bieten. Durch die Umwandlung von natürlichen Landflächen zu landwirtschaftlich genutzten Flächen entstehen für nachfolgende Generationen unterschiedlichste Herausforderungen. Das Ziel der Umweltmethodik ist es nun, den wirtschaftlichen Wert der verlorenen Ökosystemleistungen zu bewerten, die mit der Umwandlung und Nutzung natürlicher Landflächen verbunden sind. Diese Werte sind verbunden mit dem Nutzen, den die Gesellschaft aus den Ökosystemen zieht, wie z.B. Klimaregulierung, Bioprospektion, Nahrungs- und Treibstoffgewinnung.
6. **Abfall**: Die Entsorgung von Abfall führt zu einer Reihe von Umweltauswirkungen, die das menschliche Wohlergehen beeinträchtigen und Kosten entstehen lassen. Ziel der VBA-Methodik ist es, diese Kosten zu identifizieren und monetär zu quantifizieren. Es wird dabei nicht versucht, Kosten im Zusammenhang mit Konstruktions- oder Produktionsfehlern zu bewerten, die durch das Vorhandensein von Abfall entstanden sind, sondern die Art des Abfalls und die Methode seiner Entsorgung sind Schlüsselfaktoren, die die Umweltauswirkungen bestimmen.[246]

---

245 Mekonnen/Hoekstra, National water footprint accounts: the green, blue and grey water footprint of production and consumption, UNESCO-IHE, 2011.

246 Vgl. VBA, Methodology Impact Statement Focus: Environment, Version 0.1, Feb. 2021.

2.5.4.4 Methodenpapier „Sozioökonomie"

Das Papier zur Sozioökonomie erläutert Details für spezifische sozioökonomische Themen sowie spezifische Teilindikatoren. Aufgenommen werden die folgenden Unterpunkte und ihre Auswirkungen auf das Unternehmen: 240

1. **Gesundheit und Sicherheit am Arbeitsplatz**: Berufskrankheiten oder Unfälle am Arbeitsplatz können zu verringerter Produktivität im Unternehmen führen und auch höhere Kosten verursachen.
2. **Training**: Obwohl jede Ausbildung von Mitarbeitenden mit Kosten verbunden ist, steigert sie auch die Fähigkeiten und das Wissen der Mitarbeitenden und kann somit zu gesteigerten Einnahmeströmen führen.
3. **Bruttowertschöpfung** (BWS): Sie ist ein Maß für den Beitrag zum Bruttoinlandsprodukt (BIP), den eines einzelnen Produzenten, Wirtschaftszweigs oder Sektors. Das BIP ist seit langem eine Bewertungsmöglichkeit der wirtschaftlichen Leistung und somit des Wohlstands. Die BWS dient der Bewertung des Werts von Investitionen.[247]

2.5.4.5 Methodenpapier „Erweiterte Input-Output-Modellierung"

Das Methodenpapier „Erweiterte Input-Output-Modellierung" ist als Ergänzung zu den allgemeinen methodischen Richtlinien und spezifischen Methodenpapieren der VBA zu verstehen: So entwickelte der Ökonom Wassily Leontief in den 1930er und 1940er Jahren das System der Input-Output-Analyse (IO-Analyse) und erhielt 1973 den Nobelpreis für Wirtschaftswissenschaften.[248] Ein wichtiges Ziel der IO-Analyse besteht darin, die Wechselwirkungen zwischen Produktion und Gütern innerhalb einer Volkswirtschaft im Detail zu untersuchen. Es existiert eine breite Palette unterschiedlicher IO-Modelle und Anwendungen auf Basis von IO-Tabellen. Einfache statische IO- (Mengen-)Modelle dienen oft als Ausgangspunkt i.R.d. grundlegenden Wirkungsanalyse. Diese Modelle, die für vergleichend-statische Wirkungsanalysen (Szenarios) verwendet werden, ermöglichen Messungen der wirtschaftlichen Tätigkeit eines Unternehmens (oder eines Teils seiner Tätigkeiten) im Hinblick auf die vorgelagerten Industrien. Zudem werden in diesem Methodenpapier ausgewählte Datenbanken hinsichtlich ihrer Relevanz für die Wirkungsbewertung verglichen und den Anwendern ein detaillierter Einblick in die möglichen Anwendungsfelder gegeben.[249] 241

---

247 Vgl. VBA, Methodology Impact Statement Focus: Socio-economy, Version 0.1, März 2021.

248 Vgl. Econlib, Wassily Leontief, www.econlib.org/library/Enc/bios/Leontief.html, abgerufen am 3.1.2022.

249 Vgl. VBA, Methodology Impact Statement Extended Input-Output Modelling, Version 0.1, Mai 2021.

242 Als Mitglied der EU-Plattform „Sustainable Finance“, die von der EU mit der Entwicklung von Green Accounting Principles beauftragt wurde, und durch die Zusammenarbeit mit der OECD an inklusiven Wertschöpfungsketten hat die VBA weitere Schritte unternommen, um ihren Ansatz in der gesamten Wirtschaft zu verankern. Langfristiges Ziel der VBA ist es, eine einheitliche, international anerkannte Bewertungsmethode zur Berechnung verlässlicher Nachhaltigkeitskennzahlen zu etablieren.

243 Zum Jahresende 2021 hat die VBA das **„Disclosure Concept for Material Sustainability Matters“** veröffentlicht, das die Angabe von rück- und vorausschauenden Informationen in Bezug auf den Unternehmenswert und die Auswirkungen auf die Gesellschaft vorsieht.[250]

Treiber für die vergangenen und zukünftigen Aktivitäten der VBA sind die großen Herausforderungen unserer Zeit, allen voran die Klimakrise. Lösungen werden auf allen Ebenen benötigt und so könne man laut Gründungsmitglied Saori Dubourg (Vorständin der BASF) „nicht mit der Betriebswirtschaft des letzten Jahrhunderts die Herausforderungen der nächsten Dekade lösen, sondern müss(e) über den Tellerrand blicken und neu über Impact nachdenken“. In diesem Zusammenhang könnten Werte zur neuen Währung werden.[251]

Literaturtipps

- EWIK, Broschüre zu den SDGs mit allen 169 Unterzielen, www.globaleslernen.de/de/fokusthemen/fokus-sustainable-development-goals-sdg/broschuere-zu-den-sdgs-mit-allen-169-unterzielen, abgerufen am 3.1.2022
- GRI Standards, GRI 1: Foundation 2021
- GRI Standards, GRI 2: General Disclosures 2021
- GRI Standards, GRI 3: Material Topics 2021
- GRI Standards, GRI 11: Oil and Gas Sector 2021
- GRI Standards, GRI 101: Foundation 2016
- GRI Standards, GRI 102: General Disclosures 2016
- GRI Standards, GRI 103: Management Approach 2016
- Integrated Reporting, International Framework, January 2021
- PRI, PRI brochure 2021, 2021
- PRI, PRI Reporting Framework – Overview and structure, 2020
- Rat für Nachhaltige Entwicklung, Der Deutsche Nachhaltigkeitskodex, Maßstab für nachhaltiges Handeln, 2020

---

250 Vgl. VBA, Disclosure Concept for Material Sustainability Matters.

251 Vgl. Forbes, Werte als Währung, www.forbes.at/artikel/werte-als-waehrung.html, abgerufen am 3.1.2022.

- Rat für Nachhaltige Entwicklung, Leitfaden zum Deutschen Nachhaltigkeitskodex, Orientierungshilfe für Einsteiger, 2020
- Rat für Nachhaltige Entwicklung, Der Deutsche Nachhaltigkeitskodex (DNK), Empfehlungen des Rates für Nachhaltige Entwicklung und Dokumentation des Multistakeholderforums am 26.09.2011, 2012
- Shift & Mazars, Guidance Part II: Assurance of Human Rights Performance and Reporting, 2017
- Shift & Mazars, UN Guiding Principles Reporting Framework with implementation guidance, 2015
- Sustainability Accounting Standards Board (SASB) SASB Conceptual Framework, February 2017
- TCFD, Final Report, Recommendations of the Task Force on Climate-related Financial Disclosures, 2017
- TCFD, Annex: Implementing the Recommendations of the Task Force on Climate-related Financial Disclosures, 2021
- TCFD, Summary of Changes: 2017 to 2021 TCFD Implementing Guidance Annex, 2021
- Technical Readiness Working Group, General Requirements for Disclosure of Sustainability-related Financial Information Prototype, www.ifrs.org/content/dam/ifrs/groups/trwg/trwg-general-requirements-prototype.pdf, abgerufen am 3.1.2022
- UNGC & Deloitte, UN Global Compact Management Model, Framework for Implementation, 2010
- UN, Guiding Principles on Business and Human Rights, 2011
- VRF, SASB Standards, Materiality Finder, www.sasb.org/standards/materiality-finder/, abgerufen 3.1.2022

§ 9 Handelsrechtliche Nachhaltigkeitsberichterstattung

Überblick

Mit dem CSR-Richtlinie-Umsetzungsgesetz wurden erstmals für Geschäftsjahre, die nach dem 31.12.2016 beginnen, zusätzliche Berichtspflichten über nichtfinanzielle Informationen für bestimmte Unternehmen des öffentlichen Interesses geschaffen. Den gesetzlichen Vertretern dieser Unternehmen stellt sich damit die Herausforderung, zusätzlich zu den bereits bestehenden Pflichten, eine nichtfinanzielle (Konzern-)Erklärung aufzustellen. Damit ist ein breites Spektrum von Berichtsanforderungen zu Umwelt-, Arbeitnehmer- und Sozialbelangen, zur Achtung der Menschenrechte und zur Bekämpfung von Korruption und Bestechung verbunden. Die nichtfinanziellen Berichtspflichten werden künftig durch die CSRD inhaltlich erweitert werden und zudem einen weitaus größeren Kreis an Unternehmen verpflichtend betreffen.

1 Nichtfinanzielle Erklärung

1.1 Pflicht zur Aufstellung

Mit Verabschiedung der sog. **CSR-Richtlinie** am 15.11.2014 im Amtsblatt der EU wurde erstmalig die Aufstellung einer nichtfinanziellen Erklärung für bestimmte Unternehmen von öffentlichem Interesse eingeführt.[1] Zweck der Richtlinie war es, die Transparenz einer Sozial- und Umweltberichterstattung durch rechtliche Mindestanforderungen auf ein vergleichbar hohes Niveau anzuheben.[2] Die Transformation der Richtlinie in nationales Recht erfolgte durch das am 18.4.2017 im Bundesgesetzblatt veröffentlichte CSR-Richtlinie-Umsetzungsgesetz.[3] Durch das Gesetz wurde die europäische Richtlinie annähernd eins zu eins umgesetzt.[4] 1

1 Richtlinie 2014/95/EU des Europäischen Parlaments und des Rates vom 22.10.2014 zur Änderung der Richtlinie 2013/34/EU im Hinblick auf die Angabe nichtfinanzieller und die Diversität betreffender Informationen durch bestimmte große Unternehmen und Gruppen, ABl. EU v. 15.11.2014, L 330/1 ff.

2 Richtlinie 2014/95/EU, Erwägungsgründe 1 und 5.

3 Gesetz zur Stärkung der nichtfinanziellen Berichterstattung der Unternehmen in ihren Lage- und Konzernlageberichten (CSR-Richtlinie-Umsetzungsgesetz) vom 11.4.2017, BGBl. 2017 I, S. 802 ff.

4 BT-Drs. 18/11450 v. 8.3.2017, S. 43.

2 Das **CSR-Richtlinie-Umsetzungsgesetz** verpflichtet i. W. Kapitalgesellschaften und haftungsbeschränkte Personenhandelsgesellschaften i. S. d. § 264a HGB (s. zur nichtfinanziellen Konzernerklärung Rz 51 ff.), für Geschäftsjahre mit Beginn nach dem 31.12.2016 eine sog. nichtfinanzielle Erklärung aufzustellen, sofern diese

- in 2 aufeinanderfolgenden Geschäftsjahren die Kriterien für große Gesellschaften nach § 267 Abs. 3 S. 1 HGB überschreiten,
- kapitalmarktorientiert i. S. d. § 264d HGB sind[5] und
- in 2 aufeinanderfolgenden Geschäftsjahren im Jahresdurchschnitt mehr als 500 Arbeitnehmer beschäftigen.[6]

Die Fiktion gem. § 267 Abs. 3 S. 2 HGB, wonach kapitalmarktorientierte Unternehmen stets als große Unternehmen i. S. d. § 267 HGB gelten, ist aufgrund des Verweises in § 289b Abs. 1 Nr. 1 HGB als unbeachtlich anzusehen.

3 Darüber hinaus unterliegen Kreditinstitute, Versicherungsunternehmen und Finanzdienstleistungsinstitute[7] bei Erfüllung der vorstehenden Kriterien dieser Verpflichtung. Das Kriterium der Kapitalmarktorientierung ist von diesen Unternehmen nicht zwingend zu erfüllen.

4 Die Festlegung der **Kriterien gem. § 267 HGB** (Bilanzsumme, Umsatzerlöse und durchschnittliche Arbeitnehmerzahl) hat auf Grundlage der Abschlussbestandteile (Bilanz, GuV und Anhang) zu erfolgen.

5 Unter den **Arbeitnehmerbegriff** werden alle Beschäftigten subsumiert, die weisungsgebundene Tätigkeiten gegen Entlohnung ausführen. Leiharbeitnehmer sind dementsprechend bei der Ermittlung der beschäftigten Arbeitnehmer nicht zu berücksichtigen. Auch Leitungsorgane gelten i. d. R. nicht als Arbeitnehmer i. S. v. § 267 HGB. Unerheblich ist ferner, ob die Arbeitsverhältnisse einer zeitlichen Befristung unterliegen. Eine Umrechnung auf Vollarbeitskräfte hat nicht zu erfolgen. Der Jahresdurchschnitt der Arbeitnehmerzahl ist als Durchschnitt aus den Zahlen zum 31.3., 30.6., 30.9. und 31.12. des jeweiligen Geschäftsjahrs zu ermitteln.[8]

6 Sind die Voraussetzungen des § 289b Abs. 1 HGB erfüllt, haben die berichtspflichtigen Unternehmen ihren Lagebericht um eine nichtfinan-

---

5 Die Kapitalmarktorientierung muss dagegen nicht an 2 aufeinanderfolgenden Stichtagen gegeben sein.

6 Vgl. § 289b Abs. 1 HGB, Art. 80 EGHGB.

7 Vgl. §§ 340a Abs. 1a HGB, 341a Abs. 1a HGB und § 340 Abs. 4 i. V. m. § 340a Abs. 1a HGB.

8 Vgl. IDW Positionspapier, Pflichten und Zweifelsfragen zur nichtfinanziellen Erklärung als Bestandteil der Unternehmensführung, Stand: 14.6.2017, S. 12.

zielle Erklärung zu erweitern (s. zu den Möglichkeiten der Verortung Rz 36 ff.).

1.2 Befreiung

Nach § 289b Abs. 2 HGB ist ein Unternehmen von der Pflicht zur Erweiterung des Lageberichts um eine nichtfinanzielle Erklärung befreit, sofern es **in den Konzernlagebericht eines Mutterunternehmens einbezogen** wird und das Mutterunternehmen eine nichtfinanzielle Konzernerklärung im Einklang mit der Richtlinie 2013/34/EU aufstellt und veröffentlicht. 7

Für die Befreiung unerheblich ist, ob das (befreiende) Mutterunternehmen seinen Sitz in der EU, dem EWR oder einem Drittstaat hat. Auch ist es für die Befreiung unbeachtlich, ob die Aufstellung der nichtfinanziellen Konzernerklärung beim Mutterunternehmen aufgrund einer gesetzlichen Verpflichtung oder freiwillig erfolgt.

Der um eine nichtfinanzielle Erklärung ergänzte Konzernlagebericht entfaltet nur dann eine befreiende Wirkung, wenn dieser nach Maßgabe des nationalen Rechts eines Mitgliedstaats der EU oder eines EWR-Vertragsstaats im Einklang mit der EU-Bilanzrichtlinie aufgestellt wird, eine nichtfinanzielle Konzernerklärung beinhaltet sowie in deutscher oder englischer Sprache öffentlich zugänglich gemacht wird. Nach dem Wortlaut des § 289b Abs. 2 S. 1 Nr. 2 HGB muss der Konzernlagebericht einschl. der nichtfinanziellen Konzernerklärung nach Maßgabe des nationalen Bilanzrechts eines EU/EWR-Staats im Einklang mit der EU-Bilanzrichtlinie aufgestellt werden. Nach dem Sinn und Zweck ist es jedoch ausreichend, wenn lediglich die nichtfinanzielle Konzernerklärung diesen Anforderungen entspricht. Gleiches gilt für die Sprache, in der die Veröffentlichung erfolgt. Auch hier ist vertretbar, wenn nur die nichtfinanzielle Konzernerklärung dieser Anforderung genügt. 8

Die Inanspruchnahme der Befreiung ist gem. § 289b Abs. 2 S. 3 HGB im Lagebericht des Tochterunternehmens anzugeben. Zusätzlich ist im Lagebericht des Tochterunternehmens aufzunehmen, wer das den Konzernlagebericht erstellende Mutterunternehmen ist und wo dieser Konzernlagebericht öffentlich zugänglich ist. 9

Darüber hinaus sind Unternehmen auch dann von der Aufstellung einer nichtfinanziellen Erklärung befreit, wenn diese aufgrund anderer Befreiungsvorschriften keinen Lagebericht aufstellen müssen. Die Pflicht zur 10

Erstellung der nichtfinanziellen Erklärung knüpft an die Pflicht zur Aufstellung eines Lageberichts an.[9]

11 Die Möglichkeit zur Befreiung gilt gem. § 289b Abs. 2 S. 2 HGB entsprechend für den Fall des Einbezugs in einen sog. **gesonderten nichtfinanziellen Konzernbericht** des Mutterunternehmens.[10]

1.3 Inhalt der nichtfinanziellen Erklärung

1.3.1 Gesetzliche Anforderungen

12

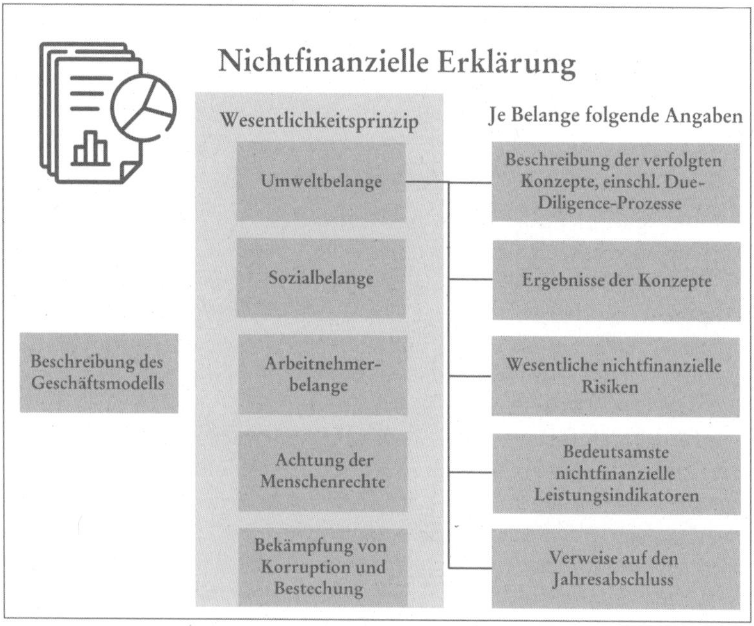

Abb. 1: Inhalt der nichtfinanziellen Erklärung gem. § 289c HGB

---

9 Vgl. §§ 264 Abs. 3, 264b HGB.

10 Zu den Voraussetzungen der Befreiungen s. a. Störk/Schäfer/Schönberger, Beck'scher Bilanzkommentar, 12. Aufl., 2020, § 289b, Rz. 30 ff.; Bertram/Kessler/Müller, HGB Bilanz Kommentar, 12. Aufl., 2021, § 289b, Rz. 14 ff.

In der nichtfinanziellen Erklärung[11] ist das **Geschäftsmodell** des Unternehmens gem. § 289c Abs. 1 HGB kurz darzustellen. Das Gesetz trifft zur konkreten inhaltlichen Ausgestaltung der Beschreibung keine näheren Aussagen. Es kann davon ausgegangen werden, dass die inhaltlichen Anforderungen zur Beschreibung des Geschäftsmodells für die nichtfinanzielle Erklärung nicht von den Anforderungen des allgemeinen Lageberichtsteils abweichen. Sofern die Beschreibung des Geschäftsmodells bisher die nichtfinanziellen Belange nicht berücksichtigt, empfiehlt es sich jedoch, bestehende Ausführungen zur Darstellung des Geschäftsmodells auf diese Belange zu erweitern.

Die nichtfinanzielle Erklärung hat sich gem. § 289c Abs. 2 HGB mind. auf nachfolgende Aspekte zu beziehen: 13

- Umweltbelange,
- Arbeitnehmerbelange,
- Sozialbelange,
- Achtung der Menschenrechte sowie
- Bekämpfung von Korruption und Bestechung.

Umweltbelange können sich z. B. auf Angaben zu Sachverhalten wie Treibhausgasemissionen, Wasserverbrauch, Luftverschmutzung, Nutzung von erneuerbaren und nicht erneuerbaren Energien oder den Schutz der biologischen Vielfalt beziehen. **Arbeitnehmerbelange** können u. a. umfassen: Sicherstellung der Geschlechtergleichstellung, Umsetzung grundlegender Übereinkommen der Internationalen Arbeitsorganisation, Gesundheitsschutz oder Sicherheit am Arbeitsplatz. **Sozialbelange** können z. B. den Dialog auf kommunaler bzw. regionaler Ebene oder Maßnahmen, die zur Sicherstellung des Schutzes und der Entwicklung lokaler Gemeinschaften ergriffen wurden, beinhalten. I. R. d. **Achtung der Menschenrechte** können sich die Angaben bspw. auf die Vermeidung von Menschenrechtsverletzungen beziehen. Der Aspekt der **Bekämpfung von Korruption und Bestechung** kann u. a. vorhandene Instrumente zur Bekämpfung von Korruption und Bestechung umfassen.[12]

Zwar sind die vorstehenden Aspekte als Mindestaspekte anzusehen, die 14
jedoch unter dem Vorbehalt der **Wesentlichkeit** stehen. In Ausnahmefällen können einzelne Aspekte in der nichtfinanziellen Erklärung eines Unternehmens unter Angabe der Gründe als unwesentlich anzusehen sein.

---

11 Im Folgenden werden aus Gründen der besseren Lesbarkeit die Formen der nichtfinanziellen (Konzern-)Erklärung, des gesonderten nichtfinanziellen (Konzern-)Berichts sowie der zusammengefassten nichtfinanziellen Erklärung und des zusammengefassten gesonderten nichtfinanziellen Berichts unter dem Begriff der nichtfinanziellen Erklärung zusammengefasst.

12 Vgl. § 289c Abs. 2 HGB.

Praxis-Beispiel
Für ein Start-up-Unternehmen aus dem Bereich Banken und Finanzen, welches seine Geschäftstätigkeit in gemieteten Räumen ausübt, kann bspw. der Umweltbelang unwesentlich sein, im Gegensatz zu einem produzierenden Unternehmen bspw. aus der Stahlbranche.

15 Sollten weitere Aspekte (z.B. Kundenbelange, Produktbelange, Datenschutz bzw. Datensicherheit) durch das Unternehmen als wesentlich erachtet werden, sind diese zwingend zusätzlich in die nichtfinanzielle Erklärung aufzunehmen.[13]

16 Nach § 289c Abs. 3 HGB sind zu diesen Aspekten und Sachverhalten diejenigen Informationen darzulegen, die für das Verständnis des Geschäftsverlaufs, des Geschäftsergebnisses, der Lage des Unternehmens (Geschäftsrelevanz) und gleichzeitig für das Verständnis der Auswirkungen der Unternehmenstätigkeit auf diese Aspekte bzw. Sachverhalte (Auswirkungsrelevanz) erforderlich sind (s. dazu abweichend Rz 72).

Unternehmen haben in der nichtfinanziellen Erklärung zu den einzelnen Aspekten bzw. Sachverhalten nachfolgende Angaben aufzunehmen:

- Konzepte (einschl. Due-Diligence-Prozesse),
- Ergebnisse der Konzepte,
- wesentliche Risiken, die
  - mit der eigenen Geschäftstätigkeit verknüpft sind und sehr wahrscheinlich schwerwiegende negative Auswirkungen auf die Aspekte bzw. Sachverhalte haben bzw. haben werden,
  - mit den Geschäftsbeziehungen sowie den Produkten und Dienstleistungen verbunden sind und sich sehr wahrscheinlich schwerwiegend negativ auf die Aspekte bzw. Sachverhalte auswirken bzw. auswirken werden,
- bedeutsamste nichtfinanzielle Leistungsindikatoren sowie
- ggf. Hinweise auf im Jahresabschluss ausgewiesene Beträge.

17 Die verfolgten **Konzepte** sind auf Grundlage der Ziele und Maßnahmen des Unternehmens zu beschreiben. I.R.d. Beschreibung sind Ziele einschl. des Ausmaßes und Zeitbezugs, sofern intern festgelegt, zu erläutern. Dabei sind Maßnahmen grds. stets mit Inhalt und Zeitbezug darzustellen.[14]

---

13 Vgl. IDW Positionspapier, Pflichten und Zweifelsfragen zur nichtfinanziellen Erklärung als Bestandteil der Unternehmensführung, Stand: 14.6.2017, S. 13.

14 Vgl. DRS 20.265 und DRS 20.267f.

Praxis-Beispiel
Es wird das Ziel verfolgt, die gesamten Emissionen in den nächsten 5 Jahren um 40 % zu senken. Um dieses Ziel zu erreichen, erfolgt in den nächsten 3 Jahren die Umstellung auf den Bezug von Ökostrom. Zusätzlich wird der Fuhrpark in den kommenden 5 Jahren sukzessive von Verbrennungsmotoren auf Elektrofahrzeuge umgestellt.

Bei Darstellung der Due-Diligence-Prozesse ist auf angewandten Verfahren zur Erkennung, Verhinderung oder Abschwächung von bestehenden oder potenziellen negativen Auswirkungen auf die nichtfinanziellen Aspekte bzw. Sachverhalte einzugehen. Umfasst ein Konzept hingegen keine Due-Diligence-Prozesse, muss diesbzgl. keine Berichterstattung erfolgen.[15] 18

In der nichtfinanziellen Erklärung ist darüber hinaus über die **Ergebnisse der verfolgten Konzepte** zu berichten. Zur Darstellung von Ergebnissen aus verfolgten Konzepten eignen sich Beschreibungen über Ausmaß der Zielerreichung oder den Stand der Maßnahmenrealisierung. Sofern ausnahmsweise ein Konzept zu keinen Ergebnissen geführt hat, ist auch dies zu berichten.[16] 19

Wird durch das Unternehmen zu einem oder mehreren Aspekten kein Konzept verfolgt, so ist dieses gem. § 289c Abs. 4 HGB klar und begründet darzulegen („**Comply or explain**"). Sollte für einen Aspekt kein Konzept bestehen, so bleiben die weiteren Angabeverpflichtungen, z.B. zu den wesentlichen Risiken, davon unberührt. 20

Gem. § 289c Abs. 3 Nr. 3 und 4 HGB sind die **wesentlichen Risiken**, die mit der eigenen Geschäftstätigkeit, den Geschäftsbeziehungen oder den Produkten und Dienstleistungen verknüpft sind und die sehr wahrscheinlich schwerwiegende Auswirkungen auf die nichtfinanziellen Aspekte haben oder haben werden, anzugeben. Das Gesetz definiert jedoch nicht, was unter dem Begriff der Risiken zu verstehen ist. Darüber hinaus ist die Handhabung dieser Risiken durch das Unternehmen zu beschreiben. Die Angabe von Risiken, die mit den Geschäftsbeziehungen sowie den Produkten oder Dienstleistungen des Unternehmens verbunden sind, steht unter dem Vorbehalt der Bedeutsamkeit und Verhältnismäßigkeit. 21

In der nichtfinanziellen Erklärung sind nur solche Risiken darzustellen, die von der Geschäftstätigkeit des Unternehmens, den Geschäftsbeziehungen sowie Produkten und Dienstleistungen im Hinblick auf die **nach-**

15 Vgl. DRS 20.269f. und DRS 20.295.
16 Vgl. DRS 20.275f.

haltigkeitsbezogenen Aspekte bestehen. Risiken, die hingegen auf das Unternehmen wirken (z. B. going-concern-Risiken aus der Finanzberichterstattung), sind nicht Gegenstand dieser Betrachtung.

22 Die Bestimmung der **bedeutsamsten nichtfinanziellen Leistungsindikatoren** hat sich am Kriterium einer internen Steuerungsrelevanz zu bemessen. Neben der quantitativen Unternehmensleistung in Bezug auf die nichtfinanziellen Aspekte bzw. Sachverhalte sind die wesentlichen Veränderungen der Leistungsindikatoren darzulegen und zu erläutern.[17]

Praxis-Beispiel[18]
- Tonnen CO_2-Ausstoß pro Jahr (Umweltbelange),
- Mitarbeiterzufriedenheit (Arbeitnehmerbelange),
- Spenden an gemeinnützige Organisationen (Sozialbelange),
- Anzahl der Fälle von Kinderarbeit bei überprüften Lieferanten (Achtung der Menschenrechte),
- Anzahl bestätigter Korruptionsfälle im Geschäftsjahr (Bekämpfung von Korruption und Bestechung).

23 Eine Beschreibung von Konzepten sowie Darstellung von Risiken und Leistungsindikatoren sollten grds. auf Sachverhaltsebene vorgenommen werden. Eine übergreifende Darstellung von Informationen kann vereinfachend erfolgen, sofern sich mehrere Sachverhalte auf einen Aspekt beziehen.[19]

24 Sofern für das Verständnis der nichtfinanziellen Erklärung im Zusammenhang mit dem Jahresabschluss erforderlich, sind Hinweise auf **Beträge im Jahresabschluss** erläuternd aufzunehmen.[20]

25 Gem. § 289d HGB können zur Aufstellung einer nichtfinanziellen Erklärung **Rahmenwerke** vollständig oder auch nur in Teilen genutzt werden. Die Nutzung eines Rahmenwerks ist in der nichtfinanziellen Erklärung zu erläutern. Wurde indes kein Rahmenwerk verwendet, ist dies zu begründen. Bei der Nutzung eines Rahmenwerks ist zu beachten, dass für die nichtfinanzielle Erklärung die Vorschriften des HGB maßgeblich sind. Abweichungen zwischen den Vorschriften des HGB und einem verwendeten Rahmenwerk können sich z. B. aus unterschiedlichen Definitionen der Wesentlichkeit ergeben. Die nach dem HGB geforderten

---

17 Vgl. DRS 20.284 i. V. m. DRS 20.106 und DRS 20.113.

18 Vgl. DRS 20.286.

19 Vgl. IDW Positionspapier, Pflichten und Zweifelsfragen zur nichtfinanziellen Erklärung als Bestandteil der Unternehmensführung, Stand: 14.6.2017, S. 13.

20 Vgl. § 289c Abs. 3 Nr. 6 HGB.

Informationen sind auch bei der Verwendung eines Rahmenwerks vollständig darzustellen.[21]

Nach § 289e HGB können **Angaben** zu künftigen Entwicklungen oder Belangen, über die Verhandlungen geführt werden, **entfallen**, sofern die Angaben nach vernünftiger kaufmännischer Beurteilung der Unternehmensleitung dazu geeignet sind, dem Unternehmen einen erheblichen Nachteil zuzufügen. Das Weglassen der Angaben darf zudem nicht ein den tatsächlichen Verhältnissen entsprechendes und ausgewogenes Verständnis des Geschäftsverlaufs, des Geschäftsergebnisses, der Lage des Unternehmens und der Auswirkungen seiner Tätigkeit auf die nachhaltigkeitsbezogenen Aspekte verhindern. Die Anwendung dieser Regelung ist nur in Ausnahmefällen möglich.[22] Unternehmen, die die Regelung anwenden, sind bei einem Wegfall der Voraussetzungen nach der Veröffentlichung der nichtfinanziellen Erklärung verpflichtet, die unterlassenen Angaben in die darauffolgende nichtfinanzielle Erklärung mit aufzunehmen.[23] 26

1.3.2 Unverbindliche Leitlinien

Am 5.7.2017 wurden die „Leitlinien für die Berichterstattung über nichtfinanzielle Informationen“ durch die Europäische Kommission im Amtsblatt der EU veröffentlicht. Die Leitlinien haben lediglich einen unverbindlichen Charakter. Mit den unverbindlichen Leitlinien sollen die berichtspflichtigen Unternehmen unterstützt werden, die geforderten nichtfinanziellen Informationen u. a. auf eine relevante und vergleichbare Weise offenzulegen.[24] 27

Die unverbindlichen Leitlinien stellen selbst kein selbstständiges Rahmenwerk dar, sondern wurden auf der Grundlage mehrerer anerkannter Rahmenwerke erarbeitet. Die Nutzung der Leitlinien lässt die Möglichkeit zur Verwendung eines Rahmenwerks nach § 289d HGB unberührt. Die unverbindlichen Leitlinien sind prinzipienorientiert ausgestaltet und gewährleisten damit die Anwendbarkeit für eine große Bandbreite an Unternehmen.[25] In den unverbindlichen Leitlinien werden **6 Grundsätze der Berichterstattung** aufgeführt: 28

---

21 Vgl. IDW Positionspapier, Pflichten und Zweifelsfragen zur nichtfinanziellen Erklärung als Bestandteil der Unternehmensführung, Stand: 14.6.2017, S. 14.

22 Vgl. DRS 20.304.

23 Vgl. § 289e Abs. 2 HGB.

24 Europäische Kommission, Leitlinien für die Berichterstattung über nichtfinanzielle Informationen (Methode zur Berichterstattung über nichtfinanzielle Informationen), ABl. EU v. 5.7.2017, C 215/1 ff.

25 Vgl. EU-Leitlinien, ABl. EU v. 5.7.2017, C 215/4 f.

- Offenlegung wesentlicher Informationen,
- den tatsächlichen Verhältnissen entsprechend, ausgewogen und verständlich,
- umfassend, aber prägnant,
- strategisch und zukunftsorientiert,
- Ausrichtung auf die Interessenträger sowie
- konsistent und kohärent.[26]

29 Mittelpunkt der unverbindlichen Leitlinien bildet die Erläuterung der von der Richtlinie 2014/95/EU geforderten Inhalte einer nichtfinanziellen Erklärung. Sie enthalten ferner Detaillierungen zum Geschäftsmodell sowie zu Konzepten, Risiken und Leistungsindikatoren. Darüber hinaus werden durch die unverbindlichen Leitlinien Verweise auf spezifische weiterführende Informationen gegeben. In Bezug auf die einzelnen Aspekte enthalten sie Beispiele für Sachverhalte und Leistungsindikatoren.[27]

30 Am 20.6.2019 wurde durch die Europäische Kommission im Amtsblatt der EU ein **Nachtrag zur klimabezogenen Berichterstattung** zu den bestehenden Leitlinien für die Berichterstattung über nichtfinanzielle Informationen veröffentlicht.[28] Der Nachtrag zur klimabezogenen Berichterstattung dient ebenso wie die Leitlinien für die Berichterstattung über nichtfinanzielle Informationen als eine unverbindliche Hilfestellung. Durch den Nachtrag zur klimabezogenen Berichterstattung soll die Einbindung speziell klimabezogener Informationen in nichtfinanzielle Erklärungen gefördert, jedoch keine selbstständige Klimaberichterstattung geschaffen werden.[29]

31 Durch den **Nachtrag zur klimabezogenen Berichterstattung** werden i.W. Angaben empfohlen und Vorschläge für konkretere Informationen
- zum Geschäftsmodell,
- zu Konzepten, einschl. deren Ergebnisse,
- zu wesentlichen Risiken und
- insbes. auch zu Leistungsindikatoren in Bezug auf Klimawandel und Klimaschutz gegeben.[30]

---

26 Vgl. EU-Leitlinien, ABl. EU v. 5.7.2017, C 215/5 ff.

27 Vgl. EU-Leitlinien, ABl. EU v. 5.7.2017, C 215/10 ff.

28 Europäische Kommission, Leitlinien für die Berichterstattung über nichtfinanzielle Informationen: Nachtrag zur klimabezogenen Berichterstattung, ABl. EU v. 20.6.2019, C 209/1 ff.

29 Vgl. EU-Leitlinien, ABl. EU v. 20.6.2019, C 209/2 ff.

30 Vgl. EU-Leitlinien, ABl. EU v. 20.6.2019, C 209/8 ff.

32 Der Nachtrag zur klimabezogenen Berichterstattung basiert auf den Inhalten der Richtlinie 2014/95/EU sowie der Leitlinien für die Berichterstattung über nichtfinanzielle Informationen, enthält teilweise jedoch Abweichungen. So sollen gem. des Nachtrags zur klimabezogenen Berichterstattung bereits auch dann Angaben zum Klimawandel und zum Klimaschutz dargelegt werden, wenn dieser Sachverhalt lediglich aus einer der beiden Perspektiven (Geschäfts- oder Auswirkungsrelevanz) als wesentlich einzustufen ist. Die Perspektive der **Geschäftsrelevanz**, die die Auswirkungen des Klimawandels auf das Unternehmen zum Gegenstand hat, wird im Nachtrag zur klimabezogenen Berichterstattung als **finanzielle Wesentlichkeit** bezeichnet. Die **Auswirkungsrelevanz**, die die Auswirkungen des Unternehmens auf das Klima beinhaltet, umfasst die **ökologische und soziale Wesentlichkeit**:[31]

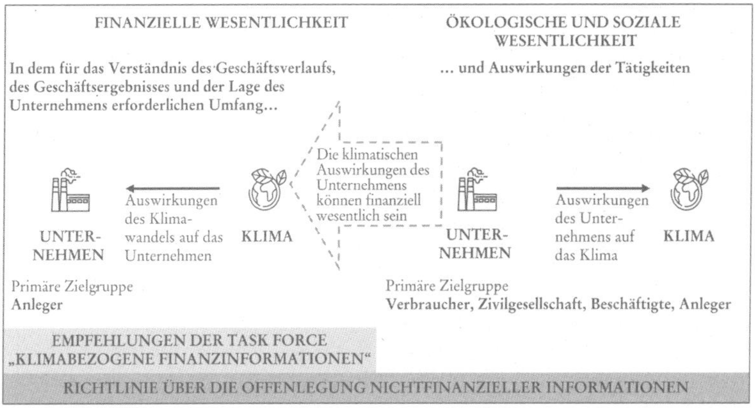

Abb. 2: Die doppelte Wesentlichkeitsperspektive der Richtlinie über die Angabe nichtfinanzieller Informationen im Kontext der Angabe klimabezogener Informationen

33 Nach dem Nachtrag zur klimabezogenen Berichterstattung sollen sowohl Informationen zu klimabezogenen Risiken, die vom Unternehmen auf das Klima ausgehen, als auch Risiken, die durch den Klimawandel auf das Unternehmen hinwirken, angegeben werden. Zudem sollen Interdependenzen des Unternehmens von Natur-, Human- und Sozialkapital sowie klimabedingte Chancen durch Produkte/Dienstleistungen, die zum Klimaschutz bzw. zum Klimawandel beitragen, dargelegt werden:[32]

---

31 Vgl. EU-Leitlinien, ABl. EU v. 20.6.2019, C 209/4 f.
32 Vgl. EU-Leitlinien, ABl. EU v. 20.6.2019, C 209/5 ff.

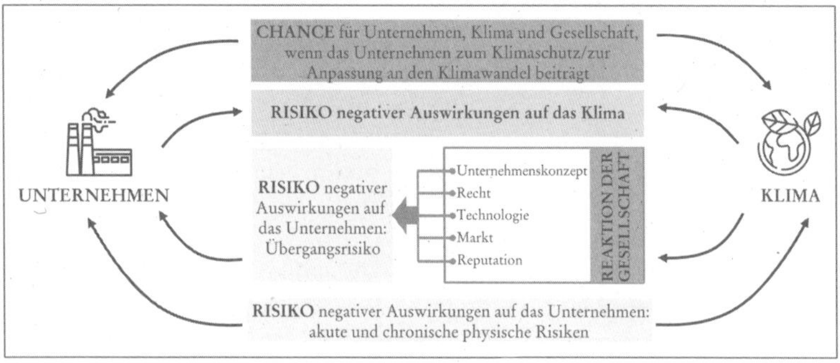

Abb. 3: Klimabedingte Risiken und Chancen

34 Bei der Beurteilung der Wesentlichkeit sowie der Angabe von Risiken, Abhängigkeiten und Chancen soll die gesamte Wertschöpfungskette des Unternehmens berücksichtigt werden.[33]

35 Der Nachtrag zur klimabezogenen Berichterstattung empfiehlt u.a. die Verwendung der nachfolgenden **Leistungsindikatoren**:

- die Treibhausgasemissionen,
- den Energieverbrauch/die Energieerzeugung aus erneuerbaren bzw. nicht erneuerbaren Quellen,
- den Anteil der Investitionen/des Umsatzes durch Produkte mit einem erheblichen Beitrag zum Klimaschutz und
- die Quote klimabezogener grüner Anleihen/Schuldtitel.[34]

1.3.3 Verortung der nichtfinanziellen Erklärung

36 Gem. § 289b Abs. 1 S. 1 HGB ist die nichtfinanzielle Erklärung als **Bestandteil des Lageberichts** anzusehen. Sofern die nichtfinanzielle Erklärung einen besonderen Abschnitt im Lagebericht bildet, darf zu nichtfinanziellen Angaben auf andere Stellen im Lagebericht verwiesen werden. Die nichtfinanzielle Erklärung kann darüber hinaus auch an geeigneten Stellen im Lagebericht erfolgen.

Die **Verweismöglichkeiten** im Lagebericht beschränken sich auf die Pflichtangaben der nichtfinanziellen Erklärung. Verweise auf Angaben im Anhang sind, bis auf die Ausnahme des § 289c Abs. 3 Nr. 6 HGB, nicht zulässig. Sofern die Verortung der nichtfinanziellen Erklärung innerhalb

[33] Vgl. EU-Leitlinien, ABl. v. 20.6.2019, C 209/5 ff.

[34] Vgl. EU-Leitlinien, ABl. EU v. 20.6.2019, C 209/13 ff.

des Lageberichts an geeigneten Stellen erfolgt, sollten zur Übersichtlichkeit an zentraler Stelle (z. B. mittels einer Tabelle) entsprechende Verweise aufgenommen werden.

Darüber hinaus ist es zulässig, die nichtfinanzielle Erklärung in einem **gesonderten nichtfinanziellen Bericht** darzustellen. In diesem Fall hat der Lagebericht auf den gesonderten nichtfinanziellen Bericht Bezug zu nehmen. Der gesonderte nichtfinanzielle Bericht ist zudem entweder offenzulegen oder auf der Internetseite des Unternehmens spätestens 4 Monate nach dem Abschlussstichtag für mind. 10 Jahre öffentlich zugänglich zu machen.[35] Der gesonderte nichtfinanzielle Bericht kann als eigenständiger Bericht aufgestellt werden oder in einer anderen Berichterstattung, wie z. B. einer **Nachhaltigkeitsberichterstattung**, Eingang finden.[36] 37

1.4 Prüfung der nichtfinanziellen Erklärung

Die nichtfinanzielle Erklärung unterliegt inhaltlich nicht der Abschlussprüfung. Gem. § 317 Abs. 2 S. 4 HGB ist im Hinblick auf die Vorgaben zur nichtfinanziellen Erklärung nur durch den Abschlussprüfer zu prüfen, ob die nichtfinanzielle Erklärung vorgelegt wurde. In diesem Zusammenhang hat der **Abschlussprüfer** gem. ISA [DE] 720 (Tz. 14f.) die nichtfinanzielle Erklärung **kritisch** zu **lesen**. Die inhaltliche Prüfung der nichtfinanziellen Erklärung obliegt nicht dem Abschlussprüfer. Jedoch hat der **Aufsichtsrat** gem. § 171 Abs. 1 S. 1 AktG die nichtfinanzielle Erklärung **inhaltlich** zu **prüfen**. Eine Prüfung der nichtfinanziellen Erklärung kann jedoch in Erweiterung der Prüfung des Lageberichts durch den Abschlussprüfer beauftragt werden. Soweit eine solche Prüfung durch den Abschlussprüfer erfolgt, muss diese zwingend zur Erzielung einer hinreichenden Sicherheit für das Prüfungsurteil durchgeführt werden. 38

Im Fall der Veröffentlichung auf der Internetseite des Unternehmens spätestens 4 Monate nach dem Abschlussstichtag hat der Abschlussprüfer durch eine ergänzende Prüfung gem. § 317 Abs. 2 S. 5 HGB nachzuhalten, ob der gesonderte nichtfinanzielle Bericht vorgelegt wurde. Das Gesetz sieht eine ergänzende Prüfung für einen gesonderten nichtfinanziellen Bericht, der zusammen mit dem Lagebericht im Bundesanzeiger offengelegt wird, im Vergleich dazu nicht vor.[37] 39

---

35 Vgl. § 289b Abs. 3 HGB.
36 Vgl. DRS 20.252.
37 Vgl. zur Behandlung der nichtfinanziellen Berichterstattung durch den Abschlussprüfer IDW PH 9.350.2.

40 Der Aufsichtsrat kann nach § 111 Abs. 2 S. 4 AktG eine **freiwillige Prüfung** der nichtfinanziellen Erklärung durch einen externen Dienstleister beauftragen. Eine solche Prüfung stellt eine betriebswirtschaftliche Prüfung i.S.v. § 2 Abs. 1 WPO dar und ist als Nichtprüfungsleistung keine Vorbehaltsaufgabe des Wirtschaftsprüfers. Derartige Prüfungen werden jedoch fast ausschl. durch Wirtschaftsprüfer durchgeführt. Nach § 289b Abs. 4 HGB ist, sofern die nichtfinanzielle Erklärung überprüft worden ist, auch die Beurteilung des Prüfungsergebnisses in gleicher Weise öffentlich zugänglich zu machen.

41 Eine freiwillige Prüfung der nichtfinanziellen Erklärung erfolgt überwiegend auf der Grundlage des internationalen Standards ISAE 3000 (Rev.) „Assurance Engagements Other than Audits or Reviews of Historical Financial Information", in dem u.a. die Prüfungsmethodologie, Berichterstattung und Erteilung von Vermerken festgelegt sind.[38] Der Prüfungsstandard bietet die Möglichkeit einer Prüfung mit einer begrenzten Sicherheit oder hinreichenden Sicherheit für das Prüfungsurteil.[39]

Art und Umfang der durchzuführenden Prüfungshandlungen zur Erlangung von Nachweisen unterscheiden sich insbes. in Abhängigkeit von der zu erzielenden Sicherheit für das Prüfungsurteil.[40] Der Prüfungsstandard sieht grds. nachfolgende **Prüfungshandlungen** vor:

- Inaugenscheinnahme,
- Beobachtung,
- Bestätigung,
- überprüfende Berechnung,
- überprüfender Nachvollzug,
- analytische Prüfungshandlungen und
- Befragung.[41]

Bei der Prüfung hat der Prüfer Art, Umfang und Zeitraum der einzelnen Prüfungshandlungen festzulegen.

42 Die Grundlage dieser Festlegung erfolgt bei der Prüfung zur Erzielung einer **begrenzten Sicherheit** für das Prüfungsurteil aufgrund des Verständnisses über den Prüfungsgegenstand und die Identifizierung von Bereichen, in denen wesentlich falsche Darstellungen wahrscheinlich bestehen. I.R.e. Aufbauprüfung hat sich der Prüfer ein Verständnis über

---

38 IAASB, ISAE 3000.1 ff. (Rev.).

39 Vgl. zu den nachfolgenden Ausführungen auch IDW, WPH Edition, Assurance, 2. Aufl., 2021, Kap. J, Tz. 304 ff.

40 Vgl. IAASB, ISAE 3000.48Lf. und ISAE 3000.48Rf. (Rev.).

41 Vgl. IAASB, ISAE 3000.A108 (Rev.).

den Aufstellungsprozess einschl. des internen Kontrollsystems (IKS) zu verschaffen.[42] Bei Prüfungsaufträgen zur Erzielung einer begrenzten Sicherheit für das Prüfungsurteil werden vorwiegend analytische Prüfungshandlungen und Befragungen sowie ggf. weitere Einzelfallprüfungshandlungen vom Prüfer geplant und durchgeführt.[43]

Die Grundlage der Festlegung bei der Prüfung zur Erzielung einer **hinreichenden Sicherheit** für das Prüfungsurteil erfolgt hingegen aufgrund des Verständnisses vom Prüfungsgegenstand und der Identifizierung bzw. der Beurteilung von Risiken möglicher wesentlicher falscher Darstellungen. Hierbei sind zwingend Funktionsprüfungen des IKS durchzuführen, sofern der Prüfer von wirksamen internen Kontrollen ausgeht oder analytische und einzelfallbezogene Prüfungshandlungen keine ausreichenden Nachweise liefern. Zudem werden – neben analytischen Prüfungshandlungen und Befragungen – Einzelfallprüfungshandlungen in einem deutlich größeren Ausmaß als bei einer Prüfung zur Erzielung einer begrenzten Sicherheit für das Prüfungsurteil geplant und durchgeführt.[44] 43

Bei der Prüfung einer nichtfinanziellen Erklärung zur Erzielung einer **begrenzten Sicherheit** für das Prüfungsurteil nach ISAE 3000 (Rev.) finden dementsprechend insbes. nachfolgende Prüfungshandlungen Anwendung: 44

- Schaffung eines Verständnisses über die Struktur der Nachhaltigkeitsorganisation und die Einbindung von Stakeholdern,
- Befragungen von Mitarbeitern, die in die Aufstellung der nichtfinanziellen Erklärung einbezogen wurden, über den Aufstellungsprozess, über das auf diesen Prozess bezogene IKS sowie über ausgewählte Angaben in der nichtfinanziellen Erklärung,
- Identifikation wahrscheinlicher Risiken wesentlich falscher Angaben in der nichtfinanziellen Erklärung,
- analytische Beurteilungen von ausgewählten quantitativen Angaben sowie
- Beurteilung der Darstellung ausgewählter Angaben.[45]

Bei der Prüfung einer nichtfinanziellen Erklärung zur Erzielung einer **hinreichenden Sicherheit** für das Prüfungsurteil nach ISAE 3000 (Rev.) können zusätzlich insbes. nachfolgende Prüfungshandlungen Anwendung finden: 45

---

42 Vgl. IAASB, ISAE 3000.47L und ISAE 3000.A106 (Rev.).

43 Vgl. IAASB, ISAE 3000.A3 (Rev.).

44 Vgl. IAASB, ISAE 3000.48R und ISAE 3000.A3 (Rev.).

45 Vgl. www.idw.de/blob/105550/e99c7525399ebda3c1e64563dd7c2a05/down-gri-pruefungsvermerk-deutsch-data.pdf, abgerufen am 3.1.2022.

- Prüfung der Wirksamkeit der internen Kontrollen des Aufstellungsprozesses der nichtfinanziellen Erklärung und
- einzelfallbezogene Prüfungshandlungen, wie z. B. Inaugenscheinnahmen, Beobachtungen, Bestätigungen, überprüfende Berechnungen, überprüfender Nachvollzug.

46 Als unabdingbaren Bestandteil der Auftragsdurchführung hat der Wirtschaftsprüfer ähnlich der Vollständigkeitserklärung eine **schriftliche Erklärung** einzuholen.[46]

47 Über das Ergebnis der Prüfung einer nichtfinanziellen Erklärung nach ISAE 3000 (Rev.) ist ein **Vermerk** zu erteilen. Der Vermerk kann wie folgt gegliedert werden:

- Verantwortung der gesetzlichen Vertreter,
- Erklärungen des Wirtschaftsprüfers in Bezug auf die Unabhängigkeit und Qualität,
- Verantwortung des Wirtschaftsprüfers,
- Prüfungsurteil,
- Verwendungszweck des Vermerks und
- Begrenzung der Haftung.[47]

48 Bei einem nicht modifizierten Vermerk über die Prüfung einer nichtfinanziellen Erklärung zur Erzielung einer begrenzten Sicherheit für das Prüfungsurteil gem. ISAE 3000 (Rev.) wird das Prüfungsurteil – wie nachfolgend dargestellt – negativ formuliert:[48] „Auf der Grundlage der durchgeführten Prüfungshandlungen und der erlangten Prüfungsnachweise sind uns keine Sachverhalte bekannt geworden, die uns zu der Auffassung gelangen lassen, dass die nichtfinanzielle Erklärung der xx für den Zeitraum vom yy bis zz in allen wesentlichen Belangen nicht in Übereinstimmung mit den §§ 289c bis 289e HGB aufgestellt worden ist."

49 In Abgrenzung dazu wird das Prüfungsurteil eines nicht modifizierten Vermerks über die Prüfung einer nichtfinanziellen Erklärung zur Erzielung einer hinreichenden Sicherheit für das Prüfungsurteil gem. ISAE 3000 (Rev.) positiv formuliert:[49] „Nach unserer Beurteilung ist die nichtfinanzielle Erklärung der xx für den Zeitraum vom yy bis zz in allen wesentlichen Belangen in Übereinstimmung mit den §§ 289c bis 289e HGB aufgestellt worden."

---

46 Vgl. IAASB, ISAE 3000.56 ff. (Rev.).

47 Vgl. www.idw.de/blob/105550/e99c7525399ebda3c1e64563dd7c2a05/down-gri-pruefungsvermerk-deutsch-data.pdf, abgerufen am 3.1.2022.

48 Vgl. IDW, WPH Edition, Assurance, 2. Aufl., 2021, Kap. J, Tz. 399.

49 Vgl. IDW, WPH Edition, Assurance, 2. Aufl., 2021, Kap. J, Tz. 400.

Wird eine freiwillige Prüfung der nichtfinanziellen Erklärung durchgeführt, ist die Beurteilung des Prüfungsergebnisses gem. § 289b Abs. 4 HGB gleichermaßen wie die nichtfinanzielle Erklärung öffentlich zugänglich zu machen. 50

2 Nichtfinanzielle Konzernerklärung

Die gesetzliche Verpflichtung zur Aufstellung einer nichtfinanziellen Erklärung gilt nach § 315b HGB auch für Konzerne, sofern das Mutterunternehmen i. S. d. § 264d HGB kapitalmarktorientiert ist und einschl. der Tochterunternehmen die Voraussetzungen für eine größenabhängige Befreiung nach § 293 Abs. 1 S. 1 Nr. 1 oder 2 HGB in 2 aufeinanderfolgenden Geschäftsjahren nicht erfüllt sowie im Jahresdurchschnitt des laufenden und des Vorjahrs mehr als 500 Arbeitnehmer beschäftigt. 51

Für Kreditinstitute, Versicherungsunternehmen und Finanzdienstleistungsinstitute,[50] die Mutterunternehmen sind, entfällt in Bezug auf die Pflicht zur Aufstellung einer nichtfinanziellen Konzernerklärung das Kriterium der Kapitalmarktorientierung – wie auch schon bzgl. der Verpflichtung zur Abgabe einer nichtfinanziellen Erklärung (Rz 3). 52

Für die nichtfinanzielle Konzernerklärung gelten die **gleichen Vorschriften** wie für die nichtfinanzielle Erklärung in Bezug auf die Möglichkeit der Befreiung und die Optionen der Veröffentlichung,[51] auf die inhaltlichen Anforderungen sowie die Nutzung von Rahmenwerken.[52] Die in die nichtfinanzielle Konzernerklärung einzubeziehenden Unternehmen haben dem Konsolidierungskreis des Konzernabschlusses zu entsprechen.[53] 53

Analog zur Möglichkeit der Zusammenfassung von Konzernanhang und Anhang des Jahresabschlusses des Mutterunternehmens gem. § 298 Abs. 2 HGB können auch die nichtfinanzielle Konzernerklärung und die nichtfinanzielle Erklärung des Mutterunternehmens zusammengefasst werden.[54] Bei der Wahl der Option einer **zusammengefassten nichtfinanziellen Erklärung** ist kenntlich zu machen, welche Informationen sich auf den Konzern und welche sich lediglich auf das Mutterunternehmen beziehen.[55] 54

---

50 Vgl. §§ 340i Abs. 5, 341j Abs. 4 HGB und § 340 Abs. 4 i. V. m. § 340i Abs. 5 HGB.
51 Vgl. § 315b Abs. 2 und 3 HGB.
52 Vgl. § 315c HGB.
53 Vgl. § 315b Abs. 1 S. 1 Nr. 2 HGB.
54 Vgl. § 315b Abs. 1 S. 2 HGB.
55 Vgl. § 298 Abs. 2 S. 3 HGB.

Dies gilt ebenso für Mutterunternehmen, die zugleich Tochterunternehmen sind und die genannten Kriterien erfüllen.[56] Ist ein Unternehmen befreit, hat es dies im Lagebericht/Konzernlagebericht anzugeben und Erläuterungen zu machen, welches Mutterunternehmen die nichtfinanzielle Konzernerklärung aufstellt und wo diese in deutscher oder englischer Sprache veröffentlicht oder offengelegt ist.[57]

3 Corporate Sustainability Reporting Directive (CSRD)

3.1 Hintergrund

55 Die Europäische Kommission kam im Zuge des sog. Fitness-Checks im Bereich der Unternehmensberichterstattung bereits im Jahr 2018 zu dem Ergebnis, dass die nichtfinanziellen Erklärungen oftmals nicht den Bedürfnissen der Adressaten, insbes. der Investoren, gerecht werden. Neben einer ungenügenden Verlässlichkeit und Vergleichbarkeit nichtfinanzieller Informationen wird u.a. hervorgehoben, dass Unternehmen relevante nichtfinanzielle Informationen teilweise nicht oder nur unvollständig veröffentlichen sowie häufig über irrelevante Informationen berichten.[58]

56 Entsprechend der Ankündigung am 11.12.2019 im europäischen **Green Deal**[59] entschied sich die Europäische Kommission daher für eine Revision der CSR-Richtlinie und startete Ende Februar 2020 eine öffentliche Konsultation[60] zu Themenbereichen wie Qualität und Umfang anzugebender nichtfinanzieller Informationen, Standardisierung, Wesentlichkeit oder Anwendungsbereich der Richtlinie.[61] Im Juli 2020 wurden die Ergebnisse der Konsultation veröffentlicht. Sie umfassten u.a. den Wunsch nach einem einheitlichen Berichterstattungsstandard sowie nach strengeren Prüfungsanforderungen.[62]

---

56 Vgl. § 315b Abs. 2 HGB.

57 Vgl. § 289b Abs. 2 S. 3 HGB.

58 Vgl. Consultation document – Review of the non-financial reporting directive, S. 3f., https://ec.europa.eu/info/sites/default/files/business_economy_euro/company_reporting_and_auditing/documents/2020-non-financial-reporting-directive-consultation-document_en.pdf, abgerufen am 3.1.2022; vgl. IDW, WPH Edition, Assurance, 2. Aufl., 2021, Kap. J, Tz. 213.

59 Vgl. https://eur-lex.europa.eu/resource.html?uri=cellar:b828d165–1c22–11ea-8c1f-01aa75ed71a1.0021.02/DOC_1&format=PDF, S. 21, abgerufen am 3.1.2022.

60 Vgl. Nachhaltigkeitsberichterstattung von Unternehmen, https://ec.europa.eu/info/law/better-regulation/have-your-say/initiatives/12129-Nachhaltigkeitsberichterstattung-von-Unternehmen_de, abgerufen am 3.1.2022.

61 Vgl. Consultation document – Review of the non-financial reporting directive, S. 6ff.

62 Vgl. Summary Report on the Public Consultation on the Review of the Non-Financial Reporting Directive, S. 3; vgl. IDW, WPH Edition, Assurance, 2. Aufl., 2021, Kap. J, Tz. 214.

Auf nationaler Ebene wurden ebenso Änderungen von allen politisch Verantwortlichen gefordert. So enthält der Bericht des Sustainable-Finance-Beirats der Bundesregierung mehr als 30 Handlungsempfehlungen, darunter z.B. die Ausweitung des Anwendungsbereichs des CSR-RUGs auf alle Unternehmen ab 250 Mitarbeitenden sowie eine Pflicht zur Verortung der Berichterstattung im Lagebericht und deren Prüfung durch externe Dritte. Der Beirat spricht sich zudem für eine Erweiterung der europäisch geführten Datenbank ESEF aus. In dieser sollen auch Nachhaltigkeitsinformationen von Unternehmen i.R.d. Berichtspflicht zentral erfasst und veröffentlicht werden.[63] 57

Am 21.4.2021 stellte die Europäische Kommission einen **Richtlinienentwurf zur Nachhaltigkeitsberichterstattung** vor,[64] der die bisherigen Regelungen zur nichtfinanziellen Erklärung größtenteils verdrängen soll. So soll auch der Begriff der nichtfinanziellen Erklärung nach dem Richtlinienvorschlag künftig die Bezeichnung „**Nachhaltigkeitsberichterstattung**“ tragen, um mögliche Fehlinterpretationen zu vermeiden.[65] 58

3.2 Pflicht zur Aufstellung eines Nachhaltigkeitsberichts

Nach dem Richtlinienvorschlag ist beabsichtigt, den Kreis der zu einer Nachhaltigkeitsberichterstattung verpflichteten Unternehmen bereits für Geschäftsjahre **ab dem 1.1.2023** deutlich auszuweiten. Entsprechend dem Willen des europäischen Richtliniengebers sollen dann alle großen Kapitalgesellschaften, ihnen rechtlich gleichgestellte Unternehmen, Banken und Versicherungen zur Aufstellung eines Nachhaltigkeitsberichts verpflichtet werden, sofern an 2 aufeinanderfolgenden Geschäftsjahren 2 der folgenden 3 Kriterien überschritten werden: 59

- Bilanzsumme: 20 Mio. EUR,
- Umsatzerlöse: 40 Mio. EUR,
- Mitarbeiter: 250.[66]

Darüber hinaus ist mit einer Verzögerung von 3 Jahren für Geschäftsjahre **ab dem 1.1.2026** eine Pflicht zur Aufstellung eines Nachhaltigkeitsberichts auch für sämtliche in der EU ansässigen kapitalmarktorientierten 60

---

63 Vgl. Sustainable-Finance-Beirat der Bundesregierung, Shifting the Trillions – Ein nachhaltiges Finanzsystem für die große Transformation, S. 21f.; vgl. IDW, WPH Edition, Assurance, 2. Aufl., 2021, Kap. J, Tz. 215.

64 Vgl. Vorschlag für eine Richtlinie des Europäischen Parlaments und des Rates zur Änderung der Richtlinien 2013/34/EU, 2004/109/EG und 2006/43/EG und der Verordnung (EU) Nr. 537/2014 hinsichtlich der Nachhaltigkeitsberichterstattung von Unternehmen (nachfolgend zitiert: Vorschlag CSRD).

65 Vgl. Wulf/Velte, ZCG 2021, S. 107.

66 Vgl. Vorschlag CSRD, S. 15f.

kleinen und mittleren Unternehmen vorgesehen. Der Berichterstattungspflicht sollen auch Unternehmen unterliegen, die ihren Sitz nicht in einem EU-Mitgliedstaat (sog. Drittland) haben, jedoch innerhalb der EU als kapitalmarktorientiert gelten. Lediglich sog. Kleinstunterunternehmen sowie kleine und mittlere Unternehmen, die nicht kapitalmarktorientiert sind, werden von der Verpflichtung zur Nachhaltigkeitsberichterstattung ausgenommen.[67]

61 Es ist davon auszugehen, dass innerhalb der EU die Zahl der berichtspflichtigen Unternehmen von derzeit ca. 12.000 auf rund 50.000 ansteigen wird. Allein in Deutschland werden von der Ausweitung der Berichtspflicht schätzungsweise 15.000 Unternehmen **direkt betroffen** sein, was im Gegensatz zur derzeitigen Rechtslage einer Verdreißigfachung entspricht.[68] Von der Berichtspflicht sollen nur Kapitalgesellschaften und ihnen gleichgestellte Unternehmen betroffen sein, somit also nicht kapitalistisch geprägte Personenhandelsgesellschaften der Aufstellungspflicht nicht unterliegen.

62 Neben der Vielzahl von Unternehmen, die direkt vom Richtlinienvorschlag neu betroffen sein werden, werden viele Unternehmen **indirekt tangiert**; denn es kann davon ausgegangen werden, dass z.B. i.R.d. Lieferkette von den berichtspflichtigen Unternehmen verstärkt nichtfinanzielle Informationen angefordert werden bzw. ihnen zur Verfügung gestellt werden müssen. Für alle nicht von der Berichtspflicht betroffenen Unternehmen ist nach dem Richtlinienvorschlag vorgesehen, maßgeschneiderte unverbindliche Empfehlungen für eine Berichterstattung zu erlassen.

63 Darüber hinaus sieht der Richtlinienvorschlag vor, dass auch Mutterunternehmen von großen Unternehmensgruppen zur Aufstellung eines Nachhaltigkeitsberichts verpflichtet werden. Der **Konzernnachhaltigkeitsbericht** muss die erforderlichen Angaben für den gesamten Konsolidierungskreis enthalten. Da die inhaltlichen Anforderungen an die Konzernnachhaltigkeitsberichterstattung jedoch als identisch anzusehen sind, wird im Folgenden lediglich auf die Nachhaltigkeitsberichterstattung aus Einzelunternehmenssicht eingegangen.[69] Für die Aufstellungspflicht eines Konzernnachhaltigkeitsberichts ist nicht entscheidend, ob das Mutterunternehmen selbst die Größenkriterien erfüllt, sondern die Größenkriterien aus Sicht der Konzerngruppe erfüllt werden.

---

67 Vgl. Vorschlag CSRD, S. 15f.

68 Vgl. DRSC, www.drsc.de/app/uploads/2021/05/210526_DRSC_SN_BMJV_CSRD.pdf, abgerufen am 3.1.2022.

69 Vgl. Vorschlag CSRD, S. 58ff. (Art. 29a zur Änderung der Richtlinie 2013/34/EU).

3.3 Befreiung von der Nachhaltigkeitsberichterstattung

Nach dem Richtlinienvorschlag sind Tochterunternehmen von der Pflicht zur Nachhaltigkeitsberichterstattung befreit, sofern sie **in einen Konzernnachhaltigkeitsbericht einbezogen** werden. Auch Tochterunternehmen eines im Drittland ansässigen Mutterunternehmens sind von der Pflicht zur Aufstellung befreit, sofern diese in den Konzernnachhaltigkeitsbericht einbezogen werden und der Konzernnachhaltigkeitsbericht als gleichwertig mit den entsprechenden Regelungen des Richtlinienvorschlags angesehen werden kann. Ferner muss der Konzernlagebericht vergleichbar zum Recht des Mitgliedstaats, dem das befreite Unternehmen unterliegt, veröffentlicht werden.[70] 64

Analog zur derzeitigen Rechtslage ist davon auszugehen, dass der Konzernlagebericht in deutscher oder englischer Sprache zu veröffentlichen ist. Darüber hinaus ist für die Inanspruchnahme der Befreiung notwendig, dass im Lagebericht des Tochterunternehmens Name und Sitz des befreienden Mutterunternehmens sowie ein Hinweis auf die Inanspruchnahme der Befreiung zur Aufstellung eines Nachhaltigkeitsberichts des Tochterunternehmens erfolgt. 65

3.4 Inhalt der Nachhaltigkeitsberichterstattung

Nach dem Richtlinienvorschlag haben die zur Nachhaltigkeitsberichterstattung verpflichteten Unternehmen im Lagebericht Informationen aufzunehmen, die für das Verständnis der nachhaltigkeitsrelevanten Auswirkungen ihrer Unternehmenstätigkeiten sowie für das Verständnis der Auswirkungen von Nachhaltigkeitsaspekten auf Geschäftsverlauf, Geschäftsergebnis und Lage des Unternehmens erforderlich sind. Abweichend zur geltenden Rechtslage hinsichtlich der nichtfinanziellen Erklärung ist im Richtlinienvorschlag ausschl. die **Verortung innerhalb des Lageberichts** vorgesehen.[71] 66

Gem. des Richtlinienvorschlags haben die Informationen zu umfassen: 67

a) Kurze Beschreibung des Geschäftsmodells und der Unternehmensstrategie, einschl.
    - Resilienz des Geschäftsmodells und der Unternehmensstrategie hinsichtlich der Nachhaltigkeitsaspekte (z.B. durch Beschreibung der Robustheit der Risikoabwehr und des Risikomanagements im Hinblick auf massive externe Störung sowie des chancenorientierten Innovationsmanagements);

70 Vgl. Vorschlag CSRD, S. 53f. (Art. 19a Abs. 7 zur Änderung der Richtlinie 2013/34/EU).
71 Vgl. Vorschlag CSRD, S. 51 (Art. 19a Abs. 1 zur Änderung der Richtlinie 2013/34/EU).

- Chancen des Unternehmens im Zusammenhang mit Nachhaltigkeitsaspekten (z.B. durch Kosteneinsparungen, Vorteile der Mitarbeitergewinnung, neue Finanzierungsmöglichkeiten);
- Art und Weise, wie das Unternehmen plant sicherzustellen, dass das Geschäftsmodell und die Unternehmensstrategie mit dem Übergang zu einer nachhaltigen Wirtschaft und der Begrenzung der Erderwärmung auf 1,5 °C nach dem Pariser Klimaschutzabkommen vereinbar sind;
- Art und Weise, wie Belange der Anspruchsgruppen sowie nachhaltigkeitsrelevante Auswirkungen der Unternehmenstätigkeiten im Geschäftsmodell und der Unternehmensstrategie einbezogen werden (z.B. durch Beschreibung der wesentlichen Stakeholdergruppen, des jeweiligen Stakeholder-Dialogs sowie der Wesentlichkeitsanalyse);
- Art und Weise, wie die Unternehmensstrategie hinsichtlich der Nachhaltigkeitsaspekte umgesetzt wird (z.B. durch eine Beschreibung der Verankerung der Nachhaltigkeit im Geschäftsmodell);

b) Beschreibung der gesetzten Nachhaltigkeitsziele sowie der erreichten Fortschritte;

c) Beschreibung der Rolle von Verwaltungs-, Leitungs- und Aufsichtsorganen hinsichtlich der Nachhaltigkeitsaspekte;

d) Beschreibung der unternehmerischen Nachhaltigkeitspolitik;

e) Beschreibung
- umgesetzter Due-Diligence-Prozesse mit Blick auf die Nachhaltigkeitsaspekte;
- der wichtigsten tatsächlichen oder möglichen negativen Auswirkungen, die mit der unternehmerischen Wertschöpfungskette, einschl. der eigenen Geschäftstätigkeiten, Produkte und Dienstleistungen, Geschäftsbeziehungen und Lieferkette verbunden sind;
- sämtlicher Maßnahmen zur Vermeidung, Minderung oder Beseitigung tatsächlicher oder potenziell nachteiliger Auswirkungen auf die Nachhaltigkeitsaspekte sowie die Ergebnisse der Maßnahmen;

f) Beschreibung der wesentlichen Risiken hinsichtlich der Nachhaltigkeitsaspekte, einschl. der wesentlichen Abhängigkeiten von diesen Aspekten, sowie der Art und Weise, wie diese Risiken gesteuert werden;

g) relevante Leistungsindikatoren (§ 4) bezogen auf die erforderlichen Angaben nach a) bis f).[72]

68 Nach dem Richtlinienvorschlag können Mitgliedstaaten gestatten, dass Informationen in Ausnahmefällen nicht angegeben werden, sofern die

[72] Vgl. Vorschlag CSRD, S. 51 f. (Art. 19a Abs. 2 zur Änderung der Richtlinie 2013/34/EU).

Angaben der Geschäftslage des Unternehmens ernsthaft schaden würden, wenn der **Verzicht zur Angabe** ein den tatsächlichen Verhältnissen entsprechendes und ausgewogenes Verständnis

- des Geschäftsverlaufs,
- des Geschäftsergebnisses,
- der Lage des Unternehmens und
- der Auswirkungen der Unternehmenstätigkeit nicht verhindert.[73]

Der in der derzeitigen Rechtslage verankerte Comply-or-explain-Ansatz **69** (s. zur nichtfinanziellen Erklärung Rz 20) ist im Richtlinienvorschlag nicht vorgesehen.

Darüber hinaus sieht der Richtlinienvorschlag vor, Informationen über **70** immaterielle Werte, einschl. Angaben zu intellektuellem Kapital, Humankapital, sozialem Kapital und Beziehungskapital offenzulegen. Der Richtlinienvorschlag erfordert zudem, dass die Informationen sowohl zukunftsgerichtete als auch vergangenheitsorientierte Angaben umfassen. Eine rein qualitative Information wird als nicht mehr ausreichend angesehen, vielmehr haben die Informationen auch quantitative Angaben zu umfassen. Ebenso sieht der Richtlinienvorschlag vor, dass bei den Verfahren zur Ermittlung der Informationen nicht nur kurzfristige, sondern auch mittel- und langfristige Zeithorizonte berücksichtigt werden.[74]

3.4.1 EU-Rahmenwerk

Zur Konkretisierung der Berichtsinhalte (Rz 68ff.) sieht der Richtlini- **71** envorschlag die Schaffung von **EU-Standards der Nachhaltigkeitsberichterstattung** vor. Die geplanten Standards sollen beinhalten:

a) Informationen zu Umweltfaktoren:
   - Klimaschutz,
   - Anpassung an den Klimawandel,
   - Wasser- und Meeresressourcen,
   - Ressourcennutzung und Kreislaufwirtschaft,
   - Verschmutzung,
   - Biodiversität und Ökosysteme;

b) Informationen zu Sozialfaktoren:
   - Chancengleichheit, einschl. Geschlechtergleichheit und gleiches Entgelt für gleiche Arbeit, Aus- und Weiterbildung sowie Beschäftigung und Inklusion von Menschen mit Behinderungen,

---

73 Vgl. Vorschlag CSRD, S. 52f. (Art. 19a Abs. 3 zur Änderung der Richtlinie 2013/34/EU).

74 Vgl. Vorschlag CSRD, S. 52 (Art. 19a Abs. 2 und 3 zur Änderung der Richtlinie 2013/34/EU).

- Arbeitsbedingungen, einschl. sicherer und anpassungsfähiger Arbeitsplätze, Löhne, sozialer Dialog, Einbeziehung der Arbeitnehmer, Vereinbarkeit von Beruf und Familie sowie ein sichereres und gut angepasstes Arbeitsumfeld,
- Achtung der Menschenrechte, einschl. Grundfreiheiten, demokratischer Grundsätze im Einklang mit internationalen Menschenrechts-Standards;

c) Informationen zu Governance-Faktoren:
- Rolle der Verwaltungs-, Leitungs- und Aufsichtsorgane, auch hinsichtlich der Nachhaltigkeitsaspekte und deren Zusammensetzung,
- Unternehmensethik und -kultur, einschl. der Bekämpfung von Korruption und Bestechung,
- politisches Engagement, einschl. Lobbyaktivitäten,
- Steuerung und Qualität von Beziehungen zu Geschäftspartnern, einschl. Zahlungsmodalitäten,
- interne Kontroll- und Risikomanagementsysteme, auch hinsichtlich des Berichterstattungsprozesses.[75]

Tipp

Den vom Richtlinienvorschlag neu betroffenen Unternehmen ist anzuraten, sich frühzeitig mit der kommenden nichtfinanziellen Berichtspflicht auseinanderzusetzen, da insbes. der Prozess der Datenerhebung, -aggregation sowie -validierung eine erhebliche Herausforderung darstellen kann.

3.4.2 Doppelte Wesentlichkeit

72 Der Richtlinienvorschlag stellt klar, dass sich die Nachhaltigkeitsberichterstattung nicht nur auf die finanzielle Sicht (**Outside-in-Perspektive**) bezieht. Dementsprechend müssen nicht nur die ESG-Faktoren, die für ein finanzielles Verständnis des Geschäftsverlaufs, des Geschäftsergebnisses, der Lage des Unternehmens (Geschäftsrelevanz) notwendig sind, in die Nachhaltigkeitsberichterstattung einbezogen werden, sondern auch Informationen, die für das Verständnis der nachhaltigkeitsrelevanten Auswirkungen (Auswirkungsrelevanz) der Tätigkeiten des Unternehmens (**Inside-out-Perspektive**) erforderlich sind. Insofern sind künftig alle Nachhaltigkeitsinformationen, die allein nur nach der Inside-out-Perspektive erforderlich sind, ebenfalls im Nachhaltigkeitsbericht aufzunehmen.[76]

---

75 Vgl. Vorschlag CSRD, S. 54ff. (Art. 19b zur Änderung der Richtlinie 2013/34/EU).
76 Vgl. Vorschlag CSRD, S. 33, Erwägungsgrund 25.

Die Hervorhebung der doppelten Wesentlichkeit ist zu begrüßen, da sich die klassische Finanzberichterstattung vorwiegend auf die Outside-in-Perspektive stützt. Der Richtlinienvorschlag zielt damit auf einen **umfassenden, von der Finanzberichterstattung losgelösten Nachhaltigkeitsbericht** ab. Durch die doppelte Wesentlichkeit werden im Vergleich zur derzeitigen Rechtslage mehr Themen als wesentlich einzustufen sein, da bereits **eine** der beiden Perspektiven eine entsprechende Angabeverpflichtung auslöst.

> **Praxis-Beispiel**
> Wurde über die Anzahl der Arbeitsunfälle in einem Unternehmen bisher nicht berichtet, da der Sachverhalt lediglich auswirkungsrelevant war, aber nicht geschäftsrelevant, so wäre zukünftig zwingend darüber zu berichten.

3.4.3 Arbeitsauftrag der EFRAG

Die konkrete Ausgestaltung der Berichtsanforderungen soll nach dem Richtlinienvorschlag in künftigen EU-Standards zur Nachhaltigkeitsberichterstattung erfolgen. Diesbzgl. ist vorgesehen, dass die EU-Kommission delegierte Rechtsakte auf Grundlage fachlicher Beratung durch die European Financial Reporting Advisory Group (EFRAG) erlässt. Am 8.9.2021 wurde der Arbeitsstand des Prototyps für einen **Klimaberichtsstandard**[77] erörtert und im Anschluss auf der EFRAG-Webseite veröffentlicht. Das Arbeitspapier ist kein Konsultationsdokument, es soll jedoch die Öffentlichkeit über den Stand der Arbeiten informieren.[78] 73

Das künftige Rahmenwerk soll die nachfolgenden Prinzipien erfüllen: 74

- Verständlichkeit,
- Relevanz,
- Repräsentativität,
- Überprüfbarkeit,
- Vergleichbarkeit,
- wahrheitsgetreue Darstellung.[79]

Es ist nach dem Richtlinienvorschlag beabsichtigt, bis zum. 31.10.2022 das Rahmenwerk zu erlassen. Ergänzende Informationen sowie sektorspezi- 75

---

77 Vgl. https://efrag.org/News/Project-527/EFRAG-PTF-ESRS-welcomes-Climate-standard-prototype-working-paper, abgerufen am 3.1.2022.

78 Vgl. www.drsc.de/news/efrag-veroeffentlicht-arbeitsstand-des-prototyps-fuer-einen-klimaberichtsstandard/, abgerufen am 3.1.2022.

79 Vgl. Vorschlag CSRD, S. 54 (Art. 19b Abs. 2 zur Änderung der Richtlinie 2013/34/EU).

fische Standards sollen bis zum 31.10.2023 erlassen werden. Ebenfalls bis zum 31.10.2023 sollen Standards für kleine und mittlere Unternehmen erlassen werden.[80]

76 Eine Überprüfung und ggf. Anpassung des Rahmenwerks soll spätestens alle 3 Jahre unter Berücksichtigung der fachlichen Stellungnahme der EFRAG erfolgen.

3.4.4 Arbeiten der IFRS Foundation

77 Ausweislich des Richtlinienvorschlags soll die Europäische Kommission bei der Annahme der delegierten Rechtsakte zu den Standards der Nachhaltigkeitsberichterstattung u.a. die Arbeit globaler Initiativen einbeziehen. Der Vorschlag der IFRS Foundation, ein neues **Sustainability Standards Board** einzusetzen, ist in diesem Zusammenhang ebenso relevant wie die bisherige Arbeit etablierter Initiativen wie der Global Reporting Initiative (GRI),[81] des International Integrated Reporting Council (IIRC) oder des Climate Disclosure Standards Board (CDSB).[82]

3.5 Prüfung des Nachhaltigkeitsberichts

3.5.1 Prüfungsausschuss

78 Nach dem Richtlinienvorschlag ist vorgesehen, die Prüfung des Nachhaltigkeitsberichts **gleichwertig** zur Prüfung der Finanzberichterstattung zu stellen. So soll die Überwachung sowohl des Finanzberichts als auch des Nachhaltigkeitsberichts durch den Prüfungsausschuss nachfolgende Aufgaben umfassen:

- Berichterstattung an den Verwaltungsrat bzw. Aufsichtsrat zum Prüfungsergebnis, zur Rolle des Prüfungsausschusses und darüber, wie die Prüfung zur Integrität der Finanz- und Nachhaltigkeitsberichterstattung beigetragen hat;
- Überwachung des Prozesses der Finanz- und Nachhaltigkeitsberichterstattung, einschl. der digitalen Berichterstattung (ESEF), des Prozesses der Informationsgewinnung und des Erlasses von Empfehlungen oder Vorschlägen der Gewährung der Integrität;

---

80 Vgl. Vorschlag CSRD, S. 54 und 57 (Art. 19b Abs. 1 sowie Art. 19c zur Änderung der Richtlinie 2013/34/EU).

81 Vgl. EFRAG PTF-ESRS und Global Reporting Initiative (GRI) erklären gemeinsame Zusammenarbeit, www.drsc.de/news/efrag-ptf-esrs-und-gri-zusammenarbeit/, abgerufen am 3.1.2022.

82 Vgl. zum Sitz in Frankfurt www.haufe.de/finance/jahresabschluss-bilanzierung/issb-gruendung-standort-frankfurt-und-weitere-neuigkeiten_188_555564.html, abgerufen am 3.1.2022.

- Überwachung der Effektivität des internen Kontroll- und Risikomanagementsystems sowie ggf. der internen Revision bezogen auf den Finanz- und Nachhaltigkeitsbericht, einschl. der digitalen Berichterstattung;
- Überwachung der externen Prüfung der Finanz- und Nachhaltigkeitsberichterstattung;
- Überwachung der Unabhängigkeit des Prüfers der Finanz- und Nachhaltigkeitsberichte, u.a. der Einhaltung des Verbots der Nichtprüfungsleistungen.[83]

Der Richtlinienvorschlag sieht keine regulatorische Verschärfung des Anforderungsprofils für Prüfungsausschüsse vor, z.B. in Form von Experten auf dem Gebiet der Nachhaltigkeit.[84] Darüber hinaus soll der Nachhaltigkeitsbericht Bestandteil des sog. Bilanzeids der gesellschaftlichen Vertreter werden. 79

3.5.2 Abschlussprüfer

Nach dem Richtlinienentwurf unterliegt die Nachhaltigkeitsberichterstattung einer materiellen Prüfungspflicht durch den Abschlussprüfer. Diese hat zunächst mit einer Prüfung zur Erlangung einer **begrenzten Sicherheit** für das Prüfungsurteil zu erfolgen. 80

Bei Prüfungen zur Erlangung einer begrenzten Sicherheit für das Prüfungsurteil werden Art und Umfang der Prüfungshandlungen so bestimmt, dass eine Beurteilung des Prüfungsgegenstands in Form einer Negativaussage erklärt werden kann. Bei Prüfungen mit hinreichender Sicherheit werden hingegen umfangreichere Prüfungshandlungen durchgeführt, um das Risiko auf ein Maß zu reduzieren, welches eine Beurteilung des Prüfungsgegenstands in Form einer Positivaussage ermöglicht. Ein uneingeschränktes Prüfungsurteil zur nichtfinanziellen Berichterstattung wäre bei einer Prüfung mit begrenzter Sicherheit negativ formuliert („Auf Grundlage der durchgeführten Prüfungshandlungen und der erlangten Prüfungsnachweise sind uns keine Sachverhalte bekannt geworden, dass der nichtfinanzielle Bericht der Gesellschaft für den Zeitraum vom 1.1. bis 31.12.202x in allen wesentlichen Belangen nicht in Übereinstimmung mit den handelsrechtlichen Vorschriften aufgestellt worden ist."). Bei einer Prüfung mit hinreichender Sicherheit wird die Übereinstimmung mit den handelsrechtlichen Vorschriften bestätigt.[85] 81

---

83 Vgl. Vorschlag CSRD, S. 72f. (Art. 39 Abs. 6 zur Änderung der Richtlinie 2006/43/EG).
84 Vgl. Wulf/Velte, ZCG 2021, S. 113.
85 Vgl. Borcherding/Freiberg/Skoluda, StuB 2021, S. 473.

82 Im Prüfungsurteil muss der Abschlussprüfer u. a. den Prozess der Informationsgewinnung für den Nachhaltigkeitsbericht, die Einhaltung der Markierung der Nachhaltigkeitsinformationen nach dem ESEF-Format sowie die Prüfung der sog. 3 Taxonomie-Quoten aus Art. 8 der Taxonomie-Verordnung (§ 12) berücksichtigen.

83 Eine Vorbehaltsaufgabe des Wirtschaftsprüfers sieht der Richtlinienvorschlag für die Prüfung der Nachhaltigkeitsberichterstattung nicht vor. Ein Mitgliedstaatenwahlrecht bietet die Möglichkeit, dass die Prüfung des Nachhaltigkeitsberichts auch durch andere akkreditierte Anbieter durchgeführt werden kann.[86]

84 Der Entwurf sieht zudem die Erweiterung der Regelungen beim Abschlussprüfer um die Nachhaltigkeitsberichterstattung vor hinsichtlich der

- Akkreditierung,
- Ausbildung,
- Kompetenzen und Verantwortlichkeiten im Prüfungsteam,
- Unabhängigkeit,
- Objektivität,
- Ethik,
- Berufung/Abberufung und
- internen Qualitätskontrolle.

85 Bemerkenswert ist, dass vergleichbar zur künftigen Implementierung eines EU-Rahmenwerks für die Nachhaltigkeitsberichterstattung auch ein **EU-Prüfungsstandard** seitens der EU-Kommission durch einen delegierten Rechtsakt geschaffen werden soll.

3.5.3 Enforcement und Prüfaufsicht

86 Aufgrund der geplanten Erweiterung der Abschlussprüfung werden die neuen Nachhaltigkeitsberichte einen Gegenstand der nationalen Enforcement-Prüfung bilden. In Deutschland betrifft dies fortan allein die BaFin. Darüber hinaus sieht der Richtlinienentwurf ein Mindestmaß an Sanktionen vor, sofern betreffende Unternehmen das künftige EU-Rahmenwerk für die Nachhaltigkeitsberichterstattung missachten.[87]

87 Die Prüfung der Nachhaltigkeitsberichterstattungen durch den Abschlussprüfer ist zudem von der Abschlussprüferaufsichtsstelle (APAS) – als nationale Prüferaufsicht – in die Aufsichtshandlungen einzubeziehen.

---

86 Vgl. Vorschlag CSRD, S. 62 (Art. 34 Abs. 3 zur Änderung der Richtlinie 2013/34/EU).

87 Vgl. Stawinoga/Velte, DStR 2021, S. 2369; vgl. Vorschlag CSRD, S. 63f. (Art. 51 zur Änderung der Richtlinie 2013/34/EU).

In diesem Zusammenhang hat die European Securities and Markets Authority (ESMA) Empfehlungen für das Enforcement auf nationaler Ebene zu verabschieden.[88]

Literaturtipps

- Abschlussbericht Sustainable-Finance-Beirat, Shifting the Trillions, Ein nachhaltiges Finanzsystem für die Große Transformation, 2021
- Borcherding/Freiberg/Skoluda, Entwurf einer Corporate Sustainability Reporting Directive, StuB 2021, S. 469
- Europäische Kommission, Leitlinien für die Berichterstattung über nichtfinanzielle Informationen: Methode zur Berichterstattung über nichtfinanzielle Informationen, ABl. EU v. 5.7.2017, C 215/1
- Europäische Kommission, Leitlinien für die Berichterstattung über nichtfinanzielle Informationen: Nachtrag zur klimabezogenen Berichterstattung, ABl. EU v. 20.6.2019, C 209/1
- Europäische Kommission, Vorschlag für eine Richtlinie des Europäischen Parlaments und des Rates zur Änderung der Richtlinien 2013/34/EU, 2004/109/EG und 2006/43/EG und der Verordnung (EU) Nr. 537/2014 hinsichtlich der Nachhaltigkeitsberichterstattung von Unternehmen vom 21.4.2021, https://eur-lex.europa.eu/legal-content/DE/TXT/PDF/?uri=CELEX:52021PC0189&from=EN, abgerufen am 3.1.2022
- Gesetz zur Stärkung der nichtfinanziellen Berichterstattung der Unternehmen in ihren Lage- und Konzernlageberichten (CSR-Richtlinie-Umsetzungsgesetz) v. 11.4.2017, BGBl. 2017 I, S. 802
- IDW Positionspapier, Pflichten und Zweifelsfragen zur nichtfinanziellen Erklärung als Bestandteil der Unternehmensführung, Stand: 14.6.2017, www.idw.de/blob/101498/30d545b52d2fcc5d71a71035b8336a70/down-positionspapier-nachhaltigkeit-nichtfinanzielle-erklaerung-data.pdf, abgerufen am 3.1.2022
- Richtlinie 2014/95/EU des Europäischen Parlaments und des Rates vom 22.10.2014 zur Änderung der Richtlinie 2013/34/EU im Hinblick auf die Angabe nichtfinanzieller und die Diversität betreffender Informationen durch bestimmte große Unternehmen und Gruppen, ABl. EU v. 15.11.2014, L330/1

---

88 Vgl. zu den Empfehlungen der ESMA für 2021 www.esma.europa.eu/sites/default/files/library/esma32-63-1186_public_statement_on_the_european_common_enforcement_priorities_2021.pdf, abgerufen am 3.1.2022.

- Stawinoga/Velte, Der EU-Richtlinienentwurf zur Nachhaltigkeitsberichterstattung, DStR 2021, S. 2364
- Wulf/Velte, Der neue Nachhaltigkeitsbericht der EU, ZCG 2021, S. 107

§ 10 Roadmap Nachhaltigkeitsberichterstattung

Überblick

Zur Nachhaltigkeitsberichterstattung bestehen zahlreiche Rahmenwerke und Guidances, die von Unternehmen herangezogen werden können. Die Einschätzung einer adäquaten Auswahl hinsichtlich der Anwendbarkeit für das Unternehmen kann – insbes. bei mangelnder Kenntnis – herausfordernd sein. Auch besteht in Unternehmen oftmals bei einer erstmalig angedachten externen Prüfung große Unsicherheit über die damit verbundenen inhaltlichen Anforderungen.

1 Anforderungen an die Roadmap

Vorbehaltlich einer gesetzlich verpflichtenden Nachhaltigkeitsberichterstattung ist es Unternehmen freigestellt, ob und, falls ja, nach welchem **Rahmenwerk** und unter Verwendung welcher **Guidance** die Nachhaltigkeitsberichterstattung erfolgt (s. zur Auswahl der zur Verfügung stehenden Rahmenwerke und Guidance § 8). Die Verwendung ist nicht zwingend nur auf ein Rahmenwerk etc. begrenzt. Auch bei der derzeitigen Verpflichtung zu einer nichtfinanziellen Erklärung sieht der Gesetzgeber i.R.d. Aufstellung grds. die Nutzung von Rahmenwerken durch die Unternehmen vor (§ 9 Rz 25ff.). 1

Eine Pflicht zu einer **externen Prüfung** der gesetzlichen Nachhaltigkeitsberichterstattung ist derzeit indes weder im europäischen noch im deutschen Recht verankert. Diese Verpflichtung wird aber nach derzeitigem Stand i.R.d. CSRD vorgesehen (§ 9 Rz 71). Zahlreiche Unternehmen lassen bereits heute ihre Nachhaltigkeitsberichterstattung extern prüfen.[1] Dabei bedeutet eine Prüfung stets einen prüferischen Vergleich von einem Ist-Objekt zu einem Soll-Objekt. Vor diesem Hintergrund soll nachfolgend eine Hilfestellung gegeben werden, welche Rahmenwerke bzw. Guidance für welche Unternehmen Verwendung finden können. Falls eine externe Prüfung der Berichterstattung stattfinden soll, wird aufgezeigt, welche grds. Anforderungen auf den Aufsteller der Berichterstattung zukommen. 2

1 Vgl. BDO & Kirchhoff, Studie: Nachhaltigkeit im Fokus – die nichtfinanzielle Berichterstattung im DAX 160, 2021.

2 Roadmap Aufstellung

3 Für die Unternehmen bestehen vielfältige Möglichkeiten zur Nutzung von Rahmenwerken und/oder Hilfestellungen bei der Aufstellung ihrer Nachhaltigkeitsberichterstattung. Um Anwendern eine indikative Entscheidungshilfe zu geben, enthält Abb. 1 eine kriterienbasierte Zuordnung, welche Initiativen ganz grds. zur Anwendung geeignet erscheinen. Eine Verpflichtung zur Anwendung besteht indes, vorbehaltlich der gesetzlichen Nachhaltigkeitsberichterstattung, nicht. Alle Initiativen stehen grds. allen (potenziellen) Anwendern zur Verfügung. Die Entscheidung darüber kann nur **unternehmensindividuell** getroffen werden:

Rahmenwerk	Grds. empfehlenswert für … Unternehmen	Empfehlenswert für multinationale UN?	Börsennotierte UN?	Branchenspezifisch	Bereits einen NHB verfasst? nein = Anfänger ja = Fortgeschritten
Deutscher Nachhaltigkeitskodex DNK (§ 8 Rz 18 ff.)	kleine	nein	nein	branchenspezifische Empfehlungen teilweise vorhanden	nein
Climate Disclosure Standards Board CDSB (§ 8 Rz 1 ff.)	mittlere und große	ja	ja	nein (nur Umweltinformationen)	ja
Global Reporting Initiative GRI (§ 8 Rz 38 ff.)	mittlere und große	ja	ja	Entwicklung von Branchenstandards in Arbeit	ja
United Nations Global Compact UNGC (§ 8 Rz 74)	mittlere und große	ja	ja	nein	nein/ja
United Nation Guiding Principles UNGP Reporting Framework (§ 8 Rz 97 ff.)	mittlere und große	ja	ja	nein	ja
Sustainability Accounting Standards Board SASB (§ 8 Rz 143 ff.)	mittlere und große	für Unternehmen mit US-Bezug	ja	branchenspezifische Empfehlungen umfangreich vorhanden	ja
Carbon Disclosure Project CDP (§ 8 Rz 150 ff.)	mittlere und große	ja	ja	nein (themenbezogen: Klima, Wasser und Wälder)	ja
Sustainable Development Goals SDGs (§ 8 Rz 163 ff.)	mittlere und große	ja	ja	nein	ja
Task Force on Climate-related Financial Disclosures TCFD (§ 8 Rz 174 ff.)	mittlere und große	ja	ja	nein (spezifische Hilfestellung für Energiebranche, Transportsektor, Baugewerbe sowie für Landwirtschaft, Lebensmittel und Forstprodukte)	ja
United Nations Principles for Responsible Investments UNPRI (§ 8 Rz 199 ff.)	mittlere und große	ja	ja	Finanzsektor	ja
International Sustainability Standards Board ISSB (§ 8 Rz 65 ff.)	große	ja	ja	nein (unabhängiges, privatwirtschaftliches Gremium, das die IFRS SDS entwickelt und genehmigt)	ja
International Integrated Reporting Council IIRC (§ 8 Rz 115 ff.)	große	ja	ja	nein	ja
Value Balancing Alliance VBA (§ 8 Rz 226 ff.)	große	ja	ja	nein	ja

Abb. 1: Übersicht der Initiativen

3 Roadmap Prüfung

4 Zahlreiche Unternehmen werden künftig erstmals aufgrund einer gesetzlichen Verpflichtung oder auf freiwilliger Basis ihre Nachhaltigkeitsberichterstattung einer externen Prüfung unterziehen. Damit verbunden ist häufig die Frage, was in diesem Zusammenhang auf die Unternehmen zukommt. Gegenstand einer externen Prüfung bildet stets das Ist-Objekt, also der nach einem Rahmenwerk aufgestellte Nachhaltigkeitsbericht. Dieser Nachhaltigkeitsbericht wird dann gegen das verwendete Soll-Objekt, z.B. HGB, GRI etc. geprüft. Die zentralen Fragestellungen einer externen Prüfung lauten dabei:

Abb. 2: Fragestellungen bei der Prüfung des Nachhaltigkeitsberichts

5 Die 1. Frage bezieht sich auf die Wesentlichkeit und damit den Prozess der **Materialitätsanalyse**. Die 2. Frage hat die Korrektheit der berichteten Informationen zum Gegenstand. Bei der externen Überprüfung von Nachhaltigkeitsinformationen kommt i.d.R. der **Prüfungsstandard** ISAE 3000 (Rev.) zur Anwendung, der unabhängig vom verwendeten Soll-Objekt die vom externen Prüfer durchzuführenden Prüfungskriterien und Prüfungshandlungen enthält:

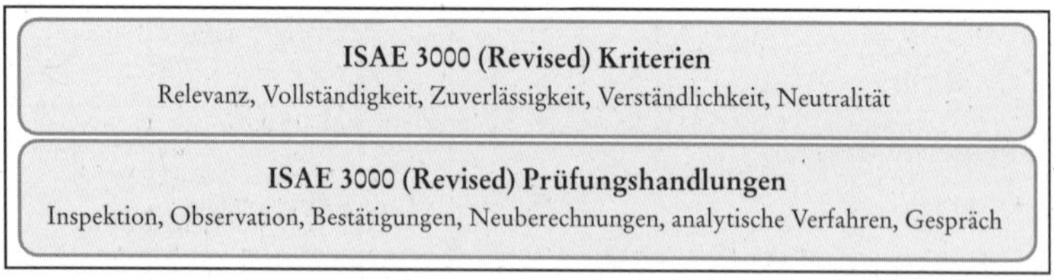

Abb. 3: Prüfungskriterien und -handlungen gem. ISAE 3000 (Rev.)

Dabei unterscheiden sich in der beauftragten Prüfungstiefe – begrenzte oder hinreichende Sicherheit – Art und Umfang der durchzuführenden Prüfungshandlungen. Während bei einer Beauftragung zur Erlangung einer **begrenzten Sicherheit** für das Prüfungsurteil analytische Prüfungshandlungen und Befragungen im Vordergrund stehen, werden zur Erlangung einer **hinreichenden Sicherheit** umfangreichere Prüfungshandlungen erforderlich, die v.a. auf ein eingerichtetes internes Kontrollsystem (IKS) für die Nachhaltigkeitsinformationen abzielen (s. zu Prüfungstiefe und Vermerk einer nichtfinanziellen Erklärung § 9 Rz 38ff.).

Mittels der Prüfungshandlungen erfolgt die Einschätzung des externen Prüfers über die Entsprechung des Ist-Objekts mit dem Soll-Objekt. Am Beispiel einer nichtfinanziellen Erklärung sind die Prüfungshandlungen darauf ausgerichtet, die beauftragte Prüfungssicherheit zu erlangen, ob das aufgestellte Ist-Objekt den nachfolgenden gesetzlichen Vorgaben entspricht: 6

Bestandteile der Berichterstattung (§ 289c Abs. 2 HGB)	• Geschäftsmodell • Wesentlichkeit • Aspekte • Sachverhalte
Berichtsumfang (§ 289c Abs. 3 HGB)	• Konzepte • Ergebnisse • bedeutsamste Kennzahlen • nichtfinanzielle Risiken • ggf. Verweise auf den Jahresabschluss/Konzernabschluss

Tab. 1: Vorgaben des CSR-RUG

Bei der externen Prüfung handelt es sich um keine Vollprüfung, sondern um einen **risikoorientierten Ansatz**, der sich idealtypisch über einen längeren Zeitraum um den Bilanzstichtag des Unternehmens erstreckt und in eine Vor- und Hauptprüfung unterteilt werden kann. Abb. 4 zeigt beispielhafte **Prüfungshandlungen** in den unterschiedlichen Phasen der Prüfung einer nichtfinanziellen Erklärung oder eines Nachhaltigkeitsberichts auf: 7

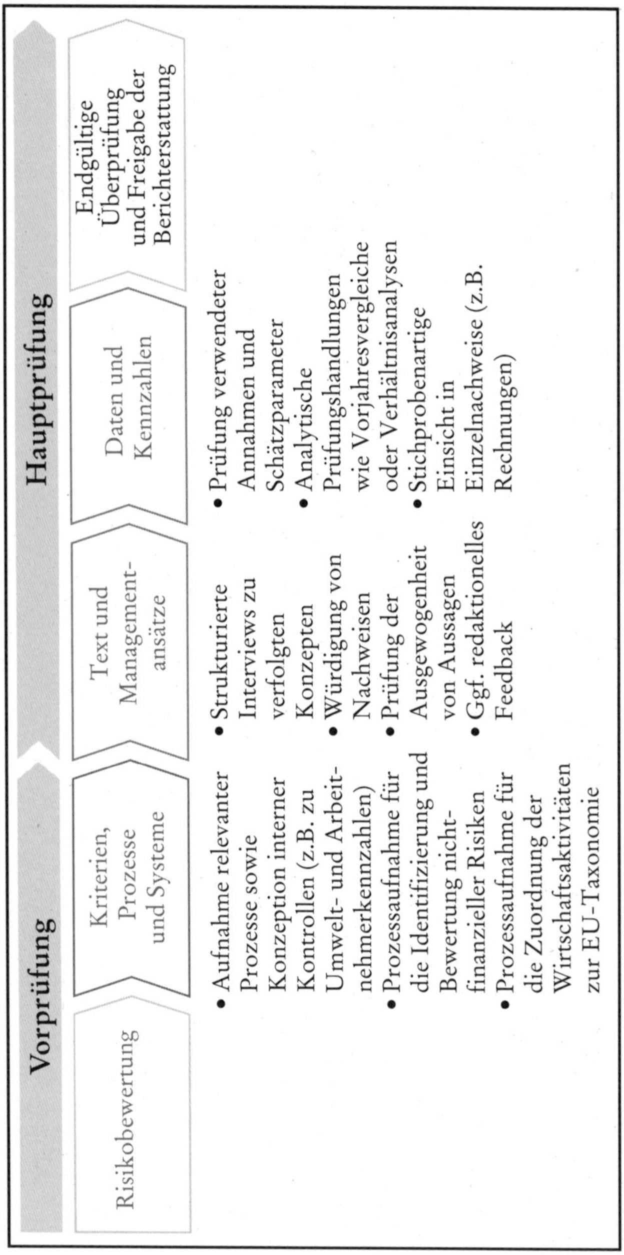

Abb. 4: Phasen einer externen Prüfung

Bei den Prozessaufnahmen handelt es sich i.d.R. um **Befragungen**, die der externe Prüfer mit den Verantwortlichen im Unternehmen durchführt. Diese können sich bspw. beziehen auf 8

- genaue Definition von qualitativen und quantitativen KPIs (z.B. Lieferantenaudits, Mitarbeiterzufriedenheit, Wasserverbrauch, Emissionen, Abfallmengen),
- Verständnis des Prozesses der Datenerhebung und Datenaggregation (z.B. manuell oder automatisch, zentral oder dezentral),
- Verständnis des Prozesses der Validierung und der Datenkontrollmechanismen (z.B. Überwachung durch QM, implementierte manuelle oder automatische Kontrollen),
- Einblicke in die Prozesse durch einen „Walk-through" (z.B. IT-System, Excel-Sheet-Berechnungen),
- Identifikation von und Umgang mit Risiken aus der Geschäftstätigkeit auf nichtfinanzielle Belange.

I.R.d. Befragungen werden i.d.R. vereinzelte **Prüfungsnachweise** vom zu prüfenden Unternehmen erbeten, die sich beziehen können auf

- prozessbezogene Einzelfallüberprüfungsmaßnahmen,
- qualitative und quantitative Maßnahmen zur Einzelfallprüfung.

Als Beispiele für solche zu erbringenden Prüfungsnachweise, einschl. der Anforderungen an ihre Eigenschaften, können angesehen werden: 9

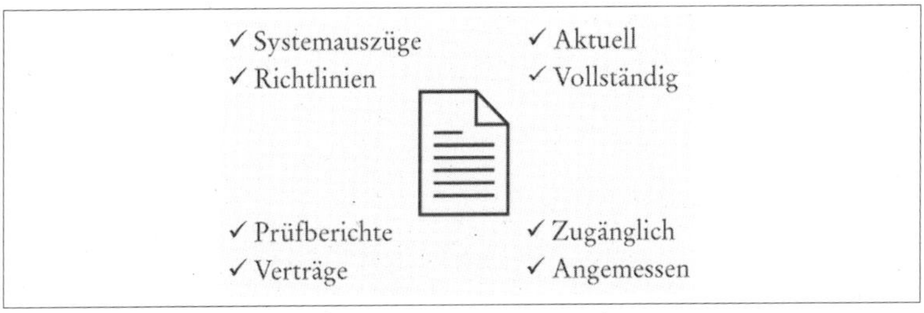

Abb. 5: Beispiele und Anforderungen für Nachweisdokumente

Der Verlauf der Prüfung kann als kontinuierlicher Austausch zwischen Prüfer und dem Aufsteller der Nachhaltigkeitsberichterstattung angesehen werden.

D

EU-Aktionsplan: Finanzierung nachhaltigen Wachstums

§ 11 Offenlegungsverordnung

Überblick

Der Notwendigkeit folgend, stärkere Vorschriften in Bezug auf die Offenlegung von Nachhaltigkeitsinformationen im Finanzdienstleistungssektor zu schaffen, wurde im Dezember 2019 durch die EU die Verordnung über nachhaltigkeitsbezogene Offenlegungsverpflichtungen veröffentlicht. Die Verordnung findet bis auf einzelne Sonderregelungen bereits ab dem 10.3.2021 Anwendung. Finanzberater wie auch Finanzmarktteilnehmer sind hiernach verpflichtet, über Nachhaltigkeitsaspekte von Finanzprodukten zu berichten, negative Nachhaltigkeitsauswirkungen zu berücksichtigen und transparent Nachhaltigkeitsrisiken miteinzubeziehen.

1 Rechtsentwicklung

Mit der Unterzeichnung des Pariser Klimaschutzabkommens im Dezember 2015 hat sich die EU zu einem anspruchsvollen Klimaregime mit universeller Geltung für alle Staaten verpflichtet. Das Abkommen verfolgt 3 Ziele: 1

- Die Staaten setzen sich das globale Ziel, die Erderwärmung im Vergleich zum vorindustriellen Zeitalter auf „deutlich unter" 2°C zu begrenzen mit Anstrengungen für eine Beschränkung auf 1,5°C.
- Die Fähigkeit zur Anpassung an den Klimawandel soll gestärkt werden und wird neben der Minderung der Treibhausgasemissionen als gleichberechtigtes Ziel etabliert.
- Zudem sollen die Finanzmittelflüsse mit den Klimazielen in Einklang gebracht werden.

In der 2. Hälfte des Jahrhunderts soll Treibhausgasneutralität erreicht werden. Ihre nationalen Klimaschutzbeiträge zur Erreichung der Ziele legen die Staaten selbst fest.

Alle 5 Jahre (beginnend 2018) findet eine globale Bestandsaufnahme statt, um die Erfüllung der Ziele sicherstellen zu können. Des Weiteren verpflichteten sich die unterzeichnenden Staaten, bis 2020 langfristige Strategien für eine treibhausgasarme Entwicklung vorzulegen.

Am 11.12.2019 hat die EU den **„European Green Deal"** (Europäischer Grüner Deal) vorgestellt. Dieser ist ein Konzept mit dem Ziel, bis 2050 in der EU die Netto-Emissionen von Treibhausgasen auf null zu reduzieren, 2 womit Europa der erste klimaneutrale Kontinent werden würde. Der Green Deal ist zentraler Bestandteil der Klimapolitik der EU. Die EU räumt ein, dass, auch wenn ab 2021 ein Viertel des EU-Haushalts in die eigenen Nachhaltigkeitsziele fließen soll, öffentliche Gelder nicht ausreichen werden, um die notwendigen Maßnahmen zu stemmen. Aus diesem Grund hat die EU verbindliche Gesetze vorgeschlagen, um Anreize für private Investitionen in grüne Projekte zu schaffen. Um Umlenkung von Kapital in eine nachhaltige Wirtschaft möglichst attraktiv zu gestalten, ist für die Europäische Kommission eine hohe Transparenz unabdinglich.

3 Zwecks dieser Transparenz und des höheren Ziels der Erhöhung privater Investitionen in den nachhaltigen Sektor trat im März 2021 die Sustainable Finance Disclosure Regulation (EU SFDR[1]) in Kraft. Sie gilt für den gesamten EWR und soll vor allen Dingen Anlageverwaltern das Greenwashing ihrer Produkte erschweren. Das heißt konkret, dass ein Produkt nicht mit einem ESG- oder Nachhaltigkeitslabel versehen werden kann, wenn ihr Erreichen nicht transparent dargestellt wird. Dadurch hofft man außerdem, Anlegern bessere Möglichkeiten zu bieten, um Anlageoptionen in Bezug auf ihre ESG-Faktoren zu vergleichen und somit ihren Anlagezielen gerecht zu werden.

2 Regelungsgehalt der Offenlegungsverordnung

2.1 Anforderungen qua Verordnung

4 Die Sustainable Finance Disclosure Regulation soll es Anlegern erleichtern, Vergleiche zwischen den am Markt angebotenen Finanzprodukten zu ziehen. Im Zentrum der **EU SFDR** steht die Einführung von Transparenzregelungen im Hinblick auf ökologische und/oder soziale Merkmale solcher Produkte.

Die EU SFDR verlangt von Finanzmarktteilnehmern und Finanzberatern spezifische Offenlegungen auf Unternehmens- und Produktebene in Bezug auf **Nachhaltigkeitsrisiken und wesentliche nachteilige Auswirkungen**.

5 Darüber hinaus soll die EU SFDR den Anlegern bei der Produktauswahl helfen, indem sie Finanzprodukte in 3 verschiedene Kategorien einteilt, je nachdem, inwieweit diese Produkte Nachhaltigkeit berücksichtigen. Für jede Kategorie sind verbindliche Anlagekriterien mit spezifischen Angaben erforderlich.

---

1 Verordnung (EU) 2019/2088, Abl. EU v. 9.12.2019, L 317/1ff.

Die Verordnung, die am 10.3.2021 in Kraft trat, gilt für viele Finanzprodukte, darunter OGAW (Organismen für gemeinsame Anlagen in Wertpapieren), AIF (alternative Investmentfonds) und Versicherungsanlageprodukte.

2.2 Unternehmensbezogene Offenlegungspflichten

Die Verpflichtung zur Offenlegung von Informationen auf ihrer Unternehmenswebsite gilt für Finanzmarktteilnehmer und Finanzberater im Zusammenhang mit dem Angebot von u.a. Portfoliomanagement- und Anlageberatungsdienstleistungen, versicherungsbasierten Anlageprodukten, Rentenprodukten sowie alternativen Investmentfonds und OGAW-Produkten. 6

Nach Art. 3 der EU SFDR verpflichten sich Finanzmarktteilnehmer dazu, auf ihren Internetseiten Informationen zu ihren **Strategien zur Einbeziehung von Nachhaltigkeitsrisiken** bei ihren Investitionsentscheidungsprozessen zu veröffentlichen. Dasselbe gilt für Finanzberater in Bezug auf ihre Anlageberatungs- oder Versicherungsberatungstätigkeiten. Hierbei hat eine Erklärung über Strategien zur Wahrung der Sorgfaltspflicht in Bezug auf diese Information (s. Art. 4 Abs. 1 Buchst. a EU SFDR) zu erfolgen.

Klassischerweise veröffentlichen die Unternehmen in der Praxis ihre Ausschlusskriterien in der Kapitalanlage als Teil ihrer Investmentstrategie. Häufig werden folgende Ausschlusskriterien zugrunde gelegt:

- Verstöße gegen 1 oder mehrere der 10 Prinzipien des UN Global Compact,
- Verstoß gegen gute Unternehmensführung,
- Herstellung und Handel mit geächteten Waffen (z.B. Landminen),
- Herstellung von Bioziden, die von der WHO als gefährlich eingestuft wurden,
- Ertrag aus Kohleverstromung,
- Investitionen in Tabakproduzenten,
- bei der Behandlung von Arbeitnehmern: Verstoß gegen grundlegende Prinzipien, wie z.B. Zwangsarbeit, Kinderarbeit, sowie systematische Umgehung von Mindestarbeitsstandards.

Falls Nachhaltigkeitsrisiken nicht i.R.v. Investitionsentscheidungen berücksichtigt werden, müssen die Gründe dafür erläutert werden (sog. „Comply or explain“-Ansatz). Dabei sind ggf. Informationen darüber, ob und wann eine Berücksichtigung beabsichtigt ist, zu erfassen. 7

Die Informationen müssen nach Art. 4 Abs. 2 EU SFDR mind. die folgenden Aspekte beinhalten:

a) Informationen über ihre Strategien zur Feststellung und Gewichtung der wichtigsten nachteiligen Nachhaltigkeitsauswirkungen und Nachhaltigkeitsindikatoren;
b) eine Beschreibung der wichtigsten nachteiligen Nachhaltigkeitsauswirkungen und aller in diesem Zusammenhang ergriffenen oder ggf. geplanten Maßnahmen;
c) ggf. kurze Zusammenfassungen ihrer Mitwirkungspolitik gem. Art. 3g der Richtlinie 2007/36/EG;
d) eine Bezugnahme auf die Beachtung eines Kodex für verantwortungsvolle Unternehmensführung und international anerkannter Standards für die Sorgfaltspflicht und die Berichterstattung sowie ggf. den Grad ihrer Ausrichtung auf die Ziele des Übereinkommens von Paris.

8 Abweichend von Art. 4 Abs. 1 EU SFDR müssen laut Art. 4 Abs. 3 EU SFDR „Finanzmarktteilnehmer, die am Bilanzstichtag das Kriterium erfüllen, im Laufe des Geschäftsjahres durchschnittlich mehr als 500 Mitarbeiter (beschäftigt zu haben)“, verpflichtend eine aktuelle Erklärung über ihre Strategie zur Wahrung der Sorgfaltspflicht im Zusammenhang mit den wichtigsten nachteiligen Auswirkungen ihrer Investitionsentscheidungen auf Nachhaltigkeitsfaktoren veröffentlichen. Diese Erklärung muss zumindest die in Art. 4 Abs. 2 EU SFDR aufgeführten Informationen umfassen.

Dasselbe gilt nach Art. 4 Abs. 4 EU SFDR für Mutterunternehmen einer großen Gruppe i.S.d. Art. 3 Abs. 7 der Richtlinie 2013/34/EU, die am Bilanzstichtag der Gruppe das Kriterium erfüllen und im Lauf des Geschäftsjahres konsolidiert durchschnittlich mehr als 500 Mitarbeiter beschäftigen.

9 Die genannten offenlegungspflichtigen Informationen nach Art. 4 Abs. 1 und 2 EU SFDR sind seit dem 30.6.2021 jährlich in der Amtssprache des Staats, in dem ein Vertrieb stattfindet, auf der Internetseite des Finanzmarktteilnehmers/Finanzberaters zu veröffentlichen.

Nach Art. 5 Abs. 1 EU SFDR sind sowohl Finanzmarktteilnehmer als auch Finanzberater dazu verpflichtet anzugeben, inwiefern ihre Vergütungspolitik mit der Einbeziehung von Nachhaltigkeitsrisiken im Einklang steht.

Die in Abs. 1 genannten Informationen müssen von den Betroffenen in die Vergütungspolitik aufgenommen werden, die sie gem. den sektoralen Rechtsvorschriften, insbes. den Richtlinien 2009/65/EG, 2009/138/EG,

2011/61/EU, 2013/36/EU, 2014/65/EU, (EU) 2016/97 und (EU) 2016/2341, festlegen und fortführen müssen.

2.3 Produktbezogene Offenlegungspflichten

Nach den Regelungen der EU SFDR müssen Finanzmarktteilnehmer und Finanzberater Produktinformationen zur Nachhaltigkeit sowohl für Produkte mit Bezug zu Umwelt, Sozialem und Unternehmensführung (ESG) als auch für Produkte ohne ESG-Bezug offenlegen. Die Verordnung verlangt von den Unternehmen, die von ihnen angebotenen Produkte oder Beratungen in eine der 3 folgenden Kategorien einzuordnen: Mainstream-Produkte, Produkte mit ökologischen oder sozialen Merkmalen oder Produkte mit nachhaltigen Anlagezielen. 10

Die Offenlegungspflichten auf Produktebene betreffen die vorvertragliche Offenlegung (Kundeninformationen, Broschüre usw.), die Offenlegung auf der Produktwebsite und die regelmäßigen Produktberichte.

Spätestens seit der Ankündigung der europäischen Bemühungen um die Einbindung des Finanzsektors in die Transformation der europäischen Wirtschaft und die gesellschaftlichen Diskussionen, z.B. i.R.d. Fridays-for-Future-Bewegung, haben Finanzmarktteilnehmer verstärkt Produkte mit nachhaltigen Merkmalen in den Markt gebracht. Häufig wurden klassische Kapitalanlagen wie bspw. ETF oder Kapitallebensversicherungen mit einer nachhaltigen Kapitalanlage verbunden.

Die Offenlegungspflichten sollen Transparenz über diese Merkmale bei den jeweiligen Produkten schaffen. U.a. soll offengelegt werden, inwieweit die Vergütung von Mitarbeitern von Finanzmarktteilnehmern von der Auswahl nachhaltiger Produkte durch den Kunden abhängt.

Gem. Art. 6 Abs. 1 und 2 EU SFDR müssen Finanzmarktteilnehmer sowie Finanzberater in vorvertraglichen Informationen darüber aufklären, wie Nachhaltigkeitsrisiken in ihre Investitionsentscheidungen oder Beratungen mit einbezogen werden. 11

Des Weiteren müssen die Ergebnisse der Bewertung der zu erwartenden Auswirkungen von Nachhaltigkeitsrisiken auf die Rendite der zur Verfügung gestellten Finanzprodukte oder im Fall des Finanzberaters die Finanzprodukte, die Gegenstand der Beratung sind, offengelegt werden.

Sollten Nachhaltigkeitsrisiken als nicht relevant erachtet werden, so müssen die Erläuterungen zu den in Art. 6 Abs. 1 EU SFDR genannten Aspekten eine klare und nachvollziehbare Begründung dafür enthalten (Art. 6 Abs. 1 S. 2 EU SFDR).

12 Details dazu, wie bzw. in welchem Rahmen die in Art. 6 Abs. 1 und 2 EU SFDR genannten Informationen offengelegt werden müssen, finden sich in Art. 6 Abs. 3 EU SFDR:

a) bei Alternative Investment Fund Managers (AIFM) im Rahmen ihrer Informationspflichten gegenüber Anlegern nach Art. 23 Abs. 1 der Richtlinie 2011/61/EU;
b) bei Versicherungsunternehmen i. R.d. nach Art. 185 Abs. 2 der Richtlinie 2009/138/EG bereitzustellenden Informationen oder ggf. gem. Art. 29 Abs. 1 der Richtlinie (EU) 2016/97;
c) bei Einrichtungen betrieblicher Altersversorgung (EbAV) i. R.d. nach Art. 41 der Richtlinie (EU) 2016/2341 bereitzustellenden Informationen;
d) bei Verwaltern eines qualifizierten Risikokapitalfonds i. R.d. nach Art. 13 Abs. 1 der Verordnung (EU) Nr. 345/2013 bereitzustellenden Informationen;
e) bei Verwaltern eines qualifizierten Fonds für soziales Unternehmertum i. R.d. nach Art. 14 Abs. 1 der Verordnung (EU) Nr. 346/2013 bereitzustellenden Informationen;
f) bei Herstellern von Altersvorsorgeprodukten in Schriftform und rechtzeitig, bevor ein Kleinanleger einen Vertrag über ein entsprechendes Altersvorsorgeprodukt abschließt;
g) bei OGAW-Verwaltungsgesellschaften (Organisationen für gemeinsame Anlagen in Wertpapieren) im nach Art. 69 der Richtlinie 2009/65/EG zu veröffentlichenden Prospekt;
h) bei Wertpapierfirmen, die Portfolioverwaltung oder Anlageberatung anbieten, gem. Art. 24 Abs. 4 der Richtlinie 2014/65/EU;
i) bei Kreditinstituten, die Portfolioverwaltung oder Anlageberatung anbieten, gem. Art. 24 Abs. 4 der Richtlinie 2014/65/EU;
j) bei Versicherungsvermittlern und Versicherungsunternehmen, die Versicherungsberatung für Insurance-based Investment Products (IBIP) anbieten, und bei Versicherungsvermittlern, die Versicherungsberatung für Altersvorsorgeprodukte, die Marktschwankungen ausgesetzt sind, anbieten, gem. Art. 29 Abs. 1 der Richtlinie (EU) 2016/97;
k) bei AIFM, die European long-term investment funds (ELTIF) verwalten, im nach Art. 23 der Verordnung (EU) 2015/760 zu veröffentlichenden Prospekt;
l) bei PEPP-Anbietern im in Art. 26 der Verordnung (EU) 2019/1238 genannten PEPP-Basisinformationsblatt (Pan-European Personal Pension Product).

13 Gem. Art. 7 Abs. 1 EU SFDR müssen die in Art. 6 Abs. 3 EU SFDR genannten Offenlegungen spätestens **ab dem 30.12.2022** klare und begründete Erläuterungen dazu enthalten, wie in einem Finanzprodukt die

wichtigsten nachteiligen Auswirkungen auf Nachhaltigkeitsfaktoren berücksichtigt werden. Sofern ein Finanzmarktteilnehmer die nachteiligen Auswirkungen von Investitionsentscheidungen auf Nachhaltigkeitsfaktoren nicht berücksichtigt, ist eine entsprechende Erklärung inkl. Begründung bereits seit dem **10.3.2021** offenzulegen (Art. 4 Abs. 1 b) EU SFDR).

Des Weiteren muss eine Erklärung über die wichtigsten nachteiligen Auswirkungen auf Nachhaltigkeitsfaktoren i.R.d. nach Art. 11 Abs. 2 EU SFDR offenzulegenden Informationen verfügbar sein. Dabei handelt es sich um die folgenden Formate: **14**

a) bei AIFM im in Art. 22 der Richtlinie 2011/61/EU genannten Jahresbericht;
b) bei Versicherungsunternehmen jährlich in schriftlicher Form gem. Art. 185 Abs. 6 der Richtlinie 2009/138/EG;
c) bei EbAV im in Art. 29 der Richtlinie (EU) 2016/2341 genannten Jahresbericht;
d) bei Verwaltern eines qualifizierten Risikokapitalfonds im in Art. 12 der Verordnung (EU) Nr. 345/2013 genannten Jahresbericht;
e) bei Verwaltern eines qualifizierten Fonds für soziales Unternehmertum im in Art. 13 der Verordnung (EU) Nr. 346/2013 genannten Jahresbericht;
f) bei Herstellern von Altersvorsorgeprodukten in schriftlicher Form im Jahresbericht oder im Bericht nach nationalem Recht;
g) bei OGAW-Verwaltungsgesellschaften im in Art. 69 der Richtlinie 2009/65/EG genannten Jahresbericht;
h) bei Wertpapierfirmen, die Portfolioverwaltung anbieten, in einem in Art. 25 Abs. 6 der Richtlinie 2014/65/EU genannten regelmäßigen Bericht;
i) bei Kreditinstituten, die Portfolioverwaltung anbieten, in einem in Art. 25 Abs. 6 der Richtlinie 2014/65/EU genannten regelmäßigen Bericht;
j) bei PEPP-Anbietern in der in Art. 36 der Verordnung (EU) 2019/1238 genannten PEPP-Leistungsinformation.

Art. 8 EU SFDR enthält die Vorgaben, die in den gem. Art. 6 Abs. 1 und 3 EU SFDR offenzulegenden Informationen umfasst sein müssen, wenn ein Produkt als nachhaltiges Produkt (**ESG-konformes Produkt**) beworben wird. **15**

Diese Informationen müssen gem. Art. 8 Abs. 1 EU SFDR zum einen Angaben dazu enthalten, wie die Nachhaltigkeitsmerkmale erfüllt werden, und, falls ein Index zum Referenzwert bestimmt wurde, angeben, ob und wie dieser Index mit diesen Merkmalen vereinbar ist.

In der Praxis nehmen die Unternehmen bspw. **Bezug auf internationale Nachhaltigkeitsstandards** wie die Grundsätze für nachhaltiges Investieren der Vereinten Nationen (Kurzform engl. UNPRI; § 8 Rz 201ff.).

16 I.R.d. nach Art. 6 Abs. 1 und 3 EU SFDR offenzulegenden Informationen müssen Finanzmarktteilnehmer Angaben dazu machen, wo eine Beschreibung der Methode zur Berechnung des in Art. 8 Abs. 1 EU SFDR genannten Index zu finden ist (vgl. Art. 8 Abs. 2 EU SFDR).

- Wird eine nachhaltige Investition auf Basis eines Index angestrebt, so müssen gem. Art. 9 EU SFDR Angaben dazu gemacht werden, wie der Index auf das angestrebte Ziel ausgerichtet ist, und begründet werden, wie und warum sich der Index von einem breiten Marktindex unterscheidet.
- Folgt das Finanzprodukt keinem Index, so müssen die offenzulegenden Informationen Erläuterungen dazu enthalten, wie das angestrebte Nachhaltigkeitsziel zu erreichen ist.

17 Strebt ein Finanzmarktteilnehmer mit einem Finanzprodukt eine Reduzierung der CO_2-Emissionen an, muss eine ausführliche Erklärung dazu erfolgen, wie die Ziele geringerer CO_2-Emissionen zur Verwirklichung der langfristigen Erderwärmungsziele des Übereinkommens von Paris gewährleistet werden.

Die in Art. 9 EU SFDR vorgeschriebenen Offenlegungen müssen in den gem. Art. 6 Abs. 1 und 3 EU SFDR offenzulegenden Informationen enthalten sein.

18 Laut Art. 10 Abs. 1 EU SFDR müssen Finanzmarktteilnehmer für jedes in Art. 8 Abs. 1 EU SFDR und Art. 9 Abs. 1, 2 oder 3 EU SFDR genannte Finanzprodukt folgende Informationen auf ihrer Internetseite veröffentlichen und auf dem aktuellen Stand halten:

- eine Beschreibung der ökologischen oder sozialen Merkmale oder des nachhaltigen Investitionsziels;
- Angaben zu den Methoden, die angewandt werden, um die ökologischen oder sozialen Merkmale oder die Auswirkungen der für das Finanzprodukt ausgewählten nachhaltigen Investitionen zu bewerten, zu messen und zu überwachen, u. a. Angaben zu den Datenquellen, zu den Kriterien für die Bewertung der zugrunde liegenden Vermögenswerte sowie zu den relevanten Nachhaltigkeitsindikatoren, die zur Messung der ökologischen oder sozialen Merkmale oder der Gesamtnachhaltigkeitsauswirkungen des Finanzprodukts herangezogen werden;
- die in den Art. 8a und 9 EU SFDR genannten Informationen;
- die in Art. 11 EU SFDR genannten Informationen.

19 Gem. Art. 11 EU SFDR müssen Finanzmarktteilnehmer für ein Finanzprodukt nach Art. 8 Abs. 1 EU SFDR in ihren regelmäßigen Berichten erläutern, inwieweit die ökologischen oder sozialen Merkmale erfüllt wurden.

Für Finanzprodukte nach Art. 9 Abs. 1, 2 oder 3 EU SFDR muss die **Gesamtnachhaltigkeitswirkung** durch relevante Nachhaltigkeitsindikatoren belegt oder anhand eines Vergleichs des gewählten Index mit einem breiten Marktindex anhand von Nachhaltigkeitsindikatoren erfolgen.

3 Normzweck und Anwendungsbereich

20 Der wesentliche Normzweck der EU SFDR besteht darin, nachhaltige Investitionen für private Anleger attraktiver zu machen. Dies soll vor allen Dingen durch eine erhöhte Transparenz bzgl. der ESG-Kriterien gelingen. Die neuen Offenlegungspflichten sollen nicht nur „Greenwashing“ verhindern und so die Integrität der Produkte stärken; durch gleichmäßige Wettbewerbsbedingungen soll der Anleger Finanzprodukte auch besser vergleichen können. Man hofft, durch die neu geschaffene Transparenz das Marktbewusstsein für den bisherigen Nischenmarkt nachhaltiger Anlageprodukte zu erhöhen.

21 Am 10.3.2021 ist die EU SFDR als Teil des European Green Deals in Kraft getreten. Der Geltungszeitraum der EU SFDR ist nicht begrenzt, jedoch ist mit sich aus der Praxis ihrer Anwendung ergebenden Anpassungen zu rechnen. Seit ihrer Gültigkeit müssen auf Unternehmensebene Offenlegungspflichten für die Berücksichtigung von Nachhaltigkeitsrisiken, Darstellung wesentlicher nachteiliger Auswirkungen und der aktualisierten Vergütungspolitik stattfinden. Auf Produktebene sind seit diesem Datum die Berücksichtigung von Nachhaltigkeitsrisiken und die Beurteilung der Risiken auf die Renditen zu beachten. Außerdem müssen zusätzliche Offenlegungen zu Produkten mit ökologischen und sozialen Merkmalen und Zielen erfolgen. Seit 30.6.2021 müssen große Unternehmen nach Art. 4 Abs. 3 EU SFDR jährlich Erklärungen zu den wichtigsten nachteiligen Auswirkungen ihrer Investitionsentscheidungen auf Nachhaltigkeitsfaktoren veröffentlichen. Ab 30.7.2022 wird die EU SFDR durch die zusätzlichen Offenlegungspflichten der Taxonomie-Verordnung (§ 12) ergänzt.

22 Die EU SFDR gilt für alle Finanzmarktteilnehmer und Finanzberater in der EU. Die SFDR gilt hauptsächlich für Finanzmarktteilnehmer (Banken, Versicherungen, Vermögensverwalter und Wertpapierfirmen), die in der EU tätig sind. Nicht-EU-Unternehmen werden indirekt durch EU-

Tochtergesellschaften, die Erbringung von Dienstleistungen in der EU und den Marktdruck betroffen sein. Finanzberater sind Personen, die Anlage- oder Versicherungsberatung anbieten.

Die hier genannten Finanzmarktteilnehmer sind im Versicherungsbereich vor allen Dingen Versicherungsunternehmen, die Versicherungsanlageprodukte (Insurance-based Investment Products – IBIP) anbieten, Einrichtungen der betrieblichen Altersvorsorge (EbAV) sowie Hersteller von Altersvorsorgeprodukten.

Auch Lebensversicherungen und Anbieter von europaweiten privaten Altersvorsorgeprodukten (Pan-European Personal Pension Product – PEPP) sind betroffen. Die betroffenen Finanzberater in der Assekuranz sind Versicherungsunternehmen und Versicherungsvermittler, die Beratung für Versicherungsanlageprodukte (IBIP) erbringen (vgl. Art. 2 EU SFDR).

Darüber hinaus richtet sich die Richtlinie an Verwalter von Alternative Investment Funds (AIFM – Alternative Investment Fund Manager), European Venture Capital Funds (EuVECA) und European Social Entrepreneurship Fund (EuSEF) im Hinblick auf von ihnen verwaltete Fonds sowie MiFID-regulierte EU-Anlageberater. Private-Equity- oder Venture-Capital-Beteiligungen werden häufig von einem der vorgenannten Fonds über z. T. komplexe Akquisitions- und Holdingstrukturen gehalten. Damit gehören deren Verwalter zu den Adressaten. Diese haben zukünftig verstärkt Veröffentlichungen zu Nachhaltigkeitsrisiken und deren Auswirkungen auf das Fondsvermögen vorzunehmen.

23 Die EU SFDR verlangt von Finanzmarktteilnehmern und Finanzberatern spezifische Offenlegungen auf Unternehmens- als auch auf Produktebene in Bezug auf Nachhaltigkeitsrisiken und wesentliche nachteilige Auswirkungen. Die EU SFDR definiert Nachhaltigkeitsrisiken und wesentliche nachteilige Auswirkungen. Danach sind **Nachhaltigkeitsrisiken** Ereignisse oder Bedingungen im Bereich Umwelt, Soziales oder Governance, deren Eintreten erhebliche negative Auswirkungen auf den Wert der Investition haben könnten. **Wesentliche nachteilige Auswirkungen** sind Auswirkungen von Investitionsentscheidungen und Anlageberatung, die negative Auswirkungen auf die Nachhaltigkeitsfaktoren haben. Ein Beispiel ist die Anlage in ein Unternehmen, das erheblich zur Kohlenstoffdioxidemission beiträgt oder unzureichende Wasser-, Abfall- oder landwirtschaftliche Praktiken aufweist.

24 Die EU SFDR kategorisiert Anlageprodukte bzgl. der Einbeziehung von Nachhaltigkeitsrisiken in 3 Kategorien. Die damit geschaffene Vergleichbarkeit soll Anlegern bei der Produktauswahl helfen. Die Produktkategorien entsprechen den Art. 6, 8 und 9 der EU SFDR:

- Sich an Art. 6 EU SFDR orientierende Produkte beziehen ESG-Aspekte in den Prozess ihrer Anlageentscheidung mit ein. Andernfalls ist zu erklären, wieso Nachhaltigkeitsrisiken als nicht relevant erachtet und die zusätzlichen Kriterien aus Art. 8 oder 9 EU SFDR nicht berücksichtigt werden.
- Sog. „Light Green“ Produkte nach Art. 8 EU SFDR zeichnen sich durch die Förderung von sozialen und ökologischen Merkmalen oder einer Kombination aus diesen aus. Auch wenn in nachhaltige Anlagen investiert wird, sind nachhaltige Investitionen nicht das Hauptziel.
- „Dark Green“ Produkte nach Art. 9 EU SFDR verfolgen ein nachhaltiges Investitionsziel und legen dieses und die Strategie zur Erreichung des Ziels dar.

Gem. Art. 8 EU SFDR können Finanzprodukte soziale und/oder ökologische Merkmale bewerben und teilweise ein nachhaltiges Investitionsziel anstreben.

4 Verhältnis zu anderen Rechtsverordnungen und Gesetzen

Die für die Anwendung der EU SFDR relevanteste weitere Rechtsverordnung ist die EU-Taxonomie (EU) 2020/852 (§ 12). Die Taxonomie-Verordnung ergänzt die EU SFDR in der Hinsicht, dass sie klar definiert, was nachhaltiges Wirtschaften umfasst. Sie liefert eine Begriffsdefinition dafür, was das in der EU SFDR genannte nachhaltige Wirtschaften ausmachen soll. Die objektiven Kriterien, anhand derer nachhaltiges Wirtschaften künftig festgemacht werden soll, basieren auf 6 Umweltzielen: 25

1. Klimaschutz,
2. Anpassung an den Klimawandel,
3. nachhaltige Nutzung und Schutz von Wasser- und Meeresressourcen,
4. Übergang zu einer Kreislaufwirtschaft,
5. Vermeidung und Verminderung der Umweltverschmutzung und
6. Schutz und Wiederherstellung von Biodiversität und Ökosystemen.

Eine Wirtschaftsaktivität kann i.S.d. EU-Taxonomie nur als nachhaltig betrachtet werden, wenn sie einen wesentlichen Beitrag zu einem dieser Umweltziele leistet und dabei im Einklang mit den restlichen Zielen steht. Die Festlegung der konkreten Kriterien erfolgt in den „**Delegated Acts**“. Zu den ersten 2 Umweltzielen, dem **Klimaschutz** und der **Anpassung an den Klimawandel**, sind diese bereits erschienen. Die weiteren 4 werden in 26 naher Zukunft folgen. Die objektiven Kriterien der Delegated Acts werden laut EU weiter angepasst werden.

27 Für nach Art. 8 eingestufte Produkte müssen ab 1.7.2022 zusätzliche Angaben darüber erfolgen, ob sie Anlagen in nachhaltige Investitionen aufweisen. Sollte dies der Fall sein, muss offengelegt werden, ob diese im Einklang mit der Taxonomie-Verordnung stehen.

Für nach Art. 9 eingestufte Produkte muss offengelegt werden, ob sie nachhaltige Investitionen enthalten, welche im Einklang mit den spezifischen Kriterien der Taxonomie-Verordnung stehen.

Für Produkte nach Art. 6 schreibt die EU-Taxonomie eine Negativerklärung bzgl. der Nachhaltigkeitskriterien vor.

28 Die BaFin hat am 2.8.2021 einen Entwurf einer Richtlinie für nachhaltig ausgerichtete Investmentvermögen veröffentlicht. Dieser enthält weitere Vorgaben zur Ausgestaltung von Publikumsinvestmentvermögen, die sich als nachhaltig bezeichnen oder explizit als nachhaltig vertrieben werden. Dieser für den deutschen Wirtschaftsraum geschaffene Entwurf geht über die EU SFDR hinaus und beinhaltet explizite Vorgaben wie z.B. eine geforderte Mindestinvestitionsquote von 75 % in nachhaltige Vermögensgegenstände.

5 Prüfung der Einhaltung der EU SFRD durch den Abschlussprüfer

29 In Umsetzung des Art. 14 der EU SFRD bzw. des Art. 21 der Taxonomie-Verordnung regelt das Fondsstandortgesetz (FoStoG) v. 3.6.2021, dass die BaFin die national zuständige Behörde für die Überwachung der Einhaltung der Anforderungen nach Art. 3–13 der EU SFRD bzw. Art. 5–7 der Taxonomie-Verordnung ist (vgl. § 5 Abs. 13 KAGB, § 10 Abs. 3 WpHG, § 295 Abs. 1 Nr. 5 und 6 VAG). Der BaFin kommt dadurch eine wichtige Rolle bei der Verhinderung von Greenwashing zu.

Nach den Vorgaben des FoStoG wurden auch die Pflichten des Abschlussprüfers von betroffenen Kapitalverwaltungsgesellschaften[2], Investmentvermögen[3] und Versicherungsunternehmen[4] erweitert. Zudem wird die Prüfung nach § 89 Abs. 1 S. 1 WpHG um die neu eingefügten

2 § 38 Abs. 3 S. 2 Nr. 7 und 8 KAGB.

3 § 101 Abs. 1 S. 3 Nr. 7 KAGB i.V.m. § 102 KAGB, § 121 Abs. 3 S. 1 Nr. 2 Buchst. f) und g) KAGB, § 148 Abs. 1 KAGB i.V.m. § 121 Abs. 3 KAGB, § 136 Abs. 3 S. 1 Nr. 6 und 7 KAGB und § 159 S. 1 KAGB i.V.m. § 136 Abs. 3 KAGB.

4 § 35 Abs. 1 S. 1 Nr. 9 VAG.

Buchst. f) und g) der Nr. 5 bei den betroffenen Instituten entsprechend ergänzt.

Wirtschaftsprüfer haben für diese Verpflichteten nach den Vorgaben des FoStoG zu prüfen, ob die Anforderungen nach Art. 3–13 der EU SFRD sowie nach Art. 5–7 der Taxonomie-Verordnung eingehalten wurden. Dabei soll der Wirtschaftsprüfer nicht nur nachhalten, ob der Offenlegungspflichtige die geforderten Angaben tätigt. Vielmehr muss er sich bei den Angaben, bei denen ein hohes Risiko für Greenwashing besteht, davon überzeugen, dass diese **richtig und vollständig** sind. Dies betrifft die produktbezogenen **Angaben mit ESG-Bezug**, die Endanleger für ihre konkrete Investitionsentscheidung erhalten und die ihnen teilweise zudem in periodischen Berichten zur Verfügung gestellt werden. Gleichermaßen gilt das für die Angaben dazu, ob und ggf. wie sich der Offenlegungspflichtige **mit den wichtigsten negativen Auswirkungen** auseinandergesetzt hat, die seine Investitionsentscheidung bzw. Anlageberatung z.B. **auf Umwelt-, Sozial- und Arbeitnehmerbelange** haben könnte. Die weiteren Angaben muss der Wirtschaftsprüfer zumindest plausibilisieren. 30

Die Vorgaben an die Prüfung sind weitgehend einheitlich für die Prüfungen von sämtlichen Verpflichteten formuliert. Über das Ergebnis dieser Prüfungen ist im **Prüfungsbericht** zu berichten, der nicht veröffentlicht wird. Bei der Prüfung von Investmentvermögen kann sich das Ergebnis der Prüfung der Einhaltung der Anforderungen nach Art. 11 der Offenlegungsverordnung auch auf den **Vermerk des Abschlussprüfers** auswirken. 31

Hinweis

Zur Unterstützung des Berufstands der Wirtschaftsprüfer hat das Institut der Wirtschaftsprüfer (IDW) im 4. Quartal 2021 einen Praxishinweis entwickelt. Dieser beschreibt den Prüfungsgegenstand und gibt erste Hinweise zum prüferischen Vorgehen. Der Praxishinweis wurde mit der BaFin abgestimmt und findet erstmals Anwendung für Prüfungen von Wirtschaftsjahren, die nach dem 2.8.2021 enden.

Literaturtipp

- IDW Praxishinweis zur Offenlegungs- und Taxonomie-Verordnung, IDW-Life 11/2021

§ 12 Taxonomie-Verordnung

Überblick

Die Taxonomie-Verordnung kann als der zentrale Baustein der EU zur Transformation der Wirtschaft hin zu einer nachhaltigen Wirtschaft angesehen werden. Mit der Verordnung wurde ein Klassifikationssystem für ökologisch nachhaltige Wirtschaftstätigkeiten geschaffen. Nach den Plänen der EU soll es dadurch zukünftig vermehrt zu einer Umlenkung von Kapital in nachhaltige Investitionen kommen.

1 Hintergrund und Entwicklung

Im März 2018 veröffentlichte die Europäische Kommission den „**Aktionsplan: Finanzierung nachhaltigen Wachstums**", in welchem, neben weiteren Bestrebungen hinsichtlich einer nachhaltigen Ausrichtung der Wirtschaft, das Ziel fixiert ist, „die Kapitalflüsse auf nachhaltige Investitionen umzulenken, um ein nachhaltiges und integratives Wachstum zu erreichen"[1]. 1

Um dies zu ermöglichen, ist eine Einordnung von Wirtschaftstätigkeiten bzgl. ihrer Nachhaltigkeit unabdingbar. Grundlegend hierfür ist ein gemeinsames Verständnis, was als nachhaltig zu erachten ist. Dieser Notwendigkeit wurde mit der Taxonomie-Verordnung[2] begegnet, welche ein **Klassifikationssystem für ökologisch nachhaltige Wirtschaftstätigkeiten** schafft. Sie basiert auf dem Bericht der Technical Expert Group,[3] welcher die Grundzüge einer solchen Systematik darlegt.

Mit dem im Dezember 2019 vorgestellten europäischen **Grünen Deal**[4] 2
legte die Europäische Kommission zudem einen nachhaltigen Fahrplan fest. Zu den Zielen gehören neben Klimaneutralität bis 2050 der Schutz der Gesundheit der Menschen sowie der Erhalt bzw. die Wiederherstellung der Biodiversität. Im Zuge der Verwirklichung dieser Nachhaltig-

---

1 Europäische Kommission, Aktionsplan: Finanzierung nachhaltigen Wachstums v. 8.3.2018, COM(2018) 97 final, S. 3.

2 Vgl. Verordnung (EU) 2020/852 des Europäischen Parlaments und des Rates vom 18.6.2020, ABl. EU v. 22.6.2020, L 198/13ff.

3 Vgl. Technical Expert Group on Sustainable Finance, Final Report, 2020.

4 Vgl. Europäische Kommission, Mitteilung der Kommission an das Europäische Parlament, den Europäischen Rat, den Rat, den Europäischen Wirtschafts- und Sozialausschuss und den Ausschuss der Regionen: Der europäische Grüne Deal v. 11.12.2019, COM(2019) 640 final.

keitsziele ist eine Einordnung von Wirtschaftstätigkeiten gem. ihrer, zunächst ökologischen, Nachhaltigkeit von großer Bedeutung.

2 Inhalt

3 Für die Klassifizierung von ökologisch nachhaltigen Wirtschaftstätigkeiten legt die Taxonomie-Verordnung zunächst 6 Umweltziele (Rz 14ff.) fest, die der Bewertung der ökologischen Nachhaltigkeit zugrunde gelegt werden. Basierend auf diesen werden sog. technische Bewertungskriterien (Rz 13) definiert, anhand derer bestimmt werden kann, ob eine Wirtschaftstätigkeit als ökologisch nachhaltig einzustufen ist.

4 Besondere Relevanz hat die Taxonomie-Verordnung für Unternehmen, die verpflichtet sind, eine nichtfinanzielle (Konzern-)Erklärung (§ 9 Rz 1ff.) zu erstellen. Für diese Unternehmen definiert die Taxonomie-Verordnung diesbzgl. erweiterte Angabeerfordernisse. Demnach sind nach Art. 8 Abs. 1 der Taxonomie-Verordnung von Unternehmen Angaben zu machen, wie und in welchem Umfang ihre Tätigkeiten mit Wirtschaftstätigkeiten in Verbindung stehen, die als ökologisch nachhaltig gem. der Kriterien der Taxonomie-Verordnung einzustufen sind.

5 Für **Nichtfinanzunternehmen** umfassen die durch die Taxonomie-Verordnung verpflichtenden zusätzlichen Angaben in der nichtfinanziellen (Konzern-)Erklärung gem. Art. 8 Abs. 2 insbes. (s. zu den detaillierten Angabeerfordernissen Rz 29ff.):

- den Anteil ihrer Umsatzerlöse, der mit Produkten oder Dienstleistungen erzielt wird, die mit gem. der Taxonomie-Verordnung als ökologisch nachhaltig einzustufenden Wirtschaftstätigkeiten verbunden sind, und
- den Anteil ihrer Investitionsausgaben und, soweit zutreffend, den Anteil der Betriebsausgaben im Zusammenhang mit Vermögensgegenständen oder Prozessen, die mit gem. der Taxonomie-Verordnung als ökologisch nachhaltig einzustufenden Wirtschaftstätigkeiten verbunden sind.

6 Für **Finanzunternehmen**, die Finanzprodukte bereitstellen, legt die Taxonomie-Verordnung weitere Anforderungen fest, insbes. zur Transparenz in vorvertraglichen Informationen und regelmäßigen Berichten bei ökologisch nachhaltigen Investitionen und bei Finanzprodukten, mit denen ökologische Merkmale beworben werden. Zu den Verpflichtungen, die sich hieraus im Zusammenspiel mit der Offenlegungsverordnung ergeben, s.a. § 11.

7 Die Taxonomie-Verordnung wird ergänzt durch mehrere delegierte Rechtsakte, welche die Inhalte, insbes. in Bezug auf die technischen Bewertungskriterien für die Bestimmung der ökologischen Nachhaltigkeit der Wirtschaftstätigkeiten (Rz 22ff.) und die Festlegung des Inhalts und der Darstellung der in die nichtfinanzielle (Konzern-)Erklärung einzubeziehenden Informationen (Rz 27ff.), definieren.

8 Die Taxonomie-Verordnung bildet die Basis des Klassifikationssystems. Zur weiteren Ausdifferenzierung, v.a. jedoch zur Festlegung der technischen Bewertungskriterien für die Umweltziele, wurde gem. Art. 23 Abs. 2 der Taxonomie-Verordnung der Kommission auf unbestimmte Zeit die Befugnis zum Erlass entsprechender delegierter Rechtsakte übertragen. Somit bestehen neben der Taxonomie-Verordnung i.e.S. weitere spezifizierende Dokumente, deren Zusammenhang in Abb. 1 dargestellt ist.

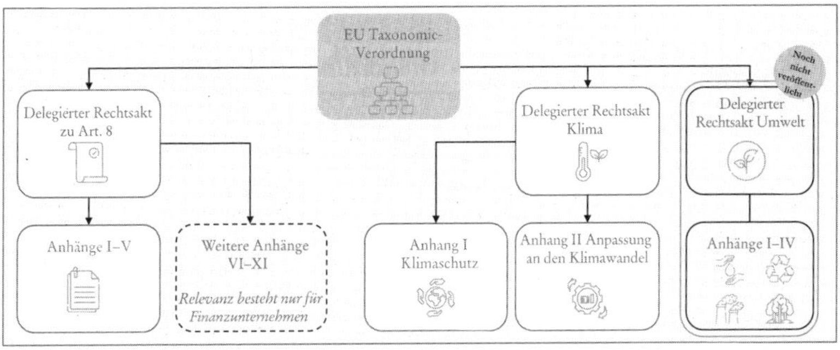

Abb. 1: Struktur der Taxonomie-Verordnung

2.1 Anwendungskreis und Anwendungszeitpunkt

9 Ist ein Unternehmen verpflichtet, nichtfinanzielle Angaben nach Art. 19a oder Art. 29a der Richtlinie 2013/34/EU zu veröffentlichen (§ 9 Rz 1ff.), hat es die von der Taxonomie-Verordnung geforderten Angaben in die nichtfinanzielle (Konzern-)Erklärung aufzunehmen (s. zu den detaillierten Angabeerfordernissen Rz 29ff.).

10 Für die ersten beiden klimabezogenen Umweltziele finden die Taxonomie-Verordnung und damit die entsprechenden nichtfinanziellen Angabepflichten für Veröffentlichungen von nichtfinanziellen (Konzern-)Erklärungen ab dem 1.1.2022 Anwendung. Die Ausweitung auf die

berichtspflichtigen Angaben zu den 4 weiteren Umweltzielen erfolgt für Veröffentlichungen ab dem 1.1.2023.

2.2 Ökologisch nachhaltige Wirtschaftstätigkeiten

11 Die Umsetzung der Taxonomie-Verordnung in Unternehmen kann als mehrstufiger Prozess verstanden werden. Um zu den berichtspflichtigen Inhalten in Form der Leistungsindikatoren bzgl. Umsatzerlösen sowie Investitions- und Betriebsausgaben zu gelangen, ist im 1. Schritt auf Taxonomiefähigkeit der Wirtschaftstätigkeiten und im 2. Schritt auf Taxonomiekonformität zu prüfen. Bei Erfüllung aller Kriterien sind im abschließenden Schritt die taxonomiekonformen Wirtschaftstätigkeiten bzgl. ihres Anteils an den Umsatzerlösen, Investitionsausgaben und Betriebsausgaben zu betrachten.

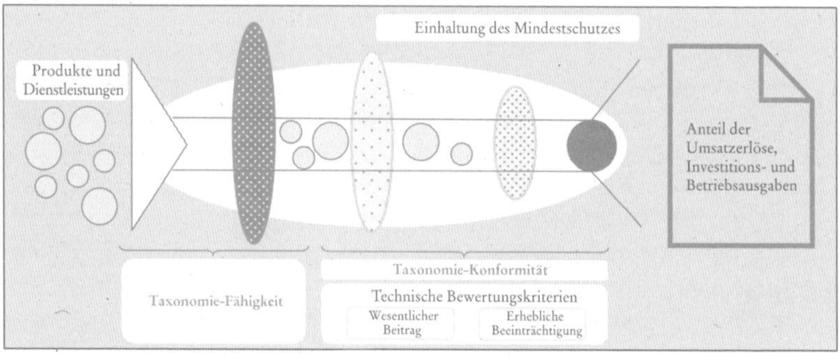

Abb. 2: Funktionslogik der Taxonomie-Verordnung

12 Die **Taxonomiefähigkeit** einer Wirtschaftstätigkeit richtet sich danach, ob diese von der Taxonomie-Verordnung abgedeckt ist. Dabei ist zu beachten, ob sie in einem der Anhänge zum Delegierten Rechtsakt Klima aufgeführt ist. Mit Ausweitung des Geltungsbereichs der Taxonomie-Verordnung auf die weiteren 4 Umweltziele ist davon auszugehen, dass auch weitere taxonomiefähige Wirtschaftstätigkeiten in den noch zu veröffentlichenden Anhängen zum Delegierten Rechtsakt Umwelt enthalten sein werden (Rz 40).

13 **Taxonomiekonform** ist eine Wirtschaftstätigkeit, wenn sie i. S. d. Taxonomie-Verordnung als ökologisch nachhaltig einzustufen ist. Dies ist gem. Art. 3 der Taxonomie-Verordnung der Fall, wenn sie einen wesentlichen Beitrag zur Verwirklichung eines oder mehrerer der Umweltziele, welche die Taxonomie-Verordnung festlegt (Rz 14ff.), leistet und zu

keiner erheblichen Beeinträchtigung eines oder mehrerer dieser Umweltziele führt. Gleichzeitig muss der Ausübung dieser Wirtschaftstätigkeit der durch die Taxonomie-Verordnung vorgegebene Mindestschutz (Rz 21) zugrunde liegen.

> **Hinweis**
>
> Für das 1. Anwendungsjahr der Taxonomie-Verordnung (1.1.2022–31.12.2022) hat der Gesetzgeber Erleichterungen für Unternehmen vorgesehen. In diesem Zeitraum entfällt die Prüfung auf Taxonomiekonformität (s. Rz 39 bzgl. der detaillierten Beschreibung der Erleichterungen). Wenn im weiteren Verlauf daher von taxonomiekonformen Wirtschaftstätigkeiten die Rede ist, so ist dies für das 1. Anwendungsjahr im Verständnis durch taxonomiefähig zu ersetzen.

2.3 Umweltziele

Art. 9 der Taxonomie-Verordnung legt die Umweltziele dar, welche die 14
Basis für die Bewertung der ökologischen Nachhaltigkeit einer Wirtschaftstätigkeit darstellen.

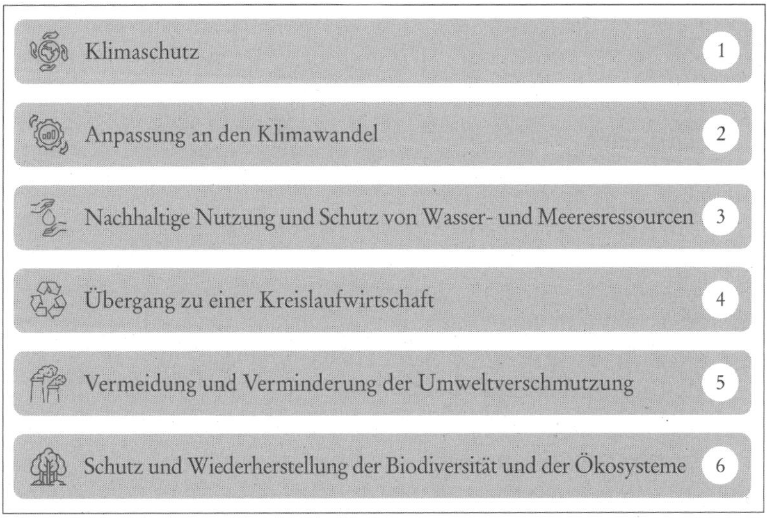

Abb. 3: Umweltziele gem. Taxonomie-Verordnung Art. 9

15 Zum Umweltziel **Klimaschutz** wird wesentlich beigetragen, wenn eine Wirtschaftstätigkeit wesentlich zur Stabilisierung der Treibhausgaskonzentration in der Atmosphäre beiträgt. Es soll ein Niveau erzielt werden, das zur Verhinderung einer anthropogenen Störung des Klimasystems führt. Dabei ist insbes. das langfristige Temperaturziel des Pariser Klimaabkommens von 2015[5] maßgeblich für die Vermeidung, Verringerung oder Speicherung von Treibhausgasen.

16 Mit dem Umweltziel **Anpassung an den Klimawandel** soll dem Risiko nachteiliger Auswirkungen des gegenwärtigen oder des in Zukunft zu erwartenden Klimas auf die Wirtschaftstätigkeit selbst oder aber auf Menschen, Natur oder Vermögenswerte durch adäquate Anpassungslösungen begegnet werden. Dabei ist von einem wesentlichen Beitrag auszugehen, wenn dieses Risiko oder die nachteilige Auswirkung selbst vermieden oder verringert wird.

17 Das Umweltziel der **nachhaltigen Nutzung und des Schutzes von Wasser- und Meeresressourcen** dient einer Verbesserung des Zustands von Gewässern respektive der Vermeidung einer Verschlechterung eines bereits guten Gewässerzustands. Der Begriff Gewässer umfasst neben Oberflächenwasser und Grundwasserkörpern auch Meeresgewässer. Maßgeblich sind der Schutz der Umwelt vor besorgniserregender Kontamination durch Arzneimittel und Mikroplastik aus städtischem und industriellem Abwasser sowie der Schutz der Gesundheit der Menschen und die Verbesserung der Wasserbewirtschaftung und -effizienz.

18 Der **Übergang zu einer Kreislaufwirtschaft** zielt auf die Vermeidung von Abfall, Wiederverwendung und Recycling ab. Insbes. stehen Ressourcen- und Energieeffizienz, die Haltbarkeit, Reparaturfähigkeit, Nachrüstbarkeit oder Wiederverwendbarkeit von Produkten sowie die Verringerung von Abfallerzeugung und die Ersetzung gefährlicher Stoffe im Fokus.

19 Das Umweltziel der **Vermeidung und Verminderung der Umweltverschmutzung** bezieht sich auf all jene Emissionen, bei denen es sich nicht um Treibhausgase handelt. Definitorisch umfasst dies gem. Art. 2 der Taxonomie-Verordnung „Stoffe, Erschütterungen, Wärme, Lärm, Licht oder andere Kontaminanten in Luft, Wasser oder Boden". Die Vermeidung bzw. Verringerung dieser Emissionen zielt sowohl auf eine verbesserte Luft-, Wasser- und Bodenqualität als auch auf eine Verhinderung von nachteiligen Auswirkungen auf die menschliche Gesundheit ab.

---

5 Vgl. Vereinte Nationen, Übereinkommen von Paris, 2015; im Vergleich zum vorindustriellen Niveau soll der Anstieg der durchschnittlichen Erdtemperatur auf 1,5 °C, mind. aber deutlich unter 2 °C gehalten werden.

Der **Schutz und** die **Wiederherstellung der Biodiversität und der Ökosysteme** als Umweltziel zeichnet sich insbes. durch die Förderung des Erhalts von Lebensräumen und Arten respektive der Vermeidung einer Verschlechterung derselben aus. Dabei sind terrestrische, marine und andere aquatische Ökosysteme eingeschlossen. 20

2.4 Sozialer Mindestschutz

Ein Unternehmen, dessen Wirtschaftstätigkeit unter die Taxonomie-Verordnung fällt und die technischen Bewertungskriterien hinsichtlich wesentlichen Beitrags und erheblicher Beeinträchtigung erfüllt, hat zudem gem. Art. 3 und Art. 18 der Taxonomie-Verordnung sicherzustellen, dass bei der Ausübung dieser Wirtschaftstätigkeit ein entsprechender sozialer Mindestschutz besteht. Konkret sind die im Folgenden beschriebenen Standards und Prinzipien einzuhalten: 21

- **OECD-Leitsätze für multinationale Unternehmen**: Für multinationale Unternehmen, die Auslandsaktivitäten im Bereich Handel und Investition aufweisen, wurden freiwillig anwendbare Verhaltensempfehlungen entwickelt, um verantwortungsvolles unternehmerisches Handeln zu gewährleisten. Die OECD-Leitsätze[6] bestehen seit 1967, wurden zuletzt im Jahr 2011 aktualisiert und sind u. a. von den 34 Mitgliedern der OECD anerkannt. Sie beziehen sich auf die Bereiche Offenlegung von Informationen, Menschenrechte, Beschäftigung und Beziehungen zwischen den Sozialpartnern, Umwelt, Bekämpfung von Bestechung, Bestechungsgeldforderungen und Schmiergelderpressung, Verbraucherinteressen, Wissenschaft und Technologie, Wettbewerb und Besteuerung.
- **Leitprinzipien der Vereinten Nationen für Wirtschaft und Menschenrechte**: Im Jahr 2011 hat der Menschenrechtsrat der Vereinten Nationen die Leitprinzipien der Vereinten Nationen für Wirtschaft und Menschenrechte[7] erschaffen, um bestehende Lücken in globalen Wirtschaftstätigkeiten in Bezug auf die Achtung von Menschenrechten zu schließen. Die 3 Säulen dieser Leitlinien beziehen sich auf die Pflicht des Staats zum Schutz der Menschenrechte, die Verpflichtung der Unternehmen zur Achtung der Menschenrechte und zum Zugang zu Abhilfe. Insgesamt legen die 31 Prinzipien die Verantwortung und Pflicht in Bezug auf den Schutz der Menschrechte durch wirtschaftliche Akteure dar.

---

6 Vgl. OECD, OECD-Leitsätze für multinationale Unternehmen, OECD Publishing, 2011.

7 Vgl. Geschäftsstelle Deutsches Global Compact Netzwerk, Leitprinzipien für Wirtschaft und Menschenrechte, 2014.

- **Grundlegende Prinzipien und Rechte bei der Arbeit der ILO**: Die 4 Grundprinzipien der International Labour Organization (ILO) – Vereinigungsfreiheit und Recht auf Kollektivverhandlungen, Beseitigung der Zwangsarbeit, Abschaffung der Kinderarbeit sowie Verbot der Diskriminierung in Beschäftigung und Beruf – wurden in den 8 Kernarbeitsnormen ausgestaltet.[8] Mit der Erklärung über die grundlegenden Prinzipien und Rechte bei der Arbeit von 1998 haben sich alle Mitgliedstaaten zu den Kernarbeitsnormen bekannt.
- **Internationale Charta der Menschenrechte**: Die Vereinten Nationen haben im Jahr 1948 die Allgemeine Erklärung der Menschenrechte[9] verabschiedet, um die Anerkennung und Einhaltung dieser durch die Bevölkerung der Mitgliedstaaten zu gewährleisten. Unterteilt in 30 Artikel sind die grundlegenden Rechte aller Mitglieder der Gemeinschaft der Menschen dargelegt, die als Grundlage von Freiheit, Gerechtigkeit und Frieden in der Welt angesehen werden.

Hinweis

Wenn ein Unternehmen den durch die Taxonomie-Verordnung geforderten sozialen Mindestschutz unternehmensweit implementiert hat, ist davon auszugehen, dass dieser auch im Hinblick auf die Ausübung der taxonomiekonformen Wirtschaftstätigkeit besteht. Daher ist kein weitergehender Nachweis der Einhaltung in Bezug auf spezifische Wirtschaftstätigkeiten zu erbringen.

3 Delegierter Rechtsakt Klima

22 Mit dem Delegierten Rechtsakt zu den Umweltzielen Klimaschutz und Anpassung an den Klimawandel[10] vom 4.6.2021 (Delegierter Rechtsakt Klima) wurde der 1. delegierte Rechtsakt zur Taxonomie-Verordnung veröffentlicht. In Kraft getreten ist er am 29.12.2021. Somit ist er er-

---

8 Vgl. ILO, Erklärung der IAO über grundlegende Prinzipien und Rechte bei der Arbeit und ihre Folgemaßnahmen, 1998.

9 Vgl. Vereinte Nationen, Allgemeine Erklärung der Menschenrechte. Resolution 217 A (III) der Generalversammlung vom 10. Dezember 1948.

10 Delegierte Verordnung (EU) 2021/2139 der Kommission vom 4. Juni 2021 zur Ergänzung der Verordnung (EU) 2020/852 des Europäischen Parlaments und des Rates durch Festlegung der technischen Bewertungskriterien, anhand deren bestimmt wird, unter welchen Bedingungen davon auszugehen ist, dass eine Wirtschaftstätigkeit einen wesentlichen Beitrag zum Klimaschutz oder zur Anpassung an den Klimawandel leistet, und anhand deren bestimmt wird, ob diese Wirtschaftstätigkeit erhebliche Beeinträchtigungen eines der übrigen Umweltziele vermeidet, ABl. EU v. 9.12.2021, L 442/1 ff.

wartungsgemäß **anzuwenden** für alle Offenlegungen von nichtfinanziellen Informationen in nichtfinanziellen (Konzern-)Erklärungen **ab dem 1.1.2022.**

Als Rahmen für die **Wirtschaftstätigkeiten**, die gem. der Taxonomie-Verordnung das Potenzial haben, in deren Sinne als ökologisch nachhaltige Wirtschaftstätigkeiten eingestuft zu werden (sog. taxonomiefähige Wirtschaftstätigkeiten), hat die EU die NACE-Systematik zugrunde gelegt. 23

Die **NACE-Systematik** (Nomenclature statistique des activités économiques dans la Communauté européenne) ist das Klassifikationssystem der Wirtschaftstätigkeiten in der EU. Über einen bis zu vierstelligen Code können alle Wirtschaftstätigkeiten diesem System zugeordnet werden. Die aktuelle Fassung, NACE Rev. 2, besteht in der Verordnung (EG) Nr. 1893/2006,[11] die 21 Abschnitte enthält, welche sich weitergehend in Abteilungen, Gruppen und Klassen gliedern.

Gem. Erwägungsgrund Nr. 6 des Delegierten Rechtsakts Klima haben die in den Anhängen aufgeführten NACE-Codes jedoch nur Hinweischarakter. Die Definition in der Beschreibung der jeweiligen Tätigkeit ist als vorrangig zu erachten. 24

Die in den beiden Anhängen als taxonomiefähig aufgeführten Wirtschaftstätigkeiten unterscheiden sich nur marginal (s. Tab. 1).

Wirtschaftstätigkeit	**Anhang I – Klimaschutz**	**Anhang II – Anpassung an den Klimawandel**
1. Forstwirtschaft	✔	✔
2. Tätigkeiten in den Bereichen Umweltschutz und Wiederherstellung	✔	✔
3. Verarbeitendes Gewerbe/Herstellung von Waren	✔	✔
4. Energie	✔	✔

11 Vgl. Verordnung (EG) Nr. 1893/2006 des Europäischen Parlaments und des Rates vom 20. Dezember 2006 zur Aufstellung der statistischen Systematik der Wirtschaftszweige NACE Revision 2 und zur Änderung der Verordnung (EWG) Nr. 3037/90 des Rates sowie einiger Verordnungen der EG über bestimmte Bereiche der Statistik, ABl. EU v. 30.12.2006, L 393/1 ff.

Wirtschaftstätigkeit	Anhang I – Klimaschutz	Anhang II – Anpassung an den Klimawandel
5. Wasserversorgung, Abwasser- und Abfallentsorgung und Beseitigung von Umweltverschmutzungen	✔	✔
6. Verkehr	✔	✔
7. Baugewerbe und Immobilien	✔	✔
8. Information und Kommunikation	✔	✔
9. Erbringung von freiberuflichen, wissenschaftlichen und technischen Dienstleistungen	✔	✔
10. Erbringung von Finanz- und Versicherungsdienstleistungen		✔
11. Erziehung und Unterricht		✔
12. Gesundheit und Sozialwesen		✔
13. Kunst, Unterhaltung und Erholung		✔

Tab. 1: Wirtschaftstätigkeiten in Anhang I und II

Hinweis

Zu den obenstehend abgebildeten Wirtschaftstätigkeiten gibt es jeweils eine Reihe von weiter ausdifferenzierten Unteraktivitäten. So finden sich bspw. in der Kategorie „4. Energie" insgesamt 25 Wirtschaftstätigkeiten im Bereich der Energieerzeugung, -speicherung, -übertragung und -verteilung.

Eine Wirtschaftstätigkeit kann taxonomiekonform in sich selbst sein. Dies ist der Fall, wenn sie selbst direkt zu einem der Umweltziele beiträgt, bspw. durch die Erzeugung von Energie aus erneuerbaren Quellen. Alternativ kann eine Wirtschaftstätigkeit ermöglichenden Charakter haben oder als Übergangstätigkeit eingestuft werden. Von einer **ermöglichenden Tätigkeit** spricht man, wenn die Tätigkeit gem. Art. 16 der Taxonomie-Verordnung es unmittelbar anderen Tätigkeiten ermöglicht, einen wesentlichen Beitrag zu einem der beiden klimabezogenen Umweltziele zu leisten. Für **Übergangstätigkeiten** sind die Kriterien für den wesentlichen Beitrag zum Umweltziel Klimaschutz hingegen i. S. e. stufenweisen Taxonomiekonformität definiert. Dies bedeutet, dass zunächst die Schwellenwerte für die Einstufung als taxonomiekonforme Wirtschaftstätigkeit niedriger liegen und die Wirtschaftstätigkeit erst im Zeitverlauf die vollumfänglichen Kriterien erfüllen muss. I. V. m. dem Umweltziel Anpassung an den Klimawandel bestehen gem. der Taxonomie-Verordnung keine Übergangstätigkeiten. 25

Praxis-Beispiel
Eine stufenweise Übergangstätigkeit ist bspw. in der Wirtschaftstätigkeit „6.5. Beförderung mit Motorrädern, Personenkraftwagen und leichten Nutzfahrzeugen“ gegeben.[12] Danach können bestimmte Fahrzeuge des Unternehmensfuhrparks bis zum 31.12.2025 als Übergangstätigkeit eingestuft werden, sofern sie unter 50g CO_2/km emittieren. Ab dem 1.1.2026 dürfen diese hingegen keine CO_2-Emissionen verursachen und gelten in diesem Fall als unmittelbar taxonomiekonform.

Der Delegierte Rechtsakt Klima hat 2 Anhänge (s. a. Tab. 1 in Rz 24), je einen für das Umweltziel Klimaschutz und für das Umweltziel Anpassung an den Klimawandel. In diesen sind jeweils die technischen Bewertungskriterien für die Erbringung eines wesentlichen Beitrags für das entsprechende im Fokus stehende Umweltziel sowie für die Gewährleistung, dass durch die Wirtschaftstätigkeit keine erhebliche Beeinträchtigung eines oder mehrerer der anderen Umweltziele gegeben ist, enthalten. 26

Für jede der in einem der Anhänge aufgelisteten Wirtschaftstätigkeiten findet sich

- die Beschreibung der Wirtschaftstätigkeit,
- überwiegend eine Referenz zu einem oder mehreren NACE-Codes, die mit der Wirtschaftstätigkeit in Verbindung gebracht werden können,

12 Vgl. Delegierte Verordnung (EU) 2021/2139, ABl. EU v. 9.12.2021, Anhang I, 6.5., L 442/105 ff.

- falls zutreffend, die Information, ob es sich bei der Wirtschaftstätigkeit um eine ermöglichende oder Übergangstätigkeit handelt (s. für die Definition von ermöglichenden und Übergangstätigkeiten Rz 25) und
- die technischen Bewertungskriterien, gegliedert in die Kriterien für die Bestimmung des wesentlichen Beitrags der Wirtschaftstätigkeit zum entsprechenden Umweltziel und die tabellarische Darstellung der Kriterien zur Vermeidung erheblicher Beeinträchtigungen in Relation zu allen anderen Umweltzielen.

4 Delegierter Rechtsakt zu Art. 8

4.1 Angabeerfordernisse

27 Der Delegierte Rechtsakt zu Art. 8[13] wurde am 6.7.2021 förmlich angenommen und trat am 30.12.2021 in Kraft. In ihm hat die Europäische Kommission den Inhalt und die Darstellung der Informationen festgelegt, die Unternehmen i.S.d. Taxonomie-Verordnung in die nichtfinanziellen (Konzern-)Erklärungen aufzunehmen haben.

28 Grds. haben Unternehmen, die zur Veröffentlichung einer nichtfinanziellen (Konzern-)Erklärung verpflichtet sind, in diese Angaben zum Anteil der taxonomiekonformen Wirtschaftstätigkeiten an den Umsatzerlösen, den Investitions- und Betriebsausgaben sowie ergänzende qualitative Informationen zu diesen KPIs aufzunehmen.

29 Um den **Anteil der Umsatzerlöse** an den taxonomiekonformen Wirtschaftstätigkeiten anzugeben, muss ein entsprechender Quotient gebildet werden. Dabei definiert der Delegierte Rechtsakt zu Art. 8 spezifisch, welche Positionen in den Nenner aufgenommen werden dürfen und wie folglich, als Teilmenge des Nenners, der Zähler zu bilden ist.

Im Nenner sind die gem. IAS 1.82(a)[14] ausgewiesenen Einnahmen aufzunehmen. Im Zähler ist hingegen der Teil des Nettoumsatzes mit Waren oder Dienstleistungen, einschl. immaterieller Güter, die mit taxonomiekonformen Wirtschaftstätigkeiten verbunden sind, zu erfassen.

---

[13] Vgl. Delegierte Verordnung (EU) Nr. 2021/2178 der Kommission vom 6. Juli 2021 zur Ergänzung der Verordnung (EU) 2020/852 des Europäischen Parlaments und des Rates durch Festlegung des Inhalts und der Darstellung der Informationen, die von Unternehmen, die unter Artikel 19a oder Artikel 29a der Richtlinie 2013/34/EU fallen, in Bezug auf ökologisch nachhaltige Wirtschaftstätigkeiten offenzulegen sind, und durch Festlegung der Methode, anhand deren die Einhaltung dieser Offenlegungspflicht zu gewährleisten ist, ABl. EU v. 10.12.2021, L 443/9ff.

[14] Vgl. Lüdenbach/Hoffmann/Freiberg, Haufe IFRS-Kommentar, 20. Aufl., 2022, § 2, Rz 69 und 86.

Dabei werden im Zähler Nettoumsätze nicht berücksichtigt, wenn sie i. V. m. Wirtschaftstätigkeiten stehen, die gem. Anhang II des Delegierten Rechtsakts Klima an den Klimawandel angepasst wurden. Dies gilt nicht, wenn es sich dabei um eine ermöglichende Tätigkeit (Rz 25) handelt oder die Wirtschaftstätigkeit selbst taxonomiekonform ist.

Die Angaben zum Anteil der Umsatzerlöse an taxonomiekonformen Wirtschaftstätigkeiten hat gem. Anhang II zum Delegierten Rechtsakt zu Art. 8 in Form einer Tabelle zu erfolgen. Dabei sind Angaben zu machen in Bezug auf

- taxonomiekonforme Wirtschaftstätigkeiten (s. Abb. 4, Abschn. A.1),
- taxonomiefähige, aber nicht-taxonomiekonforme Wirtschaftstätigkeiten (s. Abb. 4, Abschn. A.2) und
- nicht-taxonomiefähige Wirtschaftstätigkeiten (s. Abb. 4, Abschn. B).

				Kriterien für einen wesentlichen Beitrag						DNSH Kriterien („keine erbebliche Beeinträchtigung")										
Wirtschaftstätigkeiten (1)	Codes (2)	Absoluter Umsatz (3)	Umsatzanteil (4)	Klimaschutz (5)	Anpassung an den Klimawandel (6)	Wasser- und Meeresressourcen (7)	Kreislaufwirtschaft (8)	Umwelt-verschmutzung (9)	Biologische Vielfalt & Ökosysteme (10)	Klimaschutz (11)	Anpassung an den Klimawandel (12)	Wasser- und Meeresressourcen (13)	Kreislaufwirtschaft (14)	Umwelt-verschmutzung (15)	Biologische Vielfalt & Ökosysteme (16)	Mindestschutz (17)	Taxonomie-konformer Umsatzanteil Jahr N (18)	Taxonomie-konformer Umsatzanteil Jahr N-1 (19)	Kategorie (ermögli-chende Tätigkeiten) (20)	Kategorie (Übergangs-tätigkeiten) (21)
		Währung	%	%	%	%	%	%	%	J/N	J/N	J/N	J/N	J/N	J/N	J/N	Prozent	Prozent	E	T
A Taxonomiefähige Tätigkeiten																				
A.1 Taxonomiekonforme Tätigkeiten																				
Tätigkeit A																				
Tätigkeit B																				
Umsatz taxonomiekonformer Tätigkeiten (A.1)																				
A.2 Taxonomiefähige, aber nicht-taxonomiekonforme Tätigkeiten																				
Tätigkeit A																				
Tätigkeit C																				
Umsatz taxonomiefähiger, aber nicht-taxonomiekonformer Tätigkeiten (A.2)																				
Total (A.1 + A.2)																				
B. Nicht-taxonomiefähige Tätigkeiten																				
Umsatz nicht-taxonomiefähiger Tätigkeiten (B)																				
Gesamt (A+B)			100%																	

Abb. 4: Exemplarische Darstellung des Anteils der Umsatzerlöse

Die Tabelle in Abb. 4 zeigt exemplarisch für die Umsatzerlöse, wie die Informationen darzustellen sind. Für die im Folgenden beschriebenen KPIs zu Investitions- und Betriebsausgaben hat die Darstellung analog in tabellarischer Form zu erfolgen. 30

Für den **Anteil von Investitionsausgaben** (Capital Expenditures, CapEx), der i. V. m. taxonomiekonformen Wirtschaftstätigkeiten steht, ist ebenfalls ein Quotient zu bilden. Die in den Nenner aufzunehmenden Positionen umfassen bei Anwendung der International Financial Reporting Standards (IFRS) durch das Unternehmen: 31

- IAS 16.73(e), Ziffer (i) und (iii), betreffend Sachanlagen;
- IAS 38.118 (e), Ziffer (i), betreffend immaterielle Vermögenswerte;
- IAS 40.76(a) und (b) für das Modell des beizulegenden Zeitwerts bzw. IAS 40.79(d), Ziffern (i) und (ii) für das Anschaffungskostenmodell, betreffend als Finanzinvestition gehaltene Immobilien;
- IAS 41.50(b) und (e), betreffend Landwirtschaft;
- IFRS 16.53(h), betreffend Leasingverhältnisse.

Dabei sind Zugänge an Sachanlagen und immateriellen Vermögenswerten während des betrachteten Geschäftsjahrs vor Abschreibungen und Neubewertungen einzubeziehen, ebenso wie Zugänge an Sachanlagen und immateriellen Vermögenswerten aus Unternehmenszusammenschlüssen.

Sofern Nicht-Finanzunternehmen nationale allgemein anerkannte Grundsätze der Rechnungslegung (GAAP) anwenden, beinhalten die Investitionsausgaben die nach den geltenden GAAP verbuchten Kosten, die den Aufwendungen entsprechen, die bei der Anwendung von IFRS durch Nicht-Finanzunternehmen in den Investitionsausgaben enthalten sind. Nicht als Investitionsausgaben zu berücksichtigen sind Leasingverhältnisse, die nicht zur Anerkennung eines Nutzungsrechts an dem Vermögenswert führen. 32

In den Zähler ist der Teil der Investitionsausgaben aus dem Nenner aufzunehmen, 33

- der sich auf Vermögenswerte und Prozesse bezieht, die direkt i. V. m. den eigenen taxonomiekonformen Wirtschaftstätigkeiten des Unternehmens stehen; oder
- der Teil eines CapEx-Plans ist; dabei kann es sich entweder um den Plan des Ausbaus einer bereits taxonomiekonformen Wirtschaftstätigkeit handeln oder um Investitionen im Zusammenhang mit der Erfüllung der technischen Bewertungskriterien, um eine bislang lediglich taxonomiefähige Wirtschaftstätigkeit taxonomiekonform zu machen; oder

- der im Zusammenhang mit dem Erwerb taxonomiekonformer Produkte oder Dienstleistungen anderer Unternehmen steht.

34 Bei den in den Nenner aufzunehmenden **Betriebsausgaben** hat es sich um solche zu handeln, die direkt und nicht kapitalisiert sind (Operating Expenditures, OpEx). Darunter fallen gem. Definition der Taxonomie-Verordnung:

- Forschung und Entwicklung,
- Gebäudesanierungsmaßnahmen,
- kurzfristiges Leasing,
- Wartung und Reparatur sowie
- alle weiteren direkten Ausgaben, die im Zusammenhang mit der täglichen Wartung von Vermögenswerten des Sachanlagevermögens durch das Unternehmen oder Dritte stehen, an die Tätigkeiten ausgelagert werden, die notwendig sind, um die kontinuierliche und effektive Funktionsfähigkeit dieser Vermögenswerte sicherzustellen.

35 In den Zähler ist der Teil der im Nenner enthaltenen Betriebsausgaben aufzunehmen, der

- sich auf Vermögenswerte und Prozesse bezieht, die direkt i.V.m. den eigenen taxonomiekonformen Wirtschaftstätigkeiten des Unternehmens stehen, oder
- im Zuge der Umsetzung eines CapEx-Plans (Rz 33) anfällt, oder
- im Zusammenhang mit dem Erwerb taxonomiekonformer Produkte oder Dienstleistungen anderer Unternehmen steht.

Praxis-Beispiel

Ein Unternehmen, das Solarpaneele herstellt, kann die Betriebsausgaben für die Wartung der Produktionsanlage einbeziehen, da es sich um OpEx handelt, die sich auf die Wartung des Sachanlagevermögens beziehen und in direkter Verbindung mit der eigenen taxonomiekonformen Wirtschaftstätigkeit stehen.

Hat ein Unternehmen bspw. Elektrofahrzeuge in der Fahrzeugflotte, kann es die Betriebsausgaben für die Wartung und Reparatur dieser Fahrzeuge ebenfalls in den Zähler aufnehmen. Hierbei handelt es sich dann um OpEx, die i.V.m. dem Erwerb taxonomiekonformer Produkte anderer Unternehmen stehen.

36 Grds. kennt die Taxonomie-Verordnung das Konzept der **Wesentlichkeit** nicht. Entsprechend gibt es keine Schwellenwerte bzgl. der berichtspflichtigen Inhalte. Ausnahme bilden die Betriebsausgaben, für die explizit eine

Wesentlichkeit angeführt wird. Sind die Betriebsausgaben für das Geschäftsmodell des Unternehmens unwesentlich, so

- muss nur der Nenner gebildet und berichtet werden,
- kann auf die Angabe des Zählers verzichtet werden und
- hat eine argumentative Darlegung zu erfolgen, warum die Betriebsausgaben für das Geschäftsmodell unwesentlich sind.

Neben den 3 Leistungsindikatoren zu Umsatzerlösen sowie Investitions- 37
und Betriebsausgaben ist eine Reihe **erklärender, qualitativer Angaben** zu machen. Insbes. sind Informationen in die nichtfinanzielle (Konzern-) Erklärung zur Rechnungslegungsmethode aufzunehmen. Hier ist zu erläutern, wie die KPIs ermittelt wurden, und es sind entsprechende Verweise auf den Jahresabschluss zu machen. Auch Veränderungen in Bezug auf den CapEx-Plan und die Hintergründe dieser Veränderungen sind zu beschreiben.

Zudem sind beschreibende Angaben zu den taxonomiefähigen und taxonomiekonformen Wirtschaftstätigkeiten sowie zur Beurteilung hinsichtlich Taxonomiekonformität zu machen. Es ist zu erläutern, wie Doppelzählungen vermieden wurden. Auch wenn eine Wirtschaftstätigkeit zu mehreren Umweltzielen beiträgt, sind Doppelzählungen zu vermeiden, wobei trotzdem der Beitrag der Tätigkeit zu mehreren Umweltzielen offenzulegen ist.

Für etwaige Veränderungen der Leistungskennzahlen im Berichtszeit- 38
raum sind die Hintergründe zu erläutern. Dabei ist auf die wesentlichen Elemente dieser Veränderungen einzugehen.

4.2 Erleichterungen der Angabeerfordernisse

Insbes. aufgrund der Verzögerungen beim Erlass der delegierten Rechts- 39
akte gewährt der Delegierte Rechtsakt zu Art. 8 Erleichterungen, gerade für die Anwendung im 1. Jahr nach Inkrafttreten.

Gem. Art. 10 des Delegierten Rechtsakts zu Art. 8 sind zwischen dem 1.1.2022 und dem 31.12.2022 die offenzulegenden Angaben bzgl. des Anteils am Gesamtumsatz und der Investitions- und Betriebsausgaben lediglich auf taxonomiefähige respektive nicht-taxonomiefähige Wirtschaftstätigkeiten zu beziehen. Eine Würdigung der technischen Bewertungskriterien und des Mindestschutzes, ergo der Taxonomiekonformität, entfällt für die Berichterstattung in diesem Zeitraum.

Zudem wurden im Vergleich zum Entwurf des Delegierten Rechtsakts zu Art. 8 die geforderten Vergleichsjahre von 5 auf 1 Jahr reduziert. Für die

Berichterstattung im Jahr 2022 ist außerdem noch kein Vorjahresvergleich anzugeben, so dass keine Daten rückwirkend erhoben werden müssen.

5 Delegierter Rechtsakt Umwelt

40 Auch **zu den weiteren 4, nicht-klimabezogenen Umweltzielen** sieht die Taxonomie-Verordnung den Erlass eines Delegierten Rechtsakts mit entsprechenden technischen Bewertungskriterien vor, den sog. Delegierten Rechtsakt Umwelt. Der ursprüngliche Zeitplan hierfür sah vor, dass der Delegierte Rechtsakt bis zum 31.12.2021 erlassen und ab dem 1.1.2023 Anwendung finden sollte. Hier kommt es allerdings zu einer Verzögerung.

41 Im August 2021 hat die Technical Working Group der Platform on Sustainable Finance, welche mit der inhaltlichen Ausgestaltung und kontinuierlichen Überarbeitung der technischen Bewertungskriterien beauftragt ist, einen Berichtsentwurf[15] zu vorläufigen technischen Bewertungskriterien veröffentlicht. Aufgrund der öffentlichen Feedback-Phase, welche sich bis Ende September 2021 erstreckte, und umfangreicher Rückmeldungen verlängerte die Europäische Kommission die Frist zur Einreichung der offiziellen Empfehlungen der Platform on Sustainable Finance bis zum 1. Quartal 2022. Diese Empfehlungen werden in die Entwicklung des Delegierten Rechtsakts Umwelt einfließen, der in der 1. Hälfte des Jahres 2022 angenommen werden soll.

42 Gem. den Offenlegungsregeln des Delegierten Rechtsakts zu Art. 8 ist aber auch in Bezug auf den verpflichtenden Anwendungszeitpunkt des Delegierten Rechtsakts Umwelt mit einer zeitlichen Erleichterung für die Unternehmen zu rechnen. Demnach ist die Berichterstattung hinsichtlich der Taxonomie-Verordnung erst 12 Monate nach Geltungsbeginn des noch zu erlassenden Delegierten Rechtsakts Umwelt um die Angaben zu den weiteren 4 Umweltzielen zu ergänzen.

Literaturtipps

- Aktionsplan: Finanzierung nachhaltigen Wachstums, Mitteilung der Kommission an das Europäische Parlament, den Europäischen Rat, den Rat, die Europäische Zentralbank, den Europäischen Wirtschafts- und Sozialausschuss und den Ausschuss der Regionen, 8.3.2018, COM(2018) 97 final

---

15 Vgl. Platform on Sustainable Finance: Technical Working Group, Taxonomy pack for feedback, 2021.

- Delegierte Verordnung (EU) 2021/2178 der Kommission vom 6. Juli 2021 zur Ergänzung der Verordnung (EU) 2020/852 des Europäischen Parlaments und des Rates durch Festlegung des Inhalts und der Darstellung der Informationen, die von Unternehmen, die unter Artikel 19a oder Artikel 29a der Richtlinie 2013/34/EU fallen, in Bezug auf ökologisch nachhaltige Wirtschaftstätigkeiten offenzulegen sind, und durch Festlegung der Methode, anhand deren die Einhaltung dieser Offenlegungspflicht zu gewährleisten ist, ABl. EU v. 10.12.2021, L 443/9 ff.
- Delegierte Verordnung (EU) 2021/2139 der Kommission vom 4. Juni 2021 zur Ergänzung der Verordnung (EU) 2020/852 des Europäischen Parlaments und des Rates durch Festlegung der technischen Bewertungskriterien, anhand deren bestimmt wird, unter welchen Bedingungen davon auszugehen ist, dass eine Wirtschaftstätigkeit einen wesentlichen Beitrag zum Klimaschutz oder zur Anpassung an den Klimawandel leistet, und anhand deren bestimmt wird, ob diese Wirtschaftstätigkeit erhebliche Beeinträchtigungen eines der übrigen Umweltziele vermeidet, ABl. EU v. 9.12.2021, L 442/1 ff.
- Verordnung (EU) 2020/852 des Europäischen Parlaments und des Rates vom 18. Juni 2020 über die Einrichtung eines Rahmens zur Erleichterung nachhaltiger Investitionen und zur Änderung der Verordnung (EU) 2019/2088, ABl. EU v. 22.6.2020, L 198/13 ff.

§ 13 Green Bonds – Begebung von grünen Anleihen

Überblick

Green Bonds oder grüne Anleihen wurden geschaffen, um grüne Projekte über Fremdkapitalemissionen an den Kapitalmärkten zu finanzieren, die positive Umwelt- und/oder Klimavorteile haben. Green Bonds stellen folglich eine Teilmenge der sog. grünen Finanzinstrumente dar, welche von einer klassischen Darlehensfinanzierung bis hin zu einem umfassend grünen strukturierten Finanzinstrument reichen (sog. „full green exposure").

1 Finanzierung über Green Bonds

Grüne Anleihen unterscheiden sich grds. nicht von einer konventionellen Anleihe in Bezug auf Laufzeit, Zins- und Tilgungsprofil, Rendite oder Risiko, Regressrechte etc. Entscheidender Unterschied ist die Mittelverwendung (Use of Proceeds) der verkauften Green Bonds für ein grünes Projekt. Abzugrenzen von den Green Bonds bzw. grünen Finanzierungen sind sog. „Sustainability-Linked Bonds" oder „Sustainability Finance Finanzinstrumente", welche über Umweltziele hinausgehende ESG-Ziele (Environment, Social, Governance) beinhalten. 1

Grüne Projekte zeichnen sich durch einen eindeutigen Umweltnutzen aus, der durch das finanzierende Unternehmen zu evaluieren, zu bewerten und offenzulegen ist. Hilfestellung geeigneter Projektkategorien sind z. B. erneuerbare Energien, Energieeffizienz, Anpassungen an den Klimawandel oder umwelteffiziente und/oder für die Kreislaufwirtschaft geeignete Produkte, Produktionstechnologien und Prozesse.[1] Einige Beispiele für geeignete grüne Projekte sind u. a. Windparks oder Investitionen in energieeffiziente Gebäude und/oder Produktionsanlagen. Die grüne Auswirkung dieser Projekte kann bspw. in jährlich eingesparten Tonnen an CO_2-Äquivalenten in Personenhaushalten auf Basis von Werten des Statistischen Bundesamtes messbar gemacht werden.[2] 2

1 Vgl. Geisel/Spieles, Eigenschaften von Green Bonds und ihre Bilanzierung nach IFRS, Recht der Finanzinstrumente, BB Kapitalmarkt 4/2018, S. 328; ICMA, The Green Bond Principles, www.cbd.int/financial/greenbonds/icma-principles2016.pdf, abgerufen am 3.1.2022.

2 Vgl. Statistisches Bundesamt, Stromverbrauch der privaten Haushalte nach Haushaltsgrößenklassen, www.destatis.de/DE/Themen/Gesellschaft-Umwelt/Umwelt/UGR/private-haushalte/Tabellen/stromverbrauch-haushalte.html, abgerufen am 3.1.2022.

2 Ausgestaltungstypen von Green Bonds

3 Die Bandbreite der möglichen Ausgestaltungstypen eines Green Bonds ist einer stetigen Änderung infolge der steigenden Beliebtheit des Finanzinstruments unterworfen. Nachfolgende Typen lassen sich unterscheiden, sie haben sämtlich bestimmte Green Bond Principles (GBP) einzuhalten:

- **Anleihe Verwendung der Erlöse (Standard Green Use of Proceeds Bond):** Der Erlös aus dem Verkauf der Anleihe ist zweckgebunden für grüne Projekte. Der Emittent ist regresspflichtig, weshalb allein die Schuldnerbonität die Risikokosten der Anleihe beeinflusst.
- **Verwendung der Erträge (Green Revenue Bond):** Zweckgebundene Verwendung für die (Re-)Finanzierung von grünen Projekten. Das Kreditrisiko der Anleihe ergibt sich aus den Cashflows der zweckgebundenen Erlöse, Gebühren, Steuern etc. und deren Verwendung für die jeweiligen grünen Projekte. Ein Schuldenregress besteht auf bestimmte Einnahmequellen des Schuldners, nicht auf den Schuldner selbst – bspw. Green Bond eines Energieversorgers zum Ausbau erneuerbarer Energien und Verwendung einer zweckgebundenen Gebühr auf die Stromrechnung der Kunden.
- **Projektanleihe (Green Project Bond):** Zweckgebundene Anleihe für das oder die spezifisch zugrunde liegende(n) grüne(n) Projekt(e). Der Investor trägt direkt das Projektrisiko. Im Regressfall erfolgt ein Rückgriff i.d.R. nur auf die Vermögenswerte und die Bilanz des Projekts – z.B. bei der Finanzierung eines Windparks auf die jeweiligen Windkraftanlagen des Emittenten.
- **Grüne besicherte Anleihe (Green Securitised Bond):**
  - **Verbriefungsanleihe (Asset-Backed Securities):** Es handelt sich um ein Refinanzierungsportfolio grüner Projekte oder Erlöse, die für grüne Projekte vorgesehen sind und aus denen i.d.R. die Rückzahlung erfolgt. Entsprechend erfolgt im Regressfall ein Rückgriff auf eine Gruppe von Projekten und deren zugrunde liegenden Vermögenswerte (z.B. grüne Hypotheken, Solarleasing) – bspw. Tesla Energy (unterstützt durch Solarmietverträge für Privathaushalte), Obvion (unterstützt durch grüne Hypotheken).
  - **Pfandbrief (Covered Bonds):** Dieser ist zweckgebunden für förderfähige Projekte, die im gedeckten Pool enthalten sind. Im Fall eines Schuldenregresses erfolgt ein Rückgriff auf den Emittenten und, falls der Emittent nicht in der Lage ist, die Anleihe zurückzuzahlen, auf den gedeckten Pool – bspw. Berlin Hyp grüner Pfandbrief.

- **Sonstige Schuldtitel**: Zweckgebunden für förderfähige Projekte – bspw. Wandelanleihen, Schuldscheindarlehen, Commercial Paper, Schuldverschreibungen.[3]

3 Investoren- und Emittentenbedürfnisse

Investitionen in grüne Finanzinstrumente sind der Gefahr ausgesetzt, dass die aufgenommenen Mittel durch den Emittenten/Schuldner zweckentfremdet verwendet werden. Aus diesem Grund bestehen bei grünen Finanzinstrumenten besondere **Informationsbedürfnisse der Investoren** in der Zeit vor, bei Ausgabe und in der Zeit nach der Emission eines Green Bonds. Interessenschwerpunkte der Investoren sind die Mittelverwendung, deren Überwachung und die Berichterstattung bei der Einhaltung der im Verkaufsprospekt benannten grünen Effekte der finanzierten Investitionen. 4

Emittenten könnten aufgrund der Investorenbedürfnisse anfänglich höhere Transaktionskosten bei Green Bonds im Vergleich zu „normalen" Anleihen haben. Gleichwohl können mit Green Bonds diese Kosten durch potenziell geringere Kapitalkosten, eine Verbesserung des Images des Unternehmens, Verbreiterung der Investorenbasis und insbes. eine „ESG-Story" im Einklang mit der EU-Taxonomie (§ 12), dem Green Deal der EU und einer Nachhaltigkeitsberichterstattung (§ 9) kompensiert oder überkompensiert werden. Gerade die strategische Verknüpfung eines notwendigen Geschäftsmodellumbaus bzw. Investitionen zur Reduzierung von zukünftigen materiellen ESG-Risiken mit den notwendigen Finanzierungen/Refinanzierungen am Kapitalmarkt gewinnen für die Unternehmensführung zunehmend an Bedeutung. Die in den letzten Jahren steigende Aufmerksamkeit und Nachfrage grüner Finanzinstrumente für Investoren schafft Möglichkeiten für Unternehmen, das notwendige Kapital für ESG-Investitionen am Markt zu beschaffen.[4] 5

Emittenten könnten motiviert sein, Transaktionskosten zu senken, indem Kontrollprozesse der Mittelverwendung, Überwachung und Berichterstattung unterlassen oder reduziert werden. Für Investoren kann das Risiken in Form von **Greenwashing**, insbes. durch eine zweckfremde Verwendung von Mitteln, bedeuten. Zur Vermeidung einer Fehlalloka- 6

---

[3] Vgl. ICMA – International Capital Market Association, Green Bond Principles, June 2021; Climate Bonds Initiative, Explaining green bonds, www.climatebonds.net/market/explaining-green-bonds, jeweils abgerufen am 3.1.2022.

[4] Zum Umgang mit Nachhaltigkeitsrisiken s. BaFin, Merkblatt zum Umgang mit Nachhaltigkeitsrisiken, www.bafin.de/SharedDocs/Downloads/DE/Merkblatt/dl_mb_Nachhaltigkeitsrisiken.html, abgerufen am 3.1.2022.

tion von Kapital durch Greenwashing haben sich am Markt Green Bond Frameworks bzw. Prinzipien entwickelt.

4 Green Bond Principles und Green Bond Frameworks

7 Aufgrund der Besonderheit der Verwendung der Mittel für grüne Projekte bedarf es bestimmter **Anforderungen an** den Green Bond **Emittenten**, um den Informationsbedürfnissen der Investoren zu genügen. Es stellt sich die Frage, welche Kriterien für Green Bonds angewendet werden sollten.

Grundbausteine eines Green Bond Frameworks sind i.W. die Verwendung von Emissionserlösen (Use of Proceeds), der Prozess der Projektbewertung und -auswahl (Process for Project Evaluation and Selection), das Management der Erlöse (Management of Proceeds) sowie die Berichterstattung (Reporting).[5]

8 Das Green Bond Framework beinhaltet eine Referenz zu dem verwendeten Green Bond Standard und den darin genannten relevanten Kriterien für eine Green Bond Emission; z.B. die Referenz zu den 4 ICMA Green Bond Principles (Use of Proceeds, Process for Project Evaluation and Selection, Management of Proceeds, Reporting) sowie den zulässigen Projekten (Eligible Projects). Bestandteil des Frameworks ist anschließend die nähere Erläuterung der einzelnen Bestandteile, z.B. Eligible Projects sind Projekte und Vermögenswerte von Windkraftanlagen der Muster GmbH, die zur Erzeugung erneuerbarer Energie und deren Einspeisung in das Stromnetz verwendet werden. Ziel ist es, die Anzahl der Haushalte mit erneuerbarer Energie zu erhöhen und dadurch den CO_2-Ausstoß zu senken.

Weitere detaillierte Angaben zu der Projektauswahl, der Mittelverwendung, den Erlösen und dem Reporting (Allocation und Impact Reporting) und deren Überprüfung, bspw. durch die interne Revision und einen externen Prüfer, sind zu machen.

9 Die zu berichtenden Angaben sollen den Investoren Transparenz über die Green-Bond-Framework-konforme Verwendung der Mittel geben, um eine Fehlallokation (Greenwashing) in nicht konforme Projekte zu vermeiden und avisierte Umweltauswirkungen der Investitionen zu erzielen. Im Zeitraum zwischen Mittelzufluss des Green Bond Erlöses bis zur

5 Vgl. IDW, Knowledge Paper Green Bonds, S. 11, www.idw.de/blob/129034/058f0ddce4d6c1ee26c42ee8d293b1a2/down-knowledgepaper-greenbonds-data.pdf, abgerufen am 3.1.2022.

Auszahlung an die bei Errichtung/Bau des Investitionsobjekts eingesetzten Unternehmen nach Fertigstellung kann die Notwendigkeit der Zwischenanlage bestehen, über welche zu berichten ist.

Der bislang von der öffentlichen Hand unregulierte Markt an Green Bond Standards kennt mehrere **freiwillig anzuwendende privatrechtliche Standards**. Die von der Climate Bonds Initiative (CBI) und der International Capital Market Association (ICMA) entwickelten **Green Bond Principles** (GBP) finden derzeit die größte Verbreitung. Bspw. orientiert sich das Regelwerk der deutschen Finanzagentur für grüne Bundesanleihen am Standard des Kapitalmarktverbands ICMA. 10

Neben den privaten Green Bond Standards wird der im Entwurf befindliche **EU Green Bond Standard** (EUGBS) vermutlich neue Maßstäbe setzen. Die Verabschiedung des EUGBS wird für 2022 erwartet. 11

Zwar wird der EUGBS freiwillig anzuwenden sein, jedoch ist zu erwarten, dass dieser sich schnell am Kapitalmarkt durchsetzen wird, nicht zuletzt wegen seiner Relevanz für öffentliche Emittenten und andere EU-Regulierungen.

Folgende vorgeschlagenen 4 Hauptanforderungen lassen sich nennen:

- **Taxonomie-Alignment**: Die durch die Anleihe aufgenommenen Mittel sollten vollständig für Projekte bereitgestellt werden, die mit der EU-Taxonomie (§ 12) in Einklang stehen. Hierbei handelt es sich um die 6 taxonomiekonformen Wirtschaftsaktivitäten: Minderung und Anpassung an den Klimawandel, Kreislaufwirtschaft, Biodiversität und Schutz von Luft und Wasser unter Beachtung bestimmter Mindeststandards wie negativer Umweltauswirkungen („do not significant harm") und sozialer Belange („minimum safeguard").
- **Transparenz**: Über die Verteilung der Anleiheerlöse ist volle Transparenz durch detaillierte Berichtspflichten herzustellen.
- **Externe Überprüfung**: Alle europäischen grünen Anleihen müssen von einem externen Prüfer kontrolliert werden, um die Einhaltung der Verordnung und die Taxonomieanpassung der finanzierten Projekte sicherzustellen.
- **Aufsicht durch die Europäische Wertpapiermarktaufsicht (ESMA), Anzahl der Gutachter**: Externe Prüfer, die Dienstleistungen für Emittenten europäischer grüner Anleihen erbringen, müssen bei der ESMA registriert und von ihr beaufsichtigt werden. Dadurch werden die Qualität ihrer Dienstleistungen und die Zuverlässigkeit ihrer Über-

prüfungen sichergestellt, um die Anleger zu schützen und die Marktintegrität zu gewährleisten.[6]

12 Die konkreten Regelungsinhalte finden sich in den Anhängen zum EUGBS-Entwurf, welche i.W. Aussagen zu der Klassifizierung und Projektauswahl, der Erlösverwendung und Berichterstattung („Jährlicher Erlösverwendungsbericht für europäische grüne Anleihen" – Allocation Reporting), dem ökologischen Nutzenreporting („Wirkungsbericht für europäische grüne Anleihen" – Impact Reporting) sowie u.a. Erklärungen zur Einhaltung der Verordnung über europäische grüne Anleihen („Inhalt der Bewertungen vor und nach Emission") beinhalten.[7]

13 Eine qualitative Weiterentwicklung der Offenlegungsunterlagen der zukünftigen Green Bond Frameworks entsteht möglicherweise durch die von den EUGBS geforderte **Prüfungspflicht**. Gleichwohl kann bereits jetzt beobachtet werden, dass durch den Marktdruck zur Prüfung des Green Bond Reportings eine faktische Prüfungspflicht besteht. Die Verpflichtung der Registrierung bei der ESMA und die Beaufsichtigung der Prüfer durch die ESMA könnten zu einer Schärfung der Prüferqualität führen. Anzumerken ist, dass ein Wirtschaftsprüfer bereits jetzt hohe berufsrechtliche Anforderungen zu erfüllen hat.

5 Prüfungsleistungen

14 Es lässt sich feststellen, dass die im individuellen Green Bond Framework des Emittenten verwendeten Green Bond Prinzipien und die Detailtiefe der offenzulegenden Informationen die Art und den Umfang der Prüfung bestimmen.

Prüfungsleistungen (assurance engagements) sind für Green Bond Emittenten sowohl vor oder zum Zeitpunkt der Emission (Pre-Issuance-Prüfung; Rz 16f.) als auch nach der Emission bis zum letzten Berichtszeitraum (Post-Issuance-Prüfung; Rz 17ff.) von Relevanz.

15 Kapitalmärkte haben bestimmte Zulassungskriterien für grüne Finanzinstrumente an ihrem Handelsplatz. In Abhängigkeit dieser Kriterien können verschiedene Standards, Frameworks, Taxonomien, Methoden und Labels relevant sein. Bspw. unterscheidet die Luxemburger Börse **Anleihestandards** (ICMA's Green Bond Principles – GBP, Social Bond Principles – SBP, Sustainability-Linked Bond Principles – SLBP, Sustai-

---

6 Vgl. Europäische Kommission, European green bond standards.

7 Europäische Kommission, Vorschlag für eine Verordnung des Europäischen Parlaments und des Rates über europäische grüne Anleihen, COM(2021) 391 final.

nability Bond Guidelines – SBG etc.), **Fondslabels** (z.B. LuxFLAG's Climate Finance, Environment, Social und ESG Labels, FNG's Label für nachhaltige Publikumsfonds etc.) oder **Emittentenmethoden**.[8]

Ein Emittent hat ein Green Bond Framework seiner beabsichtigten Green Bond Emission in Anlehnung an einen der geforderten etablierten Green Bond Standards zu entwickeln und zu veröffentlichen.

Das Green Bond Framework des Emittenten hat gem. der jeweiligen Kapitalmarktvorgaben einer externen Prüfung der jeweiligen Kriterien eines relevanten Green Bond Standards oder Green Bond Frameworks im Vorfeld der Green Bond Emission zu unterliegen. Auf externe Gutachten spezialisierte Wirtschaftsprüfungsgesellschaften oder Nachhaltigkeitsagenturen führen Bestätigungsleistungen durch, dass die ausgewählten Projekte geeignet sind und dass der Emittent im Einklang mit Green Bond Prinzipien sein Green Bond Framework entwickelt hat. Marktüblich ist es, eine Second Party Opinion einzuholen, bei welcher die Prüfungshandlungen mit begrenzter Sicherheit (**limited assurance**) durchgeführt und das Prüfungsergebnis durch Veröffentlichung des Pre-Issuance Verification Reports offengelegt wird. Das Prüfungsergebnis beinhaltet die Aussage, ob das geprüfte Green Bond Framework des Emittenten in allen wesentlichen Belangen in Einklang mit einem ausgewählten marktetablierten Green Bond Standard steht; z.B. in Einklang mit den Climate Bond's Standard Pre-Issuance Anforderungen gem. Kapitel 1 Verwendung der Emissionserlöse („Use of Proceeds"), Kapitel 2 Prozess der Projektbewertung und -auswahl („Process for Evaluation and Selection of Projects & Assets"), Kapitel 3 Management der Erlöse („Management of Proceeds") und Kapitel 4 Berichterstattung („Reporting Prior to Issuance").[9] **16**

Emittenten haben bis zur vollständigen Verwendung der Mittel (Use of Proceeds) eine geprüfte Berichterstattung (Allocation Reporting und Impact Reporting) zu veröffentlichen. **17**

Für die Post-Issuance-Prüfung ist die Vorgabe des Prüfungsgegenstands im Green Bond Framework von Relevanz. Der im Green Bond Framework definierte Prüfungsgegenstand ist Kernbestandteil des Angebotsschreibens und der Prüfungsbescheinigung durch den Prüfer.

8 Vgl. Louxemburg Stock Exchange, Green Bonds, www.bourse.lu/listing-green-bonds, abgerufen am 3.1.2022.

9 Vgl. Climate Bonds Standard Version 3.0, www.climatebonds.net/files/files/climate-bonds-standard-v3–20191210.pdf, abgerufen am 3.1.2022.

18 Eine nichtfinanzielle Prüfung in Form der Prüfung einer Green Bond Berichterstattung kann sowohl zur Erzielung einer hinreichenden Sicherheit für das Prüfungsurteil (**reasonable assurance**) als auch zur Erzielung einer begrenzten Sicherheit für das Prüfungsurteil (**limited assurance**) beauftragt werden. Bei den am Markt beobachtbaren beauftragten Prüfungen handelt es sich i.d.R. um „limited assurance engagements", da die Prüfungsinhalte häufig nicht oder nur in einem wenig standardisierten Prozess- und Systemumfeld erhoben werden. Folglich dürfte das potenzielle Fehlerrisiko höher sein im Vergleich zu einer in einem standardisierten System- und Prozessumfeld durchzuführenden Jahresabschlussprüfung, die mit hinreichender Sicherheit geprüft wird.

Ziel des Prüfungsauftrags ist es, in Übereinstimmung mit dem Green Bond Framework des Emittenten ein Urteil darüber abzugeben, ob die Berichterstattung mit begrenzter oder hinreichender Sicherheit fehlerfrei ist und den Vorgaben des Green Bond Frameworks entspricht. Die Prüfungsdurchführung der im Green Bond Framework zu prüfenden Kriterien basiert auf den zwischen den Vertragspartnern vereinbarten Prüfungshandlungen („Agreed upon Procedures"). Der Wirtschaftsprüfer führt seine Prüfung regelmäßig anhand des ISAE 3000 (Revised) „Assurance Engagements Other than Audits or Reviews of Historical Financial Information" durch. Fraglich wird sein, ob der ISAE 3000 bei einer Veröffentlichung des EUGBS einer Aktualisierung unterzogen werden muss bzw. ob ein neuer Prüfungsstandard erforderlich sein wird.

Hinweis

Das IAASB hat im Dezember 2021 eine freiwillige Richtlinie zur Anwendung der ISAE 3000 (Revised) in Bezug auf die Nachhaltigkeitsberichterstattung und andere erweiterte externe Berichtspflichten veröffentlicht.[10]

19 Eine Besonderheit der Anwendung des ISAE 3000 (Revised) besteht darin, dass dieser vom Anwender die Einhaltung des vom International Ethics Standards Board for Accountants (IESBA) verabschiedeten „Code of Ethics for Professional Accountants" sowie des International Standard on Quality Control 1 (ISQC 1) „Quality Control for Firms that Perform Audits and Reviews of Financial Statements, and other Assurance and

10 Vgl. IAASB, Non-Authoritative Guidance on Applying ISAE 3000 (Revised) to Sustainability and Other Extended External Reporting (EER) Assurance Engagements.

Related Services Engagements" oder mind. vergleichbarer berufsständischer Anforderungen fordert.[11] Ferner enthält die Richtlinie u. a. detaillierte Hinweise in Bezug auf den Prüfungsumfang (Scope), die vom Auftraggeber zu verwendenden Berichtsinhalte, das berichtsspezifische interne Kontrollsystem sowie eine Materialitätsbeurteilung.

Es ist zu beachten, dass betriebswirtschaftliche Prüfungen nach ISAE 3000 nicht nur ethische und qualitativ/organisatorische Anforderungen erfüllen müssen, sondern wegen der spezifischen Abgrenzung des Prüfungsgegenstands hohe fachliche Ansprüche an die Wirtschaftsprüfung besonders mit Blick auf die Handhabung der zentralen Elemente (Sachverhaltsinformationen, Kriterien, Prüfungsnachweise) und das dafür unerlässliche pflichtgemäße Ermessen gestellt werden.[12] **Prüfungsgegenstand/-felder** sind bspw.: 20

- Prüfung, ob die durch die Emission vereinnahmten Mittel in allen wesentlichen Belangen nicht in Übereinstimmung mit den Kriterien für förderungswürdige Projekte (Eligible Projects) gem. des Green Bond Frameworks verwendet wurden;
- Prüfung, ob die Gesellschaft für den Berichtszeitraum im vorgelegten Green Bond Reporting in allen wesentlichen Belangen nicht mit den Kriterien der Mittelverwendung des Green Bond Frameworks (Allocation Reporting) übereinstimmt.

I.R.d. Auftrags sind bspw. die folgenden **Prüfungshandlungen** durchzuführen: 21

- Erlangung eines Verständnisses der Kriterien des Green Bond Frameworks für förderungsfähige Projekte, die Projektauswahl und die Messung des sozialen und ökologischen Nutzens;
- Erlangung eines Verständnisses des von den gesetzlichen Vertretern implementierten Bondprozesses für die Auswahl und die Bewertung der förderfähigen Projekte und für die Mittelverwendung gem. der im Green Bond Framework definierten Bedingungen für die Mittelverwendung (Use of Proceeds), den Prozess der Auswahl und der Bewertung der förderungswürdigen Projekte (Process for Project Evaluation and Selection) und dem Management der Verkaufserlöse des Green Bonds bis zur Verwendung (Management of Proceeds);
- Befragung der für die Umsetzung des Prozesses verantwortlichen Personen und Einsichtnahme in Dokumentationen;
- Befragung der für die Aufstellung des Green Bond Reportings verantwortlichen Personen zum Aufstellungsprozess, zu den vorhandenen

11 Vgl. IDW, WPH Edition, Assurance, 2. Aufl., 2021, Kap. J, Tz. 306.

12 Vgl. Moser, Betriebswirtschaftliche Prüfungen nach ISAE 3000 (Revised), IRZ 2015, S. 77ff.

Vorkehrungen und Maßnahmen zur Aufstellung des Green Bond Reportings (Allocation und Impact Reporting);

- Beurteilung, ob die Angaben im Green Bond Reporting mit den Vorgaben der Mittelverwendung aus dem Green Bond Framework übereinstimmen.

Ferner können für eine **risikoorientierte Auswahl** folgende Prüfungshandlungen durchzuführen sein:

- Beurteilung, ob durch die Emission vereinnahmte Mittel gem. den Vorgaben des in den Green Bond Frameworks genannten Kriterien in förderfähige Projekte investiert wurden;
- Abstimmung der gem. Green Bond Reporting für förderfähige Projekte verwendeten Mittel mit der Buchhaltung und den dieser zugrunde liegenden Unterlagen;
- Abstimmung der quantitativen Angaben des Impact Reportings zum sozialen und ökologischen Nutzen mit den zugrunde liegenden Unterlagen und Berechnungen sowie Nachvollziehen dieser Berechnungen (z. B. bei Windparkinvestitionen: erneuerbare Energie der Projekte in Megawatt, Umrechnung in CO_2-Äquivalente, Anzahl von Haushalten mit 100 % erneuerbarer Energie).

22 Bei der Prüfungsplanung, -durchführung, -dokumentation und der Berichterstattung durch den Prüfer ist zu beachten, dass einzelne quantitative oder auch qualitative Berichtsinhalte nicht den Buchhaltungssystemen zu entnehmen sind bzw. nicht in der Jahresabschlussberichterstattung enthalten sind.

Daten in Zusammenhang mit der Verwendung von Mitteln können vom Treasury und der Buchhaltung aus den zugrunde liegenden Treasury- bzw. Buchhaltungssystemen generiert werden. Schwieriger ist jedoch die Überprüfung der bislang noch nicht verwendeten Mittel und deren zweckmäßige Verwendung bzw. Anlage bis zur Verwendung für förderungswürdige Projekte. Treasury hat entsprechende **Verwendungsnachweise** zu erbringen. Andere interne Daten, wie die mittels der förderungswürdigen Projekte erzeugte Energie in Megawatt, entstammen anderen als rechnungslegungsbezogenen Systemen. Externe Daten einer öffentlichen Behörde werden für die Umrechnung von Energieäquivalenten verwendet. Hieraus wird deutlich, dass die durchzuführenden Prüfungshandlungen durchaus komplex sind und nicht auf standardisierten bzw. etablierten Prozessen und Systemen beruhen.

Aus diesem Grund ist bei der Prüfung zu beachten, dass die rechnungslegungsbezogenen internen Kontrollen des Emittenten nicht deckungsgleich sind mit den bei der Green Bond Prüfung relevanten Kontrollen.

Soweit erforderlich sind zusätzliche Kontrollprüfungen durchzuführen bzw. es ist explizit vom Prüfer darauf hinzuweisen, dass immanente Grenzen des das Green Bond Reporting betreffenden internen Kontrollsystems existieren und folglich unvermeidlich Risiken bestehen, dass selbst wesentliche falsche Angaben unentdeckt bleiben können.

6 Offenlegung des Prüfungsergebnisses

Eine Besonderheit ergibt sich im Zusammenhang mit der Bereitstellung 23
des Prüfungsurteils des Wirtschaftsprüfers gegenüber den Investoren. Der Prüfungsauftrag ist durch das emittierende Unternehmen gegenüber dem Wirtschaftsprüfer erteilt worden. Es gelten die allgemeinen und besonderen Auftragsbedingungen des Prüfers. Aus den Auftragsbedingungen ergibt sich, dass das Prüfungsergebnis nur dem Auftraggeber zugänglich gemacht werden darf und einer Genehmigung durch den Wirtschaftsprüfer bedarf, sofern Dritte hiervon Kenntnis erlangen sollen.

Der Emittent eines Green Bonds hat nach den GBS das Prüfungsergebnis 24
bspw. auf seiner Internetseite öffentlich zugänglich zu machen. Das Interesse des Emittenten, dem Kapitalmarkt über die Einhaltung seiner im Green Bond Framework definierten Vorgaben nach Emission Bericht zu erstatten, beinhaltet jedoch ein Problem. Das Auftragsverhältnis zwischen dem Auftraggeber und dem Prüfer besteht ausschl. zwischen diesen und ist nicht für Dritte bestimmt, welches bei Nichteinhaltung vertragsrechtliche Konsequenzen zur Folge haben kann.

Praxis-Tipp

Das Problem eines Veröffentlichungsverbots gegenüber Dritten kann dahingehend gelöst werden, dass eine sog. Klick-Lösung angeboten wird. Ein Nutzer der Information hat auf der Internetseite des Emittenten per Klick bestimmte Bedingungen („acceptance to the terms of condition“) vor dem Zugang zum Prüfungsvermerk zu bestätigen. Bspw. hat der Nutzer des Vermerks zu bestätigen, dass dieser sein Einverständnis darüber erteilt, dass der Vermerk des Wirtschaftsprüfers ausschl. für Zwecke des Auftraggebers erstellt worden ist und keine Haftungsansprüche Dritter gegenüber der Prüfungsgesellschaft geltend gemacht werden können etc.

Literaturtipps

- Climate Bonds Initiative, Explaining green bonds, www.climatebonds.net/market/explaining-green-bonds, abgerufen am 3.1.2022
- Europäische Kommission, European green bond standards, https://ec.europa.eu/info/business-economy-euro/banking-and-finance/sustainable-finance/european-green-bond-standard_de, abgerufen am 3.1.2022
- ICMA – International Capital Market Association, Green Bond Principles, June 2021, www.icmagroup.org/assets/documents/Sustainable-finance/2021-updates/Green-Bond-Principles-June-2021-140621.pdf, abgerufen am 3.1.2022

§ 14 Sustainability-Linked Loans – Nachhaltigkeits-Reporting als Wegbereiter nachhaltiger Finanzierungen

Überblick

Immer mehr Unternehmen finanzieren sich nachhaltig. Regelmäßig kommen Sustainability-Linked Loans (SLLs) zum Einsatz, bei denen die Finanzierungskosten an Nachhaltigkeitsindikatoren geknüpft sind. Die Ausweitung der Nachhaltigkeitsberichterstattung eröffnet einer Vielzahl weiterer Unternehmen perspektivisch die Möglichkeit, die Vorzüge nachhaltiger Finanzierungen zu nutzen.

1 Nachhaltigkeitsbezogene Kredite – ein relativ junges Finanzierungsinstrument

Green bzw. Sustainable Finance kennt heute viele Facetten und umfasst diverse Instrumente, Standards und Kriterien der Finanzierung. Bei Green Finance Produkten handelt es sich um zweckgebundene Finanzierungsinstrumente, deren Mittel ausschl. für geeignete Projekte oder Projektkategorien mit einem klaren ökologischen Nutzen verwendet werden dürfen. Bereits im Jahr 2007 gab die Europäische Investitionsbank den Startschuss für den grünen Anleihemarkt. Mit ihrer Klimaschutzanleihe emittierte die Bank den weltweit ersten grünen Use-of-Proceeds-Bond.[1] Eine Reihe von Initiativen auf internationaler Ebene, wie z.B. das Pariser Klimaschutzabkommen, die UN-Agenda 2030 und der Europäische Green Deal, förderten das Wachstum des Markts für zweckgebundene Finanzierungen in den letzten Jahren. 1

In jüngerer Zeit erlebte der Markt für nachhaltiges Fremdkapital zahlreiche Innovationen, flankiert von einer erheblichen Diversifizierung – auch weil Unternehmen, Investoren und Banken nach verschiedenen Alternativen suchen, um zu den übergeordneten Nachhaltigkeitszielen beitragen zu können. Social und Sustainability Bonds vergrößerten etwa das Spektrum des Use-of-Proceeds-Modells, indem sie Investitionsmöglichkeiten um soziale Aspekte erweiterten. Mit der Einführung von Krediten, deren Finanzierungskosten an Nachhaltigkeitskriterien gekoppelt sind, kam es 2

1 European Investment Bank, Evaluation of the EIB's Climate Awareness Bonds, 2021.

auch zu einem Novum bei den Strukturen. Diese sog. **Sustainability-Linked Loans** bieten den Vorteil, dass die aufgenommenen Mittel nicht zweckgebunden sind, sondern für allgemeine Unternehmenszwecke zur Verfügung stehen. Als erstes Unternehmen nutzte der Gesundheitstechnologie-Konzern Philips im Jahr 2017 dieses Finanzierungsmodell.[2]

2 Zinskopplung als Kernelement bei Sustainability-Linked Loans

3 Ein Sustainability-Linked Loan, bisweilen auch als ESG-Linked Loan oder Positive Incentive Loan bezeichnet, ist ein Darlehenskonstrukt, das durch die Kopplung der Zinsmarge an Nachhaltigkeitskriterien finanzielle Anreize für nachhaltiges unternehmerisches Wirtschaften schafft. Dies ermöglicht es den Kreditgebern, die Nachhaltigkeitsperformance des Kreditnehmers zu incentivieren. Erreicht ein Unternehmen während der Kreditlaufzeit vereinbarte Nachhaltigkeitsziele, wirkt sich das zugunsten des Kreditnehmers positiv auf die Marge aus und vice versa. Grds. lassen sich in der Finanzierungspraxis bei der Strukturierung der Nachhaltigkeitskomponente 2 Konzepte unterscheiden: eine Kopplung der Marge an ein ESG-Rating oder an Nachhaltigkeitsindikatoren (Key Performance Indicators, KPIs).[3]

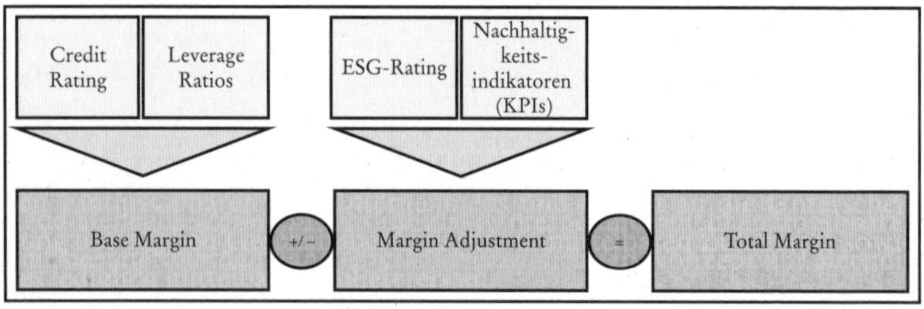

Abb. 1: Zusammensetzung der Credit Margin bei Sustainability-Linked Loans[4]

2 Philips International B.V., Philips couples sustainability performance to interest rate of its new EUR 1 billion Revolving Credit Facility, 2017.

3 Zur Bilanzierung nach IFRS Lüdenbach/Hoffmann/Freiberg, Haufe IFRS-Kommentar, 20. Aufl., 2022, § 28 Rz 208ff.

4 Quelle: Helaba Research & Advisory.

4 Für die **Kreditdokumentation** bedarf es zur Berücksichtigung der Nachhaltigkeitskomponente nur einer geringen Anpassung.[5] Regelmäßig handelt es sich v.a. um eine ergänzende Klausel zur Kalkulation der Kreditmarge und Bestimmungen zu Informationspflichten der ESG-Ratings bzw. der Nachhaltigkeitsindikatoren. Da die Finanzierung auf das Nachhaltigkeitsprofil des Unternehmens abstellt, können explizit verschiedene ESG-Dimensionen – ganz i.S.v. Sustainable Finance – adressiert werden. Die Sustainability Linked Loan Principles (SLLPs) führen einige Kategorien von möglichen Nachhaltigkeitsindikatoren an, die aber ausdrücklich nur eine Auswahl darstellen. Folglich können weitere, letztlich auch unternehmensspezifischere Aspekte berücksichtigt werden.

Environmental	**Social**	**Governance**
Treibhausgas-emissionen	Menschenrechte	Unternehmensethik
Energieeffizienz	Diversität und Inklusion	Corporate Governance
Abfallentsorgung	Mitarbeitergesund-heit	Unternehmens-transparenz
Erneuerbare Energie	Arbeitssicherheit	
Wasserverbrauch	Mitarbeiter-engagement	
Nachhaltige Beschaffung	Mitarbeiter-qualifizierung	
Kreislaufwirtschaft	Datensicherheit	
Nachhaltige Ernährung	Bezahlbares Wohnen	
Biodiversität		
ESG-Rating		

Tab. 1: Auswahl an Umwelt-, Sozial- und Governance-Kategorien[6]

5 Ein ESG-Rating wird durch auf Nachhaltigkeitsratings spezialisierte Drittgesellschaften erstellt. Hierbei wird die unternehmerische Nachhaltigkeitsleistung in einem gesamtheitlichen Ansatz bewertet.

5 Lüdke, Green Finance für den Mittelstand, Interview mit Neidnig/Wirtz, Die Unternehmervertrauten 2020/03, S. 12.

6 Quellen: Sustainability-Linked Loan Principles, Helaba Research & Advisory.

Tipp

Bei der Wahl einer ESG-Ratingagentur sollte sich das Unternehmen für einen am Markt etablierten Anbieter entscheiden.

3 Sustainability-Linked Loans wachsen rasant

6 Nachhaltig strukturierte Kredite erfreuen sich einer weiter steigenden Beliebtheit und sind – darin sind sich mittlerweile nahezu alle Marktteilnehmer einig – im Mainstream der Finanzierungspraxis angekommen. Ein Beleg hierfür ist das anhaltende Wachstum des Markts für Sustainability-Linked Loans. So stieg das globale Volumen ESG-bezogener Kredite im Jahr 2021 um mehr als das Dreifache gegenüber dem Vorjahr auf insgesamt 428 Mrd. USD (s. Abb. 2). Damit überschreitet das vergleichsweise junge Finanzierungsinstrument bereits nach kurzer Zeit die klassischen, zweckgebundenen Green Loans um ein Vielfaches. Der Grund hierfür liegt auf der Hand. So eignen sich zweckgebundene Finanzierungen lediglich für Kreditnehmer, die ausreichende Investitionsprojekte mit einem klaren ökologischen Nutzen vorweisen. Dass das Gros der vereinbarten Kreditinstrumente aber der allgemeinen Unternehmensfinanzierung dient, ist eine Erklärung für den aktuellen Siegeszug der Sustainability-Linked Loans. Außerdem handelt es sich bei den sonst üblichen Konsortialkrediten oft um einen revolvierenden Kreditrahmen, der als reine Liquiditätsreserve oder für temporäre Bedarfe, wie bspw. die Finanzierung von saisonalen Schwankungen im Working Capital, genutzt wird. Eine Zuordnung der Mittelverwendung für umweltfreundliche Zwecke ist somit meist nicht darstellbar.

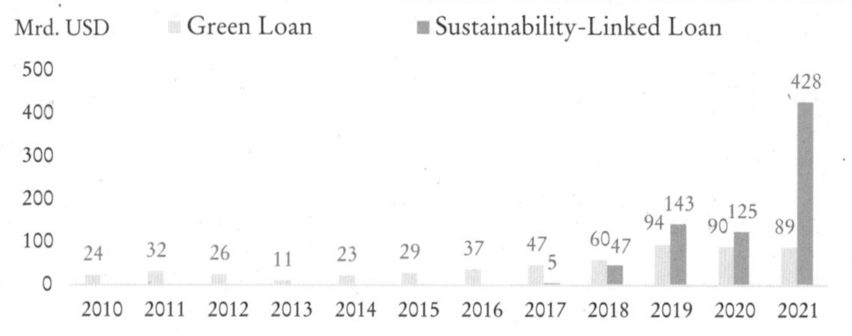

Abb. 2: Sustainability-Linked Loans haben Green Loans deutlich überholt[7]

[7] Quellen: BloombergNEF, Helaba Research & Advisory.

Bei großen Konsortialkrediten haben sich Sustainability-Linked Loans bereits als Standard etabliert. Den Auftakt im deutschen Markt gab Ende 2018 der Konsumgüterhersteller Henkel mit einer syndizierten Kreditlinie im Volumen von 1,5 Mrd. EUR. Im Jahr 2019 vereinbarte u. a. mit Dürr, E.ON, Norma, LANXESS, Continental und Telefónica Deutschland eine Reihe weiterer Unternehmen **Konsortialkredite mit ergänzter Nachhaltigkeitskomponente**, wodurch diesem Modell endgültig der Durchbruch gelang. Seitdem nahm nicht nur die Anzahl nachhaltigkeitsbezogener Kredite zu, sondern auch der Durchdringungsgrad. Neuerdings werden auch immer mehr kleinere Konsortialfinanzierungen, Club Deals und bilaterale Kredite mit Nachhaltigkeitskomponenten strukturiert, die zunehmend auch Volumina unter 150 Mio. EUR vorweisen. 7

Die Motivation für die Nutzung einer nachhaltigen Finanzierung ist vielschichtig.[8] Der pekuniäre Aspekt spielt für das Gros der Kreditnehmer nicht die übergeordnete Rolle. Vielmehr unterstreicht die Entscheidung für ein nachhaltiges Finanzierungsinstrument das Bekenntnis zur firmeneigenen Nachhaltigkeitsstrategie. So möchten Unternehmen ihren Stakeholdern – u. a. Geldgeber, Eigentümer, Kunden, Mitarbeiter und Politik – signalisieren, dass Nachhaltigkeit ein wichtiger Teil ihrer Geschäftsstrategie ist. Gleichzeitig geben sie über den finanziellen Anreiz einen positiven Impuls in der eigenen Organisation, um die gesteckten Nachhaltigkeitsziele zu erreichen. 8

4 Sustainability-Linked Loan Principles bilden am Markt etabliertes Rahmenwerk

Verbindliche Vorgaben, wie ein nachhaltigkeitsbezogener Kredit im Detail ausgestaltet sein muss, gibt es bis dato nicht. Diesbzgl. haben aber führende Interessenverbände der Kreditwirtschaft, nämlich die englische Loan Market Association (LMA), die amerikanische Loan Syndication and Trading Association (LSTA) und die asiatische Asia Pacific Loan Market Association (APLMA), freiwillige Leitlinien für ESG-Linked Kredite aufgestellt. Die erstmals 2019 veröffentlichten **Sustainability Linked Loan Principles** (SLLPs) stellen heute ein etabliertes Rahmenwerk dar. 9

Angesichts des steigenden Volumens nachhaltiger Finanzierungen auf den globalen Kreditmärkten konkretisierten die Kreditmarktverbände die Leitlinien zuletzt im Jahr 2021. Die neuerlichen Konkretisierungen der SLLPs zielen in erster Linie darauf ab, mehr Klarheit für neue Marktteilnehmer bei 10

[8] Deutsches Aktieninstitut e. V., Unternehmensfinanzierung im Zeichen der Nachhaltigkeit, 2021.

der Auswahl der Nachhaltigkeitsindikatoren (KPIs) und der Kalibrierung der Nachhaltigkeitsziele (Sustainability Performance Targets, SPTs) zu schaffen.[9] Hervorzuheben ist zudem, dass nunmehr eine unabhängige, externe Verifizierung der KPIs und SPTs vorgeschrieben ist.

11 Das Hauptaugenmerk der SLLPs ist es, den Qualitätsstandard nachhaltigkeitsbezogener Kredite zu sichern und dem Sustainability-Washing vorzubeugen. Dementsprechend zielen sie darauf ab, den Marktteilnehmern die wesentlichen Charakteristika eines nachhaltigkeitsbezogenen Kredits – basierend auf den folgenden 5 Kernkomponenten – klar zu vermitteln:

1. Auswahl der Nachhaltigkeitsindikatoren (KPIs),
2. Kalibrierung der Nachhaltigkeitsziele (SPTs),
3. Kredit-Charakteristika,
4. Berichterstattung,
5. Verifizierung.

12 Ad (1.): Die Qualität der Nachhaltigkeitskomponente eines Sustainability-Linked Loans hängt entscheidend von der Auswahl des bzw. der KPIs ab. Diese sollen wesentlich für die Geschäfts- und Nachhaltigkeitsstrategie des Kreditnehmers sein und relevante ökologische, soziale und/oder Governance-Herausforderungen des Sektors adressieren. Die **Nachhaltigkeitsindikatoren** sollten folgende Kriterien erfüllen:

- relevant, zentral und bedeutsam für das Gesamtgeschäft und von hoher strategischer Bedeutung für die laufenden und/oder künftigen Aktivitäten,
- messbar und quantifizierbar auf einer konsistenten methodischen Grundlage,
- vergleichbar – idealerweise anhand einer externen Referenzgröße.

Eine klare Definition der KPIs, einschl. deren Anwendungsbereich, der Berechnungsmethoden sowie der Baseline soll durch den Kreditnehmer zur Verfügung gestellt werden und soweit möglich mit einem Branchenstandard vergleichbar sein.

13 Ad (2.): Auch die **Kalibrierung der Nachhaltigkeitsziele** (SPTs) je Nachhaltigkeitsindikator ist für die Strukturierung nachhaltigkeitsbezogener Darlehen von zentraler Bedeutung, da es Ausdruck des Anspruchsniveaus ist, zu dem sich der Kreditnehmer bekennt. Die SPTs sollen nach bestem Wissen und Gewissen festgelegt werden und während der gesamten Laufzeit des Darlehens relevant bleiben.

Nachhaltigkeitsziele sollten ambitioniert sein, d. h.:

- eine materielle, über „business as usual" hinausgehende Verbesserung darstellen,

9 LSTA, Updated Sustainability Linked Loan Principles and Guidance Document, 2021.

- wo möglich mit Benchmarks oder externen Referenzwerten verglichen werden,
- im Einklang mit der Nachhaltigkeitsstrategie des Kreditnehmers stehen,
- anhand einer vorab bestimmten zeitlichen Entwicklung festgelegt werden.

Die Zielvorgaben sollten auf aktuellen Leistungsniveaus und auf einer Kombination von Benchmarking-Ansätzen beruhen:
- eigene Entwicklung des Kreditnehmers während der letzten mind. 3 Jahre,
- Entwicklung gegenüber direkten Peers oder Branchenrichtwerten,
- Bezug auf wissenschaftsbasierte Szenarien oder offiziell ausgegebene Vorgaben.

Für jede Transaktion sollen zwischen dem Kreditnehmer und der Kreditgebergruppe geeignete KPIs und SPTs bestimmt werden.

Tipp

Die SLLPs weisen explizit darauf hin, dass ein Kreditnehmer für die Strukturierung des nachhaltigkeitsbezogenen Kredits die Unterstützung eines Sustainability Coordinators, der bei der Auswahl der KPIs und der Kalibrierung der SPTs behilflich ist, einholen kann.

Ad (3.): Da die Kopplung der Zinsmarge an die Nachhaltigkeitskriterien das Kernelement des Sustainability-Linked Loans darstellt, muss die durch die Nachhaltigkeitsperformance des Kreditnehmers ausgelöste Anpassung finanzieller bzw. struktureller Elemente in der Vertragsgestaltung berücksichtigt werden. So reduziert sich bspw. die Kreditmarge zugunsten des Kreditnehmers, wenn er während der Kreditlaufzeit die vorab vereinbarten Nachhaltigkeitsziele erreicht; eine Zielverfehlung führt zu einer Margenerhöhung. **14**

Ad (4.): Der Kreditnehmer sollte den Kreditgebern mind. einmal jährlich aktuelle Informationen bereitstellen, die es ihnen ermöglichen, die Entwicklung der Nachhaltigkeitsziele nachzuvollziehen. Obwohl ein öffentliches Reporting nicht zwingend erforderlich ist, wird zu einer öffentlichen Berichterstattung, bspw. im integrierten Geschäftsbericht oder Nachhaltigkeitsbericht, ermutigt. **15**

Ad (5.): Die Kreditnehmer müssen mind. einmal jährlich die Entwicklung der Nachhaltigkeitsindikatoren und das Erreichen der Schwellenwerte durch einen unabhängigen und externen Prüfer mit einschlägigem Fachwissen (wie z.B. ein Wirtschaftsprüfer, ein Umweltberater oder eine **16**

Nachhaltigkeitsagentur) prüfen und bestätigen lassen. Darüber hinaus wird empfohlen, die Prüfergebnisse zu veröffentlichen.

5 Finanzierungspraxis setzt verstärkt auf KPI-basierte Strukturen

17 Angesichts des rasanten Wachstums des Markts für nachhaltige Finanzierungen und der überarbeiteten Sustainability Linked Loan Principles stellt sich die Frage, welche Trends sich in der derzeitigen Finanzierungspraxis abzeichnen. Dies war auch Anlass für die Helaba und Linklaters, in einer getrennt, aber auf abgestimmter methodischer Grundlage vorgenommenen Auswertung die bisherige und gegenwärtige Vertragsgestaltung sowie aktuelle Trends nachhaltiger Bankfinanzierungen zu untersuchen. Für die gemeinsame Studie wurden unter strikter Wahrung des Bankgeheimnisses und der anwaltlichen Verschwiegenheitspflicht rund 100 Kredit- und Schuldscheinverträge und damit ein repräsentativer Querschnitt im deutschsprachigen Raum analysiert.[10]

18 Eine wesentliche Erkenntnis der Studie ist, dass die Strukturierung der Finanzierungsinstrumente anfangs von einer erheblichen Heterogenität gekennzeichnet war, sich derzeit aber eine deutliche Konvergenz der ESG-bezogenen Regelungen und eine stärkere Transparenz abzeichnen. Damit einher geht eine beginnende Standardisierung der Ausgestaltung und eine immer größere Vertrautheit der Beteiligten mit den spezifischen Fragestellungen.

19 Basierten nachhaltige Darlehen anfänglich vornehmlich auf einem externen ESG-Rating einer Nachhaltigkeitsratingagentur, ist in letzter Zeit ein deutlicher Markttrend hin zu **KPI-basierten Finanzierungen** festzustellen. Eine Erklärung mag die teils kritisch betrachtete uneinheitliche Bewertungsmethodik und recht geringe Korrelation der ESG-Ratings sein.[11] Zudem ermitteln Unternehmen zunehmend im Rahmen ihrer Nachhaltigkeitsbestrebungen KPIs und stecken sich diesbzgl. ambitionierte Ziele. Die überarbeiteten SLLPs, die nunmehr den Fokus auf spezifische, für das Unternehmen zugeschnittene KPIs legen und qualifizierte Anforderungen an diese stellen, dürften diesen Trend weiter verstärken.

---

10 Helaba/Linklaters, Aktuelle Trends nachhaltiger Finanzierungen: Studie von Helaba und Linklaters beleuchtet die Dokumentationspraxis, 2021.

11 Berenberg, ESG-Ratings: Die „Small -und Mid-Cap-Problematik“, 2020.

Während es einige Sustainability-Linked Loans gibt, bei denen sich nur bei Verfehlung der vereinbarten Nachhaltigkeitsziele der Zins erhöht, ist derzeitiger Marktstandard die Implementierung eines Two Way Bonus-/Malus-Systems, also einer Zinserhöhung und Zinsreduzierung. Hierbei erhöht bzw. reduziert sich der Zins bei Investmentgrade-Bonitäten in aller Regel um 2,5 bis 5 Basispunkte. Bei schwächeren Ratings mit einer höheren Basismarge können auch weitere Spannen vereinbart werden. Eine Verpflichtung des Darlehensnehmers zur Erreichung eines Mindest-ESG-Ratings bzw. von KPI-Zielwerten wird nicht vereinbart. Für den Fall der Verfehlung etwaiger Vorgaben wird folglich i.d.R. kein Kündigungsgrund vorgesehen. Auch die Verletzung ESG-bezogener Informationspflichten hat üblicherweise nur eine Zinserhöhung, jedoch keinen Kündigungsgrund zur Folge. 20

6 Relevante Aspekte bei ESG-Rating- und KPI-basierten Sustainability-Linked Loans

Wie die derzeitige Marktpraxis zeigt, werden bei ESG-Rating-basierten Sustainability-Linked Loans im Einzelfall bis zu 3 Ratings zugrunde gelegt. Klar vorherrschend sind jedoch Strukturen mit nur 1 Rating. I.d.R. sind die Darlehensnehmer verpflichtet, den Banken nicht nur das ESG-Rating selbst, sondern auch den zugehörigen ESG-Bericht zur Verfügung zu stellen. Bei der Wahl einer **ESG-Ratingagentur** sollte sich das Unternehmen für einen am Markt etablierten Anbieter entscheiden. Hier zeichnete sich zuletzt eine zunehmende Konzentration ab. Zu den am häufigsten anzutreffenden ESG-Ratingagenturen gehören: Ecovadis, Imug, ISS ESG, MSCI ESG, Sustainalytics, Vigeo Eiris, Moody's und S&P. Da die Agenturen alle nach ihrer eigenen Methodik vorgehen und unterschiedliche Schwerpunkte in ihrer Analyse setzen, können diese jedoch zu teils unterschiedlichen Ergebnissen kommen. 21

Bei KPI-basierten Sustainability-Linked Loans werden typischerweise 3 oder 4 Nachhaltigkeitsindikatoren festgelegt, aber auch Strukturen mit nur 1 oder 5 KPIs sind anzutreffen. Die am häufigsten verwendeten KPIs beziehen sich derzeit auf die Kategorien Klimawandel, Diversität der Belegschaft, Arbeitssicherheit und nachhaltige Beschaffung. Eine externe Kennzahlenprüfung (überwiegend durch den Abschlussprüfer) ist im Zeitverlauf zur Regel geworden. Der typische Berichtsturnus beträgt 1 Jahr. Für die externe Prüfung gibt es verschiedene Ansätze: teilweise wird eine begrenzte Sicherheit (limited assurance) für die relevanten KPIs vorgesehen. In jüngeren Fällen erfolgt die Prüfung aber auch i.R.e. geprüften Nachhaltigkeitsberichts oder integrierten Geschäftsberichts. 22

23 Für den Fall, dass ein ESG-Rating nicht mehr zugeteilt wird oder sich dessen Ermittlungsmethodik grds. ändert bzw. die ausgewählten Nachhaltigkeitsindikatoren nicht mehr wie im Vertrag vorgesehen festgestellt oder bestätigt werden können, werden häufig Verhandlungslösungen (Verhandlung „in good faith“) im Vertrag angelegt. Bei Nichteinigung ist meist ein Wegfall der ESG-bezogenen Regelungen die Folge.

7 CSRD schafft erforderliche Grundlage für nachhaltige Finanzierungen

24 Bislang wurden Sustainability-Linked Loans v.a. von börsennotierten Unternehmen genutzt. So sind für das kennzahlenbasierte Kreditinstrument die Berichterstattung von Nachhaltigkeitsindikatoren und quantifizierbaren Nachhaltigkeitszielen essenziell. Zudem erwarten die Geldgeber eine Strategie, die aufzeigt, wie die Ziele erreicht werden sollen. Große börsennotierte Unternehmen sind hierfür meist gut gerüstet, da sie bereits eine Nachhaltigkeitsstrategie und klare Ziele vorweisen, über die notwendigen Ressourcen für ihre Nachhaltigkeitsberichterstattung verfügen und ihre Finanzabteilung vor dem Hintergrund der Börsennotierung und funktionierender Investor Relations meist gut über die aktuellen Entwicklungen hinsichtlich regulatorischer Anforderungen und gängiger Standards unterrichtet sind.

25 **Mittelgroße und nichtbörsennotierte Unternehmen** sind hier noch nicht so weit. Während eine ausführliche Nachhaltigkeitsberichterstattung bspw. für börsennotierte Blue Chips zur Selbstverständlichkeit geworden ist, verfügten noch im letzten Jahr selbst im MDAX laut einer gemeinsamen **Studie** der Wirtschaftsprüfungsgesellschaft **BDO** und dem Beratungsunternehmen **Kirchhoff Consult** nur 74 % über einen Nachhaltigkeitsbericht. Im SDAX waren es nur 50 %. In nur knapp mehr als der Hälfte dieser Berichte waren die berichteten nichtfinanziellen Kennzahlen geprüft.[12]

26 Hier wird die Regulierung durch die künftigen nachhaltigkeitsbezogenen Berichts- und Offenlegungspflichten für Unternehmen eine deutliche Veränderung bewirken. So soll die derzeit gültige Non-Financial Reporting Directive (NFRD) durch die Corporate Sustainability Reporting Directive (CSRD) abgelöst werden.[13] Gem. der überarbeiteten Direktive

12 BDO/Kirchhoff, Nachhaltigkeit im Fokus – Die nichtfinanzielle Berichterstattung im DAX 160, 2021.

13 Strategie zur Finanzierung einer nachhaltigen Wirtschaft, Mitteilung der Kommission an das Europäische Parlament, den Rat, den Europäischen Wirtschafts- und Sozialausschuss und den Ausschuss der Regionen, 6.7.2021, COM(2021) 390 final.

werden künftig deutlich mehr Unternehmen aufgefordert, über ihre Nachhaltigkeitsleistungen zu berichten. Nach dem aktuellen Richtlinienentwurf sollen ab 2023 alle großen Unternehmen[14] verpflichtet werden, die neuen verbindlichen EU-Standards für die Nachhaltigkeitsberichterstattung zu erfüllen (§ 9 Rz 55 ff.).

Zweifelsohne ist dies zunächst zwar mit einem erheblichen Aufwand verbunden, eröffnet aber einer Vielzahl weiterer Unternehmen perspektivisch die Möglichkeit, ohne allzu große Mehrarbeit die Vorzüge von Sustainable Finance zu nutzen. Auch immer mehr mittelgroße und nichtbörsennotierte Unternehmen dürften hiervon Gebrauch machen. Daraus wird ersichtlich: nachhaltigkeitsbezogene Kredite können sich als neuer Standard etablieren. 27

8 Rolle des Sustainability Coordinators kommt besondere Bedeutung zu

Obwohl durch die Berichterstattung die Basis für eine Sustainability-Linked Finanzierung gelegt ist, werden Kreditnehmer – insbes. bei Debuttransaktionen – einen zusätzlichen Aufwand bei der letztendlichen Ausgestaltung der entsprechenden ESG-Komponente betreiben müssen. Gerade bei der erstmaligen Einbindung einer Nachhaltigkeitskomponente erscheint die beratende Unterstützung durch den Bankpartner sinnvoll. 28

Zahlreiche Kreditinstitute haben dies erkannt und ihre Expertise in Richtung Sustainable Finance Advisory erweitert. Sie stehen ihren Kunden mit dezidierten Spezialisten aktiv zur Seite. Diese stehen bei der Identifikation relevanter und zur strategischen Ausrichtung passender KPIs, als Sparringspartner für die Definition ambitionierter Schwellenwerte für die Margenanpassung sowie bei der Ausgestaltung der vertraglichen Regelungen des ESG-Konzepts beratend zur Seite. Dementsprechend können sich Unternehmen bereits im Vorfeld einer Transaktion über die Möglichkeiten – aber auch die Grenzen – von Sustainable Finance informieren und beraten lassen. 29

In der Praxis konzentriert sich die Rolle des Sustainability Coordinators regelmäßig auf die Strukturierung des Nachhaltigkeitskonzepts für die 30

14 Die kurz- bis mittelfristig entstehenden Anforderungen an eine Nachhaltigkeitsberichterstattung von an einem EU-regulierten Markt notierten Unternehmen als auch an nicht am Kapitalmarkt notierten Unternehmen, wenn sie bestimmte Größenklassen überschreiten, wird schätzungsweise 49.000 Unternehmen in der EU und ca. 15.000 Unternehmen in Deutschland betreffen.

Finanzierung und deren vertragliche Umsetzung bis zur Auszahlung, was durch die gemeinsame Studie von Helaba und Linklaters zur Dokumentationspraxis bestätigt wird. Vereinzelt wird eine Einbindung des Sustainability Coordinators im Fall von ursprünglich nicht vorhergesehenen Anpassungen des Nachhaltigkeitskonzepts vorgesehen. Bei dieser Ausgestaltung wird der Sustainability Coordinator i.d.R. auch Partei des Kreditvertrags.

E

Sorgfaltspflichten in der Lieferkette

§ 15 Lieferkettensorgfaltspflichtengesetz – neue gesetzliche Vorgaben für menschenrechtliche und umweltbezogene unternehmerische Sorgfalt

Überblick

Nach intensiven politischen Diskussionen hat der deutsche Gesetzgeber im Juli 2021 das Gesetz über die unternehmerischen Sorgfaltspflichten zur Vermeidung von Menschenrechtsverletzungen in Lieferketten (Lieferkettensorgfaltspflichtengesetz bzw. LkSG) erlassen, welches am 1.1.2023 in Kraft treten wird. Infolge des LkSG sind große Unternehmen in der Pflicht, substanzielle Änderungen ihrer (bestehenden) Compliance-Management-Systeme vorzunehmen und insbes. eine menschenrechtliche Due Diligence ihrer Lieferkette zu etablieren.

1 Hintergrund

1 Zentraler Ausgangspunkt des Lieferkettensorgfaltspflichtengesetzes (LkSG)[1] sind die **UN-Leitprinzipien für Wirtschaft und Menschenrechte** aus dem Jahr 2011.[2] In den besagten UN-Leitprinzipien findet sich u.a. das Leitprinzip der sog. menschenrechtlichen Sorgfaltspflicht, welches Unternehmen bei Ausübung ihrer geschäftlichen Tätigkeit berücksichtigen sollen.[3]

2 Deutschland hat im Dezember 2016 zur Umsetzung der UN-Leitprinzipien den sog. Nationalen Aktionsplan (NAP)[4] ins Leben gerufen. Die Bundesregierung hat im NAP ihre Erwartung an die in Deutschland tätigen Unternehmen mit mehr als 500 Mitarbeitern formuliert, dass diese die Kernelemente menschenrechtlicher Sorgfaltspflichten in einer ihrer Größe, Branche und Position in der Liefer- und Wertschöpfungskette angemessenen Weise einhalten und Menschenrechte entlang ihrer Liefer- und Wert-

1 Gesetz über die unternehmerischen Sorgfaltspflichten in Lieferketten (LkSG) v. 16.7.2021, BGBl. 2021 I, S. 2959 ff.

2 UN-Leitprinzipien für Wirtschaft und Menschenrechte, www.bmz.de/de/service/lexikon/un-leitprinzipien-fuer-wirtschaft-und-menschenrechte-60438, abgerufen am 3.1.2022.

3 Vgl. Dohrmann, CCZ 2021, S. 265.

4 Nationaler Aktionsplan Wirtschaft und Menschenrechte (NAP), www.bmz.de/de/service/lexikon/un-leitprinzipien-fuer-wirtschaft-und-menschenrechte-60438, abgerufen am 3.1.2022.

schöpfungsketten achten.[5] Die Erwartung war, dass sich eine hinreichend große Zahl der Unternehmen (mehr als 50 %) im Wege einer freiwilligen Selbstverpflichtung um die Umsetzung der in Rede stehenden Sorgfaltspflichten bis ins Jahr 2020 kümmert. Ab dem Jahr 2018 erfolgte ein Monitoring, durch das verifiziert werden sollte, ob und in welchem Umfang die angesprochenen Unternehmen in ihren Geschäftsprozessen die menschenrechtlichen Anforderungen umgesetzt hatten.[6] Das Ergebnis im Jahr 2020 war, dass weniger als ein Fünftel der in Deutschland ansässigen Unternehmen mit mehr als 500 Beschäftigten ihren Sorgfaltspflichten in der Lieferkette hinreichend nachgekommen waren. Die Bundesregierung zog aus diesem Ergebnis die Schlussfolgerung, dass eine freiwillige Selbstverpflichtung kein hinreichendes Instrument zur Umsetzung der UN-Leitprinzipien sei und entschied sich zu dem Schritt, den Gesetzgebungsprozess bzgl. des LkSG zu beginnen.[7]

3 Durch das LkSG ist es zu einem signifikanten Paradigmenwechsel hinsichtlich der Regulierung privatrechtlicher Verträge gekommen: Das deutsche Recht beinhaltete bislang grds. keine zwingenden Verpflichtungen zur Durchführung einer Überprüfung des jeweiligen Vertragspartners; auch gab es bisher keine derart detaillierten Vorgaben hinsichtlich der Ausgestaltung von Compliance-Management-Systemen. Wenngleich das Geldwäschegesetz durchaus Due-Diligence-Pflichten bzgl. des Geschäftspartners etablierte, so bezogen sich diese Screening-Pflichten doch immer nur auf den unmittelbaren Vertragspartner und dessen wirtschaftlich Berechtigten, keineswegs auf die sonstige Lieferkette.[8]

Infolge des LkSG sind große Unternehmen nunmehr in der Pflicht, substanzielle Änderungen ihrer (bestehenden) Compliance-Management-Systeme vorzunehmen und insbes. eine **menschenrechtliche Due Diligence ihrer Lieferkette** auf den Weg zu bringen.

---

5 Vgl. Schmidt-Ränsch, ZUR 2021, S. 387ff.; Fragen und Antworten, Bundesministerium für Arbeit und Soziales, www.csr-in-deutschland.de/DE/Wirtschaft-Menschenrechte/Gesetz-ueber-die-unternehmerischen-Sorgfaltspflichten-in-Lieferketten/FAQ/faq.html, abgerufen am 3.1.2022.

6 Vgl. Schmidt-Ränsch, ZUR 2021, S. 390f.

7 Vgl. Fragen und Antworten, Bundesministerium für Arbeit und Soziales.

8 Vgl. Gehling/Ott/Lüneborg, CCZ 2021, S. 230.

2 Persönlicher Anwendungsbereich

Das LkSG ist gem. § 1 Abs. 1 ab dem **1.1.2023** auf alle Unternehmen anzuwenden, die ihre Hauptverwaltung, ihre Hauptniederlassung, ihren Verwaltungssitz oder ihren satzungsmäßigen Sitz in Deutschland haben und i. d. R. mind. 3.000 Arbeitnehmer im Inland beschäftigen, wobei auch ins Ausland entsandte Arbeitnehmer mitgezählt werden. Daneben findet das Gesetz auf Unternehmen Anwendung, die eine Zweigniederlassung gem. § 13d HGB im Inland haben und i. d. R. mind. 3.000 Arbeitnehmer in Deutschland beschäftigen. Da das Gesetz auf den Verwaltungssitz abstellt, erfasst dieses auch Unternehmen, die im Ausland nach europäischem oder ausländischem Recht gegründet worden sind und deren Hauptverwaltungssitz, Hauptniederlassung oder Verwaltungssitz in Deutschland liegt.[9] 4

Leiharbeitnehmer sind gem. § 1 Abs. 2 LkSG bei der **Berechnung der Arbeitnehmerzahl** zu berücksichtigen, sofern die Einsatzdauer 6 Monate übersteigt. Innerhalb von verbundenen Unternehmen i. S. d. § 15 AktG sind die im Inland beschäftigten Arbeitnehmer sämtlicher konzernangehöriger Gesellschaften bei der Berechnung der Arbeitnehmerzahl der Obergesellschaft in Ansatz zu bringen. Im Hinblick auf die Arbeitnehmerzahl spricht das Gesetz davon, dass „in der Regel" ein entsprechender Personalbestand vorliegen muss. Hier soll auf die das Unternehmen im Allgemeinen prägende Personalstärke abgestellt werden, was eine sowohl rückblickende Betrachtung als auch eine Prognose hinsichtlich der künftigen Personalentwicklung erfordert. Der insofern in Ansatz zu bringende Zeitraum ist ausreichend lang zu bemessen, so dass kurzfristige Schwankungen des Personalbestands keinen Einfluss auf die Anwendbarkeit des LkSG haben. Insbes. sollen vorübergehende Schwankungen bei der Personalstärke, etwa infolge des Auftragsbestands, nicht dazu führen, dass sich Änderungen hinsichtlich der Bindung an das LkSG ergeben.[10] 5

Der Referenzzeitraum ist einzelfallabhängig, sollte sich i. d. R. aber am Geschäftsjahr orientieren.[11] Da in diversen anderen Rechtsgebieten ein vergleichbarer Ansatz zur Kalkulation einer Arbeitnehmerschwelle genutzt wird, sollte dies die Praxis vor keine größeren Hürden stellen. 6

Ab dem **1.1.2024** reduziert sich die Arbeitnehmerschwelle auf nur noch 1.000 Arbeitnehmer.

---

9 BT-Drs. 19/28649 v. 19.4.2021, S. 33.
10 BT-Drs. 19/28649 v. 19.4.2021, S. 33.
11 BT-Drs. 19/28649 v. 19.4.2021, S. 33.

7 Das LkSG verwendet den Begriff des „Unternehmens“, welcher als rechtsformneutraler Oberbegriff zu verstehen ist. Die jeweilige natürliche oder juristische Person oder sonstige rechtsfähige Personengesellschaft als Rechtsträgerin des Unternehmens ist Adressat und Anknüpfungspunkt für die Arbeitnehmerschwelle.

Vom LkSG nicht erfasst sind juristische Personen des öffentlichen Rechts, wenn diese Verwaltungsaufgaben einer Gebietskörperschaft wahrnehmen und soweit diese nicht am Markt unternehmerisch tätig sind.[12]

Hinweis

Ab dem 1.1.2023 dürften ca. 700 Unternehmen unmittelbar in den Anwendungsbereich des LkSG fallen, ab dem 1.1.2024 prognostisch etwa 2.900 Unternehmen.[13]

3 Ausmaß und Grad der Sorgfaltspflichten in Abhängigkeit von der Einflusssphäre

3.1 Begriff der Lieferkette

8 Das LkSG verpflichtet die Unternehmen gem. § 3 Abs. 1 dazu, in ihren Lieferketten die in Abschn. 2 des Gesetzes im Detail definierten menschenrechtlichen und umweltbezogenen Sorgfaltspflichten in angemessener Weise zu beachten, um Risiken vorzubeugen bzw. zu minimieren oder um eingetretene Verletzungen zu beenden. Der ausdifferenzierte Pflichtenkatalog des Abschn. 2 des LkSG unterscheidet zwischen den jeweiligen Einflusssphären des Unternehmens und knüpft an die Unterscheidung des eigenen Geschäftsbereichs, des unmittelbaren Zulieferers sowie des lediglich mittelbaren Zulieferers an.

9 Ausgangspunkt ist die **Definition** des Begriffs der **Lieferkette** gem. § 2 Abs. 5 LkSG: Demnach umfasst diese alle Schritte im In- und Ausland, die zur Herstellung der Produkte und zur Erbringung der Dienstleistungen erforderlich sind, angefangen von der Gewinnung der Rohstoffe bis zur Lieferung an den Endkunden. Der Gesetzgeber hat ein sehr weites Verständnis der erfassten Lieferkette, wie die Gesetzesbegründung zeigt. So sind nicht nur der Bezug von Waren und Rohstoffen erfasst, sondern auch

---

12 BT-Drs. 19/28649 v. 19.4.2021, S. 33.

13 Vgl. Gehling/Ott/Lüneborg, CCZ 2021, S. 231.

die Inanspruchnahme von Dienstleistungen, welche für die Produktherstellung oder Dienstleistungserbringung erforderlich sind.

Damit werden auch **Transportdienstleistungen** oder die Zwischenlagerung von Waren einbezogen.[14] Aus Praxissicht wird insofern der Arbeitnehmerschutz beim Transport von Waren auf der Straße künftig große Bedeutung erlangen. Es wird zur Lieferketten-Compliance z. B. relevant werden, eine effektive Kontrolle der Einhaltung von Arbeits- und Ruhezeiten von Lkw-Fahrern durchzuführen. Unzuverlässige oder risikobehaftete Speditionen wird man identifizieren müssen, um Abhilfemaßnahmen nach dem LkSG umzusetzen.[15] Die Praxis hat gezeigt, dass insbes. Speditionen oder Subunternehmer aus Staaten außerhalb der EU (z. B. Russland, Ukraine) nicht immer Arbeitsbedingungen bieten, die mit den Vorstellungen des LkSG konform gehen. 10

Neben dem Gütertransport auf der Straße ist auch an den Seetransport zu denken. Die internationale Containerschifffahrt hat ihre Schiffe regelmäßig ausgeflaggt, d. h., die Seeschiffe sind durch Registrierung in einem bestimmten Schiffsregister unter einer anderen Nationalflagge operativ im Einsatz. Ein maßgeblicher Faktor zur Ausflaggung war immer die Motivation, das Schiff unter den Bedingungen eines möglichst liberalen Seearbeitsrechts betreiben zu können. Viele Containerschiffe der weltweit tätigen, bekannten Reedereien finden sich in den Schiffsregistern von Antigua & Barbuda, Liberia, Cayman Islands, Panama, der Isle of Man und vergleichbarer Jurisdiktionen. Infolge des LkSG werden Unternehmen, insbes. Transportdienstleister, gehalten sein, sich über die Arbeitsbedingungen auf den eingesetzten Schiffen zu informieren, und ggf. die Einhaltung menschenrechtlicher Standards nach dem LkSG verlangen müssen. Dass dies zu einer erheblichen Erhöhung der Frachtraten und mittelbar auch der Konsum- und Investitionsgüterpreise führen wird, ist evident.[16] 11

Auch **Vertriebsaktivitäten** durch Vertriebsmittler, E-Commerce-Plattformen sowie die Nutzung physischer Geschäftslokale fallen in den Begriff der Lieferkette.[17] Ferner können Finanzdienstleistungen, wie etwa die Vergabe eines Großkredits zur Finanzierung einer Produktionsanlage, als Teil der erfassten Lieferkette gelten, wobei im Einzelfall zu prüfen sein wird, ob es sich um eine allgemeine Darlehenslinie handelt 12

---

14 BT-Drs. 19/28649 v. 19.4.2021, S. 40.

15 Vgl. Harings/Jürgens, RdTW 2021, S. 301.

16 Vgl. Harings/Jürgens, RdTW 2021, S. 301.

17 BT-Drs. 19/28649 v. 19.4.2021, S. 40.

oder eine spezifische Projektfinanzierung, bei der die kreditgebende Bank u.U. deutlich mehr Einfluss auf das Projekt hat.

13 Hervorzuheben ist an dieser Stelle, dass § 2 Abs. 5 LkSG insofern eine gewisse Einschränkung der Lieferkette vornimmt, als nur Handlungen erfasst sind, die „erforderlich" zur Produktherstellung oder Dienstleistungserbringung sind. Bzgl. dieses Merkmals ist zu erwarten, dass die Gerichte eine gewisse Einschränkung vornehmen werden, wobei nicht unterschlagen werden soll, dass man beim Bundesamt für Wirtschaft und Ausfuhrkontrolle (BAFA) bzw. dem Bundesministerium für Arbeit und Soziales offenbar anderer Meinung ist und eine weite Auslegung der Erforderlichkeit bejaht, die im Ergebnis auch den Hersteller des Bürobleistifts erfasst, der zwar in zeitlicher Hinsicht keine Priorität genieße, gleichwohl zu einem späteren Zeitpunkt auch einbezogen werden müsste.[18]

14 Im Hinblick auf die umfassend verstandene Lieferkette sind vom LkSG erfasst

1. das Handeln des Unternehmens im eigenen Geschäftsbereich,
2. das Handeln eines unmittelbaren Zulieferers und
3. das Handeln eines mittelbaren Zulieferers.

Die Sorgfaltspflichten gelten demnach nur bzgl. der Zulieferer; eine Überprüfung der Kunden des Unternehmens ist nicht geschuldet.[19]

3.2 Eigener Geschäftsbereich

15 Der eigene Geschäftsbereich des Unternehmens wird in § 2 Abs. 6 LkSG definiert als „jede Tätigkeit des Unternehmens zur Erreichung des Unternehmensziels". Weiter heißt es, dass damit „jede Tätigkeit zur Herstellung und Verwertung von Produkten und zur Erbringung von Dienstleistungen, unabhängig davon, ob sie an einem Standort im In- oder Ausland vorgenommen wird," erfasst ist. Im Hinblick auf Konzernstrukturen bestimmt das Gesetz, dass in verbundenen Unternehmen eine konzernangehörige Gesellschaft dann zum eigenen Geschäftsbereich der Obergesellschaft gehört, wenn die Obergesellschaft einen bestimmenden Einfluss auf die konzernangehörige Gesellschaft ausübt.

16 Das entscheidende Kriterium bzgl. der Frage, ob eine verbundene Gesellschaft zum eigenen Geschäftsbereich zählt, ist der „bestimmende Einfluss". In der Gesetzesbegründung heißt es diesbzgl., dass erste Voraussetzung immer die Existenz von Einflussmöglichkeiten nach dem jeweiligen an-

18 So im Ergebnis: Fragen und Antworten, Bundesministerium für Arbeit und Soziales.
19 Vgl. Herrmann/Rünz, DB 2021, S. 3078f.

wendbaren nationalen Recht sein muss. Alle erheblichen Gesichtspunkte sind sodann in einer Gesamtschau zu würdigen, wobei hierfür alle wirtschaftlichen, personellen, organisatorischen und rechtlichen Bindungen zwischen Tochter- und Muttergesellschaft im Zusammenhang zu betrachten und zu gewichten sind. **Indizien für bestimmenden Einfluss** sind eine hohe Mehrheitsbeteiligung an der Tochtergesellschaft, die Existenz eines konzernweiten Compliance-Systems, die Übernahme von Verantwortung für die Steuerung von Kernprozessen im Tochterunternehmen, eine rechtliche Struktur, die die Möglichkeit der Einflussnahme abbildet, personelle Überschneidungen auf Geschäftsleitungsebene, ein bestimmender Einfluss auf das Lieferkettenmanagement der Tochtergesellschaft, die Einflussnahme über die Gesellschafterversammlung und Ähnlichkeiten hinsichtlich der Geschäftsbereiche von Ober- und Tochtergesellschaft.[20]

Sofern demnach ein bestimmender Einfluss gegeben ist, fällt auch eine ausländische Tochtergesellschaft in den eigenen Geschäftsbereich der deutschen Muttergesellschaft. Nach Auffassung des Bundesministeriums für Arbeit und Soziales (Referat CSR) soll die deutsche Muttergesellschaft dann verpflichtet sein, den kompletten Sorgfaltspflichtenkatalog zu erfüllen, und zwar unabhängig davon, ob die Tochtergesellschaft geschäftlichen Aktivitäten in Deutschland nachgeht oder nach Deutschland exportiert.[21] In dieser Konstellation einer ausländischen Tochtergesellschaft müsste die Obergesellschaft – folgt man der Auslegung des Referats CSR des Bundesministeriums – in Bezug auf den Geschäftsbereich der Tochter sowie auf deren unmittelbare und mittelbare Zulieferer Sorgfaltsmaßnahmen entsprechend dem detaillierten Katalog des Abschn. 2 des Gesetzes wahrnehmen. 17

Es bleibt zu hoffen, dass die Gerichte dieser weiten Interpretation zukünftig gewisse Schranken auferlegen werden. Insbes. auch aus völkerrechtlicher Sicht erscheint es durchaus nicht unproblematisch, wenn der deutsche Gesetzgeber meint, berechtigt zu sein, (mittelbar mit extraterritorialer Wirkung[22]) regulierend in die Vertragsbeziehungen bspw. einer chinesischen Tochtergesellschaft eines deutschen Konzerns mit einem chinesischen Zulieferer einzugreifen. 18

Als Argument gegen eine Erstreckung der Sorgfaltspflichten auf Zulieferer der Tochtergesellschaft wird angeführt, dass gem. § 2 Abs. 7 LkSG unmittelbare Zulieferer solche Vertragspartner sind, deren Zulieferungen für die Produktherstellung bzw. Dienstleistung notwendig sind. Wenn 19

20 BT-Drs. 19/30505 v. 9.6.2021, S. 38.
21 Fragen und Antworten, Bundesministerium für Arbeit und Soziales.
22 Vgl. hierzu Omari Lichuma, ZaöRV 2021, S. 497.

jetzt aber die Zulieferungen nur für die Tochtergesellschaft notwendig sind, ließe sich argumentieren, dass diese Vertragsbeziehung auf Ebene der Tochtergesellschaft bei den Sorgfaltspflichten der Obergesellschaft nicht zu berücksichtigen ist.[23]

20 Vorstellbar ist auch die Konstellation, dass sowohl die Konzernobergesellschaft als auch die Tochtergesellschaft beide für sich betrachtet in den Anwendungsbereich des LkSG fallen. Sogleich stellt sich die Frage, ob jedes Konzernunternehmen dann die LkSG-Pflichten selbstständig erfüllen muss oder ob es nicht vielmehr sinnvoll und zulässig ist, dass diese Pflichten zentral von der Obergesellschaft erfüllt werden. Ausgangspunkt ist die Annahme, dass die Tochtergesellschaft selbst dafür verantwortlich ist, dass die Sorgfaltspflichten in ihrem eigenen Geschäftsbereich sowie bzgl. ihrer Lieferketten gewahrt werden. Es sollte gleichwohl zulässig sein, das notwendige angemessene und wirksame Risikomanagement auf Ebene der Obergesellschaft als Zentralfunktion für alle Konzerngesellschaften zu etablieren, sofern die internen Konzernstrukturen diese Aufgabenverlagerung vernünftig abbilden.[24]

3.3 Unmittelbarer Zulieferer

21 In § 2 Abs. 7 LkSG wird der unmittelbare Zulieferer i. S. d. LkSG definiert als „ein Partner eines Vertrages über die Lieferung von Waren oder die Erbringung von Dienstleistungen, dessen Zulieferungen für die Herstellung des Produktes des Unternehmens oder zur Erbringung und Inanspruchnahme der betreffenden Dienstleistung notwendig sind“. Über das Kriterium der Notwendigkeit sollte eine sachgerechte Einschränkung und wertende Betrachtung des Kreises der unmittelbaren Zulieferer vorgenommen werden.

Unternehmen sind in der Pflicht, sowohl im Hinblick auf den eigenen Geschäftsbereich als auch bzgl. der unmittelbaren Zulieferer die umfassenden Sorgfaltspflichten des Abschn. 2 des Gesetzes (Rz 28 ff.) zu erfüllen.

3.4 Mittelbarer Zulieferer

22 Mittelbare Zulieferer definiert das Gesetz in § 2 Abs. 8 LkSG als „jedes Unternehmen, das kein unmittelbarer Zulieferer ist und dessen Zulieferungen für die Herstellung des Produktes des Unternehmens oder zur Erbringung und Inanspruchnahme der betreffenden Dienstleistung not-

23 Vgl. Herrmann/Rünz, DB 2021, S. 3078, Fn. 13.

24 Vgl. auch Fragen und Antworten, Bundesministerium für Arbeit und Soziales.

wendig sind". Im Hinblick auf mittelbare Zulieferer ist der Pflichtenkreis der Unternehmen deutlich reduziert. Hier verlangt § 9 Abs. 3 LkSG tatsächliche Anhaltspunkte, dass bei einem mittelbaren Zulieferer eine Verletzung einer geschützten Rechtsposition möglich ist. Es bedarf substantiierter Kenntnis, bevor anlassbezogen auch im Hinblick auf den mittelbaren Zulieferer Maßnahmen getroffen werden müssen.

4 Geschützte Rechtspositionen im Bereich Menschenrechte und Umweltbelange

4.1 Menschenrechte

Ziel des LkSG ist der Schutz der Menschenrechte und gewisser Umweltbelange in der Lieferkette der Unternehmen. Gem. § 2 Abs. 1 LkSG sind geschützte Rechtspositionen im Bereich der Menschenrechte solche Rechte, die sich aus den in der Anlage zum LkSG aufgeführten völkerrechtlichen Verträgen zum Schutz der Menschenrechte ergeben. Durch die Regelung in § 2 Abs. 2 Nr. 1–11 LkSG wird konkretisiert, dass Verstöße gegen die dort i. E. beschriebenen grundlegenden Menschenrechtsstandards bzw. ein mit hinreichender Wahrscheinlichkeit drohender Verstoß immer ein menschenrechtliches Risiko i. S. d. LkSG begründen. In § 2 Abs. 2 Nr. 12 LkSG findet sich eine **Generalklausel**, durch die sichergestellt werden soll, dass auch bei einem Verstoß gegen eine Rechtsposition aus den in der Anlage aufgeführten völkerrechtlichen Verträgen ein menschenrechtliches Risiko vorliegt. Für die Praxis der Rechtsanwender bedeutet dies, dass man nicht nur die recht konkret dargestellten Verbote in § 2 Abs. 2 Nr. 1–11 LkSG im Blick haben muss, sondern tatsächlich den vollständigen Regelungsgehalt der in die Anlage eingestellten völkerrechtlichen Abkommen.[25] 23

Der Katalog der im Gesetz ausdrücklich angesprochenen **Verbote** in § 2 Abs. 2 Nr. 1–11 LkSG umfasst u. a. das Verbot der Kinderarbeit, Zwangsarbeit, Sklaverei, Schuldknechtschaft, Kinderpornografie sowie der Missachtung der am Beschäftigungsort geltenden Arbeitsschutzbestimmungen. Daneben wird die Koalitionsfreiheit geschützt, d. h. das Recht der Arbeitnehmer, Gewerkschaften zu gründen, diesen beizutreten und insbes. das Recht auf Streik und Kollektivverhandlungen. Weiterhin ist die Ungleichbehandlung bzw. Diskriminierung i. R. e. Beschäftigungsverhältnisses verboten, soweit diese auf die Abstammung, soziale Herkunft, den Gesundheitsstatus, eine Behinderung, sexuelle Orientierung, Alter, Geschlecht, politische Meinung, Religion oder Weltanschauung gestützt 24

25 Vgl. Gehling/Ott/Lüneborg, CCZ 2021, S. 232.

wird und es keinen Rechtfertigungsgrund aufgrund der konkreten Erfordernisse der Beschäftigung gibt. Explizit verboten ist auch die Zahlung ungleichen Entgelts für gleichwertige Arbeit. Schließlich wird das Vorenthalten eines angemessenen Lohns angesprochen, wobei auf den am Beschäftigungsort geltenden Mindestlohn abzustellen ist.

25 Von der Generalklausel des § 2 Abs. 2 Nr. 12 LkSG dürften darüber hinausgehend insbes. weitere Rechtspositionen aus dem Internationalen Pakt vom 19.12.1966 über bürgerliche und politische Rechte sowie dem Internationalen Pakt vom 19.12.1966 über wirtschaftliche, soziale und kulturelle Rechte erfasst werden. Der Auffangtatbestand dürfte sicherlich nur dann zur Anwendung kommen, wenn die Verletzung der Rechtsposition in einem Staat eingetreten ist, der die erwähnten völkerrechtlichen Verträge ratifiziert hat.[26] Die VR China hat den Internationalen Pakt über bürgerliche und politische Rechte bislang nicht ratifiziert, die USA dagegen nicht den Internationalen Pakt über wirtschaftliche, soziale und kulturelle Rechte.

4.2 Umweltbelange

26 § 2 Abs. 3 Nr. 1–8 LkSG enthält analog dem Ansatz bei den Menschenrechten eine Reihe von Verboten zum Schutz der Umwelt. Unter den im Detail beschriebenen **Verboten** finden sich u. a.:

- das Verbot der Herstellung von mit Quecksilber versetzten Produkten,
- das Verbot der Verwendung von Quecksilber und Quecksilberverbindungen bei Herstellungsprozessen,
- das Verbot der Behandlung von Quecksilberabfällen entgegen den Bestimmungen des Minamata-Übereinkommens,
- das Verbot der Produktion und Verwendung von Chemikalien nach dem Stockholmer Übereinkommen über persistente organische Schadstoffe sowie
- umfassende Verbote hinsichtlich der Ausfuhr gefährlicher Abfälle gem. den Bestimmungen des Basler Übereinkommens über die Kontrolle der grenzüberschreitenden Verbringung gefährlicher Abfälle und ihrer Entsorgung.

Der Katalog der umweltbezogenen Verbote ist deutlich überschaubarer als im Menschenrechtsbereich; die involvierten Bundesministerien konnten sich in diesem Bereich nur auf einen Minimalkonsens verständigen.[27]

[26] Vgl. Gehling/Ott/Lüneborg, CCZ 2021, S. 232.
[27] Vgl. Gehling/Ott/Lüneborg, CCZ 2021, S. 232.

Neben den in § 2 Abs. 3 LkSG spezifisch aufgeführten umweltbezogenen Verboten findet sich in § 2 Abs. 2 Nr. 9 LkSG im Segment der menschenrechtlichen Risiken das Verbot der Herbeiführung einer schädlichen Bodenveränderung, Gewässerverunreinigung, Luftverunreinigung, schädlichen Lärmemission sowie eines übermäßigen Wasserverbrauchs, wenn infolgedessen die natürlichen Grundlagen zum Erhalt und der Produktion von Nahrung erheblich beeinträchtigt werden, einer Person der Zugang zu einwandfreiem Trinkwasser verwehrt wird, einer Person der Zugang zu Sanitäranlagen erschwert oder zerstört wird oder die Gesundheit einer Person geschädigt wird. Insbes. diese Regelungen könnten ein **Einfallstor für Klimaklagen** werden, welche von Nichtregierungsorganisationen (NGOs) orchestriert werden.[28] 27

5 Von den Unternehmen einzuhaltende Sorgfaltspflichten

5.1 Grundsätzliches zu den Sorgfaltspflichten

In Abschn. 2 des LkSG wird i. E. beschrieben, welche Sorgfaltspflichten von den Unternehmen umzusetzen sind. Unternehmen sind gem. § 3 Abs. 1 LkSG dazu verpflichtet, die im Gesetz definierten Sorgfaltspflichten in angemessener Weise zu beachten, um Risiken vorzubeugen, diese zu minimieren oder im Fall von bereits eingetretenen Verletzungen diese zu beenden. 28

Wichtig sind 2 grds. Prinzipien: Erstens verlangt das Gesetz keine Erfolgspflicht oder Garantiehaftung der Unternehmen in dem Sinn, dass in den jeweiligen Lieferketten keine Menschenrechte oder umweltbezogene Pflichten verletzt werden. Geschuldet ist lediglich eine Bemühenspflicht, welche allerdings angesichts der detaillierten Anforderungen bzgl. der einzelnen Sorgfaltspflichten auch signifikante Anstrengungen von den Unternehmen fordert.[29] Zweitens verlangt das Gesetz von den Unternehmen nur, „angemessene" Maßnahmen zu ergreifen. 29

Der **Angemessenheitsgrundsatz** wurde in § 3 Abs. 2 LkSG ausdrücklich verankert und bemisst sich anhand der folgenden dort aufgeführten Kriterien: 30

1. Zunächst ist die Art und Weise der Geschäftstätigkeit des Unternehmens in Ansatz zu bringen. Hier ist die individuelle Unternehmens- und Risikosituation zu berücksichtigen. Der Gesetzgeber stellt darauf

[28] Vgl. Gehling/Ott/Lüneborg, CCZ 2021, S. 232.
[29] Stöbener de Mora/Noll, NZG 2021, S. 1240.

ab, ob das jeweilige Produkt und die spezifische Produktionsstätte ein besonderes Risikoprofil mit sich bringen. Je höher das Risiko, desto wichtiger wird die Überwachung der Lieferkette. Man wird länder-, branchen- und warengruppenspezifische Risiken bewerten müssen und hat als Unternehmen angesichts des Angemessenheitsgrundsatzes durchaus einen flexiblen Ermessens- und Handlungsspielraum.[30] Dieser Spielraum wird auch bei behördlichen Kontrollen anerkannt werden. Die Behörde prüft, ob ein Unternehmen zum Zeitpunkt der Entscheidung, d.h. ex ante, angemessen gehandelt hat. Die Unternehmensentscheidung wird nicht aus einer Ex-post-facto-Sicht bewertet.[31]

2. Sodann richtet sich die Angemessenheit einer Maßnahme nach dem konkreten Einflussvermögen des Unternehmens auf den Verursacher eines Risikos oder einer Verletzung. Die Größe des Unternehmens, das Auftragsvolumen und insbes. die Nähe zum Risiko sind entscheidende Kriterien, auf die abzustellen sein wird. Die Anforderungen an die umzusetzenden Maßnahmen sind insoweit abhängig von der Nähe und den Einflussmöglichkeiten des Unternehmens.[32]
3. Als weiteres Kriterium i.R.d. Angemessenheitsprüfung wird auf die typischerweise zu erwartende Schwere und Umkehrbarkeit der Verletzung sowie die Wahrscheinlichkeit des Eintritts einer Verletzung abgestellt. Die Bewertung von Schwere und Wahrscheinlichkeit erfolgt bspw. anhand der Zugehörigkeit eines Unternehmens zu einem Hochrisikosektor, der tatsächlichen und ordnungspolitischen Rahmenbedingungen des Produktionsorts, des Umgangs mit giftigen Stoffen in der Produktion oder einer mangelhaften Nachhaltigkeitsperformance der Lieferanten.[33]
4. Als 4. Kriterium verlangt das LkSG eine Bewertung der Art des Verursachungsbeitrags des Unternehmens. Hier ist zu differenzieren, ob das Unternehmen das Risiko unmittelbar alleine oder gemeinsam mit einem anderen Akteur verursacht hat oder nur eine mittelbare Beteiligung gegeben ist. Die Art des Verursachungsbeitrags wird regelmäßig eng verknüpft sein mit dem Kriterium des unternehmerischen Einflussvermögens. Der Gesetzgeber sieht eine mittelbare Verursachung bspw. dann als gegeben an, wenn ein Unternehmen die Produktanforderungen gegenüber seinem Zulieferer kurzfristig verändert, ohne die Lieferzeiten oder den Einkaufpreis anzupassen, und der Zulieferer in Folge

30 BT-Drs. 19/28649 v. 19.4.2021, S. 42.

31 Fragen und Antworten, Bundesministerium für Arbeit und Soziales.

32 BT-Drs. 19/28649 v. 19.4.2021, S. 42.

33 BT-Drs. 19/28649 v. 19.4.2021, S. 42f.

gegen ILO-Kernarbeitsnormen verstößt, um den kurzfristigen Änderungswünschen zu entsprechen.[34]

31 Aus der Gesetzesbegründung ist eindeutig ersichtlich, dass von den Unternehmen keineswegs etwas rechtlich oder tatsächlich Unmögliches verlangt werden könne, insbes. keine Handlungen, die gegen die im Produktionsland geltenden Gesetze verstoßen. Das real existierende Ausmaß der Einflussmöglichkeiten auf die Zulieferer wird entsprechend berücksichtigt, was mit der Bemühenspflicht korrespondiert.[35]

In den §§ 4–10 LkSG finden sich die konkreten Sorgfaltspflichten, welche von den Unternehmen nach Maßgabe der allgemeinen wie speziellen Regelungen einzuhalten sind.

5.2 Risikomanagement und Menschenrechtsbeauftragte

32 Die Unternehmen sind gem. § 4 Abs. 1 LkSG verpflichtet, ein angemessenes und wirksames Risikomanagement zur Einhaltung der Sorgfaltspflichten einzurichten. Das einzurichtende Risikomanagementsystem soll die Interessen der Beschäftigten des Unternehmens, der Beschäftigten innerhalb der Lieferketten, aber auch derjenigen angemessen berücksichtigen, die in sonstiger Weise durch das Handeln des Unternehmens bzw. der unmittelbaren und mittelbaren Zulieferer in einer geschützten Rechtsposition unmittelbar betroffen sein können.

33 Das spezifische, Lieferketten bezogene Risikomanagement des Unternehmens muss sich gem. § 4 Abs. 2 LkSG grds. nur auf solche Risiken oder Verletzungen fokussieren, die das Unternehmen in seiner Lieferkette verursacht hat oder zu deren Entstehung beigetragen hat. Es bedarf demnach des Nachweises von Kausalität, wobei die Grenzen in der praktischen Rechtsanwendung häufig nicht einfach konturiert werden können.

34 Eine der zentralen Aufgaben nach dem LkSG ist die unternehmensinterne Organisation der **Zuständigkeiten** bzgl. der mannigfaltigen Aufgaben, welche umgesetzt und dokumentiert werden müssen. In der praktischen Umsetzung wird man insbes. zur Risikominimierung die Geschäftsabläufe in den Unternehmensbereichen Geschäftsleitung, Rechtsabteilung, Compliance-Abteilung und Einkaufsabteilung bewerten müssen und Zuständigkeiten und Berichtswege definieren.

34 BT-Drs. 19/28649 v. 19.4.2021, S. 43.

35 Vgl. Stöbener de Mora/Noll, NZG 2021, S. 1240f.

35 Das Unternehmen ist gem. § 4 Abs. 3 LkSG ausdrücklich verpflichtet, eine Festlegung hinsichtlich der Zuständigkeit für die Überwachung des Risikomanagements zu treffen. Der Gesetzgeber empfiehlt, die Position eines **Menschenrechtsbeauftragten** zu schaffen; zulässig ist auch ein Gremium aus mehreren Personen, welches die Zuständigkeiten übertragen bekommt.

Gem. § 24 Abs. 1 Nr. 1 LkSG ist das Unterlassen der Festlegung der Zuständigkeiten mit einem Bußgeld von bis zu 500.000 EUR bewehrt.

36 Dem Menschenrechtsbeauftragten bzw. dem entsprechenden Gremium sind alle notwendigen Hilfsmittel zur Verfügung zu stellen, um eine angemessene Überwachung zu ermöglichen.[36] Wichtig wird es auch sein, dem Menschenrechtsbeauftragten unternehmensintern wirksame Zugriffsmöglichkeiten, Einsichtsrechte und Kompetenzen einzuräumen, um die Umsetzung des LkSG praktikabel zu machen. Der Menschenrechtsbeauftragte darf aus seiner etwaigen sonstigen Tätigkeit für das Unternehmen nicht in Interessenkonflikte geraten. Um eine effektive Überwachung und ungefilterte Berichte (§ 4 Abs. 3 S. 2 LkSG) zu gewährleisten, muss der Menschenrechtsbeauftragte unabhängig arbeiten können. Das Unternehmen darf nicht versuchen, die Überwachung zu beeinflussen, etwa durch das Abhalten von der Untersuchung eines bestimmten Verdachts. Weisungen, die die Aufgabenerfüllung nicht behindern, wie etwa Vorgaben bzgl. der Nutzung betrieblicher IT, sind dagegen zulässig. Eine gleichzeitige Tätigkeit in der Einkaufsabteilung dürfte aus Gründen der Unabhängigkeit ausscheiden. Soweit der Menschenrechtsbeauftragte keine spezifischen Vorkenntnisse im Bereich Compliance aufweist, ist daran zu denken, zeitnah Schulungen zu ermöglichen.[37]

37 Der Menschenrechtsbeauftragte sollte sinnvollerweise unmittelbar der Geschäftsleitung unterstellt sein; diese ist gem. § 4 Abs. 3 S. 2 LkSG verpflichtet, sich regelmäßig, mind. einmal jährlich, über die Arbeit der zuständigen Person oder Personen zu informieren.

Die konkrete innerbetriebliche Ausgestaltung der Pflichten des Menschenrechtsbeauftragten dürfte mitentscheidend sein für die Frage, ob der Menschenrechtsbeauftragte als Beauftragter i.S.d. § 9 OWiG zu qualifizieren ist.[38] Etwaige haftungsrechtliche Risiken, welche dem Menschenrechtsbeauftragten evtl. drohen können, sollten auch aufgrund der

---

36 BT-Drs. 19/28649 v. 19.4.2021, S. 43.
37 Vgl. Herrmann/Rünz, DB 2021, S. 3080.
38 Vgl. Herrmann/Rünz, DB 2021, S. 3080.

arbeitsrechtlichen Fürsorgepflicht des Arbeitgebers in jedem Fall vor Schaffung dieser Position soweit möglich geklärt werden.

5.3 Risikoanalyse

I. R. d. angemessenen und wirksamen Risikomanagements sind die Unternehmen gem. § 5 LkSG verpflichtet, einmal jährlich sowie anlassbezogen eine Risikoanalyse durchzuführen, welche sich auf die **menschenrechtlichen und umweltbezogenen Risiken** im eigenen Bereich sowie bei den unmittelbaren Zulieferern beziehen muss. **38**

Sofern in Bezug auf einen mittelbaren Zulieferer substantiierte Kenntnis über tatsächliche Anhaltspunkte für ein Risiko vorliegt, ist die Risikoanalyse auch auf den mittelbaren Zulieferer zu erstrecken (§ 9 Abs. 3 LkSG). Tatsächliche Anhaltspunkte können z. B. Berichte über die schlechte Menschenrechtslage in der Produktionsregion, die Zugehörigkeit eines mittelbaren Zulieferers zu einer Branche mit besonderen menschenrechtlichen oder umweltbezogenen Risiken sowie frühere Vorfälle beim mittelbaren Zulieferer sein. Kenntnisse haben dann den Grad an Substantiiertheit erreicht, wenn dem Unternehmen überprüfbare und ernst zu nehmende Informationen über mögliche Verstöße beim mittelbaren Zulieferer vorliegen. In bestimmten Konstellationen reicht es aus, wenn Informationen über Risiken in einer spezifischen Region vorliegen.[39] I. S. e. praktischen Handhabung des Gesetzes kann aber von keinem Unternehmen verlangt werden, alle global vorhandenen Informationsquellen dauerhaft zu sichten und zu screenen. Die Gerichte sind aufgerufen, sachgerechte Begrenzungen zu etablieren.

Es steht zu befürchten, dass einzelne NGOs darauf hinarbeiten werden, ihre Recherche- und Informationstätigkeit auszuweiten und Unternehmen bzgl. diverser mittelbarer Zulieferer entsprechend „bösgläubig“ zu machen.

Die Risikoanalyse ist die Basis für etwaige **Präventions- und Abhilfemaßnahmen** gem. §§ 6, 7 LkSG. So ist das Unternehmen gem. § 5 Abs. 3 LkSG verpflichtet, dafür Sorge zu tragen, dass die Ergebnisse der Risikoanalyse intern an die maßgeblichen Entscheidungsträger, z. B. an den Vorstand oder die Einkaufsabteilung, kommuniziert werden. 39

Die Gesetzesbegründung schlägt im Hinblick auf die praktische Umsetzung der Risikoanalyse den folgenden zweistufigen Prozess vor:

39 BT-Drs. 19/28649 v. 19.4.2021, S. 50.

- 1. Verfahrensschritt: Überblick gewinnen über die eigenen Beschaffungsprozesse, die Struktur und Akteure beim unmittelbaren Zulieferer sowie die wichtigen Personengruppen, die von der Geschäftstätigkeit des Unternehmens betroffen sein können. Dies kann durch ein sog. **Risikomapping** erfolgen, welches nach Geschäftsfeldern, Standorten, Produkten oder Herkunftsländern (Risikoländer?) strukturiert Daten erhebt. Kontextabhängige Faktoren wie die politischen Rahmenbedingungen oder vulnerable Personengruppen sollen Berücksichtigung finden.[40]
- 2. Verfahrensschritt: Die so identifizierten Risiken sind zu bewerten und regelmäßig zu priorisieren, falls ansonsten angesichts der schieren Anzahl an Zulieferern keine zeitnahe Abarbeitung möglich ist. Die maßgeblichen Kriterien für die **Priorisierung** sind die in § 3 Abs. 2 LkSG genannten Kategorien der Angemessenheit, wie die Einflussmöglichkeit des Unternehmers auf den Zulieferer, die Schwere und Wahrscheinlichkeit der Verletzung, Grad, Reichweite und Unumkehrbarkeit der Verletzung sowie die Art des Verursachungsbeitrags (unmittelbare alleinige Verursachung, unmittelbare Mitverursachung, mittelbare Verursachung).[41]

40 Nach Durchführung dieser 2 Verfahrensschritte sollten die priorisierten Risiken identifiziert sein und das Unternehmen muss sodann prüfen, ob es für die Ergreifung von erforderlichen Maßnahmen weitere Informationen benötigt. Die Methoden der Informationsbeschaffung sind in das Ermessen des Unternehmens gestellt. Die Gesetzesbegründung erwähnt exemplarisch Inspektionen und Audits vor Ort, Gespräche mit Arbeitnehmern oder deren Gewerkschaften und auch den Dialog mit Anwohnern der Produktionsstätten.[42]

Kommt das Unternehmen zum Ergebnis einer geringen Priorität, so muss es zulässig sein, dass bzgl. eines derartigen „low profile"-Risikos keine neue Maßnahme nach dem LkSG implementiert wird.[43]

5.4 Grundsatzerklärung

41 Gem. § 6 Abs. 2 LkSG ist das Unternehmen verpflichtet, eine **Grundsatzerklärung über** seine **Menschenrechtsstrategie** abzugeben. Die Grundsatzerklärung muss zwingend von der Unternehmensleitung verabschiedet werden. Sie ist nach der Gesetzesbegründung gegenüber den

---

40 BT-Drs. 19/28649 v. 19.4.2021, S. 44f.
41 BT-Drs. 19/28649 v. 19.4.2021, S. 44f.
42 BT-Drs. 19/28649 v. 19.4.2021, S. 45.
43 Vgl. Herrmann/Rünz, DB 2021, S. 3081.

eigenen Beschäftigten, dem Betriebsrat, den unmittelbaren Zulieferern sowie der Öffentlichkeit zu kommunizieren.[44]

> **Hinweis**
>
> Die Grundsatzerklärung soll Bezug nehmen auf die Ergebnisse der Risikoanalyse, welche somit in zeitlicher Hinsicht vor Formulierung der Grundsatzerklärung erfolgen muss. Sinnvollerweise sollte die erste Risikoanalyse somit bereits im Jahr 2022 abgeschlossen sein, um auf dieser Basis für das Jahr 2023 eine Grundsatzerklärung zu formulieren.

Die inhaltlichen **Mindestanforderungen** an die Grundsatzerklärung finden sich in § 6 Abs. 2 S. 3 Nr. 1–3 LkSG: Es bedarf zunächst einer Beschreibung des Verfahrens, mit dem das Unternehmen seinen Sorgfaltspflichten nachkommt. In diesem Kontext sind die wesentlichen Maßnahmen darzustellen. Sodann sollen die infolge der durchgeführten Risikoanalyse ermittelten menschenrechtlichen und umweltbezogenen Risiken unter Bezugnahme auf die in der Anlage aufgeführten völkerrechtlichen Verträge angesprochen werden. Schließlich soll das Unternehmen auf Basis der Erkenntnisse aus der Risikoanalyse die menschenrechts- und umweltbezogenen Erwartungen festlegen, die an die eigenen Mitarbeiter, unmittelbaren Vertragspartner und mittelbaren Zulieferer gerichtet sind. Auf diese Weise sollen Standards und Maßstäbe definiert werden, an denen die Adressaten ihr Verhalten ausrichten mögen. Hieraus können sinnvollerweise auch interne wie externe Verhaltenskodizes entwickelt werden.[45] 42

5.5 Präventionsmaßnahmen

5.5.1 Ergebnis der Risikoanalyse

Sofern ein Unternehmen bei seiner Risikoanalyse ein Risiko identifiziert hat, ist es gem. § 6 Abs. 1 LkSG verpflichtet, unverzüglich angemessene Präventionsmaßnahmen nach § 6 Abs. 2–4 LkSG zu implementieren. Das Gesetz unterscheidet zwischen dem eigenen Geschäftsbereich und den unmittelbaren Zulieferern. 43

5.5.2 Eigener Geschäftsbereich

Im eigenen Geschäftsbereich geht es zunächst darum, interne sowie externe Verhaltensvorschriften oder Richtlinien hinsichtlich einzelner 44

44 BT-Drs. 19/28649 v. 19.4.2021, S. 46.
45 BT-Drs. 19/28649 v. 19.4.2021, S. 46.

Geschäftsfelder und Geschäftsabläufe auf Basis der Menschenrechtsstrategie der Grundsatzerklärung zu entwickeln. Besonders zu beachten sind Bereiche, die für das Risikomanagement als relevant identifiziert worden sind. Der Gesetzgeber erwähnt in der Gesetzesbegründung bspw. die Erstellung von **Verhaltenskodizes** sowohl für die eigenen Mitarbeiter als auch für potenzielle Vertragspartner. Verhaltenskodizes können sinnvollerweise in die Lieferverträge einbezogen werden. Auch soll die Definition einer Strategie zur Lieferantenauswahl und -entwicklung in Betracht gezogen werden.[46]

45 Durch geeignete Beschaffungsstrategien und Einkaufspraktiken sollen festgestellte Risiken verhindert bzw. minimiert werden. Dem Einkauf kommt insofern eine entscheidende Rolle zu. Die Gesetzesbegründung sieht die Festlegung von Lieferzeiten, Einkaufspreisen und die Dauer der Vertragsbeziehungen als relevante Bereiche an, die besondere Beachtung unter Risikominimierungsaspekten verdienen. Ferner wird empfohlen, in einer unternehmensinternen Verhaltensrichtlinie für die einzelnen Beschaffungsschritte (Produktentwicklung, Auftragsplatzierung, Einkauf, Produktionsvorlaufzeiten) Maßnahmen zu definieren, durch welche die identifizierten Risiken gemindert oder ausgeschlossen werden können. Schließlich soll sich der Einkauf um Transparenz in der Lieferkette bemühen.[47]

46 Unternehmensintern soll durch geeignete Schulungen und Fortbildungen sichergestellt werden, dass die eigenen Beschäftigten den Inhalt und die Hintergründe der Menschenrechtsstrategie kennen und anwenden können. Schließlich bedarf es angemessener risikobasierter Kontrollmaßnahmen zur Überprüfung, ob die Strategie in die alltäglichen Unternehmensabläufe integriert wurde. Auch ist an eine regelmäßige Aktualisierung der Verfahrensleitfäden zu denken.[48]

5.5.3 Unmittelbare Zulieferer

47 Bei der Auswahlentscheidung hinsichtlich eines unmittelbaren Zulieferers sollen die menschenrechtsbezogenen Erwartungen des Unternehmens berücksichtigt werden. Die Gesetzesbegründung schlägt vor, diese als festen Bestandteil einer Lieferantenbewertung zu etablieren, welche bei der Evaluierung eines neuen Vertragspartners zur Anwendung kommen sollen.[49]

---

[46] BT-Drs. 19/28649 v. 19.4.2021, S. 46f.
[47] BT-Drs. 19/28649 v. 19.4.2021, S. 47.
[48] BT-Drs. 19/28649 v. 19.4.2021, S. 47.
[49] BT-Drs. 19/28649 v. 19.4.2021, S. 47.

Eine vertragsrechtlich vom Unternehmen umzusetzende Präventionsmaßnahme findet sich in § 6 Abs. 4 Nr. 2 LkSG: Das Unternehmen muss seinen unmittelbaren Zulieferer vertraglich verpflichten, die von der Geschäftsleitung des Unternehmens verlangten menschenrechts- und umweltbezogenen Erwartungen einzuhalten und sodann gegenüber den eigenen Zulieferern bzw. der gesamten Lieferkette weiterzugeben. Durch entsprechende **Weitergabeklauseln** soll sichergestellt sein, dass die vom Unternehmen festgelegten Standards entlang der gesamten Lieferkette Beachtung finden. In der Gesetzesbegründung wird ferner exemplarisch darauf hingewiesen, dass die Unternehmen vertraglich festlegen können, von welchem (zertifizierten) Vorlieferanten ihr Vertragspartner einkaufen darf, aus welchen (zertifizierten) Regionen die Produkte stammen sollen sowie welche (zertifizierten) Fabriken in Betracht kommen.[50]

Um ihre Verpflichtungen nach dem LkSG zu erfüllen, werden die allermeisten Unternehmen zum Instrument der Vertragsanpassung greifen und insbes. versuchen, Weitergabeklauseln durchzusetzen. Es bleibt abzuwarten, ob es in einigen Ländern mit größerem politischen Selbstbewusstsein zu Widerstand gegen diese de facto extraterritoriale Regulierung seitens des deutschen Gesetzgebers kommt. Fraglich ist auch, ob derartige vertikale Vertragsvorgaben immer mit dem Kartellrecht in den Herkunftsländern der Zulieferer konform gehen. **48**

Weiterhin erwartet das LkSG zur effektiven Durchsetzung der vertraglichen Zusicherungen von den Unternehmen Schulungen und Weiterbildungen der unmittelbaren Zulieferer. Schließlich obliegt den Unternehmen auch die Pflicht, vertraglich Kontrollmechanismen gegenüber dem unmittelbaren Zulieferer zu vereinbaren, durch die geprüft werden soll, ob dieser die Vorgaben tatsächlich einhält. Die Kontrolle kann durch eigene Begehung vor Ort, durch mit Audits beauftragte Dritte oder durch Nutzung anerkannter Zertifizierungssysteme erfolgen. Wenn das Unternehmen Dritte mandatiert, entbindet dies nicht von der eigenen Verantwortung.[51] **49**

5.6 Abhilfemaßnahmen

5.6.1 Reaktion auf Risikoanalyse

Sofern das Unternehmen feststellt, dass eine Verletzung einer menschenrechtlichen oder umweltbezogenen Pflicht in seinem eigenen Geschäftsbereich oder bei einem unmittelbaren Zulieferer eingetreten ist oder **50**

---

50 BT-Drs. 19/28649 v. 19.4.2021, S. 48.
51 BT-Drs. 19/28649 v. 19.4.2021, S. 48.

unmittelbar bevorsteht, ist es verpflichtet, unverzüglich angemessene Abhilfemaßnahmen zu ergreifen, um die Verletzung zu verhindern, zu beenden oder das Ausmaß der Verletzung zu minimieren. Auch im Bereich der Abhilfemaßnahmen differenziert das Gesetz zwischen dem eigenen Geschäftsbereich und den unmittelbaren Zulieferern.

5.6.2 Eigener Geschäftsbereich

51 Durch § 7 Abs. 1 S. 2 LkSG wird klargestellt, dass das Unternehmen verpflichtet ist, im eigenen Geschäftsbereich im Inland für eine sofortige Beendigung der Verletzung zu sorgen. Diese Verpflichtung korrespondiert mit dem Angemessenheitsgrundsatz aus § 3 Abs. 2 LkSG: Je näher das Unternehmen mit dem (drohenden) Risiko in Verbindung steht, desto umfassender seine Verpflichtungen, die Verletzung zu beenden.

52 Das Gesetz erkennt ausdrücklich an, dass die Einflussmöglichkeiten auf ausländische Beteiligungen und im Konzern ggf. nicht identisch mit denen im eigenen inländischen Geschäftsbereich sind. Daher muss eine Abhilfemaßnahme in diesen Strukturen nur „in der Regel" zur Beendigung der Verletzung führen.

Ausweislich der Gesetzesbegründung soll sich aus § 7 Abs. 1 LkSG keine Grundlage für einen Schadenersatzanspruch gegen das Unternehmen ableiten lassen.[52]

5.6.3 Unmittelbare Zulieferer

53 In § 7 Abs. 2 LkSG werden Abhilfemaßnahmen beschrieben für den Fall einer Verletzung einer geschützten Menschenrechtsposition oder umweltbezogener Belange bei einem unmittelbaren Zulieferer. Wenn die in Rede stehende Verletzung durch das Unternehmen nicht in absehbarer Zeit beendet werden kann, muss unverzüglich ein Konzept zur Beendigung oder Minimierung erstellt und umgesetzt werden. Das Konzept muss einen **konkreten Zeitplan** enthalten.

54 Das zu erstellende Konzept soll insbes. Erwägungen beinhalten, ob ein temporäres Aussetzen der Geschäftsbeziehung während der Bemühungen zur Risikominimierung angezeigt ist. Des Weiteren sollen Brancheninitiativen und gemeinsame Aktionen von Branchenunternehmen in Betracht gezogen werden, um Einflussmöglichkeiten auf den verursachenden unmittelbaren Zulieferer zu erhöhen.

---

[52] BT-Drs. 19/28649 v. 19.4.2021, S. 48.

Hinweis

Hier wird sich zu gegebener Zeit die Frage stellen, ob derartige vom Gesetzgeber angeordnete Brancheninitiativen, die letztlich de facto in einer Abstimmung von Einkaufskonditionen münden, nicht massiven kartellrechtlichen Bedenken begegnen sollten.

Sofern das Konzept keine substanziellen Erfolge zeitigt, werden Unter- 55
nehmen prüfen müssen, ob sie die Geschäftsbeziehung zu einem problematischen Zulieferer ggf. vollständig beenden müssen. Im Hinblick auf den Abbruch von Geschäftsbeziehungen bestimmt § 7 Abs. 3 Nr. 1–3 LkSG, dass dieser nur dann geboten ist, wenn die Verletzung als sehr schwerwiegend zu qualifizieren ist, ferner die Umsetzung der im Konzept erarbeiteten Maßnahmen nach Ablauf der im Konzept festgelegten Zeit keine Abhilfe bewirkt und schließlich dem Unternehmen keine anderen milderen Mittel zur Verfügung stehen und eine Erhöhung des Einflussvermögens nicht aussichtsreich erscheint.

Die Wirksamkeit der Abhilfemaßnahmen ist einmal jährlich sowie anlassbezogen zu überprüfen (§ 7 Abs. 4 LkSG).

5.7 Beschwerdeverfahren

Die Unternehmen sind gem. § 8 LkSG verpflichtet, ein unternehmens- 56
internes oder externes Beschwerdeverfahren einzurichten bzw. sich an einem solchen zu beteiligen. Externe Beschwerdeverfahren können z.B. von Branchenverbänden aufgesetzt werden oder von spezialisierten Dienstleistern. Gem. §§ 8 Abs. 1, 9 Abs. 1 LkSG soll das Beschwerdeverfahren Personen ermöglichen, auf Missstände im eigenen Geschäftsbereich und bei unmittelbaren sowie mittelbaren Zulieferern hinzuweisen.

In verfahrensrechtlicher Hinsicht verlangt § 8 LkSG, dass die Verfahren eine Eingangsbestätigung vorsehen, dass es eine öffentlich zugängliche Verfahrensordnung in Textform gibt und die mit der Durchführung des Verfahrens betrauten Personen Gewähr für unparteiisches Handeln bieten, insbes. müssen diese unabhängig, weisungsungebunden und zur Verschwiegenheit verpflichtet sein.

Um „Barrierefreiheit" des Verfahrens zu gewährleisten, verlangt das 57
LkSG vom Unternehmen klare und verständliche öffentliche Informationen zur Erreichbarkeit, Zuständigkeit und Durchführung des Beschwerdeverfahrens. Potenziell Beteiligte müssen sich sicher sein können, dass die Vertraulichkeit ihrer Identität gewahrt wird und ein wirksamer Schutz gegen Benachteiligungen oder Bestrafungen sichergestellt ist.

58 Aus praktischer Sicht wird man bei der Ausrollung des Beschwerdeverfahrens einen risikoorientierten Ansatz nutzen müssen, da es nicht darstellbar sein dürfte, bis in das letzte Unternehmen der Lieferkette hinein Informationen über einen Beschwerdemechanismus zu veröffentlichen. Im Ergebnis wird man das Beschwerdeverfahren sinnvollerweise auf einer Webseite abbilden, die neben der deutschen und englischen Sprache in Abhängigkeit vom identifizierten Risikoprofil auch Übersetzungen in andere Sprachen aufweisen muss, um die gewünschte „Barrierefreiheit“ effektiv darzustellen.

59 Es stellt sich die berechtigte Frage, ob man infolge dieser Bekanntmachungen in Entwicklungsländern im Zusammenspiel mit Aktivitäten deutscher NGOs und verbundener Anwaltskanzleien nicht (ungewollt) eine neue Art der Klageindustrie schafft, die ein Instrument an die Hand bekommt, um extraterritoriale Vorgänge vor deutsche Gerichte zu bringen (§ 11 LkSG), insbes. wenn der Kausalitätsbeitrag des deutschen Unternehmens nur theoretischer Natur ist.

5.8 Dokumentations- und Berichtspflichten

60 Nach § 10 Abs. 1 LkSG ist die Erfüllung der Sorgfaltspflichten unternehmensintern fortlaufend zu dokumentieren. Bzgl. der Dokumentation gibt es eine 7-jährige Aufbewahrungsfrist.

Das Unternehmen ist verpflichtet, jährlich einen **Bericht über die Erfüllung seiner Sorgfaltspflichten** im vergangenen Geschäftsjahr zu erstellen und spätestens 4 Monate nach dem Schluss des Geschäftsjahrs auf der Internetseite des Unternehmens für einen Zeitraum von 7 Jahren kostenfrei öffentlich zugänglich zu machen. Unternehmen, deren Geschäftsjahr vom Wirtschaftsjahr abweicht, werden bereits im Jahr 2023 einen ersten Bericht publizieren müssen.[53]

61 Der Bericht ist gem. § 12 Abs. 1 LkSG in deutscher Sprache und elektronisch über einen von der zuständigen Behörde bereitgestellten Zugang einzureichen. Das BAFA als zuständige Behörde prüft u. a., ob der Bericht den Anforderungen des § 10 Abs. 2 und 3 LkSG entspricht, d. h. die gewünschten Inhalte aufweist.

In inhaltlicher Hinsicht soll der Bericht nachvollziehbar darlegen,
- ob und welche Risiken das Unternehmen identifiziert hat,
- welche Maßnahmen das Unternehmen zur Erfüllung seiner Sorgfaltspflichten unternommen hat,

[53] Vgl. Herrmann/Rünz, DB 2021, S. 3084.

- wie das Unternehmen die Auswirkungen und die Wirksamkeit der Maßnahmen bewertet und
- welche Schlussfolgerungen es aus der Bewertung für zukünftige Maßnahmen zieht.

6 Haftung und Prozessstandschaft

6.1 Zivilrechtliche Haftung

Einer der umstrittensten Punkte i. R. d. Gesetzgebungsverfahrens war die Frage der Einführung einer zivilrechtlichen Schadenersatzhaftung deutscher Unternehmen in Fällen von Menschenrechtsverletzungen in der Lieferkette, selbst wenn diese keinen eigenen kausalen Verursachungsbeitrag geleistet haben, aber ggf. ihre Sorgfaltspflichten nach dem LkSG nicht erfüllt haben. Insbes. die Bundestagsfraktion von Bündnis 90/Die Grünen wünschte umfassende deliktische Haftungstatbestände zulasten deutscher Unternehmen, einschl. einer Beweislastumkehr. I. R. d. kontroversen politischen Diskussionen wurde zu Recht darauf hingewiesen, dass auch die OECD-Leitsätze ausschließen, die Verantwortung vom Verursacher eines negativen Effekts auf das Unternehmen zu verlagern, mit dem der Verursacher eine Geschäftsbeziehung hat.[54] Ein weiteres zentrales Argument ist das unkalkulierbare Haftungsrisiko, welches deutsche Unternehmen im Gegensatz zu ihren internationalen Wettbewerbern zu schultern hätten. 62

Am Ende des Gesetzgebungsverfahrens einigte man sich auf die Aufnahme des § 3 Abs. 3 LkSG, welcher bestimmt, dass die „Verletzung der Pflichten aus diesem Gesetz … keine zivilrechtliche Haftung“ begründet. Ferner heißt es klarstellend, dass eine unabhängig von diesem Gesetz begründete zivilrechtliche Haftung unberührt bleibt. 63

Nach der Gesetzesbegründung sollen durch das LkSG keine „zusätzlichen zivilrechtlichen Haftungsrisiken für Unternehmen“ geschaffen werden. Die Sorgfaltspflichten sollen vielmehr in Verwaltungsverfahren und mit Mitteln des OWiG durchgesetzt werden. Die Gesetzesbegründung scheint sodann – wenn auch sprachlich missglückt – dem LkSG den Charakter eines Schutzgesetzes i. S. d. § 823 Abs. 2 BGB explizit absprechen zu wollen.

Abzuwarten bleibt, wie sich die abzeichnende NGO-Klageindustrie mit diesen Aussagen arrangieren wird und ob ggf. Zivilgerichte gleichwohl Wege finden (wollen), eine zivilrechtliche Unternehmenshaftung zu be- 64

54 Vgl. Stöbener de Mora/Noll, NZG 2021, S. 1285.

gründen. Einzelne juristische Stimmen argumentieren bereits für die (faktische) Anwendbarkeit des LkSG i.R.d. § 823 Abs. 1 BGB bzw. für eine gleichwohl bestehende Sorgfaltspflichthaftung.[55]

6.2 Besondere Prozessstandschaft für Gewerkschaften und NGOs

65 Mit § 11 LkSG wurde eine Norm in das LkSG integriert, deren praktischer Nutzen sich auf den ersten Blick nicht erschließt, die aber vermutlich geeignet sein wird, substanzielle Prozess- und Reputationsrisiken für deutsche Unternehmen zu begründen. In § 11 Abs. 1 LkSG wurde bestimmt, dass derjenige, der geltend macht, in einer überragend wichtigen geschützten Rechtsposition aus § 2 Abs. 1 LkSG verletzt zu sein, zur gerichtlichen Geltendmachung seiner Rechte einer inländischen Gewerkschaft oder NGO die Ermächtigung zur Prozessführung erteilen kann.

Eindeutig ist damit zunächst nur, dass deutsche Zivilgerichte für Klagen zuständig sind, die von NGOs bzw. Gewerkschaften in Prozessstandschaft für die angeblich Geschädigten gegen in Deutschland ansässige Unternehmen betrieben werden.

66 Nach dem an sich eindeutigen Wortlaut des § 3 Abs. 3 LkSG begründet eine Verletzung der Pflichten aus dem LkSG keine zivilrechtliche Haftung. Welche Ansprüche sollen dann über § 11 LkSG geltend gemacht werden?

Das Gesetz dürfte v.a. solche Fälle vor Augen haben, wo in Nicht-EU-Ländern Arbeitnehmer von dortigen Zuliefererunternehmen Opfer von Menschenrechtsverletzungen werden. Verantwortlich für die Verletzungen ist regelmäßig das lokale Unternehmen. Ein kausaler Tatbeitrag des deutschen Unternehmens wird im Regelfall nicht vorliegen. Nach den allgemeinen zivilrechtlichen Regeln haftet ein deutsches Unternehmen nicht für Verstöße seiner Zulieferer im Ausland.[56]

67 Denkbar ist in solchen Fällen eine Haftung des lokalen Arbeitgebers gegenüber seinen Mitarbeitern, die allerdings ausschl. auf Basis des lokalen Haftungsrechts begründet werden kann. Deutsches Deliktsrecht ist auf diese Konstellationen nicht anwendbar, wie § 4 Abs. 1 der Rom-II-Verordnung unzweifelhaft klarstellt. Das Recht des Erfolgsorts ist maßgeblich für deliktische Ansprüche.[57]

---

55 Vgl. Ehmann/Berg, GWR 2021, S. 291; Wagner/Rutloff, NJW 2021, S. 2150.

56 Vgl. Keilmann/Schmidt, WM 2021, S. 722.

57 Vgl. Stöbener de Mora/Noll, NZG 2021, S. 1286.

Das Gesetz hat somit eine „Vertretungsregelung“ (Prozessstandschaft) vorgesehen für eine Situation, „in der regelmäßig das materiellrechtliche Haftungsäquivalent fehlt“[58].

Nun hat der Gesetzgeber aber diese besondere Prozessstandschaft für NGOs und Gewerkschaften geschaffen; diese werden besagtes Instrument aus Eigeninteresse nutzen. Im Ergebnis wird es dazu kommen, dass Unternehmen in Prozesse gezogen werden, die sie in den meisten Fällen (mangels kausalen Beitrags zu der Menschenrechtsverletzung) letztlich gewinnen dürften. Allerdings darf nicht unterschätzt werden, dass NGOs hochprofessionelle Kommunikationsexperten sind, die Mediendruck aufbauen können, der bei den Verbrauchern zu einem negativen Image des betroffenen Unternehmens führen kann, was u. U. dazu führt, dass Unternehmen sich lieber im Vorfeld eines Prozesses geräuscharm vergleichen. Es droht mithin das Entstehen einer Klageindustrie nach US-amerikanischem Vorbild, was sicherlich nicht das Bestreben des Gesetzgebers gewesen sein kann. **68**

7 Staatliche Kontrolle, Sanktionen und Bußgelder

Das BAFA ist die zuständige Behörde für die Kontrolle und Durchsetzung des LkSG. Das BAFA wird entweder von Amts wegen nach pflichtgemäßem Ermessen oder auf Antrag einer Person tätig, die substantiiert darlegen muss, infolge einer Sorgfaltspflichtverletzung in einer geschützten Rechtsposition verletzt worden zu sein bzw. dass eine derartige Verletzung unmittelbar bevorsteht. **69**

Dem BAFA wurden umfassende **Betretensrechte** (§ 12 LkSG) eingeräumt; zudem bestehen in Ergänzung entsprechende Auskunfts- und Herausgabepflichten des Unternehmens, welche seitens des BAFA mit einem Zwangsgeld bis zu 50.000 EUR durchgesetzt werden können.

In § 22 LkSG sind die Voraussetzungen für einen **Ausschluss von der Vergabe öffentlicher Aufträge** geregelt. Bei Verstößen ist ein Ausschluss von der Vergabe öffentlicher Aufträge von bis zu 3 Jahren möglich. Der Ausschluss setzt einen rechtskräftig festgestellten Verstoß mit einer Geldbuße von wenigstens 175.000 EUR voraus.[59] **70**

Die Sanktionen, die bei Verstößen gegen Sorgfaltspflichten i. R. d. Bußgeldvorschriften des § 24 LkSG drohen, sind als drakonisch bezeichnet

58 Keilmann/Schmidt, WM 2021, S. 722.
59 Vgl. Gehling/Ott/Lüneborg, CCZ 2021, S. 240.

worden.[60] Gegen natürliche Personen, die vorsätzlich oder fahrlässig gegen Sorgfaltspflichten verstoßen haben, sind **Bußgelder** bis zu 800.000 EUR möglich. Hinsichtlich juristischer Personen oder Personenvereinigungen mit einem durchschnittlichen Jahresumsatz von mehr als 400 Mio. EUR erhöht sich der Bußgeldrahmen auf bis zu 2 % des durchschnittlichen Jahresumsatzes. Das Gesetz stellt bzgl. der Bezugsgröße auf den weltweiten Umsatz aller natürlichen und juristischen Personen ab, soweit diese als wirtschaftliche Einheit operieren. Bei einem Umsatz von 400 Mio. EUR wäre somit ein Bußgeld von bis zu 8 Mio. EUR möglich.

8 Ausblick

71 Das LkSG erfordert von den betroffenen Unternehmen **zeitnahe Vorbereitung.** Bereits im Jahr 2022 sollten bestehende Verträge und Verhaltens- und Lieferantenkodizes an die mannigfaltigen Anforderungen des Gesetzes angepasst werden. Die internen Compliance-Prozesse und Risikomanagementsysteme müssen ebenfalls einer Neujustierung unterzogen werden. Als sehr umfassend dürfte sich bei vielen Unternehmen die Aufgabe der Durchführung einer Risikoanalyse darstellen.

Angesichts der drakonischen Bußgelder, die bei Verstößen drohen, kann jedem Unternehmen nur angeraten werden, die Umsetzung des LkSG sehr ernst zu nehmen.

72 Durch das LkSG erhöht sich der bürokratische interne wie externe Aufwand signifikant und wird sich angesichts der Dimensionen der Aufgaben als Kostentreiber erweisen, wovon auch die Verbraucherpreise mittelfristig beeinflusst werden.

Die Rolle von NGOs i. R. e. Prozessstandschaft ist eine nicht zu unterschätzende Gefahr für in Deutschland ansässige Unternehmen. Auch juristisch aussichtslose Klagen können nachhaltig die Reputation des Unternehmens in der Öffentlichkeit beschädigen. Es bleibt zu hoffen, dass der Gesetzgeber insbes. zu diesem Instrument kollektiven Rechtsschutzes nachjustiert.

Literaturtipps

- Dohrmann, Das deutsche Lieferkettensorgfaltspflichtengesetz als Vorbild für den europäischen Gesetzgeber? – Eine kritische Analyse, CCZ 2021, S. 265

60 Vgl. Gehling/Ott/Lüneborg, CCZ 2021, S. 240.

- Ehmann, Das Lieferkettensorgfaltspflichtengesetz (LkSG) kommt, ZVertriebsR 2021, S. 205
- Ehmann, Der Regierungsentwurf für das Lieferkettengesetz: Erläuterung und erste Hinweise zur Anwendung, ZVertriebsR 2021, S. 141
- Ehmann/Berg, Das Lieferkettensorgfaltspflichtengesetz (LkSG): ein erster Überblick, GWR 2021, S. 287
- Gehling/Ott/Lüneborg, Das neue Lieferkettensorgfaltspflichtengesetz – Umsetzung in der Unternehmenspraxis, CCZ 2021, S. 230
- Grabosch, Das neue Lieferkettensorgfaltspflichtengesetz, 2021
- Groß, Das „Lieferkettengesetz“: umfassende Handlungspflichten und Notwendigkeit zur Anpassung der Compliance-Management-Systeme zeichnen sich ab, SPA 2021, S. 69
- Häfeli, Der Menschenrechtsbeauftragte im Lieferkettensorgfaltspflichtgesetz – ein weiterer betrieblicher Beauftragter?, ARP 2021, S. 299
- Harings/Jürgens, Die Auswirkungen des Lieferkettensorgfaltspflichtengesetzes auf die Transportwirtschaft, RdTW 2021, S. 297
- Herrmann/Rünz, Praktische Hinweise und Maßnahmen zur Umsetzung des Lieferkettensorgfaltspflichtengesetzes im Unternehmen, DB 2021, S. 3078
- Keilmann/Schmidt, Der Entwurf des Sorgfaltspflichtengesetzes – Warum es wichtig ist, auf eine zivilrechtliche Haftung zu verzichten, WM 2021, S. 717
- Nietsch/Wiedmann, Der Regierungsentwurf eines Gesetzes über die unternehmerischen Sorgfaltspflichten in der Lieferkette, CCZ 2021, S. 101
- Omari Lichuma, Laws Made in the First World: A TWAIL Critique of the Use of Domestic Legislation to Extraterritorially Regulate Global Value Chains, ZaöRV 2021, S. 497
- Rutloff u. a., Der Menschenrechtsbeauftragte, CCZ 2022, S. 20
- Schmidt-Ränsch, Sorgfaltspflichten der Unternehmen – Von der Idee über den politischen Prozess bis zum Regelwerk, ZUR 2021, S. 387
- Stöbener de Mora/Noll, Grenzenlose Sorgfalt? – Das Lieferkettensorgfaltspflichtengesetz, NZG 2021, S. 1237 (Teil 1) und S. 1285 (Teil 2)
- Valdini, Die Anwendung des Lieferkettensorgfaltspflichtengesetzes auf ausländische Unternehmen, BB 2021, S. 2955
- Wagner/Rutloff, Das Lieferkettensorgfaltspflichtengesetz – Eine erste Einordnung, NJW 2021, S. 2145

§ 16 Lieferkettensorgfaltspflichtengesetz – wissenschaftliche Perspektiven und Handlungsempfehlungen für die Unternehmenspraxis

Überblick

Das Lieferkettensorgfaltspflichtengesetz (LkSG) wurde verabschiedet, um die nachhaltige Bewirtschaftung internationaler Lieferketten und globaler Wertschöpfungsnetzwerke zu regeln. Hieraus stellen sich die Fragen, wie sich das LkSG auf die nachhaltige Bewirtschaftung von Lieferketten auswirken wird und mit welchen Handlungsansätzen die betroffenen Unternehmen dem LkSG entsprechen können. I.R.e. empirisch-qualitativen Forschungsarbeit liefert der Beitrag erste Antworten auf diese Fragen und gibt Handlungsempfehlungen für die Unternehmenspraxis.

1 Reaktion auf globale Vernetzung

1 Unternehmen binden Lieferanten und Dienstleistungsbetriebe kooperativ in die Wertschöpfungsabläufe ein, mit denen sie für Endverbrauchermärkte Güter erzeugen oder Leistungen erbringen. Hierdurch entstehen **unternehmensübergreifende Lieferketten**, die sowohl für Industriezweige des produzierenden Gewerbes als auch für Dienstleistungssektoren eine hohe wirtschaftliche Relevanz besitzen. Mittlerweile konkurrieren nicht mehr nur einzelne Unternehmen, sondern ganze Wertschöpfungsnetzwerke um Erträge und Marktanteile. Hierbei bildet das Supply Chain Management, also die strukturierte und abgestimmte unternehmensübergreifende Zusammenarbeit, einen Wettbewerbsvorteil, dem eine besondere Bedeutung für den gemeinsamen ökonomischen Erfolg aller Akteure der Lieferkette zukommt.

2 Die organisationale Verbindung der Unternehmen wird begleitet von einer stetig wachsenden geografischen Vernetzung. In weltweit verbundenen **Wertschöpfungsnetzwerken** kooperieren multinationale Großkonzerne mit regional ansässigen kleinen und mittleren Unternehmen. Teile der Wertschöpfung werden geografisch verlagert (Offshoring), und in entfernteren Ländern und Regionen werden neue Beschaffungs- und Absatzmärkte erschlossen. Diese Entwicklung hin zu globalen Lieferket-

ten wurde ermöglicht durch geopolitische Veränderungen mit sich öffnenden Märkten und Fortschritte in der Informations- und Kommunikationstechnologie sowie zunehmende Automatisierung in Produktion und Logistik. Wesentliche Treiber dieser Entwicklung sind stark unterschiedliche Lohnkostenniveaus der einzelnen Länder und Regionen der Erde sowie (vergleichsweise) geringe Logistikkosten und schnellere Transportmittel, mit denen Güter und Dienstleistungen weltweit befördert werden können.

3 Globale Lieferketten sehen sich konfrontiert mit steigenden ökologischen und sozialen Anforderungen seitens der Endverbrauchermärkte und der politischen Regulierungen, denen sie gerecht werden müssen. Ökologische Faktoren beinhalten u.a. geringere Emissionen (gemessen z.B. durch den CO_2-Fußabdruck) und einen reduzierten Verbrauch nicht erneuerbarer Ressourcen sowie eine verbesserte Entsorgung von Abfällen und einen höheren Grad der Wiederverwertung von Produkten und Rohstoffen (Recycling, Upcycling) i.R.d. Kreislaufwirtschaft. Soziale Faktoren ergeben sich u.a. aus den Arbeitsbedingungen der Belegschaft sowie den gesellschaftlichen Auswirkungen der Wertschöpfungsnetzwerke.

4 **Lieferketten i.S.d. Nachhaltigkeit** zu betreiben, ist mittlerweile ein wettbewerbsentscheidender Faktor, der von unterschiedlichen Interessensgruppen beeinflusst und reguliert wird. Entsprechende Regulierungen globaler Wertschöpfungsaktivitäten sollen durch ein Lieferkettensorgfaltspflichtengesetz (**LkSG**) erfolgen, welches in Deutschland erlassen wurde, um Sorgfaltspflichten über Länder- und Unternehmensgrenzen hinweg zu regeln. Hieraus ergeben sich die für die Wissenschaft ebenso wie für die Unternehmenspraxis relevanten Fragen, wie sich das LkSG auf die nachhaltige Bewirtschaftung von Lieferketten auswirken wird und welche Handlungsoptionen die betroffenen Unternehmen haben, um dem LkSG zu entsprechen.

Der Beitrag greift diese Fragen auf. I.R.v. Experteninterviews werden Auswirkungen des LkSG auf das nachhaltige Wirtschaften in Lieferketten analysiert und Praktiken und Handlungsansätze untersucht, mit denen Unternehmen die Vorgaben und Anforderungen des LkSG erfüllen können.

2 Hintergrund der Anforderungen

2.1 Lieferketten und Supply Chain Management

5 Durch Fließbandfertigung, Teilautomatisierung und Digitalisierung haben sich industrielle Fertigungssysteme von mechanisierten Manufaktur-

betrieben des 18. Jahrhunderts zu globalen Wertschöpfungsnetzwerken gewandelt. Mittlerweile stehen nicht mehr einzelne Unternehmen, sondern konkurrierende Lieferketten im Wettbewerb um Marktanteile und Erträge.[1] Diese Netzwerke umfassen sämtliche Aktivitäten und Funktionen der Wertschöpfung von der Gewinnung der ursprünglichen Rohmaterialien bis hin zur Belieferung der Endverbraucher mit Fertigware oder Dienstleistungen.[2]

Ausgangspunkt sind sog. **fokale Unternehmen**, welche die Lieferkette wesentlich gestalten und somit eine führende Rolle innerhalb des Wertschöpfungsnetzwerks übernehmen, indem sie den Marktzugang sicherstellen und für Endkunden sichtbar sind, das Produkt gestalten und dessen grundsätzliche Eigenschaften festlegen und zudem Zulieferbetriebe auswählen und Distributionsnetzwerke festlegen.[3] Gleichwohl werden nicht ausschl. die operativen Wertschöpfungsabläufe innerhalb eines Unternehmens fokussiert, sondern darüber hinaus die unmittelbaren Lieferanten und Kunden des fokalen Unternehmens („direct supply chain") sowie deren vor- und nachgelagerte Lieferanten und Kunden („extended supply chain") und schlussendlich alle weiteren an der Wertschöpfung unmittelbar oder mittelbar beteiligten Organisationen und Systeme in die Betrachtung einbezogen („ultimate supply chain").[4] Somit sind auch insbes. Logistikdienstleister und andere Dienstleistungsbetriebe Bestandteil der Lieferkette.[5]

---

1 Vgl. Christopher, Logistics and Supply Chain Management – Creating Value Adding Networks, 3. Aufl., 2005.

2 Vgl. Cooper/Lambert/Pagh, International Journal of Logistics Management 1997, S. 1ff. Im Weiteren werden produktbezogene Lieferketten betrachtet. Sofern erforderlich wird auf Spezifika von dienstleistungsbezogenen Wertschöpfungsnetzwerken eingegangen. Für eine spezifische Betrachtung dienstleistungsbezogener Wertschöpfung („Service Operations Management") vgl. z.B. Roth/Menor, Production and Operations Management 2003, S. 145ff., Machuca u.a., Journal of Operations Management 2007, S. 585ff. oder Heinemann u.a., Sustainability 2018, S. 944, für nachhaltige Produkte der Finanzdienstleistung.

3 Vgl. Seuring/Müller/Schwarzkopf, Nachhaltiges Management von Wertschöpfungsketten, in: Baumast/Pape (Hrsg.), Betriebliches Nachhaltigkeitsmanagement, 2. Aufl., 2022 S. 360ff.

4 Vgl. Mentzer u.a., Journal of Business Logistics Heft 2 2001, S. 1ff.

5 Zur Relevanz von Logistikdienstleistern vgl. Bolumole, International Journal of Logistics Management 2003, S. 93ff.; Fabbe-Costes/Jahre/Roussat, International Journal of Productivity and Performance Management 2009, S. 71ff. Die Rolle von Finanzdienstleistern in Lieferketten wird z.B. von Hofmann, Supply chain finance: some conceptual insights, in: Lasch/Janker (Hrsg.), Logistik Management – Innovative Logistikkonzepte, 2005, S. 203ff., oder Gelsomino u.a., International Journal of Production Economics 2016, S. 348ff., untersucht.

6 Der die Lieferkette, oder genauer: das Wertschöpfungsnetzwerk[6], bildende Verbund von Unternehmen entsteht durch die Material-, Informations- und Geld-/Finanzflüsse, durch welche die einzelnen Akteure miteinander verbunden sind.[7] Im traditionellen Sinne sind Materialflüsse hauptsächlich weg von der Rohstoffgewinnung und hin zu Endverbrauchermärkten ausgerichtet, weshalb die Lieferantenseite als „upstream" und die Kundenseite als „downstream" bezeichnet wird.[8] Diese traditionelle Richtung der Materialflüsse wird allerdings zunehmend durch entgegengesetzt verlaufende Güterflüsse ergänzt, z.B. bei Retouren zur Produktrücknahme oder -entsorgung.[9] Ähnliches gilt für Geld- und Finanzflüsse, deren hauptsächliche Orientierung „upstream" weg von den Kunden z.B. i.R.d. Retourenabwicklung um „downstream" ausgerichtete Zahlungs(rück)flüsse ergänzt wird.[10] Im Gegensatz dazu weisen Informationsflüsse in Lieferketten keine präferierte Ausrichtung auf, da Informationen sowohl mit vorgelagerten Lieferanten als auch mit nachfolgenden Kunden und eingebundenen Dienstleistern regelmäßig ausgetauscht werden (sollten).[11]

7 Abb. 1 illustriert schematisch die **Struktur einer Lieferkette** mit ihren Ebenen der Organisationen, Systeme und Prozesse. Lieferketten müssen für einzelne Produkte bzw. Dienstleistungen geschaffen und betrieben werden.[12] Insofern ist ein Unternehmen häufig bzw. sogar i. d. R. Bestandteil vieler verschiedener Lieferketten.[13]

---

6 Der Begriff „Wertschöpfungsnetzwerk" ist genauer, da Lieferketten häufig nichtlineare Netzwerkstrukturen aufweisen und zudem nicht nur dem unmittelbaren Zweck der Bereitstellung von Gütern und Leistungen dienen, sondern sämtliche Wertschöpfungsaktivitäten des Operations Managements umfassen.

7 Vgl. Mentzer u.a., Journal of Business Logistics Heft 2 2001, S. 1ff.

8 Vgl. Stock/Boyer, International Journal of Physical Distribution & Logistics Management 2009, S. 690ff.

9 Insbes. i.R.d. Kreislaufwirtschaft gewinnen Remanufacturing, Reverse Logistics, Closed-Loop Supply Chain Management oder Circular Economy an Bedeutung; vgl. z.B. Guide/Harrison/van Wassenhove, Interfaces Heft 6 2003, S. 3ff.; Stahel, Nature 2016, S. 435ff.; Geng/Sarkis/Bleischwitz, Nature 2019, S. 153ff.

10 Vgl. Hofmann, Supply chain finance: some conceptual insights, in: Lasch/Janker (Hrsg.), Logistik Management – Innovative Logistikkonzepte, 2005, S. 203ff.

11 Vgl. Fiala, Omega – The International Journal of Management Science 2005, S. 419ff.; Zhou/Benton, Journal of Operations Management 2007, S. 1348ff.

12 Vgl. Beamon, International Journal of Production Economics 1998, S. 281ff.; Brandenburg u.a., Logistics Research 2014, S. 118ff.

13 Vgl. Mentzer u.a., Journal of Business Logistics Heft 2 2001, S. 1ff.

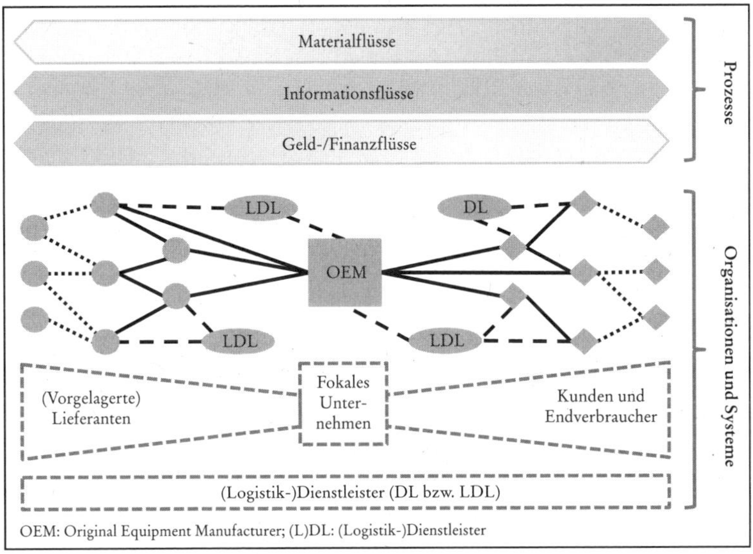

Abb. 1: Schematische Darstellung einer Lieferkette

Um eine Lieferkette wertgenerierend und nicht wertvernichtend zu betreiben, müssen sämtliche Wertschöpfungsaktivitäten i.R.d. Supply Chain Managements geplant, vorbereitet, ausgeführt und gesteuert werden.[14] Das **Supply Chain Management** umfasst alle Aufgaben, Funktionen und Prozesse der Wertschöpfung, also insbes. Produktion, Beschaffung, Logistik und Bestandsführung, Qualitätsmanagement usw., und geht daher deutlich über eine rein funktionale Betrachtung, die z.B. das Produktions- oder Logistikmanagement einnimmt, hinaus.[15] 8

Ausgangspunkt des Supply Chain Managements sind Kunden und Endverbraucher, deren Bedarfe durch die Lieferkette gedeckt werden sollen.[16] Da die Leistungsfähigkeit der gesamten Lieferkette für die Wettbewerbs- 9

14 Vgl. Christopher, Logistics and Supply Chain Management – Creating Value Adding Networks, 3. Aufl., 2005.

15 Cooper/Lambert/Pagh, International Journal of Logistics Management 1997, S. 1 ff., und Beamon, International Journal of Production Economics 1998, S. 281 ff., waren die ersten, die dies verdeutlichten.

16 Vgl. Mentzer u.a., Journal of Business Logistics Heft 2 2001, S. 1 ff. Vor dem Hintergrund, dass Lieferketten keine lineare Struktur aufweisen und Kundenbedarfe decken, wäre statt „Supply Chain" der Begriff „Demand Network" besser zutreffend, vgl. Kehoe u.a., International Journal of Production Research 2007, S. 1141 ff. Diese Terminologie hat sich aber in Wissenschaft und Praxis nicht durchgesetzt; vgl. Stock/Boyer, International Journal of Physical Distribution & Logistics Management 2009, S. 690 ff.

fähigkeit entscheidend ist und von jedem Akteur beeinflusst werden kann, sind funktions- und unternehmensübergreifende Koordination und Kooperation im Supply Chain Management von entscheidender Relevanz.[17] Hierbei orientieren sich die Aufgaben des Supply Chain Managements an den Prozessen, mit denen die Material-, Informations- und Geld-/Finanzflüsse gesteuert werden.[18] Somit lässt sich Supply Chain Management durch 3 definierende Eigenschaften klar charakterisieren:

- Kundenbezug,
- Prozessorientierung und
- Koordination und Kooperation.

10 Im Gegensatz hierzu kann man das vielschichtige und komplexe Gebiet des Supply Chain Managements aus unterschiedlichen Perspektiven auffassen.[19] MENTZER u. a. definieren Supply Chain Management als (i) **Managementphilosophie** und Systemansatz zur innerbetrieblichen und unternehmensübergreifenden Synchronisation und Integration innerhalb der gesamten Lieferkette,[20] (ii) **strategische Orientierung** hin auf gemeinsame innerbetriebliche und unternehmensübergreifende Prozesse und Fähigkeiten[21] und (iii) **Kundenfokus**, um einzigartigen und individuellen Kundenwert zu schaffen und Kundenzufriedenheit zu garantieren.

11 Im Supply Chain Management müssen kontinuierlich unterschiedliche Ebenen synchronisiert und harmonisiert und folglich mehrere verschiedene Perspektiven eingenommen werden. Planungsaufgaben und Entscheidungen des Supply Chain Managements müssen auf strategischen, taktischen und operativen Managementebenen erfüllt bzw. gefällt werden.[22] Die strategische Ebene umfasst langfristige Entscheidungen des oberen Managements mit hoher Relevanz für das Gesamtunternehmen und die gesamte Lieferkette, die über einen Zeithorizont von (mehreren) Jahren auf Basis aggregierter Informationen und verdichteter Daten gefällt werden. Die operative Ebene hingegen umfasst kurzfristige Aufgaben

---

17 Vgl. Mentzer u. a., Journal of Business Logistics Heft 2 2001, S. 1 ff.

18 Vgl. Stock/Boyer, International Journal of Physical Distribution & Logistics Management 2009, S. 690 ff.

19 Vgl. Stock/Boyer, International Journal of Physical Distribution & Logistics Management 2009, S. 690 ff.

20 In dieser Betrachtung reflektieren sie explizit die 3 definierenden Eigenschaften des Supply Chain Managements: Kundenbezug, Prozessorientierung und Kooperation; vgl. Mentzer u. a., Journal of Business Logistics Heft 2 2001, S. 1 ff.

21 Mentzer u. a., Journal of Business Logistics Heft 2 2001, S. 1 ff., nennen konkret Integration, Informationsaustausch, Risiko- und Gewinnaufteilung, Kooperation, Prozessintegration, Kundenfokussierung und die Bildung langfristiger partnerschaftlicher Geschäftsbeziehungen innerhalb der Lieferkette.

22 Vgl. Günther/Tempelmeier, Produktion und Logistik, 9. Aufl., 2012, S. 25 ff.

eines Zeithorizonts weniger Tage oder Wochen, die vom unteren Management auf Basis detaillierter Informationen und Daten erfüllt werden und die eher selten entscheidende Relevanz für das Gesamtunternehmen haben.[23] Die taktische Ebene liegt zwischen der strategischen und der operativen Ebene, wobei die Abgrenzungen nicht immer trennscharf sind.[24]

Weiterhin müssen im Supply Chain Management unterschiedliche Gestaltungsebenen miteinander verbunden werden. SEURING[25] unterscheidet zwischen der Konfigurations- und der Ausführungsebene. Auf der Konfigurationsebene werden Entscheidungen gefällt über die Struktur des Wertschöpfungsnetzwerks und die Akteure, die in die Lieferkette eingebunden werden. V.a. dem fokalen Unternehmen und seiner Lieferantenauswahl kommt eine besondere Bedeutung für die Gestaltung des Lieferantennetzwerks zu.[26] Weiterhin prägt die Konfigurationsebene durch Lokations- und Allokationsentscheidungen die Struktur von Produktions- und Logistiknetzwerken.[27] Die Ausführungsebene hingegen setzt die Wertschöpfungsaktivitäten des Supply Chain Managements konkret um, ohne die bestehende Struktur der Lieferkette anzupassen oder zu verändern. Prozesse und Aktivitäten der Ausführungsebene sind meist den funktionalen Bereichen, insbes. der Beschaffung, Produktion und Logistik, zuzuordnen und umfassen Tätigkeiten wie z.B. Rohstoffbeschaffung, Güterherstellung, Bestandsführung oder Warenauslieferung.[28] 12

Neben den unterschiedlichen Planungs-, Entscheidungs- und Gestaltungsebenen ist die zeitliche Dimension im Supply Chain Management zu beachten. Konfigurations- und Ausführungsaktivitäten des Supply Chain Managements beginnen bereits vor der Markteinführung eines neuen Produkts und enden erst nach dessen Marktaustritt.[29] Vor der Markteinführung sind die Lieferkette zu konfigurieren, die Produktion der Artikel im Produktionsnetzwerk zu allokieren, das Distributions- 13

23 Vgl. Günther/Tempelmeier, Produktion und Logistik, 9. Aufl., 2012, S. 25ff.

24 Vgl. Günther/Tempelmeier, Produktion und Logistik, 9. Aufl., 2012, S. 25ff.

25 Vgl. Seuring, International Journal of Production Economics 2009, S. 221ff.

26 Vgl. Sarkis/Talluri, Journal of Supply Chain Management Heft 4 2006, S. 18ff.

27 Vgl. Cooper, Operations Research 1963, S. 331ff.; Barz/Buer/Haasis, Logistics Research 2016, S. 13.

28 Vgl. z.B. Corsten/Gössinger/Spengler, Handbuch Produktions- und Logistikmanagement in Wertschöpfungsnetzwerken, 2018. Eine grundlegende Unterteilung in 5 Prozesse des Supply Chain Managements erfolgt durch das vom Supply Chain Council entwickelte Supply Chain Operations Reference (SCOR) Modell, welches die Prozesse des Supply Chain Managements nach den Prozesstypen Plan, Source, Make, Deliver und Return unterteilt und diese weiter in unterschiedliche Prozesskategorien und einzelne Prozesselemente aufbricht; vgl. Bolstorff/Rosenbaum/Poluha, Spitzenleistungen im Supply Chain Management – Ein Praxishandbuch zur Optimierung mit SCOR, 2007.

29 Vgl. Seuring, International Journal of Production Economics 2009, S. 221ff.

netzwerk festzulegen und der Lieferantenpool auszuwählen.[30] Hierbei ist zu berücksichtigen, dass für jeden einzelnen Artikel eine spezifische Lieferkette konfiguriert und betrieben werden muss.[31] Deshalb führt die Markteinführung eines neuen oder veränderten Produktsortiments im Supply Chain Management zu Aufgaben von erheblicher Komplexität. Wird ein Artikel vom Markt genommen, so ist das Netzwerk für Produktrücknahme und Entsorgung bzw. Wiederverwertung aufzustellen und zu betreiben.[32]

14 Für ein erfolgreiches Supply Chain Management kommt der Integration entlang der funktionalen und organisationalen Schnittstellen, seien es nun innerbetriebliche zu angrenzenden Funktionen wie z.B. zu Marketing und Vertrieb oder unternehmensübergreifende zu Partnerunternehmen in der Lieferkette, eine besondere Bedeutung zu.[33] Zudem muss das Supply Chain Management Einflüsse vom und Verbindungen zum politisch-rechtlichen, wirtschaftlichen, technischen, sozio-kulturellen und natürlichen Umfeld berücksichtigen und Zielsetzungen nicht nur mit Akteuren innerhalb, sondern auch mit weiteren Interessengruppen außerhalb der Lieferkette abstimmen.[34] Daher integriert Supply Chain Management 3 Ebenen, nämlich die Mikro-Ebene des fokalen Unternehmens, die Meso-Ebene des Wertschöpfungsnetzwerks sowie die Makro-Ebene des Umfelds außerhalb der Lieferkette.

15 Im Zuge einer zunehmenden Globalisierung gewinnen geografische Aspekte im Supply Chain Management an Bedeutung. Bedingt durch Liberalisierung von Märkten, technologische Entwicklung, Kostenaspekte sowie politische und makroökonomische Faktoren sind viele **Wertschöpfungsketten global vernetzt**.[35] Statt in den saturierten Märkten Europas und Nordamerikas finden multinationale Unternehmen in Schwellenländern Asiens und Südamerikas vielversprechende **Absatzmärkte**, um so weiteres Umsatzwachstum erzielen zu können.[36] Schwellen- und Entwicklungsländer wurden zudem als **Beschaffungsmärkte** erschlossen, was den beschaffenden Firmen Zugang zu günstigen Rohstoffen sichern und die ökonomische Entwicklung der exportierenden

---

30 Seuring, International Journal of Production Economics 2009, S. 221 ff.

31 Vgl. Brandenburg u.a., Logistics Research 2014, S. 118.

32 Vgl. Seuring, International Journal of Production Economics 2009, S. 221 ff.

33 Vgl. Otto/Kotzab, European Journal of Operational Research 2003, S. 306 ff.

34 Vgl. Günther/Tempelmeier, Produktion und Logistik, 9. Aufl., 2012, S. 2; Siebert/Brandenburg/Siebert, IEEE Engineering Management Review Heft 4 2020, S. 72 ff.

35 Vgl. Kouvelis/Niederhoff, On the Globalization of Operations and Supply Chain Strategies, in: Lee/Lee (Hrsg.), Building Supply Chain Excellence in Emerging Economies, 2007, S. 3 ff.; Creazza/Dallari/Melacini, Supply Chain Management 2010, S. 154 ff.

36 Vgl. Mattsson, Supply Chain Management 2003, S. 416 ff.

Länder positiv beeinflussen kann, sich aber mitunter auch negativ auf Kosten und Leistungsfähigkeit der Wertschöpfungssysteme auswirkt.[37] Produktionsverlagerungen in Niedriglohnländer sowie das Offshoring von Dienstleistungen ergänzen das Bild des globalen Supply Chain Managements.[38] Diese Aspekte führen zu einer größer werdenden Globalisierung der Logistikaktivitäten und einer steigenden Relevanz des Transportdienstleistungssektors.[39]

Die im Supply Chain Management verfolgten Zielsetzungen werden unterteilt in Formalziele, die abstrakte Formulierungen ökonomischer Ziele beinhalten, und Sachziele, die konkret auf das spezielle Leistungsprogramm ausgerichtet sind.[40] Ein Formalziel kann bspw. darin bestehen, mit möglichst geringem Ressourceneinsatz die Kundenbedürfnisse in einem Segment zu befriedigen. Sachziele orientieren sich klarer an den gemeinsam mit Kunden und Lieferanten koordinierten Material-, Informations- und Geld-/Finanzflüssen in der Lieferkette.[41] Hierbei soll Wirtschaftlichkeit i. S. d. Maximum- oder Minimumprinzips erreicht werden.[42] Supply Chain Management kann in erheblichem Maß zur Effektivität (z. B. Kundenservice) und zur Effizienz (z. B. Kostenreduzierung) eines Unternehmens und dessen Lieferkette beitragen.[43] Weiterhin können Produkt- und Prozessqualität gesteigert, Kundenservicegrade verbessert und die Lieferzuverlässigkeit und Flexibilität erhöht werden.[44] Durch ein leistungsstarkes Supply Chain Management kann der Unternehmenswert erheblich gesteigert werden.[45] Damit dies gelingt, sind innerhalb der gesamten Lieferkette schnelle und gleichmäßige Material-, Informations- und Geld-/Finanzflüsse („swift and even flow“) anzustreben.[46] 16

Generell ist im Supply Chain Management zu beachten, dass es nicht die eine einzige, allseits bestmöglich einsetzbare Methode gibt, mit der die 17

37 Vgl. Humphrey, Global Networks 2003, S. 121 ff.; Glushkova/Lomakina/Sakulyeva, International Journal of Supply Chain Management 2019, S. 876 ff.

38 Vgl. Meixell/Gargeya, Transportation Research Part E 2005, S. 531 ff.; Fujita/Thisse, International Economic Review 2006, S. 811 ff.

39 Vgl. Creazza/Dallari/Melacini, Supply Chain Management 2010, S. 154 ff.

40 Seuring/Müller/Schwarzkopf, Nachhaltiges Management von Wertschöpfungsketten, in: Baumast/Pape (Hrsg.), Betriebliches Nachhaltigkeitsmanagement, 2. Aufl., 2022, S. 360 ff.

41 Vgl. Seuring/Müller/Schwarzkopf, Nachhaltiges Management von Wertschöpfungsketten, in: Baumast/Pape (Hrsg.), Betriebliches Nachhaltigkeitsmanagement, 2. Aufl., 2022 S. 360 ff.

42 Beim Maximumprinzip soll mit einem gegebenen Wert von Input ein wertmäßig maximaler Output erreicht werden, und beim Minimumprinzip soll ein wertmäßig vorgegebener Output mit minimalem Input erzielt werden; vgl. Günther/Tempelmeier, Produktion und Logistik, 9. Aufl., 2012, S. 3 f.

43 Vgl. Mentzer u. a., Journal of Business Logistics Heft 2 2001, S. 1 ff.

44 Vgl. White, International Journal of Operations & Production Management Heft 3 1996, S. 42 ff.

45 Vgl. Brandenburg, Quantitative Models for Value Based Supply Chain Management, 2013.

46 Vgl. Schmenner/Swink, Journal of Operations Management 1998, S. 97 ff.

Wertschöpfung erfolgen sollte, sondern dass die Art und Weise, wie eine Lieferkette konfiguriert und betrieben wird, immer von zahlreichen Kontextfaktoren abhängt. Was sich in einem Kontext als bestmögliche Verfahrensweise bewährt hat, kann in einem anderen Kontext zu lediglich suboptimalen Ergebnissen führen oder sich sogar als kontraproduktiv erweisen. So hängt bspw. die Eignung der wertschöpfenden Prozesse eines Unternehmens bzw. einer Lieferkette von den Eigenschaften des Produkts ab, das gefertigt und bereitgestellt werden soll.[47] Für Produkte mit gut prognostizierbaren Bedarfsverläufen und niedrigen Gewinnmargen sind Prozesse mit hoher Kosteneffizienz empfehlenswert, während bei Produkten mit hohen Gewinnmargen und stark schwankenden, schlecht prognostizierbaren Bedarfsverläufen die Prozesse auf Reaktionsfähigkeit und Flexibilität ausgelegt sein sollten.[48] Zudem unterliegen Wertschöpfungssysteme und deren Umwelt einer hohen zeitlichen Dynamik, da sich die Bedarfssituation und die Marktanforderungen ebenso wie die wirtschaftlichen, technischen, politisch-rechtlichen und sonstigen Rahmenbedingungen im Lauf der Zeit, mitunter sogar sehr schnell substanziell verändern können. Dies verdeutlicht bspw. der in der Corona-Pandemie beobachtete mittel- bis langfristig nicht vorhersehbare sprunghafte Anstieg des Bedarfs an Mund-Nase-Schutzmasken, die von bis dato auf Effizienz und ohne Kapazitätsreserven ausgelegten Lieferketten bereitgestellt wurden. Die Lieferketten waren nicht in der Lage, den Mehrbedarf in kürzester Zeit zu decken, was in der Folge zunächst zu Lieferengpässen und Preisanstiegen und danach zu Kapazitätserweiterungen und Umstellungen der Produkt- und Produktionstechnologie führte.[49]

18 Supply Chain Management kann definiert werden als **kundenbezogene und prozessorientierte Koordination von Material-, Informations- und Geld-/Finanzflüssen**, die durch funktionale und organisationale Integration erreicht wird, um der hohen Komplexität in Konfiguration und Betrieb der Lieferketten und Wertschöpfungsnetzwerke zu begegnen. Diese Komplexität resultiert aus vielschichtigen Gestaltungsebenen und geografischen Aspekten sowie mehrperiodigen, durch große Unsicherheit und hohe Dynamik gekennzeichneten Zeithorizonten.

47 Vgl. Fisher, Harvard Business Review 1997, S. 105 ff.

48 Vgl. Fisher, Harvard Business Review 1997, S. 105 ff.

49 Vgl. Patel u.a., Health Security 2017, S. 244 ff.; Armani u.a., Nature Reviews Materials 2020, Vol. 5, S. 403 ff.

2.2 Nachhaltigkeit von Lieferketten

2.2.1 Begriffsgrundlagen

Nachhaltigkeit bedeutet (s.a. Glossar), „die Bedürfnisse der heutigen Generation zu erfüllen, ohne die Fähigkeit zukünftiger Generationen zu beeinträchtigen, ihre eigenen Bedürfnisse zu erfüllen".[50] Dies wurde ursprünglich von HANS CARL VON CARLOWITZ Anfang des 18. Jahrhunderts angesichts einer Rohstoffkrise für die Waldbewirtschaftung eingefordert.[51] Auch 4 Jahrhunderte später hat dieser Gedanke keinesfalls an Aktualität verloren, sondern stellt häufig ein elementares Grundprinzip politischer und wirtschaftlicher Entscheidungen sowie (idealerweise) des menschlichen Handelns dar.[52] Im Jahr 2015 haben die Vereinten Nationen das Prinzip der Nachhaltigkeit auf die 17 Ziele für nachhaltige Entwicklung, die „Sustainable Development Goals" (SDGs; § 8 Rz 163 ff.), übertragen.[53] 19

Im nachhaltigen Wirtschaften wird das Grundprinzip der Nachhaltigkeit mit dem Drei-Säulen-Modell der nachhaltigen Entwicklung, der von ELKINGTON[54] formulierten **„Triple Bottom Line"** (TBL), konkretisiert, welches die traditionelle ökonomische Dimension um die ökologische und die soziale ergänzt.[55] Nachhaltiges Wirtschaften muss ökonomische Zielsetzungen wie z.B. die Gewinnmaximierung oder die Steigerung des Unternehmenswerts in Einklang bringen mit ökologischen Aspekten, bspw. der Reduzierung von Schadstoffemissionen, und zudem sozialen Kriterien gerecht werden, die von menschenwürdigen Arbeitsbedingungen bis hin zu Mindestlohnzahlungen, Geschlechtergerechtigkeit und familiengerechten Arbeitsplätzen reichen.[56] 20

2.2.2 Nachhaltiges Supply Chain Management

Auch im Supply Chain Management werden die Prinzipien des nachhaltigen Wirtschaftens i.S.d. TBL widergespiegelt.[57] Wie in Abb. 2 dargestellt, erreicht die Lieferkette als Profit-Planet-People-System **Nach-** 21

---

50 Übersetzt nach WCED, Our Common Future, 1987.

51 Vgl. von Carlowitz, Sylvicultura Oeconomica, Oder Haußwirthliche Nachricht und Naturmäßige Anweisung Zur Wilden Baum-Zucht, 1713.

52 Als Beispiele sind die jährliche UN-Klimakonferenz, die angestrebte Energiewende mit der Umstellung auf erneuerbare Energien oder die Mobilitätswende mit der zunehmenden Nutzung der Elektromobilität zu nennen.

53 UN, The 17 Goals, 2015.

54 Vgl. Elkington, Cannibals with Forks: The Triple Bottom Line of the 21st Century, 1998.

55 Vgl. Savitz/Weber, The Triple Bottom Line, 2006.

56 Williams u.a., Journal of Cleaner Production 2017, S. 866 ff.; Seuring/Müller/Schwarzkopf, Nachhaltiges Management von Wertschöpfungsketten, in: Baumast/Pape (Hrsg.), Betriebliches Nachhaltigkeitsmanagement, 2. Aufl., 2022, S. 360 ff.

57 Vgl. Seuring/Müller, Journal of Cleaner Production 2008, S. 1699 ff.

haltigkeit durch ökonomische, ökologische und soziale Leistung.[58] Hierbei entspricht die ökonomische Leistung dem aus Umsatz und Kosten erwirtschafteten „Profit“, während die ökologische Leistung zum Ressourcenverbrauch sowie zum Abfall und Schadstoffausstoß des „Planet“ und die soziale Leistung zu den „People“ bei Lieferanten, Produzenten und Kunden korrespondiert.

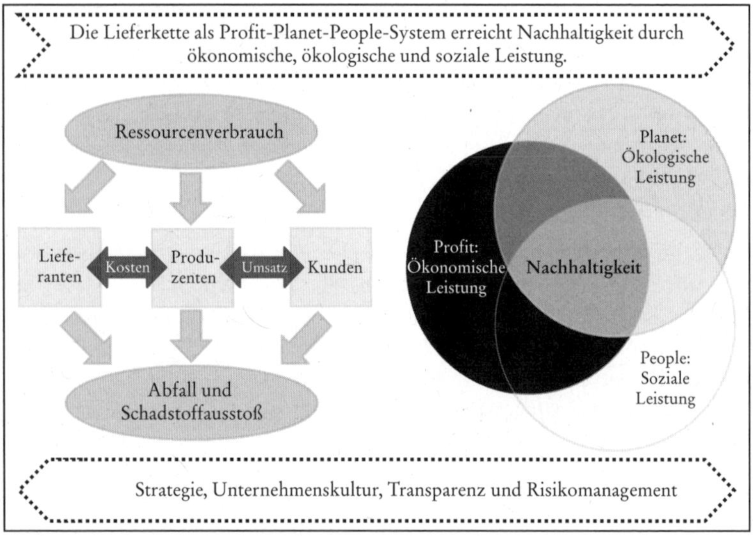

Abb. 2: Die Lieferkette als Profit-Planet-People-System

22 Strategie, Unternehmenskultur, Transparenz und Risikomanagement bilden die 4 grds. Anforderungen und Rahmenbedingungen eines nachhaltigen Supply Chain Managements.[59] Um Nachhaltigkeit im Supply Chain Management vollumfänglich erreichen zu können, muss sie als integraler Bestandteil der **Unternehmensstrategie** reflektiert sein.[60] Werte und ethische Grundsätze müssen in der **Unternehmenskultur** fest verankert sein, damit Führungspersonal und Belegschaft des Unternehmens die Prinzipien des nachhaltigen Wirtschaftens kontinuierlich und erfolgreich umsetzen.[61] Weiterhin ist **Risikomanagement** im nachhaltigen Wirtschaften erforderlich. Die hierbei reflektierten Risikofaktoren des traditionellen Supply

58 Vgl. Tang/Zhou, European Journal of Operational Research 2012, S. 585 ff.

59 Vgl. Carter/Rogers, International Journal of Physical Distribution & Logistics Management 2008, S. 360 ff.

60 Vgl. Cetinkaya, Sustainable Supply Chain Management, 2011, S. 17 ff.

61 Vgl. Carter/Jennings, Journal of Business Logistics 2004, S. 145 ff.; Savitz/Weber, The Triple Bottom Line, 2006.

Chain Managements umfassen das allgemeine ökonomische Verlustrisiko und Wechselkursrisiken sowie die aus Bedarfsunsicherheit resultierenden Risiken von Über- und Fehlbeständen.[62] Sie werden durch Risiken des nachhaltigen Supply Chain Managements, z.B. Gefahrstoff- oder Gesundheitsrisiken sowie Risiken der Produkthaftung und Compliance, ergänzt.[63] Transparenz über die innerbetrieblichen und unternehmensübergreifenden Strukturen und Nachverfolgbarkeit der Prozesse helfen, die Risiken zu mildern.[64] Informationssysteme und andere Instrumente der Informationstechnologie, z.B. Blockchain, können helfen, die erforderliche Transparenz im nachhaltigen Supply Chain Management[65] herzustellen und zu bewahren.[66]

2.2.3 Stakeholder und Interessengruppen

Unterschiedliche Interessengruppen, sog. Stakeholder, stellen Nachhaltigkeitsanforderungen an das fokale Unternehmen und dessen Lieferkette. Stakeholder sind Gruppen oder Individuen, die von Wertschöpfungsaktivitäten beeinflusst werden oder diese beeinflussen können.[67] Stakeholder fordern, dass Firmen nicht nur Wert für das eigene Unternehmen und dessen Anteilseigner, sondern auch für dessen andere Interessengruppen schaffen.[68] Hierdurch wird der Fokus der Unternehmenssteuerung vom Shareholder Value zum Stakeholder Value verschoben bzw. erweitert, und das Management wandelt sich von einer wertorientierten zu einer werteorientierten Ausrichtung.[69] Generell lassen sich primäre Stakeholder, deren Beteiligung für den Fortbestand des Unternehmens existenziell ist, unterscheiden von sekundären Stakeholdern, die das Unternehmen zwar beeinflussen oder von ihm beeinflusst werden, jedoch ohne eine existenzielle Relevanz für das Unternehmen zu haben.[70] 23

Stakeholder lassen sich weiter in unterschiedliche Gruppen einteilen (Tab. 1), die hinsichtlich ihrer Anforderungen und Zielsetzungen sowie 24

62 Vgl. Rebs u.a., Business Research 2018, S. 197ff.

63 Vgl. Rebs u.a., Business Research 2018, S. 197ff.

64 Vgl. Garcia-Torres u.a., Supply Chain Management 2019, S. 85ff.; Montecchi/Plangger/West, International Journal of Production Economics 2021, S. 238.

65 Einige Firmen, z.B. Seedtrace (https://seedtrace.org/, abgerufen am 3.1.2022) haben sich darauf spezialisiert, Transparenz über Nachhaltigkeit entlang der Lieferkette zu schaffen bzw. zu erhöhen.

66 Vgl. de Camargo Fiorini/Jabbour, International Journal of Information Management 2017, S. 241ff.; Saberi u.a., International Journal of Production Research 2019, S. 2117ff.

67 Vgl. Freeman, Strategic Management: A stakeholder approach, 1984; Freeman u.a., Stakeholder Theory: The state of the art, 2010.

68 Vgl. Hörisch/Freeman/Schaltegger, Organization & Environment 2014, S. 328ff.

69 Vgl. Wall/Schröder, Controlling zwischen Shareholder Value und Stakeholder Value: Neue Anforderungen, Konzepte und Instrumente, 2009.

70 Vgl. Clarkson, Academy of Management Review 1995, S. 92ff.

ihrer Beziehungen zum Unternehmen und Einflussmöglichkeiten sowohl in sich als auch untereinander sehr heterogen sind.[71]

Primäre Stakeholder	Sekundäre Stakeholder
• Kunden • Lieferanten • Mitarbeiter • Top-Management • Anteilseigner	• Regierungen, Regulierungsbehörden und andere politische Entscheider • Nichtregierungsorganisationen (Non-governmental organizations, NGOs) • Gemeinden • Medien • Wettbewerber • Wirtschaftsverbände • Eigner und Investoren • Andere Stakeholder

Tab. 1: Stakeholder-Gruppen

2.2.4 Einflussfaktoren: Regulierungen, Kundenanforderungen und Druck von NGOs

25 Neben den innerbetrieblichen Aspekten des nachhaltigen Wirtschaftens kommt 3 Faktoren eine besonders hohe Bedeutung zu, um i.S.e. nachhaltigen Supply Chain Managements auf Unternehmen einzuwirken:
1. Regulierungen,
2. Kundenanforderungen und
3. Druck von NGOs.[72]

Trotz der globalen Vernetzung von Lieferketten haben nationale Regulierungen eine besondere Relevanz, die sich einerseits in den jeweiligen Regelsetzungen widerspiegelt, andererseits in der Überprüfung der Einhaltung dieser Vorgaben. Zwar haben viele Länder Vorschriften zu sozialer und ökologischer Nachhaltigkeit erlassen, dennoch besteht ein beachtliches Vollzugsdefizit, wenn untergeordnete Behörden diese Vorschriften nicht wirkungsvoll einfordern können oder wollen.[73] Insbes. für Markenartikelhersteller sind kundenseitige Wünsche und Forderungen sowie Druck von NGOs besonders wichtige Faktoren des nachhaltigen Supply

---

71 Vgl. Clarkson, Academy of Management Review 1995, S. 92ff.; Meixell/Luoma, International Journal of Physical Distribution & Logistics Management 2015, S. 69ff.

72 Vgl. Seuring/Müller, Journal of Cleaner Production 2008, S. 1699ff.

73 Vgl. Seuring/Müller/Schwarzkopf, Nachhaltiges Management von Wertschöpfungsketten, in Baumast/Pape (Hrsg.), Betriebliches Nachhaltigkeitsmanagement, 2. Aufl., 2022.

Chain Managements. Das Zusammenspiel dieser beiden Stakeholder-Gruppen, insbes. im Fall aufgedeckter Missstände in der Lieferkette und der daraus resultierenden Feedbackmechanismen (Rz 27), stellen Produzenten von Markenartikeln vor besondere Herausforderungen.[74]

Ebenso wie traditionelle Produkt- und Dienstleistungsbedarfe werden auch Nachhaltigkeitsanforderungen von den **Absatzmärkten**, also von Kunden und Endverbrauchern, an die Lieferkette herangetragen. Aufgrund seiner Sichtbarkeit für Endkunden ist (in den meisten Fällen) zunächst das fokale Unternehmen mit den Anforderungen an Nachhaltigkeit konfrontiert. Allerdings kann es in der überwiegenden Zahl der Fälle diesen Anforderungen nicht allein gerecht werden, da sie Produkt- oder Prozesseigenschaften betreffen, die außerhalb der unmittelbaren Befugnisse des fokalen Unternehmens liegen. Da das fokale Unternehmen aber die Produktgestaltung und die Lieferkettenkonfiguration maßgeblich beeinflusst, kann es auch außerhalb seiner Befugnisse zumindest einen mittelbaren Einfluss ausüben, indem es die Nachhaltigkeitsanforderungen der Absatzmärkte innerhalb der Lieferkette an die vorgelagerten Lieferanten (und auch die übrigen Partner im Wertschöpfungsnetzwerk) weitergibt.[75] Abhängig von Verhandlungsgeschick und Marktmacht können Nachhaltigkeitsanforderungen im gesamten Netzwerk propagiert und so dessen Nachhaltigkeit verbessert werden. Abb. 3 verdeutlicht diese Wirkmechanismen: 26

---

74 Vgl. Seuring/Müller/Schwarzkopf, Nachhaltiges Management von Wertschöpfungsketten, in: Baumast/Pape (Hrsg.), Betriebliches Nachhaltigkeitsmanagement, 2. Aufl., 2022, S. 360ff.

75 Vgl. Sauer/Seuring, Supply Chain Management 2018, S. 560ff.

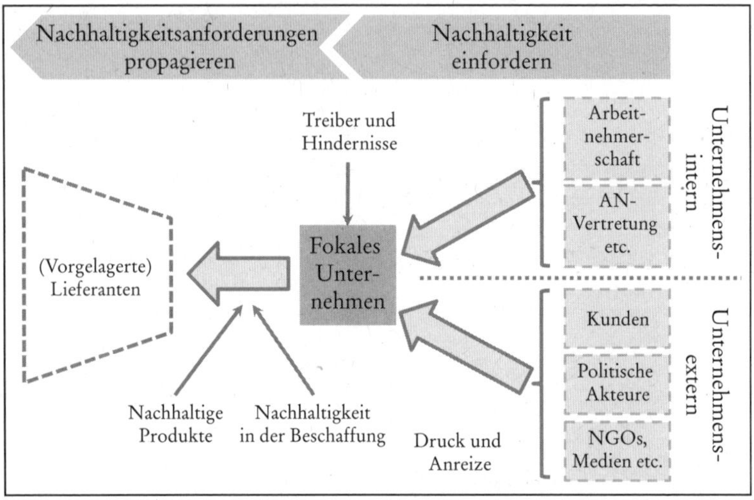

Abb. 3: Propagieren von Nachhaltigkeitsanforderungen innerhalb der Lieferkette

27 Druck entsteht, wenn **Missstände** bei einzelnen Akteuren innerhalb der Lieferkette, z. B. die Verletzung ökologischer oder sozialer (Mindest-) Standards, aufgedeckt und an die Öffentlichkeit gebracht werden. Oftmals geschieht dies durch NGOs,[76] mitunter auch durch Regierungen, deren Regulierungen nicht konsequent umgesetzt und nachverfolgt werden. Sie kritisieren die Warenabnehmer oder das fokale Unternehmen in der Öffentlichkeit, die wiederum so einen Reputationsschaden befürchten müssen. Selbst wenn das fokale Unternehmen die offengelegten Missstände nicht verursacht, wird die Reputation der Marke beschädigt, was zu Einbußen in Umsatz oder Wettbewerbsfähigkeit auf den Absatzmärkten führen kann. Abb. 4 illustriert diese Wirkmechanismen:

76 Beispiele für NGOs umfassen Know the Chain (https://knowthechain.org/), SOMO (www.somo.nl/) oder Global Exchange (https://globalexchange.org/, jeweils abgerufen am 3.1.2022). Verletzungen von Nachhaltigkeitsstandards beziehen sich z. B. auf Arbeitsbedingungen (Arbeitszeiten, Hygiene und Sicherheit am Arbeitsplatz, Kinderarbeit, Diskriminierung) oder nicht umweltgerechte Bedingungen in Produktion und Transport, z. B. unnötig lange Transporte von Schlachttieren oder die Abholzung des Regenwalds für die Palmölgewinnung.

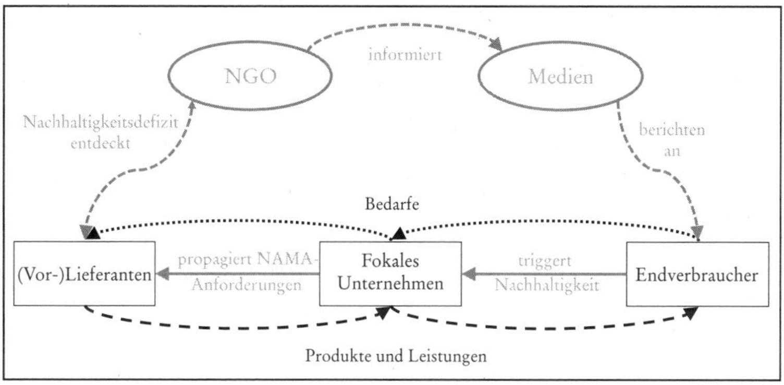

Abb. 4: Informationsflüsse über nicht nachhaltiges Wirtschaften in der Lieferkette

Die fokalen Unternehmen sowie die Partnerunternehmen in ihren Wertschöpfungsnetzwerken versuchen daher, ihre Lieferketten auch unter Aspekten der sozialen und ökologischen Nachhaltigkeit zu gestalten und zu betreiben, um Missstände im Wertschöpfungsnetzwerk und die damit verbundenen öffentlichen Kommunikationskampagnen zu vermeiden und ökonomischen Schaden vom Unternehmen und der Lieferkette abzuwenden. **28**

2.2.5 Stimuli: Treiber und Hindernisse, Anreize und Druck

Für das nachhaltige Supply Chain Management sind Stimuli von großer Bedeutung für die Bereitschaft, Nachhaltigkeitsanforderungen zu erfüllen. Diese Stimuli lassen sich einerseits in interne bzw. externe, andererseits in positive bzw. negative Einflussfaktoren unterteilen (s. Tab. 2).[77] **Interne Stimuli** umfassen innerbetriebliche Treiber und Hindernisse, welche die Bereitschaft eines Unternehmens zur Umsetzung eines nachhaltigen Supply Chain Managements erhöhen oder reduzieren. **Externe Stimuli** beinhalten Anreize und Druck, die Nachhaltigkeit in der Lieferkette zu verbessern. Diese Stimuli werden von unterschiedlichen Stakeholder-Gruppen, z.B. von Gesetzgebern, Kunden, Lieferanten, Wett- **29**

77 Walker/Di Sisto/McBain, Journal of Purchasing and Supply Chain Management 2008, S. 69ff.; Govidan/Hasanagic, International Journal of Production Research 2018, S. 278ff.

bewerbern oder der restlichen Öffentlichkeit, auf das Unternehmen und seine Lieferkette ausgeübt.[78]

Inner-betrieblich	Treiber	Hindernisse
	• Umsatzwachstum • Verbesserte Produktqualität • Höherer Produktwert • Veränderte Markenpositionierung	• Zusätzliche Kosten • Investitionsbedarf • Preisdruck • Technologische Limitierungen • Informationsdefizite
Unternehmensübergreifend	Anreize	Druck
	• Steuervorteile und Subventionen • Produktpreisaufschläge • Reputationsvorteile aufgrund nachhaltigen Verhaltens • Nachhaltigkeit als Wettbewerbsvorteil	• Gesetze und regulatorische Auflagen • Kundenanforderungen • Öffentlicher Druck • Kaufboykotts • Reputationseinbußen bei Fehlverhalten und Missständen

Tab. 2: Beispiele für Stimuli des nachhaltigen Supply Chain Managements[79]

2.2.6 Ziele und Metriken

30 Generell werden im nachhaltigen Supply Chain Management 3 sich aus der TBL ergebende Kategorien von Zielsetzungen verfolgt: **ökonomische, ökologische und soziale Zielsetzungen**. Für die Umsetzung des nachhaltigen Supply Chain Managements ist es notwendig, diese abstrakten Zielsetzungen durch greifbare Ziele zu konkretisieren. Hierbei können die von den Vereinten Nationen definierten 17 SDGs (§ 8 Rz 163 ff.) hilfreich sein.[80] Beispiele hierfür umfassen die Wertschöpfungsnetzwerke der europäischen Textilindustrie und SDG 8 „Menschenwürdige Arbeit und Wirt-

[78] Walker/Di Sisto/McBain, Journal of Purchasing and Supply Chain Management 2008, S. 69 ff.

[79] Z.T. entnommen Walker/Di Sisto/McBain, Journal of Purchasing and Supply Chain Management 2008, S. 69 ff.; Govidan/Hasanagic, International Journal of Production Research 2018, S. 278 ff.

[80] UN, The 17 Goals, 2015; vgl. auch Zimon/Tyan/Sroufe, International Journal for Quality Research 2020, S. 219 ff.

schaftswachstum"[81] oder Brasiliens Geflügelindustrie und SDG 12 „Nachhaltige/r Konsum und Produktion"[82] bzw. Lebensmittellieferketten für verderbliche Molkereiprodukte und insgesamt 7 SDGs.[83]

Durch die **Heterogenität der Nachhaltigkeitszielsetzungen** ergeben sich unterschiedliche Beziehungen zwischen einzelnen Zielen (Abb. 5). Zu unterscheiden sind komplementäre und konfliktäre Ziele sowie Mindestanforderungen für Zielsetzungen.[84] Komplementäre Ziele sind positiv korreliert, so dass die Verbesserung hinsichtlich des einen Ziels eine Verbesserung hinsichtlich des anderen Ziels impliziert (win-win). Durch einen verringerten Verbrauch von Packmaterial bspw. können die anfallenden Abfallmengen (ökologische Zielsetzung) reduziert und die Materialkosten (ökonomisches Ziel) gesenkt werden. Konfliktäre Ziele hingegen sind negativ korreliert, so dass eine Verbesserung des einen Ziels nur zulasten des anderen erreicht werden kann. Durch Geschwindigkeitsreduzierung von Transportfahrzeugen („slow steaming") kann der Emissionsausstoß verringert werden (ökologisches Ziel), allerdings zulasten längerer Transportdauern und höherer Bestände (ökonomische Ziele).[85] Sind für ein Ziel Mindestanforderungen vorgegeben, meist ist dies für die Umwelt- und Sozialdimension der Fall, so müssen diese erfüllt sein, wenn hinsichtlich anderer Ziele optimiert wird. Mindestlöhne oder Höchstarbeitszeiten sind Beispiele für gesetzlich vorgegebene Mindestanforderungen bzgl. sozialer Zielsetzungen. Es sei an dieser Stelle erwähnt, dass die Zielbeziehungen nicht nur von den konkreten Zielen, sondern auch vom spezifischen Kontext, z.B. dem erreichten Effizienzgrad oder dem aktuellen Leistungsniveau, abhängen. So lässt sich (unter gewissen Voraussetzungen) bei der Konfiguration eines Wertschöpfungsnetzwerks dessen CO_2-Fußabdruck bis zu einem gewissen Punkt auch ohne allzu große finanzielle Einbußen erheblich verbessern.[86] 31

81 Vgl. Malik u.a., Journal of Environmental Management 2021, S. 113037.
82 Vgl. Pohlmann u.a., Journal of Cleaner Production 2020, S. 118798.
83 Vgl. Jouzdani/Govidan, Journal of Cleaner Production 2021, S. 123060.
84 Vgl. Seuring/Müller, Journal of Cleaner Production 2008, S. 1699ff.
85 Vgl. Maloni u.a., Maritime Economics & Logistics 2013 S. 151ff.
86 Vgl. Brandenburg, International Journal of Production Research 2015, S. 6588ff.

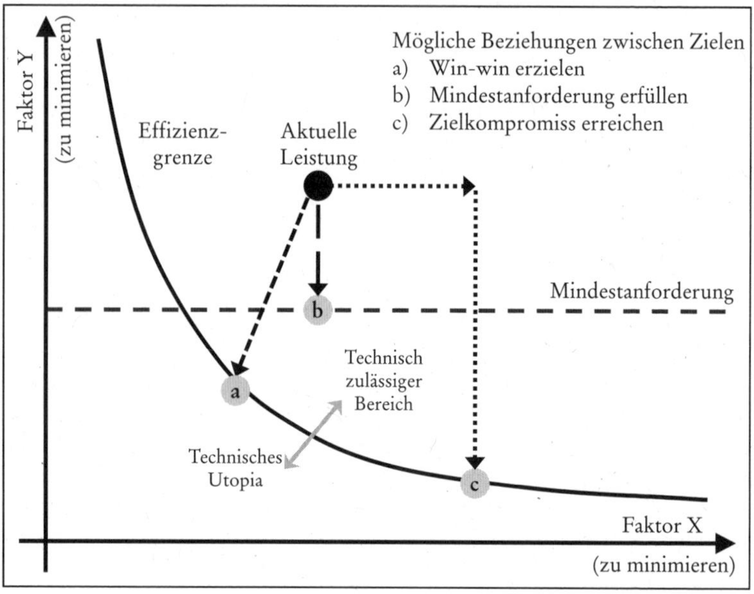

Abb. 5: Mögliche Beziehungen zwischen Nachhaltigkeitszielen

32 Metriken sind erforderlich, um den aktuellen Leistungsstand in Lieferketten zu messen und Wertschöpfungsnetzwerke hinsichtlich der angestrebten Nachhaltigkeitsziele zu steuern. Der Umstand, dass deutlich mehr ökonomische oder ökologische Leistungsindikatoren als Kennzahlen für die soziale Dimension existieren, verdeutlicht die Schwierigkeiten bei der Messung und dem Vergleich sozialer Leistungskriterien.[87] Zudem besteht bislang kein allgemeiner Konsens darüber, welche Indikatoren für sozio-ökologische Leistungskriterien am besten geeignet sind und wann diese einzusetzen sind.[88] Unstrittig ist allerdings, dass die Nachhaltigkeitsleistung nicht mit einer einzigen Kennzahl erhoben werden kann, sondern dass mehrere Metriken und eine Steuerungssystematik erforderlich sind.[89] Daher empfiehlt sich der Einsatz einer **Supply Chain Sustai-**

---

87 Vgl. Ahi/Searcy, Journal of Cleaner Production 2015, S. 360ff.

88 Hervani/Helms/Sarkis, Benchmarking: An International Journal 2005, S. 330ff.; Ahi/Searcy, Measuring Business Excellence 2015, S. 33ff.

89 Vgl. Hassini/Surti/Searcy, International Journal of Production Economics 2012, S. 69ff.; Ahi/Searcy, Measuring Business Excellence 2015, S. 33ff.

nability Balanced Scorecard.[90] Bei Konzeption und Implementierung eines entsprechenden Kennzahlensystems ist darauf zu achten, dass die verwendeten Metriken die wesentlichen Akteure in der Lieferkette erfassen, sämtliche TBL-Dimensionen der Nachhaltigkeit reflektieren und die wesentlichen Charakteristika des nachhaltigen Supply Chain Managements berücksichtigen.[91] Für die interne und externe Berichterstattung über Stand und Entwicklung sozio-ökologischer Leistungsfaktoren kommen Nachhaltigkeitsberichte, das Environmental Reporting bzw. das CSR Reporting zum Einsatz (§ 9).[92]

2.2.7 Normstrategien und Nachhaltigkeitspraktiken

Die Implementierung eines nachhaltigen Supply Chain Managements kann über 2 Normstrategien erfolgen, nämlich durch Nachhaltigkeit in einer leistungs- und risikoorientierten Beschaffung und durch proaktives Supply Chain Management nachhaltiger Produkte.[93] Beide Strategieansätze ergänzen sich wechselseitig, sind daher integrativ miteinander zu verbinden und werden nachfolgend kurz skizziert.[94] **33**

Für die nachhaltige Beschaffung ist eine kontinuierliche und systematische Lieferantenevaluation unabdingbar.[95] Zulieferbetriebe müssen Umwelt- oder Sozialstandards einführen, entsprechende Verhaltenskodizes („Codes of Conduct") befolgen und darin geregelte Mindestanforderungen einhalten.[96] Neben Kennzahlen und Metriken sind Selbstauskünfte und nachhaltigkeitsorientierte Lieferantenaudits wesentliche Instrumente der **leistungs- und risikoorientierten nachhaltigen Beschaffung.**[97] **34**

Durch ein **proaktives Supply Chain Management** nachhaltiger Produkte sind fokale Unternehmen häufig gezwungen, die Wertschöpfungskette um- **35**

---

[90] Reefke/Trocchi, International Journal of Productivity and Performance Management 2013, S. 805 ff.; Ferreira/Silva/Azevedo, Benchmarking: An International Journal 2016, S. 1398 ff.; Nouri/Nikabadi/Olfat, International Journal of Productivity and Performance Management 2019, S. 148 ff.

[91] Vgl. Ahi/Searcy, Measuring Business Excellence 2015, S. 33 ff.

[92] Vgl. Jose/Lee, Journal of Business Ethics 2007, S. 307 ff.; Kolk, Business Strategy and the Environment 2003, S. 279 ff.; Kolk, Business Strategy and the Environment 2008, S. 1 ff.

[93] Vgl. Seuring/Müller, Journal of Cleaner Production 2008, S. 1699 ff.

[94] Vgl. Seuring/Müller/Schwarzkopf, Nachhaltiges Management von Wertschöpfungsketten, in Baumast/Pape (Hrsg.), Betriebliches Nachhaltigkeitsmanagement. 2. Aufl., 2022, S. 360 ff.

[95] Luthra u. a., Journal of Cleaner Production 2017, S. 1686 ff.

[96] Seuring/Müller/Schwarzkopf, Nachhaltiges Management von Wertschöpfungsketten, in Baumast/Pape (Hrsg.), Betriebliches Nachhaltigkeitsmanagement. 2. Aufl., 2022, S. 360 ff.

[97] Vgl. Foerstl u. a., Journal of Purchasing and Supply Management 2010, S. 118 ff.; Seuring/Müller/Schwarzkopf, Nachhaltiges Management von Wertschöpfungsketten, in Baumast/Pape (Hrsg.), Betriebliches Nachhaltigkeitsmanagement. 2. Aufl., 2022, S. 360 ff.

fassender zu managen.[98] Ausgangspunkt hierfür ist das „Multi-tier Supplier Management", welches nicht nur direkte Zulieferbetriebe, sondern zudem vorgelagerte Lieferanten über mehrere, idealerweise sämtliche Stufen des Lieferantennetzwerks erfasst.[99] Mit Hilfe der Ökobilanzierung („Life Cycle Assessment") können ökologische Einwirkungen von Produkten über ihre gesamte Lebensdauer analysiert und daraus entsprechende Vorgaben für das Produktdesign und die Auswahl der Zulieferbetriebe abgeleitet werden.[100] Vor dem Zugriff auf entsprechende Vorprodukte ist allerdings häufig eine aktive Lieferantenentwicklung erforderlich.[101] Zudem gelingt die Herstellung umweltfreundlicher oder nachhaltiger Produkte oftmals nur bei geeigneter Kooperation aller Akteure im Lieferantennetzwerk. Dabei sind technische Kriterien zu erfüllen und Abläufe in der Lieferkette aufeinander abzustimmen.[102] Die erforderliche Koordination und Abstimmung wird durch IK-Technologie, insbes. IT-gestützte Planungswerkzeuge, ermöglicht.[103]

36 Zahlreiche **Nachhaltigkeitspraktiken** kommen zum Einsatz, um sozio-ökologische Leistungsziele zu erreichen oder Mindestanforderungen der Nachhaltigkeit zu erfüllen. Hierzu empfehlen PAGELL/WU,[104] das gesamte Wertschöpfungsnetzwerk zu rekonzipieren und Kontinuität in der Lieferantenbasis umzusetzen, um z. B. die für nachhaltig bewirtschaftete Lieferketten erforderliche Transparenz und Nachverfolgbarkeit erreichen zu können. BESKE/SEURING[105] unterscheiden insgesamt 5 Kategorien von Nachhaltigkeitspraktiken: Ausgehend von einer klaren TBL-Orientierung des Supply Chain Managements sollen Prozesse proaktiv gesteuert, z. B. durch Stakeholder Management oder Ökobilanzierung, und ein konsequentes Risikomanagement unter Einsatz von Monitoring-Instrumenten, Standards und Zertifikaten betrieben werden. I. R. v. Kollaboration und Kooperation kommen verbesserte Kommunikation, gemeinsame Entwicklungsinitiativen sowie Maßnahmen der Logistik- und Technologieintegration zum Einsatz. Auch BESKE/SEURING[106] betonen die Relevanz der Kontinuität für das nachhaltige Supply Chain Management und empfehlen Lieferantenauswahl und -entwicklung, um die benötigte Langfristigkeit

---

98 Vgl. Seuring/Müller/Schwarzkopf, Nachhaltiges Management von Wertschöpfungsketten, in Baumast/Pape (Hrsg.), Betriebliches Nachhaltigkeitsmanagement. 2. Aufl., 2022, S. 360 ff.
99 Vgl. Sauer/Seuring, Supply Chain Management, 2018, S. 560 ff.
100 Vgl. Jenssen/de Boer, Journal of Cleaner Production 2019, S. 1198 ff.
101 Vgl. Sancha/Longoni/Gimenez, Journal of Purchasing and Supply Management 2015, S. 95 ff.
102 Vgl. Seuring/Müller/Schwarzkopf, Nachhaltiges Management von Wertschöpfungsketten, in Baumast/Pape (Hrsg.), Betriebliches Nachhaltigkeitsmanagement. 2. Aufl., 2022, S. 360 ff.
103 Vgl. Allaoui/Guo/Sarkis, Journal of Cleaner Production 2019, S. 761 ff.
104 Vgl. Pagell/Wu, Journal of Supply Chain Management 2009, S. 37 ff.
105 Vgl. Beske/Seuring, Supply Chain Management: An International Journal 2014, S. 322 ff.
106 Beske/Seuring, Supply Chain Management: An International Journal 2014, S. 322 ff.

der Partnerschaften in der Lieferkette zu erreichen. Dies verdeutlicht die enge Verzahnung von Normstrategien und Nachhaltigkeitspraktiken.

2.2.8 Verantwortlichkeit, Haftbarkeit und Sorgfaltspflichten

In arbeitsteilig organisierten globalen Wertschöpfungsnetzwerken können sozio-ökologische Probleme und Verletzungen von Menschenrechten nicht mehr nur innerhalb eines einzelnen Unternehmens, sondern auch in seiner Lieferkette bei vor- oder nachgelagerten Firmen auftreten. Folglich werden nicht nur Wettbewerbsfähigkeit und Markterfolg, sondern auch Verantwortlichkeit und Haftungsprinzipien von der Ebene einzelner Unternehmen **auf die ganzer Lieferketten übertragen**. Derartige Effekte ließen sich in der Vergangenheit wiederholt beobachten.[107] 37

Kommt es ohne höhere Gewalt in einem Wertschöpfungsnetzwerk zu einer Verletzung der Nachhaltigkeit, so machen Konsumenten und Endverbrauchermärkte das fokale Unternehmen dafür verantwortlich.[108] Die Endverbraucher schreiben dem fokalen Unternehmen die Verantwortlichkeit selbst dann zu, wenn sie sich darüber bewusst sind, wie schwierig es für ein einzelnes Unternehmen ist, Nachhaltigkeit innerhalb des gesamten Netzwerks durchzusetzen.[109] Für das fokale Unternehmen sind meist Ärger der Konsumenten und Boykott seitens der Endverbrauchermärkte die unangenehmen Folgen von Nachhaltigkeitsverletzungen innerhalb des eigenen Wertschöpfungsnetzwerks.[110]

Gesetzgeber reagieren mit ihren nationalen Regulierungen auf ähnliche Weise mit der Zuschreibung von Haftung für Verletzungen der Nachhaltigkeit in Lieferketten. Die Zahl der Gesetze und Regulierungen wächst, welche die Verantwortlichkeit für Nachhaltigkeitsanforderungen an die Lieferkette explizit dem fokalen Unternehmen zuweisen.[111] Beispiele umfassen den **UK Bribery Act**, den **US Dodd Frank Act** oder Kaliforniens **Transparency in Supply Chains Act**[112] oder den **UK Modern Slavery Act**[113], aber auch Branchenselbstverpflichtungen und andere nicht gesetzlich bindende Regelungen wie z. B. die **UN Guiding Principles for Business & Human Rights**[114] oder den **Nationalen Ak-** 38

107 Defizitäre Arbeitsbedingungen bei Foxconn und die resultierenden Auswirkungen auf Apple sind ein prominentes Beispiel; vgl. Xu/Li, Journal of Business Ehtics 2013, S. 371 ff.
108 Vgl. Hartmann/Moeller, Journal of Operations Management 2014, S. 281 ff.
109 Vgl. Hartmann/Moeller, Journal of Operations Management 2014, S. 281 ff.
110 Vgl. Hartmann/Moeller, Journal of Operations Management 2014, S. 281 ff.
111 Vgl. Seuring/Müller/Schwarzkopf, Nachhaltiges Management von Wertschöpfungsketten, in: Baumast/Pape (Hrsg.), Betriebliches Nachhaltigkeitsmanagement, 2. Aufl., 2022, S. 360 ff.
112 Vgl. Sedex, Going Deep – The case for multi-tier transparency, 2013.
113 Vgl. UK Government, Modern Slavery Act, 2015.
114 Vgl. Sedex, Going Deep – The case for multi-tier transparency, 2013.

tionsplan zu deren Umsetzung in Deutschland.[115] Mitunter herrschen jedoch Vollzugsdefizite, da untergeordnete Behörden diese Vorschriften nicht immer wirkungsvoll einfordern können oder wollen.[116]

39 Gleichwohl erkennen Unternehmen die Notwendigkeit, vorgelagerte Lieferanten in ihre Betrachtung einzubeziehen und zu managen, und sie intensivieren ihre Anstrengungen, Nachhaltigkeit innerhalb der gesamten Lieferkette durch- und umzusetzen.[117] Diese **Sorgfaltspflichten** zielen auf höchstmögliche Transparenz ab und gehen so über das klassische Risikomanagement in Lieferketten hinaus, welches darauf fokussiert bleibt, unmittelbare Schäden vom Kerngeschäft fernzuhalten oder abzuwenden.[118] Entsprechende Praktiken hierfür reichen von Zertifizierungen über Kontrollketten und Instrumente der Nachverfolgbarkeit bis hin zu einer vollumfassenden Supply Chain Due Diligence der Kooperationspartner im Wertschöpfungsnetzwerk.[119]

40 I. R. e. solchen **Supply Chain Due Diligence** werden interne und externe Informationen über das Partnerunternehmen gesammelt, anhand derer ein umfassendes Verständnis und ein möglichst vollständiges Bild über das Unternehmen entstehen soll. Hierbei werden dessen jeweiliger Industriezweig und seine finanzielle Lage ebenso berücksichtigt wie dessen Kunden, Lieferanten und Wettbewerber sowie seine Technologien, Geschäftsprozesse und Managementprinzipien.[120]

Die Durchführung einer Supply Chain Due Diligence kann durch regulatorische Vorgaben, Wettbewerbsdruck oder Gruppenzwang innerhalb der eigenen Peergroup ausgelöst werden und die Markt- und Wettbewerbsposition ebenso beeinflussen wie die finanzielle Leistungsfähigkeit.[121] Bei der Supply Chain Due Diligence kommen externe Werkzeuge und Systeme ebenso zum Einsatz wie firmeninterne Managementunterstützung, wobei lückenhafte regulatorische Auflagen, Marktstrukturen und Komplexität sowie Ressourcenbedarf und Kosten erhebliche Hürden für die Umsetzung darstellen.[122]

---

115 Vgl. Auswärtiges Amt, Nationaler Aktionsplan – Umsetzung der VN-Leitprinzipien für Wirtschaft und Menschenrechte 2016–2020, 2020. Einen Überblick über entsprechende Regulierungen bietet bspw. econsense, 2017.

116 Vgl. Seuring/Müller/Schwarzkopf, Nachhaltiges Management von Wertschöpfungsketten, in: Baumast/Pape (Hrsg.), Betriebliches Nachhaltigkeitsmanagement, 2. Aufl., 2022, S. 360 ff.

117 Vgl. Hartmann/Moeller, Journal of Operations Management 2014, S. 281 ff.; Hofmann/Schleper/Blome, Journal of Business Ethics 2018, S. 115 ff.

118 Vgl. Hofmann u. a., Journal of Business Ethics 2018, S. 115 ff.

119 Vgl. Hofmann/Schleper/Blome, Journal of Business Ethics 2018, S. 115 ff.

120 Vgl. Hofmann u. a., Journal of Business Ethics 2018, S. 115 ff.

121 Vgl. Hofmann u. a., Journal of Business Ethics 2018, S. 115 ff.

122 Vgl. Hofmann/Schleper/Blome, Journal of Business Ethics 2018, S. 115 ff.

3 Fragestellungen im Zusammenhang mit dem LkSG und Untersuchungsmethode

Zur Vermeidung von Menschenrechtsverletzungen wurde das **Lieferkettensorgfaltspflichtengesetz** (LkSG) am 16.7.2021 vom Bundestag angenommen und am 22.7.2021 im Bundesgesetzblatt veröffentlicht.[123] Es tritt am 1.1.2023 in Kraft. Aus dem Gesetz leiten sich einige interessante Fragestellungen für die wissenschaftliche Forschung zu Nachhaltigkeit und Lieferketten und die betriebswirtschaftliche Praxis ab. 41

Die hier untersuchten Fragen zum LkSG beziehen sich auf resultierende Chancen und Risiken für das nachhaltige Wirtschaften, auf Nachhaltigkeitspraktiken und deren Voraussetzungen, um dem LkSG zu entsprechen, sowie auf konkrete Handlungsansätze für die Faktoren der Sorgfaltspflicht: 42

1. Welche Auswirkungen des LkSG für das nachhaltige Wirtschaften erwarten deutsche Firmen?
2. Wie können Firmen den Anforderungen des LkSG gerecht werden?
3. Mit welchen Handlungsansätzen können die im LkSG adressierten Faktoren der Sorgfaltspflicht umgesetzt werden?

Diese Fragen werden mittels empirisch-qualitativer Fallstudienforschung nach STUART u. a.[124] untersucht. Hierzu werden nach intensivem Studium der einschlägigen Literatur anhand von Interviewleitfäden semistrukturierte Experteninterviews durchgeführt, transkribiert und für die Auswertung codiert.

Zur Beantwortung der ersten beiden Fragen wurden i. R. e. sektorübergreifenden Querschnittsanalyse insgesamt 6 Interviews mit Firmenvertretern von 6 unterschiedlichen Unternehmen geführt (s. Tab. 3). 43

Interview	Position des Interviewpartners	Branche der Firma
AA	Geschäftsführer UB Afrika	Bauwesen
AB	Vorsitzender der Geschäftsführung UB Afrika	Automobilzulieferer und Bautechnik
AC	Head of Human Rights	Konsumgüter und Einzelhandel
AD	Sustainability Manager	Pharma
AE	SVP Procurement & Supply Management	Automobilzulieferer
AF	Geschäftsführer / CEO	Automobil- und Industriezulieferer

Tab. 3: Interviewpartner und Firmen – Forschungsfragen 1 und 2

---

123 Gesetz über die unternehmerischen Sorgfaltspflichten in Lieferketten (LkSG) v. 16.7.2021, BGBl 2021 I, S. 2959 ff.

124 Vgl. Stuart u. a., Journal of Operations Management 2002, S. 419 ff.

Als Antwort auf Frage 3 geben die Autoren dieser Studie **Handlungsempfehlungen** für die betriebswirtschaftliche Praxis, die auf Basis ihrer Erfahrung und Expertise entwickelt und durch Referenzen auf einschlägige Studien substantiiert wurden.

44 Bei der Vorbereitung, der Umsetzung und der Auswertung der Studie wurde stets auf wissenschaftliche Rigorosität geachtet. Der Erstellung der Interviewleitfäden ging eine systematische Literaturrecherche voraus. Die Expertenauswahl erfolgte durch direkte Recherchestrategien, durch Gatekeeper sowie durch das Schneeballsystem.[125] Experten sind Personen, „die über ein spezifisches Rollenwissen verfügen, solches zugeschrieben bekommen und eine darauf basierende besondere Kompetenz für sich selbst in Anspruch nehmen“[126]. Die Interviews wurden per E-Mail zusammen mit einer Einwilligung zur Datenerhebung angefragt, durch die Corona-Pandemie bedingt webbasiert bzw. telefonisch durchgeführt, elektronisch aufgezeichnet und einheitlich unter Beachtung gängiger Transkriptionsregeln[127] in anonymisierter Form transkribiert. Die Transkripte der Interviews wurden inhaltsanalytisch mit Hilfe der Software maxQDA kodiert,[128] wobei deduktiv aus der Literatur ermittelte Kategorien um induktiv gebildete Kategorien ergänzt wurden.

4 Ergebnisse, Interpretationen und Implikationen

4.1 Implikationen des LkSG – Chancen und Risiken (Frage 1)

45 Die Auswertung der Interviews zeigt eindeutig, dass die wahrgenommenen **Risiken** in Zukunft **deutlich** die **Chancen überwiegen** (s. Tab. 4). Finanzielle Risiken, insbes. Befürchtungen vor höheren Kosten, überwiegen deutlich gegenüber Instabilitäten der (Lieferanten-)Märkte oder des politischen Umfelds. Zudem bestehen traditionelle Risikofaktoren des Supply Chain Managements, z. B. Naturkatastrophen, weiterhin fort. Einige Firmenvertreter befürchten zudem, dass sich die Nachhaltigkeitsanforderungen auf die Einhaltung von Minimalstandards beschränken werden und die Chance zu einem echten Umdenken hin zu einer klaren Nachhaltigkeitsausrichtung der Lieferketten weitgehend ungenutzt verstreichen wird.

125 Vgl. Kruse, Qualitative Interviewforschung, 2015.

126 Przyborski/Wohlrab-Sahr, Qualitative Sozialforschung, 2008, S. 133.

127 Vgl. Kuckartz, Einführung in die computergestützte Analyse qualitativer Daten, 3. Aufl., 2010.

128 Mayring, Qualitative Content Analysis: Theoretical Foundation, Basic Procedure and Software Solutions, 2014.

46 Ein **wirkungsvolles Risikomanagement**, das als nahezu unerlässlich angesehen wird, beginnt damit, dass i. R. e. Internetrecherche öffentlich zugängliche Informationen gesammelt und verarbeitet werden. Hierzu zählen z. B. Reisewarnungen und Sicherheitshinweise, die das Auswärtige Amt auf seinen Webseiten kommuniziert. Weiterhin werden Produktionsländer, insbes. bzgl. möglicher Menschenrechtsverletzungen, umfassend und kontinuierlich analysiert. Bevor Investitionen im Ausland getätigt oder langfristige Bindungen zu möglichen Partnerfirmen im Ausland eingegangen werden, zielt das Risikomanagement darauf ab, die hierfür erforderliche langfristige, mehrjährige Planungssicherheit zu erhöhen.

Kodierung	**Häufigkeit (N = 94)**
Risikomanagement	33 (35,0 %)
Finanzielle Risiken	21 (22,3 %)
Marktinstabilitäten	9 (9,6 %)
Naturkatastrophen	9 (9,6 %)
Planungssicherheit	8 (8,5 %)
Politische Instabilität	7 (7,5 %)
Chancen	7 (7,5 %)
Gesamt	**94 (100 %)**

Tab. 4: Chancen und Risiken des LkSG

47 Die befragten Unternehmen sind durchaus mit dem Thema Risikomanagement vertraut. Es werden verschiedene externe Anbieter von Informationen, Partner und eigene Analysetools genutzt, um geeignete Produktions- und Lieferantenländer zu identifizieren. Somit spielt die Planungssicherheit für global tätige Unternehmen eine entscheidende Rolle, da die Unternehmen gewillt sind, ihre Anstrengungen in diesen Ländern auch langfristig zu unternehmen. Die Chancen, die sich ergeben könnten, sind eher hypothetischer Natur. Es werden von den Unternehmen größtenteils nur vage Thesen abgegeben in Bezug auf die Chancen, die das LkSG mit sich bringt. Einzig eine Chance sehen die Unternehmen hier in Kooperationen und Partnerschaften, da die Regierung den Unternehmen bei der Umsetzung die Selbstorganisation überlässt. Die Risiken waren bei den befragten Unternehmen durchweg als große Sorge kommuniziert worden.

4.2 Umsetzung des LkSG – Praktiken und Voraussetzungen (Frage 2)

48 Um dem LkSG gerecht zu werden, können unternehmensinterne und -externe Nachhaltigkeitspraktiken umgesetzt werden (s. Tab. 5). Die **internen Praktiken** umfassen Monitoring und Auditing, Standards und Zertifikate sowie Lieferantenauswahl und -evaluation. Standards und Zertifikate bieten Unternehmen die Möglichkeit, ihre Lieferanten an Vorgaben und Normen zu binden, deren Einhaltung durch ein konsequentes Monitoring sichergestellt werden kann. Hierbei kommen einheitliche Monitoring-Ansätze sowie regelmäßige Auditierungen zum Einsatz. Gerade bei Hauptlieferanten wollen die Unternehmen nicht nur einmalig, sondern wiederkehrend vor Ort sein und ihre Anforderungen immer wieder einbringen. Das Lieferantenmanagement beschränkt sich nicht mehr nur auf die direkten Anbieter, sondern umfasst auch die Firmen vorgelagerter Ebenen (Tier 2, Tier 3 etc.). Neben den klassischen Beurteilungskriterien wie z.B. Produkt- und Prozessqualität oder Preis fließen Nachhaltigkeitsaspekte in die Lieferantenbewertung ein. **Nachhaltigkeitsleistung** ist somit eine **Eingangsvoraussetzung für Vertragsschluss und Auftragsvergabe**. Hierbei ist seitens der Lieferanten Gesetzeskonformität allein nicht immer ausreichend, sie müssen zudem Vorgaben der Warenabnehmer und des fokalen Unternehmens erfüllen. Die meisten Unternehmen haben eine klare Vorstellung davon, wie sich ihre Lieferanten in Bezug auf Standards und Zertifikate zu verhalten haben. Verschiedene Verhaltenskodizes („**Codes of Conduct**") mit einer Vielzahl von Forderungen sind gängige Praxis, die bzgl. des LkSG sicherlich überarbeitet und angepasst werden müssen.

Interne Praktiken		**Externe Praktiken**	
Kodierung	**Häufigkeit (N = 112)**	**Kodierung**	**Häufigkeit (N = 119)**
Monitoring	39 (34,8 %)	Transparenz	35 (29,4 %)
Standards & Zertifikate	32 (28,6 %)	Langfristige Beziehungen	24 (20,2 %)
Lieferantenauswahl	22 (19,6 %)	Lieferantenentwicklung	15 (12,6 %)

Interne Praktiken		Externe Praktiken	
Lieferanten-evaluation	19 (17,0 %)	Rückverfolgbarkeit	14 (11,8 %)
		Kooperation	12 (10,1 %)
		Gemeinsame Entwicklung	11 (9,2 %)
		Erweiterte Kommunikation	8 (6,7 %)
Gesamt	**112 (100 %)**	**Gesamt**	**119 (100 %)**

Tab. 5: Interne und externe Nachhaltigkeitspraktiken für das LkSG

Externe Nachhaltigkeitspraktiken umfassen v.a. die unternehmensübergreifende Transparenz und Rückverfolgbarkeit sowie das Beziehungsmanagement i.R.e. langfristigen Lieferantenentwicklung. Das LkSG bedarf zudem einer intensiven Kommunikation und Kooperation sowie gemeinsamer Entwicklungen zwischen Unternehmen und ihren internationalen Lieferanten. Langfristige Beziehungen sind die Basis, um Lieferanten zu einem nachhaltigen Verhalten zu entwickeln und ihnen entsprechende Praktiken zur Verfügung zu stellen und um zusammen wirtschaftlich erfolgreich zu sein und gesetzte Nachhaltigkeitsziele gemeinsam zu erreichen. Allerdings ist es einigen Unternehmen aufgrund äußerer Rahmenbedingungen, z.B. im Projektgeschäft, kaum möglich, langfristige Beziehungen zu (kleinen und mittelgroßen) Lieferanten aufzubauen. Hier kann Kommunikation in Lieferketten als Unterstützungsinstrument genutzt werden, um Vorgaben bei Lieferanten einzufordern und selbst geforderte Vorgaben einzuhalten. In Deutschland ansässige fokale Firmen lassen sich durchaus von ihren ausländischen Lieferanten und Supply Chain Partnern beraten. Also kann auch der (zur Richtung der Propagierung von Nachhaltigkeitsanforderungen umgekehrte) Weg vom (vorgelagerten) Lieferanten hin zum fokalen Unternehmen ein weiterer Schritt zu einer gemeinsamen Entwicklung hin zu mehr Nachhaltigkeit sein. 49

Eine konsequente **Management-Orientierung** zu mehr Nachhaltigkeit sowie die Berücksichtigung von Interessengruppierungen und **Stakeholdern** bilden die wichtigsten Voraussetzungen, um die Nachhaltigkeits- 50 praktiken umsetzen zu können. Zu beachten sind zudem politische Einflussfaktoren und das Wettbewerbsumfeld sowie der evtl. bestehende Bedarf, die Lieferkette (zumindest in Teilen) neu zu konzipieren. Hierbei können lokale Wertschöpfungsketten oder direkte Beschaffung erforderlich werden. Ausbildung und Lernen sowie Innovation sind weitere Voraussetzungen für den Einsatz von Nachhaltigkeitspraktiken für das LkSG. Tab. 6 fasst diese Ergebnisse zusammen:

Kodierung	**Häufigkeit (N = 179)**
Management-Orientierung	43 (24,0 %)
Interessengruppen/Stakeholder	43 (24,0 %)
Politischer Einfluss	26 (14,5 %)
Wettbewerb	19 (10,6 %)
Neukonzeption der Lieferkette	19 (10,6 %)
Ausbildung und Lernen	10 (5,6 %)
Lokale Wertschöpfungsketten	8 (4,5 %)
Direkte Beschaffung	6 (3,4 %)
Innovation	6 (3,4 %)
Gesamt	**179 (100 %)**

Tab. 6: Voraussetzungen für die Umsetzung der Nachhaltigkeitspraktiken für das LkSG

51 Vor und während der Auftragsvergabe setzen Kunden und Endverbraucher Anforderungen an Nachhaltigkeit und hinterfragen die vorgelagerten Wertschöpfungsstufen. Die Untersuchung zeigt, dass einige Unternehmen selbst zu Tier-1-Lieferanten gehören, die das LkSG betrifft. Diesen Firmen kommt bei der Umsetzung der Gesetzesvorgaben somit eine doppelte Aufgabe zu: sie müssen kundenseitige Nachhaltigkeitsforderungen erfüllen und diese zudem bei ihren eigenen Lieferanten einfordern.

52 Die Unternehmen sind sich der **politischen Einflüsse** bewusst und wünschen sich weitere Anstrengungen der Regierungen, um gesetzte Vorgaben auch in Entwicklungsländern umzusetzen, da ihre eigenen Möglichkeiten, gesetzliche Vorgaben durchzusetzen, limitiert sind. Viele der befragten Unternehmen bevorzugen auch an ausländischen Produktionsstandorten regionale Ansätze und sind gewillt, das Lieferantennetzwerk auch dort so lokal wie möglich zu halten.

4.3 Handlungsansätze für die Faktoren der Sorgfaltspflichten (Frage 3)

Das LkSG regelt unterschiedliche Faktoren der Sorgfaltspflichten. Diese umfassen das Risikomanagement und betriebsinterne Zuständigkeiten (§ 4), Risikoanalyse (§ 5), die Abgabe einer Grundsatzerklärung (§ 6), Präventions- und Abhilfemaßnahmen (§§ 6 und 7), ein Beschwerdeverfahren (§ 8), Sorgfaltspflichten gegenüber mittelbaren Lieferanten (§ 9) sowie Dokumentation und Berichterstattung (§ 10). Zur Ausgestaltung dieser Aspekte werden nachfolgend Handlungsansätze aufgezeigt. 53

Gem. LkSG werden Unternehmen aufgefordert, eine **Grundsatzerklärung** zur Achtung der Menschenrechte durch die Unternehmensleitung zu verabschieden, in der sie ihre Menschenrechtsstrategie sowie die Verfahren, mit denen sie ihren Sorgfaltspflichten nachkommen, darlegen. Zudem verlangt das LkSG, dass Unternehmen menschenrechts- und umweltbezogene Erwartungen an ihre Beschäftigten und Lieferanten festlegen müssen, die als Grundlage für Verhaltenskodizes dienen sollen. Hierdurch soll die Entwicklung einer unternehmensweiten Denkhaltung hinsichtlich der Achtung der Menschenrechte untermauert werden. Um eine unternehmensweite Denkhaltung zu fördern, sollte die Grundsatzerklärung strategisch in das Kerngeschäft verankert werden. Bedeutend ist hierbei die Management-Orientierung,[129] da die Geschäftsleitung die Grundsatzerklärung verabschieden muss. Die menschenrechtsbezogenen Erwartungen der Stakeholder sollten sich dabei maßgeblich an die Minderung und Abwehr menschenrechtlicher Risiken richten. 54

I. R. d. **Risikomanagements** sind die Grundsätze festzulegen, welche bei der Durchführung der jeweiligen Maßnahmen gem. LkSG zu berücksichtigen sind. Hier können Ansätze des Managements von Nachhaltigkeitsrisiken hilfreich sein.[130] Aufbauend auf der verabschiedeten Menschenrechtsstrategie geht es i. R. d. Risikomanagements gem. LkSG um die Schaffung von Strukturen. **Betriebsinterne Zuständigkeiten** und Verantwortlichkeiten sind festzulegen und zu dokumentieren. Die Thematik der Menschenrechte sollte in allen Geschäftsabläufen und Unternehmensbereichen präsent sein, und ein **funktionsübergreifendes LkSG-Team** sollte (mind.) die vom LkSG adressierten Organisationseinheiten umfassen: die Personalabteilung sollte unternehmensintern sicherstellen, dass Menschenrechte geachtet werden, während dem Einkauf als Schnittstelle 55

---

129 Vgl. hierzu auch Freise/Seuring, Logistics Research 2015, S. 2; Wijethilake/Lama, Business Strategy and the Environment 2019, S. 143 ff.

130 Vgl. z. B. Hajmohammad/Vachon, Journal of Supply Chain Management 2015, S. 48 ff.; Giannakis/Papadopoulus, International Journal of Production Economics 2016, S. 455 ff.

zwischen dem eigenen Unternehmen und den Lieferanten eine entscheidende Rolle zukommt.[131] Die Einbindung von Compliance- oder Rechtsabteilungen gewährleistet, dass die rechtlichen Vorgaben verstanden und eingehalten werden. Weiterhin sieht das LkSG die Benennung eines Menschenrechtsbeauftragten vor, welcher der Geschäftsleitung unterstellt ist und das Risikomanagement überwacht. Der oder die Menschenrechtsbeauftragte ist ausreichend zu informieren und rechtzeitig einzubinden und sollte daher im engen Kontakt mit den involvierten Bereichen stehen. Neben personellen sind finanzielle Ressourcen zur Umsetzung der Sorgfaltspflichten festzulegen und bereitzuhalten.

56 Informationen, die für die im LkSG geforderte **Risikoanalyse** benötigt werden, können durch firmeninternes Wissen und aus externen Quellen, z.B. den UN-Leitprinzipien für Wirtschaft und Menschenrechte[132] oder der OECD Due Diligence Guidance[133], gewonnen werden. Weiterhin können Self-Assessment Tools eingesetzt werden, mit denen die ökologische und soziale Performance von Unternehmen gemessen werden kann.[134] Die gewonnenen Erkenntnisse können durch Risikomapping-Instrumente dargestellt und priorisiert werden, um effektive Maßnahmen der Risikovermeidung abzuleiten und zu initiieren. Hierfür lassen sich entsprechende Ansätze des traditionellen Supply Chain Risk Managements auf den Nachhaltigkeitskontext übertragen.[135]

57 Durch **Präventions- und Abhilfemaßnahmen** können potenzielle Risiken reduziert bzw. Reaktionen auf bevorstehende oder eingetretene Verletzungen initiiert werden.[136] Zertifizierungen und Audits stellen geeignete Präventionsinstrumente dar.[137] Kontinuierlicher Dialog und Erfahrungsaustausch auf unternehmensübergreifender Ebene sind hilfreich bei der Umsetzung der Sorgfaltspflichten.[138] Standardisierte Tools ermöglichen eine branchenweite Vergleichbarkeit und Anerkennung, und

---

131 Vgl. Yawar/Seuring, Journal of Cleaner Production 2018, S. 227ff.

132 Deutsches Global Compact Netzwerk (DGCN), Leitprinzipien für Wirtschaft und Menschenrechte – Umsetzung des Rahmens der Vereinten Nationen „Schutz, Achtung und Abhilfe“, 2014.

133 Organisation for Economic Cooperation and Development, OECD Due Diligence Guidance for Responsible Business Conduct, 2018.

134 Vgl. z.B. Torres-Ruiz/Ravidran, Journal of Cleaner Production 2018, S. 4478ff.; Xu u.a., Journal of Cleaner Production 2019, S. 857ff.

135 Vgl. Norrman/Jansson, International Journal of Physical Distribution & Logistics Management 2004, S. 434ff.; Norrman/Wieland, International Journal of Physical Distribution & Logistics Management 2020, S. 641ff.

136 Vgl. Hallikas/Lintukangas/Kähkönen, Journal of Cleaner Production 2020, Vol. 263, 121579.

137 Vgl. Oelze/Gruchmann/Brandenburg, Sustainability 2020, S. 4832.

138 Vgl. Seuring/Gold, Journal of Cleaner Production 2013, S. 1699ff.

Auditberichte können innerhalb eines Industriezweigs geteilt werden. Hierdurch lassen sich Ressourcen einsparen. Potenziellen Risiken kann durch innerbetriebliche Maßnahmen, Beschaffungsstrategien und Einkaufspraktiken begegnet werden.[139] Weiterhin stellen Schulungen und Trainings praktikable Instrumente dar, um das Problembewusstsein aller relevanten Stakeholder innerhalb des eigenen Unternehmens sowie bei vorgelagerten Lieferanten zu schärfen.[140] Bereits bei der Aufnahme neuer Geschäftsbeziehungen sollten sorgfältige Lieferantenbewertungen durchgeführt werden.[141] Lieferantenverträge sollten Mitwirkungspflichten des Zulieferers sowie Vertragsstrafen und Sonderkündigungsrechte für schwerwiegende Verstöße beinhalten. Drohen Verletzungen, so sind Korrekturmaßnahmen gemeinsam mit den betreffenden Lieferanten zu planen und umzusetzen, um Verstöße möglichst zu vermeiden. Als **Eskalationsmechanismus bei Verstößen** eignet sich ein Stufenplan. Die möglichen Eskalationsstufen reichen von einer Aufforderung an den Lieferanten, die Verletzungen bis zu einem festgesetzten Datum zu beenden, bis hin zum Abbruch der Geschäftsbeziehungen zum Lieferanten.

Das im LkSG geforderte **Beschwerdeverfahren** kann durch Zusammen- 58
arbeit mit Initiativen umgesetzt werden, die eingehende Beschwerden prüfen und an das betreffende Unternehmen weiterleiten. Für die effektive Implementierung eines Whistle-Blowing-Verfahrens sind entsprechende zeitliche, personelle und finanzielle Mittel einzusetzen. Die Wirksamkeit des Beschwerdeverfahrens sollte in regelmäßigen Abständen sowie bei wesentlicher Änderung der Risikolage anlassbezogen geprüft werden. Geeignete Indikatoren zur Effektivitätsmessung sind z.B. die Anzahl eingegangener Beschwerden oder die Dauer bis zur Klärung einer Beschwerde.

Die Handlungsansätze (Rz 53 ff.) sind nicht nur für direkte, unmittelbare 59
Zulieferer zu berücksichtigen. Relevant sind auch vorgelagerte **mittelbare Lieferanten**, deren Zulieferungen für die Herstellung der Vorprodukte und Komponenten notwendig sind und mit denen die unmittelbaren Zulieferer direkt oder indirekt verbunden sind.[142] Somit ist ein mehrstufiges, mehrere Ebenen von Lieferanten umfassendes Risikomanagement in Lieferketten und Wertschöpfungsnetzwerken, also quasi ein

139 Vgl. Juettner u. a., The TQM Journal 2020, S. 923 ff.

140 Vgl. Dubey/Gunasekaran, Industrial Commercial Training 2015, S. 86 ff.

141 Vgl. Leppelt u. a., Journal of Cleaner Production 2013, S. 94 ff.; Sancha/Longoni/Gimenez, Journal of Purchasing and Supply Management 2015, S. 2117 ff.; Yawar/Seuring, Journal of Cleaner Production 2018, S. 227 ff.

142 Vgl. Wilhelm u. a., Journal of Operations Management 2016, S. 42 ff.; Jia/Gong/Braun, International Journal of Production Economics 2019, S. 44 ff.

Multi-Tier Supply Chain Risk Management, empfehlenswert.[143] Hierfür können die im Supply Chain Management bekannten Konzepte und Ansätze des Sub-Supplier Managements, also des Managements vorgelagerter Lieferanten über mehrere Ebenen des Netzwerks hinweg, hilfreich sein.[144]

60 Nachhaltigkeitsberichte stellen geeignete Formate dar, um der im LkSG geforderten **Dokumentations- und Berichtspflicht** zu genügen.[145] Hier kommt Rückverfolgbarkeit und Transparenz in globalen Lieferketten und internationalen Wertschöpfungsnetzwerken eine hohe Relevanz zu.[146] Gleichzeitig ist die Balance zwischen erforderlicher Transparenz und Zurückhaltung von Geschäftsgeheimnissen zu wahren.

5 Fazit, Grenzen und Ausblick

61 Das LkSG stellt neue Herausforderungen an die Unternehmenspraxis. In globalen Lieferketten und internationalen Wertschöpfungsnetzwerken operierende Unternehmen müssen erweiterten Sorgfaltspflichten genügen. Hierdurch gewinnt nachhaltiges Wirtschaften, insbes. nachhaltiges Supply Chain Management, an Relevanz. Gleichzeitig sind neue Instrumente und Handlungsansätze erforderlich, um die im LkSG gestellten Anforderungen dauerhaft zu erfüllen.

62 I. R. v. Experteninterviews wurden Auswirkungen des LkSG auf das nachhaltige Wirtschaften in Lieferketten analysiert und Handlungsansätze vorgeschlagen, mit denen die Vorgaben und Forderungen des LkSG konkret erfüllt werden können. Für die Unternehmenspraxis mögen diese Erkenntnisse hilfreich sein, um angesichts der gestiegenen Anforderungen die Wettbewerbsfähigkeit sicherzustellen.

Gleichwohl ist diese Studie, wie jede andere wissenschaftliche Arbeit auch, nicht ohne Grenzen. Neben den Limitierungen, die sich aus der empirischen Untersuchungsmethodik ergeben, ist v. a. der zeitliche Aspekt zu berücksichtigen. Das LkSG ist zwar verabschiedet, aber noch nicht in Kraft getreten. Insofern gibt es momentan schlichtweg noch keine Möglichkeit, den Gegenstand der Studie durch konkrete Beobachtungen aus der Unternehmenspraxis zu analysieren. Die Untersuchung bleibt notwendigerweise auf theoretische Überlegungen beschränkt, die sich

---

143 Vgl. Foerstl u. a., Journal of Purchasing and Supply Management 2010, S. 118 ff.; Villena/Gioia, Journal of Operations Management 2018, S. 65 ff.

144 Vgl. Sauer/Seuring, Supply Chain Management 2018, S. 560 ff.

145 Vgl. Hahn/Kühnen, Journal of Cleaner Production 2013, S. 5 ff.

146 Vgl. Garcia-Torres u. a., Supply Chain Management 2019, S. 85 ff.

erst in naher Zukunft durch die praktische Umsetzung konkretisieren. Dennoch ist es keinesfalls zu früh, sich mit den (vermuteten, möglichen) Implementierungsansätzen und Auswirkungen des LkSG auf wissenschaftlichem Wege auseinanderzusetzen, zumal außer Frage steht, ob das LkSG greifen wird.

Es bleiben nach Inkrafttreten des LkSG die Handlungsoptionen und Auswirkungen zu analysieren. U.a. wird zu untersuchen sein, ob durch das LkSG ein höheres Maß an Nachhaltigkeit erreicht werden konnte und wie es sich auf die Wettbewerbsfähigkeit der betreffenden Firmen ausgewirkt haben wird.

6 Anhang – Sustainable Developement Goals (SDGs) der Vereinten Nationen

Es wird auf Abb. 13 in § 8 Rz 167 verwiesen. 63

Literaturtipps

- Ahi/Searcy, An analysis of metrics used to measure performance in green and sustainable supply chains, Journal of Cleaner Production 2015, Vol. 86, S. 360ff.
- Ahi/Searcy, Measuring social issues in sustainable supply chains, Measuring Business Excellence 2015, Vol. 19(1) S. 33ff.
- Allaoui/Guo/Sarkis, Decision support for collaboration planning in sustainable supply chains, Journal of Cleaner Production 2019, Vol. 229, S. 761ff.
- Armani u.a., Low-tech solutions for the COVID-19 supply chain crisis, Nature Reviews Materials 2020, Vol. 5, S. 403ff.
- Auswärtiges Amt, Nationaler Aktionsplan – Umsetzung der VN-Leitprinzipien für Wirtschaft und Menschenrechte 2016–2020, 2016, www.auswaertiges-amt.de/de/aussenpolitik/themen/aussenwirtschaft/wirtschaft-und-menschenrechte/nationaler-aktionsplan-wirtschaft-menschenrechte/205208, abgerufen am 3.1.2022
- Barz/Buer/Haasis, Quantifying the effects of additive manufacturing on supply networks by means of a facility location-allocation model, Logistics Research 2016, Vol. 9, S. 13
- Beamon, Supply chain design and analysis: Models and methods, International Journal of Production Economics 1998, Vol. 55(3), S. 281ff.
- Beske/Seuring, Putting sustainability into supply chain management. Supply Chain Management: An International Journal 2014, Vol. 19(3), S. 322ff.
- Bolstorff/Rosenbaum/Poluha, Spitzenleistungen im Supply Chain Management – Ein Praxishandbuch zur Optimierung mit SCOR, 2007

- Bolumole, Evaluating the supply chain role of logistics service providers, International Journal of Logistics Management 2003, Vol. 14(2), S. 93 ff.
- Brandenburg, Low carbon supply chain configuration for a new product – a goal programming approach, International Journal of Production Research 2015, Vol. 53(21), S. 6588 ff.
- Brandenburg, Quantitative Models for Value-Based Supply Chain Management, 2013
- Brandenburg u. a., Performance- and value-oriented decision support for supply chain configuration – A discrete event simulation model and a case study of an FMCG manufacturer, Logistics Research 2014, Vol. 7, S. 118 ff.
- Carter/Jennings, The role of purchasing in the socially responsible management of the supply chain: a structural equation analysis, Journal of Business Logistics 2004, Vol. 25(1), S. 145 ff.
- Carter/Rogers, A framework of sustainable supply chain management: moving toward new theory, International Journal of Physical Distribution & Logistics Management 2008, Vol. 38(5), S. 360 ff.
- Cetinkaya, Developing a Sustainable Supply Chain Strategy, in: Sustainable Supply Chain Management, 2011, S. 17 ff.
- Christopher, Logistics and Supply Chain Management – Creating Value-Adding Networks, 3. Aufl., 2005
- Clarkson, A stakeholder framework for analyzing and evaluating corporate social performance, Academy of Management Review 1995, Vol. 20(1), S. 92 ff.
- Cooper, Location-allocation problems, Operations Research 1963, Vol. 11(3), S. 331 ff.
- Cooper/Lambert/Pagh, Supply chain management: More than a new name for logistics, International Journal of Logistics Management 1997, Vol. 8(1), S. 1 ff.
- Corsten/Gössinger/Spengler (Hrsg.), Handbuch Produktions- und Logistikmanagement in Wertschöpfungsnetzwerken, 2018
- Creazza/Dallari/Melacini, Evaluating logistics network configurations for a global supply chain, Supply Chain Management 2010, Vol. 15(2), S. 154 ff.
- de Camargo Fiorini/Jabbour, Information systems and sustainable supply chain management towards a more sustainable society: Where we are and where we are going, International Journal of Information Management 2017, Vol. 37(4), S. 241 ff.
- Deutsches Global Compact Netzwerk (DGCN) (Hrsg.), Leitprinzipien für Wirtschaft und Menschenrechte – Umsetzung des Rahmens der Vereinten Nationen „Schutz, Achtung und Abhilfe“, 2014

- Dubey/Gunasekaran, Shortage of sustainable supply chain talent: an industrial training framework, Industrial and Commercial Training 2015, Vol. 47(2), S. 86 ff.
- Elkington, Cannibals with Forks: The Triple Bottom Line of the 21st Century, 1998.
- Fabbe-Costes/Jahre/Roussat, Supply chain integration: the role of logistics service providers, International Journal of Productivity and Performance Management 2009, Vol. 58(1), S. 71 ff.
- Ferreira/Silva/Azevedo, An environmental balanced scorecard for supply chain performance measurement (Env_BSC_4_SCPM), Benchmarking: An International Journal 2016, Vol. 23(6), S. 1398 ff.
- Fiala, Information sharing in supply chains, Omega – The International Journal of Management Science 2005, Vol. 33(5), S. 419 ff.
- Fisher, What is the right supply chain for your product? Harvard Business Review 1997, Vol. 75, S. 105 ff.
- Foerstl u. a., Managing supplier sustainability risks in a dynamically changing environment – Sustainable supplier management in the chemical industry, Journal of Purchasing and Supply Management 2010, Vol. 16(2), S. 118 ff.
- Freeman, Strategic management: A stakeholder approach, 1984
- Freeman u. a., Stakeholder theory: The state of the art, 2010
- Freise/Seuring, Social and environmental risk management in supply chains: a survey in the clothing industry, Logistics Research 2015, Vol. 8, S. 2 DOI 10.1007/s12159–015–0121–8
- Fujita/Thisse, Globalization and the evolution of the supply chain: who gains and who loses? International Economic Review 2006, Vol. 47(3), S. 811 ff.
- Garcia-Torres u. a., Traceability for sustainability – literature review and conceptual framework, Supply Chain Management 2019, Vol. 24(1), S. 85 ff.
- Gelsomino u. a., Supply chain finance: a literature review, International Journal of Physical Distribution & Logistics Management 2016, Vol. 46(4), S. 348 ff.
- Geng/Sarkis/Bleischwitz, How to globalize the circular economy, Nature 2019, Vol. 565, S. 153 ff.
- Giannakis/Papadopoulos, Supply chain sustainability: A risk management approach, International Journal of Production Economics 2016, Vol. 171(4), S. 455 ff.
- Glushkova/Lomakina/Sakulyeva, The economy of developing countries in the context of globalization: Global supply chain management, International Journal of Supply Chain Management 2019, Vol. 8(1), S. 876 ff.

- Govindan/Hasanagic, A systematic review on drivers, barriers, and practices towards circular economy: a supply chain perspective, International Journal of Production Research 2018, Vol. 56(1–2), S. 278ff.
- Guide Jr./Harrison/van Wassenhove, The challenge of closed-loop supply chains, Interfaces 2003, Vol. 33(6), S. 3ff.
- Günther/Tempelmeier, Produktion und Logistik, 9. Aufl., 2012
- Hahn/Kühnen, Determinants of sustainability reporting: a review of results, trends, theory, and opportunities in an expanding field of research, Journal of Cleaner Production 2013, Vol. 59, S. 5ff.
- Hajmohammad/Vachon, Mitigation, Avoidance, or Acceptance? Managing Supplier Sustainability Risk, Journal of Supply Chain Management 2015, Vol. 52(2), S. 48ff.
- Hallikas/Lintukangas/Kähkönen, The effects of sustainability practices on the performance of risk management and purchasing, Journal of Cleaner Production 2020, Vol. 263, S. 121579
- Hartmann/Moeller, Chain liability in multitier supply chains? Responsibility attributions for unsustainable supplier behavior, Journal of Operations Management 2014, Vol. 32, S. 281ff.
- Hassini/Surti/Searcy, A literature review and a case study of sustainable supply chains with a focus on metrics, International Journal of Production Economics 2012, Vol. 140, S. 69ff.
- Heinemann u.a., Exploring the supply-demand-discrepancy of sustainable financial products in Germany from a financial advisor's point of view, Sustainability 2018, Vol. 10, S. 944
- Hervani/Helms/Sarkis, Performance measurement for green supply chain management, Benchmarking: An International Journal 2005, Vol. 12(4), S. 330ff.
- Hofmann, Supply chain finance: some conceptual insights, in: Lasch/Janker (Hrsg.), Logistik Management – Innovative Logistikkonzepte, 2005, S. 203ff.
- Hofmann/Schleper/Blome, Conflict minerals and supply chain due diligence: an exploratory study of multi-tier supply chains, Journal of Business Ethics 2018, Vol. 147(1), S. 115ff.
- Hörisch/Freeman/Schaltegger, Applying stakeholder theory in sustainability management: links, similarities, dissimilarities, and a conceptual framework, Organization & Environment 2014, Vol. 27(4), S. 328ff.
- Humphrey, Globalization and supply chain networks: the auto industry in Brazil and India, Global Networks 2003, Vol. 3(2), S. 121ff.
- Jenssen/de Boer, Implementing life cycle assessment in green supplier selection: A systematic review and conceptual model, Journal of Cleaner Production 2019, Vol. 229, S. 1198ff.

- Jia/Gong/Brown, Multi-tier sustainable supply chain management: The role of supply chain leadership, International Journal of Production Economics 2019, Vol. 217, S. 44ff.
- Jose/Lee, Environmental reporting of global corporations: A content analysis based on website disclosures, Journal of Business Ethics 2007, Vol. 72, S. 307ff.
- Jouzdani/Govindan, On the sustainable perishable food supply chain network design: A dairy products case to achieve sustainable development goals, Journal of Cleaner Production 2021, Vol. 278 S. 123060. DOI: 10.1016/j.jclepro.2020.123060
- Juettner u. a., Implementing supplier management strategies for supply chain sustainability risks in multinational companies, The TQM Journal 2020, Vol. 32(5), S. 923ff.
- Kehoe u. a., Demand network alignment: aligning the physical, informational and relationship issues in supply chains, International Journal of Production Research 2007, Vol. 45(5), S. 1141ff.
- Kolk, Sustainability, accountability and corporate governance: Exploring multinationals' reporting practices, Business Strategy and the Environment 2008, Vol. 18, S. 1ff.
- Kolk, Trends in sustainability reporting by the Fortune Global 250, Business Strategy and the Environment 2003, Vol. 12, S. 279ff.
- Kouvelis/Niederhoff, On the Globalization of Operations and Supply Chain Strategies, in: Lee/Lee (Hrsg.), Building Supply Chain Excellence in Emerging Economies, International Series in Operations Research & Management Science 2007, Vol. 98, S. 3ff.
- Kruse, Qualitative Interviewforschung, 2015
- Kuckartz, Einführung in die computergestützte Analyse qualitativer Daten, 3. Aufl., 2010
- Leppelt u. a., Sustainability management beyond organizational boundaries – sustainable supplier relationship management in the chemical industry, Journal of Cleaner Production 2013, Vol. 56, S. 94ff.
- Luthra u. a., An integrated framework for sustainable supplier selection and evaluation in supply chains, Journal of Cleaner Production 2017, Vol. 140(3), S. 1686ff.
- Machuca/del Mar González-Zamora/Aguilar-Escobar, Service operations management research, Journal of Operations Management 2007, Vol. 25(3), S. 585ff.
- Malik u. a., International spillover effects in the EU's textile supply chains: A global SDG assessment, Journal of Environmental Management 2021, Vol. 295, S. 113037. DOI: 10.1016/j.jenvman.2021.113037
- Maloni/Paul/Gligor, Slow steaming impacts on ocean carriers and shippers, Maritime Economics & Logistics 2013, Vol. 15(2), S. 151ff.

- Mattsson, Reorganization of distribution in globalization of markets: the dynamic context of supply chain management, Supply Chain Management 2003, Vol. 8(5), S. 416 ff.
- Mayring, Qualitative Content Analysis: Theoretical Foundation, Basic Procedures and Software Solutions, 2014, https://nbn-resolving.org/urn:nbn:de:0168-ssoar-395173, abgerufen am 3.1.2022
- Meixell/Gargeya, Global supply chain design: A literature review and critique. Transportation Research Part E 2005, Vol. 41(6), S. 531 ff.
- Meixell/Luoma, Stakeholder pressure in sustainable supply chain management: A systematic review, International Journal of Physical Distribution & Logistics Management 2015, Vol. 45(1/2), S. 69 ff.
- Mentzer u. a., Defining supply chain management, Journal of Business Logistics 2001, Vol. 22(2), S. 1 ff.
- Montecchi/Plangger/West, Supply chain transparency: A bibliometric review and research agenda, International Journal of Production Economics 2021, Vol. 238, S. 108152. DOI 10.1016/j.ijpe.2021.108152
- Norrman/Jansson, Ericsson's proactive supply chain risk management approach after a serious sub-supplier accident, International Journal of Physical Distribution & Logistics Management 2004, Vol. 34(5), S. 434 ff.
- Norrman/Wieland, The development of supply chain risk management over time: revisiting Ericsson, International Journal of Physical Distribution & Logistics Management 2020, Vol. 50(6), S. 641 ff.
- Nouri/Nikabadi/Olfat, Developing the framework of sustainable service supply chain balanced scorecard (SSSC BSC), International Journal of Productivity and Performance Management 2019, Vol. 68(1), S. 148 ff.
- Oelze/Gruchmann/Brandenburg, Motivating Factors for Implementing Apparel Certification Schemes – A Sustainable Supply Chain Management Perspective, Sustainability 2020, Vol. 12, S. 4823. DOI: 10.3390/su12124823
- Organisation for Economic Co-operation and Development (OECD) (Hrsg.), OECD Due Diligence Guidance for Responsible Business Conduct, 2018
- Otto/Kotzab, Does supply chain management really pay? Six perspectives to measure the performance of managing a supply chain, European Journal of Operational Research 2003, Vol. 144(2), S. 306 ff.
- Pagell/Wu, Building a more complete theory of sustainable supply chain management using case studies of 10 exemplars, Journal of Supply Chain Management 2009, Vol. 45(2), S. 37 ff.
- Patel u. a., Personal protective equipment supply chain: lessons learned from recent public health emergency responses, Health Security 2017, Vol. 15(3), S. 244 ff.

- Pohlmann u. a., The role of the focal company in sustainable development goals: A Brazilian food poultry supply chain case study, Journal of Cleaner Production 2020, Vol. 245, S. 118798. DOI: 10.1016/j.jclepro.2019.118798
- Przyborski/Wohlrab-Sahr, Qualitative Sozialforschung, 2008
- Rebs u. a., Stakeholder influences and risks in sustainable supply chain management: a comparison of qualitative and quantitative studies, Business Research 2018, Vol. 11(2), S. 197 ff.
- Reefke/Trocchi, Balanced scorecard for sustainable supply chains: design and development guidelines, International Journal of Productivity and Performance Management 2013, Vol. 62(8), S. 805 ff.
- Roth/Menor, Insights into service operations management: a research agenda, Production and Operations Management 2003, Vol. 12(2), S. 145 ff.
- Saberi u. a., Blockchain technology and its relationships to sustainable supply chain management, International Journal of Production Research 2019, Vol. 57(7), S. 2117 ff.
- Sancha/Longoni/Gimenez, Sustainable supplier development practices: Drivers and enablers in a global context, Journal of Purchasing and Supply Management 2015, Vol. 21(2), S. 95 ff.
- Sarkis/Talluri, A model for strategic supplier selection, Journal of Supply Chain Management 2006, Vol. 38(4), S. 18 ff.
- Sauer/Seuring, A three-dimensional framework for multi-tier sustainable supply chain management, Supply Chain Management 2018, Vol. 23(6), S. 560 ff.
- Savitz/Weber, The Triple Bottom Line, 2006
- Schmenner/Swink, On theory in operations management, Journal of Operations Management 1998, Vol. 17(1), S. 97 ff.
- Sedex, Going Deep – The case for multi-tier transparency, 2013 www.sedex.com/briefing-transparency/, abgerufen am 3.1.2022
- Seuring, The product-relationship-matrix as framework for strategic supply chain design based on operations theory, International Journal of Production Economics 2009, Vol. 120(1), S. 221 ff.
- Seuring/Gold, Sustainability management beyond corporate boundaries: from stakeholders to performance, Journal of Cleaner Production 2013, Vol. 56, S. 1 ff.
- Seuring/Müller, From a literature review to a conceptual framework for sustainable supply chain management, Journal of Cleaner Production 2008, Vol. 16(15), S. 1699 ff.
- Seuring/Müller/Schwarzkopf, Nachhaltiges Management von Wertschöpfungsketten, in: Baumast/Pape (Hrsg.), Betriebliches Nachhaltigkeitsmanagement, 2. Aufl., 2022, S. 360 ff.

- Siebert/Brandenburg/Siebert, Defining and aligning supply chain objectives before, during and after the COVID-19 pandemic, IEEE Engineering Management Review 2020, Vol. 48(4), S. 72ff.
- Stahel, The circular economy, Nature 2016, Vol. 531, S. 435ff.
- Stock/Boyer, Developing a consensus definition of supply chain management: a qualitative study, International Journal of Physical Distribution & Logistics Management 2009, Vol. 39(8), S. 690ff.
- Stuart u.a., Effective case research in operations management: a process perspective, Journal of Operations Management 2002, Vol. 20(5), S. 419ff.
- Tang/Zhou, Research advances in environmentally and socially sustainable operations, European Journal of Operational Research 2012, Vol. 223(3), S. 585ff.
- Torres-Ruiz/Ravindran, Multiple criteria framework for the sustainability risk assessment of a supplier portfolio, Journal of Cleaner Production 2018, Vol. 172, S. 4478ff.
- UK Government, Modern Slavery Act 2015, www.legislation.gov.uk/ukpga/2015/30/contents/enacted, abgerufen am 3.1.2022
- United Nations, The 17 Goals, https://sdgs.un.org/goals, abgerufen am 3.1.2022
- Villena/Gioia, On the riskiness of lower-tier suppliers: Managing sustainability in supply networks, Journal of Operations Management 2018, Vol. 64, S. 65ff.
- von Carlowitz, Sylvicultura Oeconomica, Oder Haußwirthliche Nachricht und Naturmäßige Anweisung Zur Wilden Baum-Zucht, 1713, www.digitale-sammlungen.de/en/view/bsb10214444?page=10,11, abgerufen am 3.1.2022
- Walker/Di Sisto/McBain, Drivers and barriers to environmental supply chain management practices: Lessons from the public and private sectors, Journal of Purchasing and Supply Management 2008, Vol. 14(1), S. 69ff.
- Wall/Schröder (Hrsg.), Controlling zwischen Shareholder Value und Stakeholder Value – Neue Anforderungen, Konzepte und Instrumente, 2009
- White, A survey and taxonomy of strategy-related performance measures for manufacturing, International Journal of Operations & Production Management 1996, Vol. 16(3), S. 42ff.
- Wilhelm u.a., Sustainability in multi-tier supply chains: Understanding the double agency role of the first-tier supplier, Journal of Operations Management 2016, Vol. 41, S. 42ff.

- Wijethilake/Lama, Sustainability core values and sustainability risk management: Moderating effects of top management commitment and stakeholder pressure, Business Strategy and the Environment 2019, Vol. 28(1), S. 143 ff.
- Williams u. a., Systems thinking: A review of sustainability management research, Journal of Cleaner Production 2017, Vol. 148, S. 866 ff.
- World Commission on Environment and Development, Our Common Future, 1987
- Xu/Li, An ethical stakeholder approach to crisis communication: A case study of Foxconn's 2010 employee suicide crisis, Journal of Business Ethics 2013, Vol. 117(2), S. 371 ff.
- Xu u. a., Supply chain sustainability risk and assessment, Journal of Cleaner Production 2019, Vol. 225, S. 857 ff.
- Yawar/Seuring, The role of supplier development in managing social and societal issues in supply chains, Journal of Cleaner Production 2018, Vol. 182, S. 227 ff.
- Zhou/Benton Jr., Supply chain practice and information sharing, Journal of Operations Management 2007, Vol. 25(6), S. 1348 ff.
- Zimon/Tyan/Sroufe, Drivers of sustainable supply chain management: Practices to alignment with UN Sustainable Development Goals, International Journal for Quality Research 2020, Vol. 14(1), S. 219 ff.

Glossar

Überblick

Nachfolgend werden ausgewählte Begriffe, die i. R. e. Nachhaltigkeitsberichterstattung von Bedeutung sind, erläutert und damit ein kurzes allgemeines Verständnis des jeweiligen Begriffs definiert.

Bedeutsame Leistungsindikatoren

Steuerungsrelevante Leistungsindikatoren nach dem Grundsatz der Vermittlung der Sicht der Unternehmensleitung (Management Approach). Von einer Steuerungsrelevanz ist auszugehen, wenn die Unternehmensleitung nichtfinanzielle Aspekte des Unternehmens in ihrem Geschäftsmodell verankert, Zielgrößen erfasst und deren Realisierung überwacht.

Begrenzte Sicherheit

Bei der begrenzten Sicherheit (limited assurance) handelt es sich um eine Prüfungstiefe zur Erlangung eines Prüfungsurteils durch einen externen Prüfer, die häufig i.R.v. Beauftragungen zur Prüfung von gesetzlichen oder freiwilligen Nachhaltigkeitsberichterstattungen vereinbart wird. Die Prüfungshandlungen sind weniger umfangreich als bei einer hinreichenden Sicherheit (s. **Hinreichende Sicherheit**) und bestehen vorwiegend aus analytischen Prüfungshandlungen und Befragungen.

Corporate Governance

Rechtlicher und faktischer Ordnungsrahmen zur Leitung und Überwachung von Unternehmen. Die Ausgestaltung obliegt der Unternehmensführung bzw. dem Überwachungsorgan (z.B. Aufsichtsrat).

Corporate Sustainability Reporting Directive (CSRD)

Vorschlag einer Richtlinie der Europäischen Kommission zur Nachhaltigkeitsberichterstattung, die die bisher geltende Non-Financial Reporting Directive (NFRD) aus dem Jahr 2014 ersetzen soll. Die NFRD bildete die Grundlage für das CSR-Richtlinie-Umsetzungsgesetz (s. **Nichtfinanzielle Erklärung**). Nach der Corporate Sustainability Reporting Directive (CSRD) sollen insbes. große Unternehmen bereits für Geschäftsjahre ab dem 1.1.2023 zu einer Nachhaltigkeitsberichterstattung gesetzlich verpflichtet werden (s. **EFRAG**).

Doppelte Wesentlichkeit (outside-in und inside-out)

Das Konzept der doppelten Wesentlichkeit besagt, dass Themen als wesentlich anzusehen sind, wenn sie mit Blick von außen auf das Unternehmen als relevant anzusehen sind (Outside-in-Perspektive) oder als Auswirkungen aus der Tätigkeit des Unternehmens heraus auf nichtfinanzielle Belange als materiell einzustufen sind (Inside-out-Perspektive).

EFRAG

Die Abkürzung steht für die European Financial Reporting Advisory Group. Ziel des Vereins ist es, die Europäische Kommission bei dem Prozess der Übernahme der International Financial Reporting Standards (IFRS) zu unterstützen. I.R.d. CSRD soll die EFRAG zudem die EU-Standards zur Nachhaltigkeitsberichterstattung entwickeln.

ESG

Die Abkürzung steht für Environmental, Social and Governance (Umwelt, Soziales, Unternehmensführung) und wird häufig als Synonym für den Begriff Nachhaltigkeit verwendet (s. **Nachhaltigkeit**).

EU-Aktionsplan für nachhaltiges Finanzwesen

Durch den im März 2018 von der EU-Kommission veröffentlichten Aktionsplan soll eine Umlenkung der Kapitalströme hin zu nachhaltigen Investitionen erfolgen. Ein wesentlicher Baustein ist die Taxonomie-Verordnung (s. **Taxonomie-Verordnung**).

EU Green Deal

Ein im Dezember 2019 von der EU-Kommission vorgestelltes Konzept mit dem Ziel, bis 2050 der erste klimaneutrale Kontinent zu werden und gleichzeitig das Wirtschaftswachstum zu fördern. I.R.d. EU-Green Deals wurde auch die Überarbeitung der NFRD angekündigt, die mittels der Corporate Sustainability Reporting Directive erfolgt (s. **Corporate Sustainability Reporting Directive**).

Green Bonds

Bei Green Bonds handelt es sich um Wertpapiere, die zur Kapitalbeschaffung für Aktivitäten zur Verringerung bzw. Verhinderung von Umwelt- bzw. Klimaschäden dienen. Green Bonds unterscheiden sich in ihrer Ausgestaltung nach Struktur, Risiko und Rendite nicht von „herkömmlichen" Anleihen. Im Einzelfall ist die Ausgestaltung der Anleihe an „grüne" Ziele gekoppelt, wie bspw. eine Zinskoppelung an vorher vereinbarte Umweltzielgrößen.

Hinreichende Sicherheit

Bei der hinreichenden Sicherheit (reasonable assurance) handelt es sich um eine Prüfungstiefe zur Erlangung eines Prüfungsurteils durch einen externen Prüfer, die derzeit noch selten i. R. v. Beauftragungen zur Prüfung von gesetzlichen oder freiwilligen Nachhaltigkeitsberichterstattungen vereinbart wird. Die Prüfungshandlungen sind deutlich umfangreicher als bei einer begrenzten Sicherheit (s. **Begrenzte Sicherheit**) und bestehen neben analytischen Prüfungshandlungen u. a. aus umfassenden Einzelfallprüfungshandlungen.

ISSB

Das International Sustainability Standards Board mit Sitz in Frankfurt/Main wurde durch die IFRS-Stiftung gegründet und hat zur Aufgabe, global einheitliche Standards im Bereich der Nachhaltigkeitsberichterstattung zu schaffen.

Lieferkette

Wertschöpfungsnetzwerk von Unternehmen, das durch die Material-, Informations- und Geld-/Finanzflüsse, durch welche die einzelnen Akteure miteinander verbunden sind, entsteht. Da Lieferketten oftmals nicht lineare Strukturen aufweisen, ist insbes. eine durchgängige Rückverfolgbarkeit eine große Herausforderung.

Lieferkettenmanagement

Das Lieferkettenmanagement, auch Supply Chain Management genannt, umfasst alle Aufgaben, Funktionen und Prozesse der Wertschöpfung, insbes. Produktion, Beschaffung, Logistik und Bestandsführung, Qualitätsmanagement usw., und geht daher deutlich über eine rein funktionale Betrachtung hinaus.

Lieferkettensorgfaltspflichtengesetz (LkSG)

Das Lieferkettensorgfaltspflichtengesetz verpflichtet Unternehmen mit mind. 3.000 bzw. 1.000 Beschäftigten in Deutschland ab dem 1.1.2023 bzw. 2024 zum Schutz von Menschen- und Umweltrechten entlang der Lieferketten. Zu den Kernelementen der Sorgfaltspflichten gehört nach dem Gesetz die Einrichtung eines Risikomanagements, um Risiken von Menschenrechtsverletzungen und Schädigungen der Umwelt zu identifizieren, zu vermeiden oder zu minimieren. Das Gesetz sieht eine regelmäßige Berichterstattung diesbzgl. vor. Eine Verabschiedung einer Europäischen Richtlinie mit ggf. strengeren Anforderungen ist im Jahr 2022 zu erwarten.

Nachhaltigkeit

Im Brundlandt Bericht von 1987 wird Nachhaltigkeit so verstanden, „die Bedürfnisse der heutigen Generation zu erfüllen, ohne die Fähigkeit zukünftiger Generationen zu beeinträchtigen, ihre eigenen Bedürfnisse zu erfüllen“[1]. Charakteristisch sind die ökonomische, die ökologische und die soziale Dimension der Nachhaltigkeit (s. **Triple Bottom Line**). Nachhaltigkeit umfasst ein weites Themenspektrum (s.a. Abb. 1 am Ende des Glossars) und wird vielfach „synonym“ verwendet zu den Begriffen Corporate Responsibility, Sustainability oder auch ESG (s. **ESG**).

Nachhaltigkeitsbericht

Publikation, mittels der Unternehmen über ihre ökonomischen, ökologischen und sozialen Leistungen und Auswirkungen berichten.

Nachhaltigkeitsmanagement

Das Nachhaltigkeitsmanagement ist ein Prozess zur Erreichung unternehmerischer Nachhaltigkeitsziele, der alle Bereiche integriert, vernetzt und die unternehmerische Performance funktions- und geschäftsbereichsübergreifend verbessert.

---

1 Abschlussbericht Brundtland Commission, Our Common Future, 1987.

Nichtfinanzielle Erklärung

Gesetzlich ab dem Jahr 2017 verpflichtend durch das CSR-Richtlinie-Umsetzungsgesetz eingeführte Nachhaltigkeitsberichterstattung für Unternehmen von öffentlichem Interesse mit mehr als 500 Beschäftigten. In Deutschland sind derzeit ca. 500 Unternehmen davon betroffen.

Nichtfinanzielle Risiken

Mögliche zukünftige Entwicklungen oder Ereignisse, die zu einer negativen Prognose bzw. Zielabweichung bei nichtfinanziellen Belangen führen können.

Nichtfinanzieller Leistungsindikator

Nicht-monetäre quantitative Mengenangabe oder Kennzahl, wie z.B. emittierte Treibhausgase in Tonnen, Wasserverbrauch in Litern, Arbeitsunfälle je geleistete Stunden etc.

Nichtfinanzielles IKS

Internes Kontrollsystem, das auf die Steuerung und Überwachung der für ein Unternehmen bestehenden Regelungen zu nichtfinanziellen Informationen ausgerichtet ist.

Offenlegungsverordnung

Die im März 2021 in Kraft getretene SFDR (Sustainable Finance Disclosure Regulation) ist Teil des EU-Aktionsplans für ein nachhaltiges Finanzwesen. Mit der SFDR werden an Finanzmarktakteure erhöhte Transparenzanforderungen für nachhaltige Finanzprodukte gestellt und verstärkte Sorgfaltspflichten eingeführt.

Rahmenwerke

Sollkonzept zur Aufstellung von Nachhaltigkeitsberichterstattungen. Rahmenwerke sind geprägt von Berichtsprinzipien oder -grundsätzen, die bei der Berichtsaufstellung zu beachten sind. Von den Rahmenwerken ist regelmäßig „Guidance“ abzugrenzen, die lediglich als Hilfestellung dienen soll und keine Berichtsanforderungen beinhaltet.

Stakeholder

Alle internen und externen Anspruchsgruppen eines Unternehmens, die von dessen Tätigkeiten gegenwärtig oder zukünftig direkt oder indirekt betroffen sind. Dazu zählen u.a. Eigentümer (Shareholder), Mitarbeiter, Kunden, Lieferanten, Kreditgeber, Staat, Gesellschaft. Die Interessen einzelner Anspruchsgruppen können sich stark unterscheiden.

Stakeholder-Dialog

Form des kommunikativen Austausches mit den Anspruchsgruppen oder deren einzelnen Mitgliedern. Der Dialog kann als kontinuierlicher Prozess oder anlassbezogen erfolgen. Für die Dialogformen bestehen in Abhängigkeit von der Anspruchsgruppe vielfältige Möglichkeiten, die allgemein auf sämtliche Anspruchsgruppen gerichtet sein können, wie z.B. Umfragen, oder spezifisch erfolgen können, wie z.B. Investorengespräche, Mitarbeiterbefragungen, Austausch mit Kunden auf Messen etc.

Sustainable Finance

Grds. lassen sich 2 Konzepte unterscheiden: Bei der 1. Kategorie, hierzu zählen etwa Green Bonds (s. **Green Bonds**), handelt es sich um zweckgebundene Finanzierungen, die an konkrete Projekte mit einem positiven Umwelt- oder Sozialeffekt gebunden sind. Bei der 2. Kategorie, hierzu zählen etwa Sustainability-Linked Loans, dienen die Mittel der allgemeinen Unternehmensfinanzierung. Die Kosten für die Finanzierung sind hier an ein ESG-Rating oder Nachhaltigkeitsindikatoren gekoppelt.

Taxonomie-Verordnung

Die Taxonomie-Verordnung ist ein zentraler Baustein des EU-Aktionsplans für ein nachhaltiges Finanzwesen, mit der ein Klassifikationssystem für nachhaltige Wirtschaftstätigkeiten eingeführt wurde. Von der Taxonomie-Verordnung betroffene Unternehmen werden insbes. verpflichtet, über grüne Umsatzerlöse, Investitionen sowie Betriebsausgaben zu berichten.

Triple Bottom Line

Die Triple Bottom Line (TBL) beschreibt das 3-Säulen-Modell der nachhaltigen Entwicklung. Sie umfasst Ökonomie, Ökologie und Soziales als 3 Dimensionen der Nachhaltigkeit (s.a. Abb. 1 am Ende des Glossars).

Die TBL basiert auf dem Gedanken, dass eine nachhaltige Entwicklung nur erreicht werden kann, wenn umweltbezogene, wirtschaftliche und soziale Zielsetzungen gleichzeitig und gleichberechtigt verfolgt werden.

Wertschöpfungskette

Die Wertschöpfungskette stellt die Stufen der Herstellung von Produkten oder Erbringung von Dienstleistungen als eine geordnete Reihe von Tätigkeiten dar. Sie reicht vom Ausgangsmaterial bis zur Verwendung.

Wesentlichkeit

Grundsatz, dass die Aufstellung einer Nachhaltigkeitsberichterstattung auf die relevanten Themen und Inhalte auszurichten ist (zur Bestimmung dieser Themen s. **Wesentlichkeitsanalyse**).

Wesentlichkeitsanalyse

Verfahren zur Bestimmung relevanter ökologischer, ökonomischer und sozialer Themen und Inhalte einer Nachhaltigkeitsberichterstattung unter Einbeziehung der Unternehmens- und Stakeholderperspektive (s. **Doppelte Wesentlichkeit**).

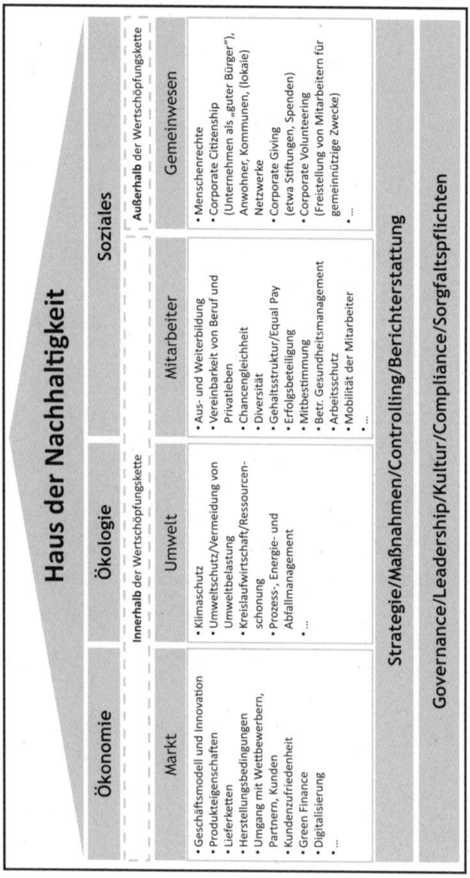

Abb. 1: Haus der Nachhaltigkeit[2]

[2] Quelle: Windisch/Bernhard, weiterentwickelte Darstellung basierend auf: Splendid Research, Corporate Social Responsibility Monitor 2016, www.splendid-research.com/de/csr-studie, abgerufen am 3.1.2022; Bundesministerium für Arbeit und Soziales, www.csr-in-deutschland.de/DE/CSR-Preis/Ueber-den-Wettbewerb/Methodik/Aktionsfelder/aktionsfelder.html, abgerufen am 3.1.2022; Brühl, Corporate Social Responsibility, 2018, S. 30; DIN ISO 26000, 2011, S. 14ff.; Europäische Kommission, Eine neue EU-Strategie (2011–14) für die soziale Verantwortung der Unternehmen (CSR), KOM(2011) 681 endgültig, S. 8f.; Hiß, Warum übernehmen Unternehmen gesellschaftliche Verantwortung? Ein soziologischer Erklärungsversuch, 2006, S. 38f.; Kernstock/Wenger-Schubiger, in Esch (Hrsg.), Corporate Brand Management, 3. Aufl., 2014, S. 337ff.; Kleinfeld/Martens, in Schulz/Bergius (Hrsg.) CSR und Finance, 2014, S. 223; Stehr/Hartmann, in Altenburger/Schmidpeter (Hrsg.), CSR und Familienunternehmen, 2018, S. 54f.; Walter, Verantwortliche Unternehmensführung überzeugend kommunizieren, 2010, S. 159.

Stichwortverzeichnis

Fett gesetzte Ziffern verweisen auf Paragrafen, magere auf die zugehörigen Randziffern.